# 基于表面改性的氮化镓纳米材料

肖美霞　宋海洋　王　博　著

中国石化出版社

## 内 容 提 要

本书主要介绍了第一性原理模拟方法及其在计算机模拟中各种参数的设置和实际模拟中的参数选择，同时阐述了该方法在基于表面改性设计的氮化镓/氮化铟纳米线、氮化镓纳米薄膜等纳米材料在外场(电场或应变场)作用下电学性质和磁学性质研究中的应用，并将材料进一步拓展到外场下表面改性的类石墨烯(锡烯和锗烯等)纳米材料。

本书可供从事半导体纳米材料的科研人员和工程技术人员使用，也可作为高等院校相关专业师生的参考用书。


**图书在版编目(CIP)数据**

基于表面改性的氮化镓纳米材料 / 肖美霞，宋海洋，王博著. —北京：中国石化出版社，2022. 7
ISBN 978-7-5114-6793-5

Ⅰ. ①基… Ⅱ. ①肖… ②宋… ③王… Ⅲ. ①氮化镓-纳米材料-研究 Ⅳ. ①TN304. 2

中国版本图书馆 CIP 数据核字(2022)第 139416 号





**中国石化出版社出版发行**

地址：北京市东城区安定门外大街 58 号
邮编：100011　电话：(010)57512500
发行部电话：(010)57512575
http://www. sinopec-press. com
E-mail：press@ sinopec. com
北京艾普海德印刷有限公司印刷
全国各地新华书店经销
*
710×1000 毫米 16 开本 15. 5 印张 301 千字
2022 年 8 月第 1 版　2022 年 8 月第 1 次印刷
定价：68. 00 元

# 前　言

低维氮化镓半导体纳米材料具有吸收较宽范围的光谱特性，锗烯和锡烯具有极高的载流子迁移率以及与现有的硅基半导体工业的兼容性等优点，因此，近年来受到了学者们的广泛关注。由于新型半导体纳米材料具有较大的表面体积比，表面修饰在调节其电学、光学和磁学性质等方面起到了至关重要的作用。随着实验技术的发展，扫描隧道显微镜为表面/界面问题的研究提供了一种有效的手段，但是在实验中无法得到其电子结构。而采用计算机模拟手段更为容易从原子和电子量级上对基于表面设计的新型半导体纳米材料体系所发生现象的物理本质进行探讨，实现表面/界面问题的研究，这对于研究其电学、光学和磁学性质等方面的调控机理非常重要。

基于以上考虑，本书采用基于密度泛函的第一性原理模拟方法，在表面改性的基础上，综合考虑表面修饰、低维纳米材料的尺寸以及衬底等，探讨电场及应变场作用下半导体纳米材料的带隙的调控机理，以期望发展一系列电学、光学和磁学性质优良的新型半导体纳米材料，促进其在场效应晶体管、传感器、光电子器件和自旋电子器件等领域中得到广泛的应用。

本书共分9章。第1章绪论简要介绍了本书的研究背景及相关材料的应用领域。第2章简要介绍了本书所使用的模拟软件与模拟计算方法。第3章详尽介绍了外场下表面修饰的GaN//InN核壳纳米线的电学性质。第4章详尽介绍了外场下表面修饰的氮化镓纳米薄膜的电磁学性质。第5~9章将材料拓展到类石墨烯材料，介绍了基于表面改性及衬底设计的类石墨烯材料电学性质。

本书由西安石油大学新能源学院和材料科学与工程学院肖美霞、宋海洋以及中国石油长庆油田公司第十一采油厂王博著。其中，第1

章和第2章由肖美霞和王博共同编著；第3章、第7章、第8章和第9章由肖美霞编著；第4章~第6章由肖美霞和宋海洋共同编著。全书由肖美霞统稿，其中肖美霞编著20.3万字，宋海洋编著4.2万字，王博编著5.6万字。

本书获得西安石油大学优秀学术著作出版基金资助，并获得国家自然科学基金项目(项目编号：51801155)资助。本书在写作过程中得到了吉林大学蒋青教授的悉心指导和大力支持，也得到了西安石油大学肖美霞课题组成员邵晓、张冰和冷浩等同学的大力支持，在此一并表示衷心感谢。

由于作者水平有限，书中难免会有错误和不周之处，还请读者批评指正。

# 目　录

# 1 绪　论

近年来，纳米线和纳米薄膜作为非常重要的低维材料，吸引了大家广泛的研究兴趣。低维Ⅲ-V 族半导体材料由于能够吸收较宽范围的光谱成为非常重要的半导体材料，在光生伏打器件、催化剂、半导体自旋电子器件、发光二极管等方面具有广泛的应用。同时，锗烯和锡烯作为新型二维纳米材料因其卓越的电子性能引起了研究学者们广泛的关注，在纳米电子学等领域有许多潜在的应用，如场效应晶体管。然而，微小带隙的特征阻碍了锗烯和锡烯等类石墨烯纳米材料在高性能的场效应晶体管中的可行性。低维Ⅲ-V 族(GaN，InN)和类石墨烯(锗烯、锡烯)纳米材料可以通过原子结构、异质结构、表面修饰、电场和应变场等不同方法呈现出独特的电学、光学和磁学等性能，使其拥有广泛的应用前景。

## 1.1 Ⅲ-V 族半导体纳米材料

GaN 和 InN 纳米结构是纳米技术应用中具有远大发展前景的Ⅲ-V 族半导体典型代表，因为它们分别具有较大和较小的带隙，以及具有结构的量子禁闭效应。GaN 纳米结构可应用到紫外-蓝光发射二极管、探测器、激光、高温器件、高功率器件，以及自旋电子器件等领域，具有巨大的应用潜力。而 InN 纳米结构在高性能的电子亲和性、迁移率和饱和速率等方面具有优异的电学和光学性能，这使其在新型光生伏打器件和最新发明的光电子器件上得到了广泛的应用。大量的研究表明，纳米结构的电学、光学和磁学等特性可以由纳米线和纳米薄膜的原子结构、尺寸、生长方向、掺杂和表面等因素决定。

### 1.1.1 GaN 基半导体纳米线

尽管有报道指出 GaN 纳米线可以以闪锌矿结构的形式存在，但是实验研究的 GaN 纳米线主要是以纤锌矿结构的形式存在的。在实验中纳米线的直径可以在 5~100nm 的范围内。GaN 纳米线有着不同的生长方向，其中包括[0001]、[$10\bar{1}0$]和[$11\bar{2}0$]方向。Lieber 等采用大块合成了沿[$11\bar{2}0$]生长方向的单晶纤锌矿结构的 GaN 纳米线，GaN 复合靶和接触反应金属的激光消融产生液体纳米团簇来提供反应位置，直接限制和促进晶体 GaN 纳米线的生长。2002 年，他们通过激光辅助催化生长的方法合成了单根 GaN 纳米线，可以应用在场效应晶体管上，电子迁移是通过传导来决定的，并且电子迁移率可以达到 $650cm^2/Vs$。

Lee 等通过化学气相沉积法制造出纤锌矿六边形结构的 GaN 纳米线。此纳米线展现出两种不同温度依赖的生长方向。当衬底的温度是 900~950℃，GaN 纳米线的生长方向垂直于$\{10\bar{1}1\}$面；当衬底的温度是 800~900℃，GaN 纳米线的生长方向垂直于$\{0002\}$面。这两个生长方向不同于 GaN 纳米线的$<10\bar{1}0>$生长方向。研究表明，不同的生长方向是由不同的生长机制所决定的。采用化学气相沉积方法合成[0001]方向生长的高质量 GaN 纳米线，其电子输运性能通过 N 的空位使 GaN 纳米线在整个测试温度范围内具有显著的 N 型场效应，并且，在室温的情况下，电子迁移率大约为 $2.15cm^2/Vs$，这表明纳米线的电子输运的扩散本性。采用金属掺入的金属有机化学气相沉积的方法合成高质量的单晶 GaN 纳米线，也具有不同的生长方向。采用自催化气相-液相-固相机制可以得到自发接触生长的纯单晶 GaN 纳米线。采用接触反应化学气相沉积的方法合成高质量的 GaN 纳米线，具有六边形单晶结构，直径为 10~50nm，长度为几十个微米。在低温时，此纳米线能够吸收紫外光谱，带隙为 3.481eV 和 3.285eV。采用脉冲低压金属有机化学气相沉积的方法可以合成了横截面为六边形，直径大约为 100nm，长度可调控的，[0001]的生长方向的纤锌矿 GaN 纳米线。气相-液相-固相合成方法合成直径为 35nm 的 Mg 元素掺杂形成的 P 型 GaN 纳米线。在这个 GaN 纳米线中，中心是具有高质量、晶体、纤锌矿结构，而外壳是非晶结构。采用 Ga/GaN/$MnCl_2$和 $NH_3$的化学反应通过化学气相沉积的方法，可以在单晶的纤锌矿 GaN 纳米线的生长方向上均匀地掺杂 5at.%的 Mn 元素。

近年来，人们研究了直径在几百纳米范围内 InN 纳米线的不同的电学、光学等性能。不同的生长条件的 InN 纳米线性能变化主要是由平衡载流子密度所引起的，其带隙和电子密度分别为 0.73~0.75eV 和 $8\times10^{17}\sim6\times10^{18}cm^{-3}$。不同长度和半径的 InN 纳米线通过电子四点探针测试，发现其电导率依赖于结构变化的关系。气相沉积方法可以获得直径依赖的 InN 纳米线的电学性能，纳米线的电导率和载流子迁移率伴随着直径的降低而升高。生长方向为[0001]，横截面为六边形，侧面为非极性的$(1\bar{1}00)$面的 InN 纳米线被研究。另外，掺杂对 InN 的纳米线的性能有着重要的影响，研究发现 Si 掺杂或者 Mg 掺杂的 InN 纳米线的频率分别升高或者是降低，其残余的电子密度也将随之增加或者是降低。

Chang 等通过催化化学气相沉积合成了 GaN 和 InN 纳米线。Chen 等采用便利的热化学气相沉积法制造出 GaP/GaN 和 GaN/GaP 核壳纳米线。在 GaP/GaN 纳米线中，光致发光强度依赖于温度，这可以通过两种材料的晶格不匹配产生的压电效应来解释；在 GaN/GaP 纳米线的拉曼光谱中，发现了 $386cm^{-1}$的峰值，这归因于表面声子的作用。GaN/InGaN 异质结构可以通过金属-有机化学沉积方法合成。超薄的 InN/GaN 薄膜由于晶格不匹配的应变和成分的原因，非常容易获得，并且很容易控制，使其具有了 In 元素掺杂在 GaN 中的作用效果。InN/GaN 多层量子阱的合成已经证实可以避免或者是降低不匹配位错。InGaN/GaN 多层量子阱可以通过金属有机物化学沉积的方法制取。研究发现，530℃是对 InN 生长最为有利的温度，但 GaN 势垒层的质量却是最差的，以至于量子阱不能形成，而在较高的温度 570℃时，尽管界面可能粗糙，但是有利于 In 原子的分离。

InN/GaN 量子点也可以通过金属有机物化学沉积的方法获取，在合成过程中，生长温度控制在 550~730℃。研究发现生长温度对 InN 纳米点的表面形态和它们的光致发光性能有非常大的影响，例如，当生长温度在 650℃时，具有最快的生长速率；当在高的生长温度下，残余载流浓度和光致发光效率被降低。分子束外延生长方法在三氧化二铝的(0001)面上合成了 InN/GaN 异质结，其中 InN 层的厚度大约为 5nm。InGaN/GaN 异质结通过金属有机物化学沉积的方法在三氧化二铝的(0001)面上合成，其中 In 元素的含量大约为 12%。等离子束分子外延生长的方法在 Si(111)衬底上制取 InN/GaN 异质结构纳米线，其生长可以通过反射高能电子衍射来检测和通过改变沉积温度和金属流量来控制。

### 1.1.2 GaN 基半导体纳米薄膜

所有的氮化镓纳米薄膜都是从大块纤锌矿结构中截取，极性面为(0001)面，其中一层氮化镓包含一层镓原子和一层氮原子。氮化镓纳米薄膜的厚度为沿着[0001]轴方向 Ga-N 双层数 $n$。对没有表面修饰和表面氢化的氮化镓纳米薄膜进行结构弛豫。没有表面修饰的氮化镓纳米薄膜($1\leqslant n\leqslant 6$)可弛豫为平坦的类石墨结构。作为平面两层氮化镓纳米薄膜。当氮化镓纳米薄膜变厚时，从能量角度出发，石墨结构变得不稳定，更容易形成纤锌矿结构。同时，所有的类石墨结构的氮化镓纳米薄膜为具有间接带隙的半导体性质，并且伴随着薄膜厚度的增加，其带隙不断降低。这是由于极性表面上的悬空键引起的。极性计算表明没有表面修饰的氮化镓纳米薄膜为非磁性半导体。同时，从非极性平面类石墨结构转变到极性纤锌矿结构的结构转变将伴随着从半导体到金属的转变。不同于三维纤锌矿 GaN 大块的直接带隙特征，所有类石墨氮化镓纳米薄膜($n\leqslant 6$)是具有间接带隙的半导体，并且带隙随着厚度的增加而平滑地减小。相反，纤锌矿氮化镓纳米薄膜($n\geqslant 7$)是一种典型的金属，具有跨越费米能级的电子态。没有表面修饰的纤锌矿结构的氮化镓纳米薄膜的明显金属化是由于固有的表面状态，由极性表面中的不饱和悬链线键引起的。

采用脉冲激光沉积(PLD)方法在 Si 及 SiC 基底上制备了相同厚度的氮化镓纳米薄膜并对其进行微结构表征及场发射性能测试分析，结果表明，基底对于 GaN

薄膜微结构及场发射性能具有显著的影响。在 SiC 基底上所制备的氮化镓纳米薄膜相对于 Si 基底上的氮化镓纳米薄膜，其场发射性能得到显著提升，场发射电流可以数量级增大。场发射显著增强应源于纳米晶微结构及取向极化诱导增强效应。Ren 等开发了一种以前未知的纳米棒辅助范德华外延，并首先使用石墨烯界面层在无定形二氧化硅玻璃衬底上生长近单晶的 GaN 薄膜。具有创纪录内量子效率的外延 GaN 基发光二极管结构可以很容易地剥离，成为大尺寸的柔性器件。该研究工作为高质量半导体的生长提供了革命性的技术，从而实现了高度失配材料系统的异质集成。

## 1.2 类石墨烯纳米材料

单层石墨烯是一种由碳原子紧密堆积成的单层二维蜂窝状晶格结构薄膜。自实验发现石墨烯以来，它的物理性质和潜在应用都得到了越来越多的研究。作为一种具有单原子厚度的二维纳米薄膜，石墨烯的性质对外部条件非常敏感，如原子吸附或分子吸附，以及与其他类石墨烯或衬底材料表面的相互作用。这在石墨烯合成和石墨烯基器件的制造过程中具有实际意义。因此，阐明衬底对石墨烯的结构和电子性质的影响是十分重要的。此外，石墨烯由于其在狄拉克点附近的线性色散关系和超高的载流子迁移率而受到了人们的广泛关注。这些奇异的电子特性，促使石墨烯在纳米电子学中有着广泛的应用前景。然而，一些不利的特性，如毒性、缺乏固有的带隙，以及与目前硅基电子技术的不兼容性，限制了石墨烯基材料的科学和技术。

类石墨烯与石墨烯具有相似的电子结构，但它们与石墨烯的平面蜂窝晶格不同，较大的原子间距导致了蜂窝状晶格周围的原子上下翘曲，也为共价功能化提供了新的途径。这种翘曲结构使类石墨烯比石墨烯更灵活，因此很容易与其他衬底的晶格相匹配。人们开始考虑石墨烯是否可以被类石墨烯所取代。例如，与石墨烯相比，硅烯中较长的 Si—Si 键长( ~2.28Å)阻止了 Si 原子形成较强的 $\pi$ 键，从而导致了硅烯偏离 $sp^2$杂化。Si 原子的翘曲使它们更紧密地结合在一起，使得它们的 $\pi$ 键合的 $P_z$轨道具有更强的重叠，导致 $sp^2$-$sp^3$混合杂化，从而稳定了它们的六边形排列。二维材料的成功生长和实现在很大程度上取决于对衬底的完美选择，因此，与二维类石墨烯材料具有小晶格错配度的合适衬底对其生长和应用至关重要。目前为止，已经在各种金属衬底上成功地合成了类石墨烯。

锗烯是由锗原子组成的具有类似石墨烯结构的二维材料，与组成石墨烯的 $sp^2$杂化的碳原子不同，锗原子在能量上更倾向于 $sp^3$杂化。2014 年，在 Pt(111) 金属表面通过超高真空表面物理气相可控生长锗原子法首次制备出单原子层锗烯，随后在 Au(111)、Al(111)、Cu(111)等表面上也成功制备了锗烯。2018 年，采用低温分子束外延技术在 Cu(111)上成功地制备出了一种具有平面蜂窝状的类石墨烯结构——锡烯，并且研究发现，制备出来的锡烯并不具备翘曲结构，随后对其进行了实验，研究结果表明，在 Cu(111)上制备出的锡烯结构更加稳定。在 Γ 点处显示出平面内 s-p 能带反转以及自旋轨道耦合诱导的拓扑间隙(~0.3eV)，有趣的是，这种无褶皱结构的锡烯代表了拓扑带反转，这为锡烯探索器件应用和理解拓扑物理性能提供了一个新的方向。Gou 等报道了在 Sb(111)表面上通过分子束外延成功生长出的含有一定的低翘曲结构锡烯，并对其蜂窝状晶胞施加的 8%的压缩应变，通过第一性原理计算，证明了锡烯纳米带中的应变可以诱导电子能带工程效应。Yuhara 等报道了在 $Ag_2Sn$ 合金表面底部成功实现近似平面的锡烯结构的大面积外延生长，遗憾的是并没有观察到带隙的狄拉克锥结构。Zang 等报道了低温状态下采用分子束外延术在锶掺杂的 PbTe(111)上制备出了单层锡烯结构，并对其原子和电子结构进行了表征。

## 1.3 Ⅲ-Ⅴ族半导体和类石墨烯纳米材料电磁学性能调控方法

大量研究表明，纳米结构的电学、光学和磁学等特性可以由纳米线和纳米薄膜的表面、尺寸、掺杂和外场(电场、应变场)等因素决定。

### 1.3.1 表面修饰

由于纳米线和纳米薄膜存在较大的表面体积比，表面对其物理、化学性能起着至关重要的作用。表面修饰是调节Ⅲ-Ⅴ族半导体和类石墨烯材料的电学和磁学性质的一种有效方法。

#### 1.3.1.1 表面修饰对纳米线的影响

采用第一性原理密度泛函理论模拟了不同半导体纳米结构的带隙与表面体积比的关系。结果表明，对于 SiC、GaN、和 BN 纳米结构，带隙伴随着表面体积比的增加而降低；而对于 ZnO、ZnS 和 CdS 纳米结构，带隙伴随着表面体积比的增加而增加。对于表面没有钝化的并且有着不同面法向的 GaAs 纳米线，不同的表面决定其原子结构的稳定，表面的变化调整纳米线的性能，进一步研究表明发生表面重构的纳米线的带隙是由表面态所决定的，不再遵循量子效应引起的带隙变化趋势。由此可见，表面性质非常重要地影响着纳米结构的本质特征。

表面修饰可以替代传统的体掺杂来调节 Si 纳米线的电导率，也可以用来调节其电学性能，使其能带结构发生变化。<100>、<111>和<112>生长方向，直径在 1.5~2.5nm 范围内的 Si 纳米线的表面吸附 H、OH、$NH_2$ 和卤族元素来饱和其表面的悬空键，提高其结构的稳定性以及调节半导体的带隙的大小。在 ZnO 纳米线表面吸附的 H、F、Cl、$NH_2$和 $NH_3$，和不同的吸附位置以及吸附比率，可以有效地调节结构的稳定性能和电学性能。研究发现表面修饰调节半导体纳米线能带结构的效果可以和量子禁闭效应相媲美。相比于没有表面修饰的 ZnO 纳米线，不同的表面修饰可以更为有效的使其带隙发生改变。不同的表面修饰也会影响纳米线的分子轨道分布。对于 Si 纳米线，当表面采用 H 原子来饱和时，其最高占据分子轨道态和最低未占据分子轨道态分布在纳米线的中心；而当由 H 和 Cl 元素或者 Cl 原子来进行表面修饰时，其最高占据分子轨道态分布在纳米线的近表面，最低未占据分子轨道态分布在纳米线的中心。结果证实了表面修饰可以有效地促使电子空穴的分离。

GaN 半导体材料具有较大的带隙 3.4eV，通常可以应用在光电器件和高功率、高频率器件。尽管 GaN-平面器件非常容易制造，但是 GaN 纳米结构由于具有高的表面体积比的优点更有应用潜力。对于 GaN 和 InN 纳米结构来说，表面修饰对电学、光学性能的影响也是重要的。Carter 等通过第一性原理模拟生长方向为[0001]，横截面为六边形和三角形，直径范围为 8~35nm 的 GaN 纳米线的原子结构和电子结构，发现其电学和光学性能依赖于纳米线的表面状态。对于表面没有饱和的 GaN 纳米线，表面的 Ga—N 键的键长将会收缩 6.0%~7.4%；对于表面氢饱和的 GaN 纳米线，表面的 Ga—N 键的键长将只收缩 1.5%。研究发现表面的悬空键影响带隙的大小；当表面的悬空键通过 H 元素移除后，伴随着纳米线直径的增大，带隙将会降低。表面修饰能够调节能带结构，使具有相同尺寸和横截面形状的 GaN 纳米线的带隙增加。另外，表面修饰也改变了其分子轨道的分布。对于没有表面修饰的 GaN 纳米线，最高占据分子轨道态和最低未占据分子轨道态分布在 GaN 纳米线的表面；对于表面氢饱和的 GaN 纳米线，它们主要分布在纳米线的中心。由此可见，采用 H 原子的表面修饰能够调节 GaN 纳米线的原子结构和电子结构。在[0001]生长方向，横截面为六边形的 GaN 纳米线表面吸附的 H、$NH_2$、OH 和 HS 功能团可以调节纳米线的带隙，研究发现 GaN 纳米线的带隙依赖于不同的表面覆盖率和吸附位置。Terentjevs 等通过第一性原理模拟生长方向为[0001]，横截面为六边形的 InN 纳米线的原子结构和电子结构，发现其电学和光学性能也依赖于纳米线的表面状态，其分子轨道的分布与上述描述的 GaN 的结果相一致。

#### 1.3.1.2 表面修饰对纳米薄膜的影响

Liang 等通过密度泛函理论计算了 $H_2O$、$NH_3$、CO、$NO_2$和 NO 等无机小分子吸附分别对原始石墨烯和 Ga 掺杂石墨烯的能带结构的影响。研究结果表明，无机小分子吸附打开原始石墨烯的带隙较小(0.005~0.009eV)，相比之下，Ga 掺杂石墨烯对气体分子的吸附能力明显优于原始石墨烯，并且由于 π 电子云和气体分子轨道之间存在较大的电子转移和较强的化学键，气体分子在 Ga 掺杂石墨烯上的吸附可以打开较大的带隙，范围为 0.267～0.397eV。2021 年，Ayatollahi 等对不同的氨基酸分子吸附调节锗烯的带隙做了一系列研究，其中发现在精氨酸(Arg)、天冬酰胺(Asn)、天冬氨酸(Asp)、组氨酸(His)和丙氨酸(Ala)分子可分别打开锗烯 87meV、37meV、2meV、51meV 和 68meV 的带隙，同时对于锗烯上的氨基酸吸附，氨基酸分子和锗烯之间产生很大的偶极矩，增加了氨基酸分子向锗烯的电荷转移，明显提高了吸附体系的吸附能。因此，氨基酸与锗烯的强的结合以及吸附体系多样的电学特性表明，锗烯可作为生物分子纳米传感器应用于下一代生物传感器技术，这些发现为锗基材料在生物电子学领域设计应用提供理论基础。

Abbasi 等采用密度泛函理论计算研究了有机分子苯酚($C_6H_5OH$)和噻吩($C_4H_4S$)在锡烯上的吸附，研究表明 $C_6H_5OH$ 和 $C_4H_4S$ 分子均物理吸附在锡烯单分子层上，分别打开了锡烯 16meV 和 44meV 的带隙。令人惊讶的是，Yang 等研究表明 $SO_2$、$SO_3$ 和 $O_3$ 等气体分子吸附在有空位的锡烯上可导致费米能级附近的带隙打开，但破坏了锡烯带隙的狄拉克锥结构。受这些令人兴奋的研究的启发，希望找到合适的分子的吸附来调节保留更高载流子迁移率的单层锡烯的带隙。2018 年，Liu 等对有机小分子乙炔、乙醇、甲醇、甲烷和氨在 4×4×1 的锗烯结构上吸附的情况做了一系列研究，发现这些有机小分子均以不同的吸附距离物理吸附在锗烯的表面。其中，氨/锗烯的结构最稳定，吸附能为 0.444eV，打开了锗烯 81.0meV 的直接带隙；甲烷/锗烯的吸附能最小(0.114eV)，打开了锗烯 3.2meV 的直接带隙。这些小分子吸附也均未破坏锗烯带隙的狄拉克锥结构，同时保留锗烯了较高的载流子迁移率。Chen 等采用第一性原理计算检查了小分子在锡烯单层上的吸附，理论研究结果表明，锡烯的传感性能优于其他基于 IV 族的二维材料。锡烯作为吸附小分子的灵敏器，与石墨烯具有相似的六方单层结构。Nagarajan 等采用第一性原理计算方法研究了 $NH_3$ 和 $NO_2$ 分子在锡烯和锡烷上的吸附性能。基于电荷转移、能量学、能带隙和平均带隙变化，探讨了分子的吸附。$NH_3$ 和 $NO_2$ 分子吸附在锡烯表面上的吸附能分别为−0.73eV 和−1.17eV。研究表明，$NO_2$ 分子的吸附比 $NH_3$ 分子更突出。这些结果表明表面吸附分子可有效调控锡烯二维纳米材料的电学性质。

### 1.3.2 化学掺杂

所谓化学掺杂，就是用其他元素取代二维材料中的原子，使其结构中发生电荷转移，从而打开带隙的手段，实验研究表明掺杂元素种类、掺杂原子的数量、掺杂元素的位置均会对纳米材料的电学性质产生影响。有效的掺杂物能够作为电子的施主；也可以作为电子的受主，这导致其在能带结构中贡献能级的能量位置可能低于导带底也可能高于价带顶。掺杂原子会引起整个纳米线性能的变化，如：带隙、分子轨道的分布、和磁性等。掺杂的效率也受表面态和掺杂态之间的交互作用的影响。

#### 1.3.2.1 化学掺杂对纳米线的影响

稀磁半导体材料，因为起源于半导体的 s 电子和 p 电子的价和磁性杂质的自旋，可以应用在自选电子器件上，成为研究的焦点之一。最近很多工作研究既能够在室温下具有铁磁性，也能够使过渡族金属元素非常容易掺杂在里面的材料。现在，主要研究在低维纳米结构材料中掺杂。Mn 掺杂在直径为 10～100nm 单晶 GaN 纳米线中，这些材料具有自由的缺陷，并且 Mn 原子可以均匀分布在单晶中。此稀释铁磁半导体纳米线具有磁电性能，因为在径向上具有载流子的禁闭性能和大的磁性各向异性能。GaN 纳米线通过掺杂 Mn 元素，发现在室温的条件下可以具有铁磁性质，在 5～300K 温度范围内的磁性滞后现象和温度依赖的磁矩曲线暗示了它的居里温度大约为 300K，并且在 150K 的温度以下，个别的 GaN 纳米线存在负磁矩。另外，在 GaN 纳米线中掺杂 Mn 元素可以非常有效地降低电流密度，诱导其形成 N 型 GaN。掺杂 Cr 元素的 GaN 纳米线具有铁磁性，同时不受 Cr 原子位置的限制。每个 Cr 原子具有大约为 2.5μB 的磁矩，而 N 原子的磁矩比较小，与 Cr 原子的磁矩成为反铁磁。具有浓度为 2.06at%的 Cr 元素的 GaN 纳米线在室温下也具有铁磁性，这是由 N 的 2p 轨道和 Cr 的 3d 轨道的电荷重叠所引起的。Cu 掺杂在直径为 10～100nm，长度为几十微米的单晶 GaN 纳米线中，此纳米线具有铁磁性，当温度为 300K 时其饱和磁性高于 0.86μB，并且居里温度高于室温。Mg 元素掺杂的 GaN 纳米线，具有非常强的放射峰 359nm，可以产生 p-n 结，在 2.6K 的温度下具有完美的整流性能。

#### 1.3.2.2 化学掺杂对纳米薄膜的影响

Kaloni 等对不同浓度的 BN 掺杂后的单层、双层、三层、多层和超晶胞石墨烯的电学性质进行了比较，研究表明，在 12.5%～75.0%的 BN 掺杂浓度下，得到了 0.02~2.43eV 的带隙，多层石墨烯情况下，掺杂元素的浓度越大，打开带隙就越大，并且系统的电子有效质量在 0.007～0.209me 之间变化，这保留了载流子的高迁移率。Garg 等采用密度泛函理论对元素单掺杂（B，N）和共掺杂（B-N）锡烯的电学性质进行了研究，通过计算发现 B、N 单掺杂后的锡烯表现金属性。因此可得出 p/n 型掺杂并不能打开锡烯的带隙。然而，它们打开了费米能级以上的带隙，因此可以用作简并半导体。因此，共掺杂对于调节锡烯的电子和光电子性能是非常重要和有效的手段之一。

通过掺杂不同的原子或很强的自旋轨道耦合效应，使类石墨纳米薄膜带隙在 k 点方向上打开，这实际上解决了纳米结构的零间隙问题。Garg 等研究了 B/N 共掺杂对锡烯单分子层电子性质的影响，提出了这种掺杂体系的 $E_f$附近存在一个带隙。Xiong 等报道了由过渡金属掺杂引起的锡烯单层的新电子性质的 DFT 研究，结果表明，通过嵌入过渡金属可以显著改变锡烯的电子带隙和磁性。Hongyan 等讨论了 Ga 和 As 原子共掺杂对锡烯原子结构电学性质的影响。Abbasi 的 DFT 结果表明，Al/P 共掺杂在锡烯单层中打开了大的带隙，该结论为 Al/P 共掺杂锡烯体系作为未来纳米级电子器件的高效材料的电子性能提供了理论见解。Zhou 等研究了气体分子在掺杂 Ti 的锡烯上的吸附，并通过观察电荷密度的积累，证明了该体系优越的电子性能。因此，元素掺杂是提高纳米材料的电子、磁性和光学性能的最有效的技术之一，掺杂的Ⅲ-V 族半导体和类石墨烯纳米材料可以作为多种应用的潜在候选材料。

### 1.3.3 衬底的影响

衬底和二维材料之间的相互作用也会影响电子结构，这具体取决于它们的键合方式和强度，选择的衬底种类不同，得到二维材料的性能也就不同。在由二维材料组成的异质结构体系中，它们不仅保持了其组成材料的优良性能，而且由于界面耦合而带来了新的物理性能，所以衬底也是在不降低线性带色散的情况下调控类石墨烯材料电学性质的有效方法，实现其在电子器件中的应用。

采用第一性原理的计算，Mojumde 等研究了四种高对称构型的锗烯/AlP 范德华异质结构的几何构型和电子性质，结果发现这四种异质结构均打开了锗烯的带隙(200~460meV)，包括直接带隙和间接带隙。考虑自旋轨道耦合后，锗烯/AlP 范德华异质结构的带隙减小了 20~90meV。电荷密度分布和部分态密度证实了 AlP 可以是一个不错的衬底。此外，通过改变两个单层之间的层间距离可以对锗烯/AlP 带隙实现 0~500meV 范围的调控。进一步研究还表明，应变和外电场也对异质结构的电子结构有明显的调控作用。有趣的是，在锗烯/AlP 范德华异质结构中可观察到超过 $1.5\times10^5 cm^2/V\cdot s$ 载流子迁移率。所有这些特性使锗烯/AlP 异质结构成为场效应晶体管、应变传感器、纳米电子学和自旋电子器件的可行候选者。

锡烯的电子结构和拓扑性质、晶格应变和与衬底界面的化学成分都很敏感。Chen 等通过密度泛函计算研究了石墨烯/锡烯异质层的结构、电子和光学性质，其中包括带隙打开和增强的可见光响应。在这种双层系统中其层间相互作用比弱范德华力强，并且可以明显得观察到狄拉克锥特征，这主要归因于锡烯的不饱和 p 轨道。尽管单独的石墨烯和锡烯均呈现出半金属性质，但考虑了四种不同的吸附构型，每种石墨烯/锡烯体系吸附构型均打开了带隙，并且这种双层结构也对外保持电中性。同时，这种异质结构有望同时保持石墨烯的高载流子迁移率和锡烯优异的自旋霍尔效应。所以这种石墨烯/锡烯异质双层将促进锡烯相关自旋电子器件的性能，是光电器件的良好候选者。Gao 等的计算表明非共价底物 Si(111)相互作用可以用来打开硅烯的带隙[硅烯/Si(111)]，并在不掺杂电子或空穴的情况下保持其高载流子迁移率。Peng 等使用密度泛函理论(DFT)计算发现吸附在 Si/$GaInS_2$衬底上的硅烯可打开 179meV 的带隙。同时发现外电场对 Si/$GaInS_2$异质结构的能带结构也有一定的调控作用。当外电场与 Si/$GaInS_2$的内电场平行时，外电场增大时，带边相对移动，导致带隙变大。当外电场与异质结构本身的内部电场相反时，随着外电场的增加，电荷转移量相对减小，导致带隙减小。

近年来，在 PbTe(111)/$Bi_2Te_3$和 Cu(111)衬底上分别实验证明了锡烯的超导性和拓扑特性。这种技术允许结合具有不同晶格参数的各种材料，因为组件通过范德华相互作用保持在一起。Ni 等采用密度泛函理论和无机晶体结构数据库的数据挖掘相结合的方法，发现了一系列适合于锗烯或锡烯单层的衬底材料，包括 $CdI_2$、CuI 和 GaGeTe。结果表明当它们作为衬底时，几乎可以保持锗烯或锡烯的稳定性和能带结构。Wang 等预测了锡烯/BN 异质结构，结果表明与理想锡烯相比，锡烯/BN 异质结构打开了相当大的带隙。

### 1.3.4 量子禁闭和应变

纳米材料可以采用不同的手段来改善其特性。量子禁闭效应是一种非常重要的调节半导体纳米材料性能的有效手段。量子禁闭效应能够直接影响带隙的大小。应变就是其中的一种非常经济实用、操作性强的方法。众所周知，应用内应变或者是外应变可以有效地调整半导体纳米材料的电学、光学等性能。实际上，在半导体中的“应变设计”和表面修饰相似，被广泛应用来获得需要的物理和电学等性能。

#### 1.3.4.1 量子禁闭和应变对纳米线的影响

理论模型、实验结果和模拟结果都证实了伴随纳米线尺寸的减小，其带隙将会增加。实验上研究小尺寸纳米线的带隙比较困难，而第一性原理计算方法能够全面研究不同直径和不同生长方向的纳米线的带隙变化，因而它可以作为一种非常有效的手段来研究小尺寸纳米线的性能。已有理论模拟研究了 GaN 和 InN 纳米线的原子结构及其性能的变化，研究发现对于表面氢饱和的纳米线，其带隙随着直径的增加而降低。Lee 等研究发现在 GaN 纳米线中具有量子禁闭效应。Tsai 等模拟了直径分别为 10Å、15Å 和 18Å，生长方向为[0001]的表面没有饱和的 GaN 纳米线，发现伴随着纳米线直径的降低，纳米线的平均键长将会降低。另外，对于沿[0001]生长方向，横截面为六边形或者接近圆形的表面没有饱和的 GaN 纳米线，伴随着直径的降低，杨氏模量将会降低。

Hong 等采用第一性原理计算证明，Si 纳米线的能带结构依赖于应变的关系，与其生长方向和直径大小有关，即：对于<100>和<111>方向的纳米线，拉应变能增强其直接带隙特征，而压应变会削弱这种特征；而对于<110>方向的纳米线，不管是压应变还是拉应变都使其呈现出间接带隙。Yang 等研究发现对[0001]生长方向的 ZnO 纳米线施加的轴向压应变将会导致能带结构从直接带隙到间接带隙的转变。Wu 等针对小直径的 Si 纳米线在不同的位置施加不同的应变。此方法可以使电子空穴分别位于纳米线的不同位置，结果表明在纳米结构中施加部分应变的方法可以达到类型-Ⅱ异质结构的效果，实现电子空穴分离的结果。

近年来，低维材料形成的异质结构越来越吸引人们的广泛研究。不同物质之间存在的晶格不匹配，从而在原子结构中引入了应变，这将会有效地调节半导体材料的电学和光学性能。相对于大块结构的性能，核壳纳米线的能带偏移将会使其具有较好的电导率和较高的载流子迁移率。通过第一性原理密度泛函理论计算，研究发现量子禁闭效应和应变对核壳纳米线的电子结构有重要的影响，这将依赖于核的半径和壳的厚度。如当核的半径固定的时候，核的带隙伴随着壳厚度的增加而发生很大程度的降低，这是量子禁闭和应变的共同作用的结果。应变是由核的半径和壳的厚度，以及不同的半导体晶格常数之间晶格不匹配所决定的。对于[0001]生长方向的 Si/Ge 核壳纳米线，其带隙比同等大小尺寸的 Si 和 Ge 线的带隙小。带隙的降低归功于 Ge 和 Si 层之间的内应变和量子禁闭效应共同作用的结果。外应变对核壳纳米线性能也有着重要的影响。对[0001]生长方向，直径大于 3nm 的 Si/Ge 核壳纳米线施加足够的拉应变，可以诱导能带结构从直接带隙转变为间接带隙。另外，对 Si/Ge 核壳纳米线施加外应变，将会在非常大的范围内促使价带偏移，甚至是消失。外应变对核壳纳米线性能的影响也依赖于核材料的选择，对于 CdSe/CdTe 核壳纳米线，当核是 CdSe 时，价带偏移伴随着拉应变的增加而增大；而当核是 CdTe 时，价带偏移伴随着拉应变的增加而降低。

#### 1.3.4.2 应变对纳米薄膜的影响

Chen 等以 AB(111)型衬底(如 SrTe、PbTe、BaSe 和 BaTe)为例，讨论了 A/B 结构对锡烯的影响，衬底的施加使锡烯/衬底体系打开了一定的带隙，且晶格应变对体系的带隙也有一定的影响。

Modarresi 等通过第一性原理计算，研究了 h-BN 和 AlN 衬底对不同应变下锡烯的拓扑性质的影响。研究发现，在 3×3h-BN 衬底上，在 6.0%~9.3%的应变范围内，可以诱导出量子自旋霍尔相，声子谱证实了该相的稳定状态；对于 3×3AlN 衬底上的 2×2 锡烯，诱导量子自旋霍尔相所需的应变仅为 2.0%。这些理论结果将有助于理解衬底和应变对锡烯的影响，并进一步实现锡烯在半导体衬底上的量子自旋霍尔效应。Mojumder 等研究了单轴和双轴应变下温度和应变速率对锡烯力学性能的影响。

Zhang 等预测在拉应变下，锡烯可以转化为 QSH 绝缘体。锡烯的拓扑相在中等压应变或拉应变下持续，当压应变大于~8.5%时转变为半金属相。Ren 等通过第一性原理计算系统地研究了双轴应变($-2\% < \varepsilon < 6\%$)和外电场对单层锡烯的带隙调控的影响。结果发现，随着双轴应变的增加，第一个布里渊区高对称Γ点的导带向锡烯内的费米能级偏移。Frank 等采用密度泛函理论，确定了锡烯/石墨烯体系的几种外延构型，并确定了应变和水吸附的影响。结果表明旋转构型的能带结构表现出一个完全的金属界面，而共对齐的结构是平衡在半金属和半导体特性之间的过渡。此外，双轴应变也影响了能带结构的狄拉克锥的位置，当应变足够大时，费米能级会穿过导带，使锡烯的带隙关闭，呈金属性。而施加外电场改变了Γ点附近的带色散，在k点处打开了一个小带隙，并且研究发现带隙值与外电场强度变化近似呈线性关系，其中随着外电场强度(0~0.4V/Å)的增大，锡烯的带隙将不断增大。密度泛函理论(DFT)研究表明，锡烯/h-BN 异质结构体系能够在费米能级处打开一个带隙，相比零带隙的理想状态，可以进一步通过外部应变和改变层间距使该体系应用于自旋电子学和纳米电子学。此外，Lu 等研究了应变对锡烯光学性质的影响，他们报道了应变在光学吸收中起着重要的作用。

### 1.3.5 电场的影响

半导体纳米线在微光电学和纳米光电学领域中有着广泛的应用前景。在微电子和光电子纳米器件的应用中，纳米材料通常是在有电场的情况下工作的。电场对纳米材料电子结构的影响一定程度上直接决定了纳米器件的性能。研究电场对纳米材料的电学、光学性能对在微电子和光电子纳米器件中的应用具有重要的指导意义。在这种情况下，外电场对纳米材料的电子结构的影响吸引了人们广泛的研究兴趣。

#### 1.3.5.1 电场对纳米线的影响

沿着纳米线轴向的电场不仅能够很大程度上调节[0001]生长方向的 ZnO 纳米线的带隙，还将导致能带结构从直接带隙转变为间接带隙，这起因于晶格的键长变化和 Zn 与 O 原子之间的电荷转移。InSb 纳米线，当其直径和电场强度都增加时，可以实现在室温的条件下从半导体到金属的转变，同时，当电场大于某一个临界值时，电导率将迅速增加。此相似现象在<111>生长方向的 Si 纳米线中也被研究发现，其性能在很大程度上受轴向电场强度和尺寸的影响。轴向电场的增加将促使带隙减小，同时电场作用表现出明显的尺寸效应，当尺寸增大时，电场的影响将会增强。随着电场和直径的增加，导带底能量的迅速下降使得带隙值减少，甚至可以趋近于0，接近从半导体到金属的转变。进一步，在<112>生长方向的 Si 纳米线上的(110)和(111)上施加电场。研究发现偏压不仅能改变带隙大小，还能改变带隙特征。当在(110)面上施加偏压时，能带结构从间接带隙转变为直接带隙；当在(111)面上施加偏压时，其能带结构没有发生这种转变。当在(110)面上进一步提高偏压时，带隙值将会减小，这是由导带底能量的降低和价带顶能量的升高引起的。另外，在合适的偏压条件下，Si 纳米线会发生半导体到金属的转变，并且这种转变临界偏压只有几伏，在实际应用中是很容易实现的，偏压诱导电子在(110)面层的重新分布是引起这些性能发生变化的主要原因。电场对 B 元素和 P 元素在氢饱和的 Si 纳米线中的掺杂位置有重要的作用，使其能自发形成一种稳定的内在的 p-n 结。偏压改变了 Si 纳米线的光学特性，使其在光学和电学纳米器件上的应用很有潜力。电场对不仅能调节铁磁接触的 InP 纳米线的磁电阻，也能改变稀磁半导体纳米线的磁性，使其从顺磁转变为铁磁，或者是从铁磁转变为顺磁。

#### 1.3.5.2 电场对纳米薄膜的影响

外加电场对Ⅲ-V 族半导体、锗烯和锡烯等类石墨烯纳米薄膜电子特性和输运特性有一定的影响。外加电场对锡烯的电子结构有重要的影响，研究结果表明，随着电场强度的增大，锡烯的带隙和翘曲高度均增大。电场也可对有机分子表面吸附的类石墨烯材料带隙进行有效调节。Liu 等研究表明施加外电场可对甲烷/锗烯和氨气/锗烯体系的带隙进行线性调节，带隙的大小仅取决于复合电场的强度，包括分子吸附诱导的内电场和外电场。当施加(-0.7～+0.7)V/Å 的外电场时，甲烷/锗烯体系的带隙在 0～69.39meV 范围内被调节；而当施加(-0.6～+0.6)V/Å 的外电场时，氨气/锗烯的带隙可以在 37.66～134.17meV 较大范围内进行调节。

## 1.4 本书的主要内容

本书主要介绍了基于密度泛函理论的第一性原理计算 GaN 基纳米材料及类石墨纳米材料的原子结构和电学性质影响因素。主要内容包括：

第 1 章绪论简要介绍了本书的研究背景及相关材料的应用领域。

第 2 章简要介绍了本书所使用的模拟软件与模拟计算方法。

第 3 章详尽介绍了外场下表面修饰的 GaN//InN 核壳纳米线的电学性质。

第 4 章详尽介绍了外场下表面修饰的氮化镓纳米薄膜的电磁学性质。

第 5 章详尽介绍了外电场下锡烯/有机分子体系的电学性质。

第 6 章详尽介绍了锡烯作为潜在高灵敏度传感器件探测有毒有机小分子。

第 7 章详尽介绍了电场调控类石墨烯范德华异质薄膜带隙的第一性原理研究。

第 8 章详尽介绍了锡烯/$XS_2$异质结构体系的电学性质。

第 9 章详尽介绍了有机分子吸附和衬底调控锗烯的电子结构研究。

# 模拟计算方法

随着科学技术的进步，计算机技术的发展使计算仿真方法成为材料科学研究领域中的重要手段。模拟计算方法的基础理论为物理学、化学等相关的基本理论，在计算机模拟过程中，这种方式是通过宏观或者微观空间的模拟而产生的，它可以计算材料很多方面的物理特性以及它们的结构和功能之间的内在关联性，探索其基本定律，以提高材料质量。计算机模拟技术在材料科学中的作用也不再局限于计算机的使用和数据处理。此外，伴随着材料科学计算领域的进一步发展，计算机模拟技术在今后的材料研究中的应用潜力将逐渐增强。材料的模拟计算具有很多传统实验不具有的优势，可以尝试通过现代计算机来模拟材料的各种物理和化学特征，深刻了解从微观到宏观层面的材料的各种现象和特性，并且在实际的结构方面预测材料的物理特性，以此来获取设计和制造新材料的机会。此外，材料的模拟计算可以模拟出材料在极端环境下的性能。更重要的一点，其比实验室研究更加方便、快捷，节约成本。材料的模拟计算方法一般涉及第一性原理方法、分子动力学、蒙特卡洛等。本书主要采用了基于密度泛函理论的第一性原理计算研究了外场下Ⅲ-V 半导体纳米材料和类石墨烯纳米材料的原子结构和电子结构。

## 2.1 基于密度泛函理论的第一性原理

密度泛函理论是研究多电子系统电子结构的一种新的方法，在许多方法中得到了广泛的应用，特别是用来研究分子和凝聚态的性质。密度泛函理论是相互作用电子的深刻而精确的理论。1998 年，沃尔特·科恩和约翰·波普尔获得了诺贝尔化学奖，使密度泛函理论在应用中取得了巨大进步。密度泛函理论是建立 P. Hohenberg 和 W. Kohn 提出的关于非均匀电子气的理论，它可归结为两个基本定理，不计自旋的全同费米子系统的基态能量是粒子数密度函数的唯一泛函；能量泛函在粒子数不变条件下对正确的粒子数密度函数取极小值，并等于基态能量。基本思想是用电子在基态中的分布代替多维波函数来表达基态信息，并且能够解释在一切物理学条件下原则上都能够描述的基态电子密度的泛函。能够采用哈密顿量的能量函数求解基态电子密度，并简单地求解基态性质。密度通常是指电子的密度，而泛函的含义则是指电子密度的一个重要函数方法，而电子密度则是空间坐标的重要函数。也就是说，密度泛函理论是用来分析高密度电子系统中的电子结构的方法。密度泛函理论方法是以电子电压为基础材料内所有信息的载体，并不是单独的电子波，把一些电子系统转化成单个电子问题。这不但缩短了运算过程，而且增加了运算的准确度。

第一性原理，以原子物理学和电子机械以及运动的基本定律为基础，通过量子力学原理，即按照各自的条件，薛定谔方程中的解决方案可以直接解出来，这是在计算机物理学或计算机化学领域中的学科名称。第一性原理一般和运算相关，是指在运算中向程序提供了原子和它们在实验中的情况，而不是对其他实验结果或经验的评估。第一性原理模拟是一种采用平面波和赝势进行的密度泛函理论，它是一种非常重要的计算方法，包括两种计算方法，一种是广义的第一性原理计算，另外一种是狭义的第一性原理计算。任意材料的特性都可以根据第一性原理被理解。也就是说，在没有自由参数的基础上，通过计算物质中的电子的薛定谔方程来研究材料的特性。对于凝聚态物质的实际计算，大多数第一性原理方法将问题从电子相互作用明确的问题重新转换为由相互作用作用于明显独立电子的有效势能表示的问题。结合一些计算半导体带结构的方法和金属基态的某些性质，其中包括晶格常数、晶体结合能、晶体力学性质等，第一性原理计算都能得到很好的结果，并与实验结果相一致。此外，第一性原理计算还可以更精确地计算和分析出多种多样不同体系的电子结构：能带结构、电子态密度、电荷密度、差分电荷密度和布局分析；光学性质：介电函数、复折射率、光吸收系数、反射光谱及光电导等和磁性质等，它从微观理论分析和发现材料物理性质的来源。

基于密度泛函理论的第一性原理在物理学、材料科学、量子化学等领域，对粒子的定位系统已经取得了广泛应用，它不但可以应用于现有材料的研究，还可以应用于新材料的预测。虽然密度泛函理论是在 20 世纪 30 年代从实践的角度引入原子的，但直到很久以后才建立在了强大的形式基础上，然后推动了许多形式上和实践上的发展，特别是在电子系统方面。此外，范德华力能够通过半经验的色散矫正方法(DFT-D)来得以实现，同时也可以通过一些非局域混合交换关联泛函来近似实现。

## 2.2 Materials Studio 软件

Materials Studio 是一种计算机仿真软件，采用了世界领先的模拟计算思想和方法，如量子力学(QM)、线性标度量子力学(Linear Scaling QM)、分子力学

(NM)、分子动力学(MD)、蒙特卡洛(MC)、介观动力学(MesoDyn)和耗散粒子动力学(DPD)、统计方法、QSAR 等多种先进算法和 X 射线衍射分析等仪器分析方法。在材料、化学及物理学等方面的应用非常广泛，为解决科学研究中的许多重要问题提出了新的思路。该系统支持多种操作平台，如 Windows、Linux 等，方便了材料及化工领域的研究者进行三维建模，并对其进行了仿真，并对其进行了性能分析。Materials Studio 软件不仅拥有优异的操作界面，快捷实现模型搭建、参数设定以及结果的可视化分析，而且融合多种模拟方法，整合多种功能模块，实现从电子结构解析到宏观性能预测的全尺度科学研究。同时，由于 Materials Studio 在材料仿真方面的领先地位，使得科研工作者始终走在科技的最前沿。本章将主要介绍 Materials Studio 软件中 DMol3 模块。

## 2.3 DMol3 模块

DMol3 模块可以模拟有机和无机分子、分子晶体、共价固体、金属固体、无限表面和溶液等过程及性质，应用于化学、材料、化工、固体物理等许多领域，研究分处子结构、分子反应、均相催化、多相催化等。

DMol3 目前可以执行几种不同的任务：Single-point energy calculation(单点能计算)；Geometry optimization(几何优化)；Molecular dynamics(分子动力学)；Transition-state search(过渡态搜索)；Transition-state optimization(过渡态的优化)；Transition-state confirmation(过渡态的确认)；Elastic constants calculations(弹性常数计算)；Reaction kinetics calculations(反应动力学计算)；Electron transport calculations(电子输运计算)。每种计算都可以进行设置，从而产生特定的化学和物理性质。

另一种任务(称为性质计算)可重新启动已完成的任务，以计算原始运行时的未计算的其他性质。

运行 DMol3 计算有许多步骤，可进行如下方式分组：

**Structure definition(结构定义)**：必须指定包含要计算系统的 3D 原子文档。构建结构有许多方法：分子在 Materials Visualizer(材料可视化)中可使用草图方法来构建；聚合物可在材料可视化中使用 Polymer Builder(聚合物生成器)构建；3D(三维)周期性结构可使用材料可视化来构建晶体；纳米结构可使用材料可视化中 Nanostructure Builder(纳米结构生成器)来制备；现有的结构可使用 Materials Visualizer sketching tools(材料可视化工具草图工具)进行修改；结构可从现有结构文件导入。

在过渡状态计算的情况下，需要包含反应序列的 3D Atomistic Trajectory document(3D 原子轨迹文档)作为输入文档。使用上面列出的方法在两个独立的 3D

Atomistic 文档中定义反应物和产物的结构，然后使用 Reaction Preview(反应预览)工具生成轨迹。

DMol3 只能用于对分子和 3D 周期性结构(晶体)进行计算。在 DMol3 中不能使用具有 2D(二维)周期性(表面)的结构。

**Calculation setup(计算设置)**：一旦定义了合适的3D 结构文档，则需要选择要执行的计算类型并设置相关参数。例如，在过渡状态搜索的情况下，这些参数包括搜索协议和收敛阈值。最后，应该选择要运行计算的服务器，并启动 job(工作)。

**Analysis of the results(结果分析)**：当计算完成时，与该任务相关的文件将返回到客户端，并显示在 Project Explorer 中。DMol3 Analysis(DMol3 分析)对话框上的工具可计算结果进行可视化分析。

## 2.3.1 DMol3 Task(任务)具体操作

首先从菜单栏中选择 Modules | DMol3 | Calculation(模块 | DMol3 | 计算)，显示 DMol3 Calculation(DMol3 计算)对话框；然后，选择 Setup(设置)；最后，从 task 下拉菜单中选择所要求的 DMol3 task。

### 2.3.1.1 Setup(设置)

选择 Setup 选项卡，如下图所示。

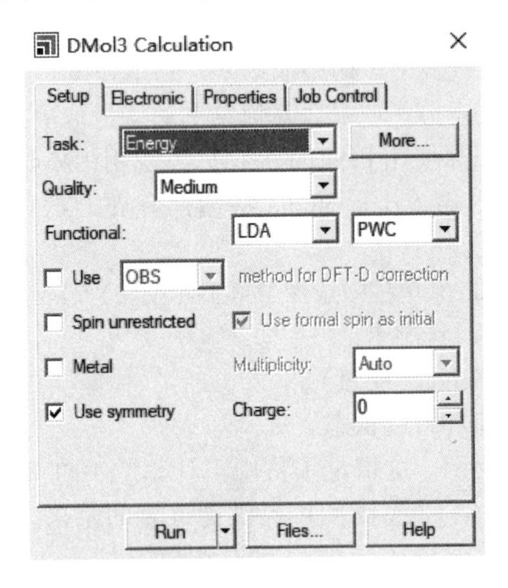


1. Task(任务)

从下拉列表中选择 DMol3 任务，包含：Energy(能量)、DMol3 Geometry Optimization(几何优化)、DMol3 Dynamics(动力学)、DMol3 Transition State Search(过渡态搜索)、DMol3 TS Optimization(过渡态优化)、DMol3 TS Confirmation(过渡态确认)、DMol3 Elastic Constants(DMol3 弹性常数)等。

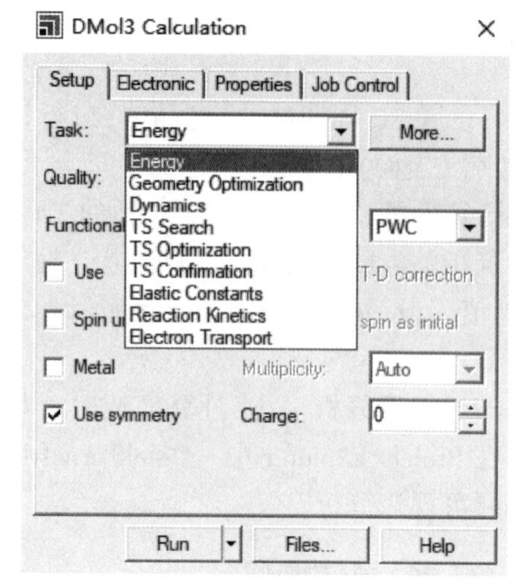


**(1) Energy(能量)**

分子或晶体的“总能量”是指使用方程 DFT-8 或方程 DFT-12 计算的特定原子排列的能量。认为能量的零点是所有电子和核的无限分离，所以对应于束缚态，总能量通常是负的。这个量不应该与“binding energy(结合能)”混淆，“结合能”是分离单个原子所需的能量。这两个量都在 DMol3 输出文件中出现。

DMol3 中的能量默认单位是 Hartree(Ha)或原子单位(au)，相当于627.5kcal/mol。通过比较不同系统的总能量，可以计算许多具有化学意义的性质，例如：反应热、能量势垒、构型能量差、黏结强度、吸附能，建立计算。

通过 DMol3 计算特定分子或晶体几何结构的能量取决于许多计算参数。当比较能量时，每个系统必须使用相同的参数。当使用 DMol3 Calculation(DMol3 计算)对话框设置计算时，Materials Studio 将选择合理的默认值，因此没有必要对这些参数进行新的设置。

① 从 Materials Studio 菜单栏中选择 Modules(模块) | DMol3 | Calculation (计算)。

② 打开 Setup(设置)选项卡。

③ 把任务设定为 Energy(能量)。

④ 设置系统的电荷和自旋状态。

⑤ 设置交换相关泛函。这指定了将用于计算的 DFT 的泛函。通常，LDA 泛函可进行更快的计算，但 GGA 泛函可提供更可靠的结果。对于任何涉及能量比较的计算，推荐使用 GGA 泛函。

⑥ 如果需要 basis set superposition error(BSSE)基组叠加误差计算，请单击 More…打开 DMol3 Energy(DMol3 能量)对话框并准备适当的原子集合。

⑦ 选择 Electronic 选项卡中计算的电子参数。在 Setting up electronic options 中讨论了最重要的选择。

⑧ 设置基组。这控制了用于描述每个分子轨道的原子轨道数。DMol3 中使用

的数值基集提供了一种平衡计算成本和精度的方法。

⑨ 在 Job Control 选项卡上选择适当的选项。指定的最重要的选项是网关位置，或者计算服务器的名称。

⑩ 点击 Run 按钮。

**（2）DMol3 Geometry Optimization（几何优化）**

在构建分子或晶体结构之后，通常需要对其进行细化，以使其达到稳定的结构。细化过程被称为优化，它是一种迭代过程，其中调整原子的坐标，使得结构的能量达到一个驻点，即原子上的力为零的点。

可以要求能量最小化，在能量超曲面上搜索相对最小值。与此结构相对应的几何结构应该与处于平衡状态的系统的实际物理结构非常相似。还可以对过渡状态执行优化。在其他地方搜索过渡状态。进行几何优化的步骤有：

① 从菜单栏中选择 Modules（模块）| DMol3 | Calculation（计算）。

② 打开 Setup 选项卡。

③ 将任务设置为 Geometry Optimization（几何优化）。

④ 如果需要，通过选择 More…按钮选项设置其他的选项来生成 DMol3 Geometry Optimization（DMol3 几何优化）对话框。通常，默认选项将产生适当的结果。

⑤ 点击 Run 按钮。

当几何优化需要高精度时，请在 Geometry Optimization（几何优化）对话框中将“Quality（质量）”设置为“Fine”。此外，建议在 Electronic 选项卡上将集成精度和 SCF 收敛都设置为 Fine。DMol3 几何优化运行产生的 Hessian 文件不能用于获得振动频谱。

**DMol3 Geometry Optimization（几何优化）计算 More 选项框**

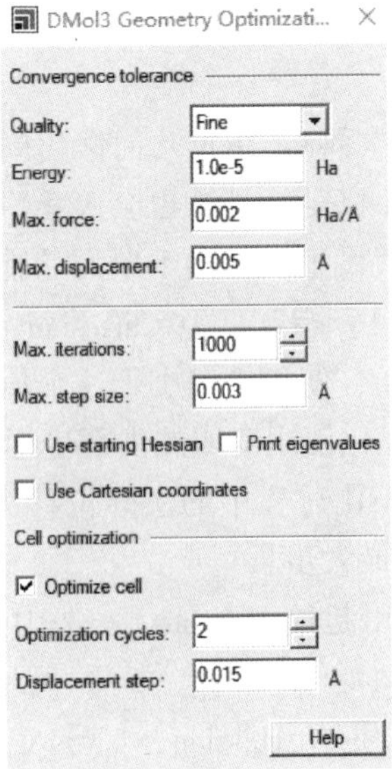

DMol3 Geometry Optimization(DMol3 几何优化)对话框可在 DMol3 Geometry Optimization DMol3 几何优化任务中对控制模拟的参数进行设置和显示。

**Quality(精度)**：设置优化周期间的 energy change(能量变化)、maximum force(最大力)和 maximum displacement(最大位移)的几何优化收敛阈值。当沿着位移或梯度准则满足能量收敛时，优化将停止。如果计算的初始梯度低于阈值，则优化将成功停止，它将不需要进行单个步骤，也不需要比较位移和能量。有三组收敛阈值：Coarse、Medium 和 Fine。

每组中的收敛阈值在下表中给出：

| Value | Coarse | Medium | Fine |
|---|---|---|---|
| Energy(Hartree) | $1\times10^{-4}$ | $2\times10^{-5}$ | $1\times10^{-5}$ |
| Max. force(Hartree Å$^{-1}$) | 0.02 | 0.004 | 0.002 |
| Max. displacement(Å) | 0.05 | 0.005 | 0.005 |

或者，可以独立地指定 Energy(能量)、Max. force(最大力)和 Max. displacement(最大位移)阈值。如果为这些设置中的任何设置输入自己的值，那么在 DMol3 Geometry Optimization(DMol3 几何优化)对话框和 DMol3 Calculation(DMol3 计算)对话框的 Setup 选项卡上，精度(Quality)都会显示为 Custom。

Energy(能量)：在几何优化过程中，最大能量变化的收敛阈值，单位：Hartree。

Max. force(最大力)：在几何优化过程中，最大力的收敛阈值，单位：Hartree Å$^{-1}$。

Max. displacement(最大位移)：在几何优化过程中，最大位移的收敛阈值，单位：Å。

Max. iterations(最大迭代次数)：指定几何优化周期的最大数目。如果达到这个周期数，则即使收敛准则不满足，计算也会停止。

这些收敛公差和最大迭代设置仅应用于单元晶胞中的原子坐标优化。

**Max. step size(最大步长)**：指定任意 Cartesian coordinate(笛卡尔坐标)的最大允许变化量。几何位移截断，使得它们小于这个值。这可防止优化过程采取不合理的步骤。DMol3 中默认优化使用离域的内部坐标，最大 Cartesian 步长不能直接应用于该方法。如果在最小化过程中的实际位移太大，并引起最大能量变化，这时应该降低 Max. step size(最大步长)。

**Use starting Hessian(使用起始 Hessian)**：选中后，表明与当前模型关联的 Hessian 将在新计算中作为初始 Hessian。如果不选中，最小化开始时不考虑 Hessian。可以从几个来源获得起始 Hessian，如导入 Hessian 文件。当激活对称性时，不可能在 DMol3 中使用起始 Hessian 进行几何优化。

**Optimize cell(优化单元)**：当选中时，表明除了原子坐标外，晶胞参数将在几何优化期间优化。默认=未选中。只有当前工作文档包含周期性结构时才启用此选项。如果这是禁用或未选中时，那么 Optimization cycles(优化周期)和 Displacement step(位移步骤)是不可用的。单位晶胞优化要求晶胞向量中许多小变化和每个位移中局部优化。

**Optimization cycles(优化周期)**：确定晶胞优化步数的数量。

**Displacement step(位移步长)**：晶胞矢量位移的大小。

**(3) DMol3 Dynamics(动力学)**

DMol3 中的分子动力学允许通过求解牛顿经典运动方程来模拟结构中的原子在计算力的影响下如何随时间移动，该方程在适当情况下被修改以考虑温度对系统的影响。在进行 DMol3 分子动力学计算前，应该选择热力学系综和设置相关的参数，指定模拟时间，并输入进行模拟的温度。

**Selecting the thermodynamic ensemble(热力学系综的选择)**

积分牛顿的运动方程允许探索系统的恒定能量面(NVE 动力学)。然而，大多数自然现象发生在系统与环境进行热交换的条件下。这些条件可以使用 NVT 系综[Gaussian 高斯、Nosé-Hoover 或(massive) generalized Gaussian moments]来模拟。

**Defining the time step(定义时间步长)**

积分算法中的一个重要参数是 time step(时间步长)。为了最大限度地采用计算时间，应该使用一个大的时间步长。然而，如果时间步长过大，则会导致集成过程中的不稳定性和不准确性。通常，这表现为运动常数的系统漂移，但是它也可能由于步长之间的大能量偏差而导致 job 意外失败。

**Controlling the thermostat(恒温器的控制)**

NVT 系综的第二个重要参数是恒温器质量或弛豫时间步长的定义。对于 Nosé 型恒温器，这是通过定义恒温器质量与系统的期望动能之间的比率来实现的。对于两个广义高斯矩恒温器，这是通过定义时间标度来实现的，时间标度必须明显大于时间步长。

**Constraints during dynamics(动力学限制)**

DMol3 通过 Materials Studio 界面在分子动力学模拟期间支持两种类型的约束：内部坐标固定(距离、角度和扭转)和单个原子位置固定。

**进行 molecular dynamics calculation(分子动力学计算)**

- 要么从已有文件中导入结构，要么使用绘图工具或在 Materials Visualizer(材料可视化器)中构建晶体和纳米结构的工具构建新系统。

• 从菜单栏中选择 Modules(模块) | DMol3 | Calculation(计算)以显示 DMol3 Calculation(DMol3 计算)对话框。

• 选择 Setup(设置)选项卡，从 Task(任务)下拉列表中选择 Dynamics(动力学)。

• 设置计算 Quality(精度)。

• 如果希望自定义任何 job(任务)设置，请单击 More…(更多…)按钮显示 DMol3 Dynamics(DMol3 动力学)对话框并相应地更改参数。

• 从 Functional 泛函下拉列表中选择交换相关泛函。这指定了将用于计算的 DFT 泛函。一般来说，LDA 泛函产生更快的计算，但 GGA 泛函会产生更可靠的结果。对于任何涉及能量比较的计算，推荐使用 GGA 泛函。

• 如果希望执行 spin - unrestricted(自旋非限制)计算，请选中 Spin unrestricted 复选框，然后选中 Use formal spin as initial(使用正式自旋作为初始)复选框或从 Multiplicity(多重性)下拉列表中选择将执行计算的特定自旋状态。指定系统的 charge。

• 选择 Electronic 选项卡。设置 electronic parameters(电子参数)进行计算。在 Setting up electronic options(设置电子选项)时，讨论最重要的选项。

• 选择基组。这控制了用于描述每个分子轨道的原子轨道数。DMol3 中使用的 numerical basis sets(数值基组)提供了一种平衡计算成本和精度的方法。

• 选择 Properties(性质)选项卡。如果希望将系统的任何附加性质作为 DMol3 运行的一部分计算，请选中列表中的适当复选框，并根据需要设置相关参数。

• 选择 Job Control 选项卡，并从 Gateway(网关)位置下拉列表中选择运行 DMol3 job(任务)的服务器。如果需要，指定将提交 job 的队列。DMol3 将根据包含所研究系统的 3D 结构文档的名称自动为 job 进行命名。如果希望指定替代名称，请取消选中 Automatic(自动)复选框，并在 Job description(任务描述)文本框中输入新名称。

• 指定在并行运行计算的核心数。

• 点击 More…(更多…)按钮显示 DMol3 Job Control 选项对话框。选择要用于现场更新的文档，并在工作完成时设置 DMol3 的行为。

• 单击 Run(运行)按钮。

• 如果愿意，可以检查中间结果，以确保计算参数是合理的。

• Job 完成后，查看输出文件。然后可以分析结果。

在开始 MD 模拟时，应该在所研究的系统上进行几何优化，该运行应具有相同的参数(基集、泛函等)。如果系统不处于其平衡结构，则可能会存在大的波动和/或 MD 不收敛。

**DMol3 Dynamics(动力学)计算 More 选项框**

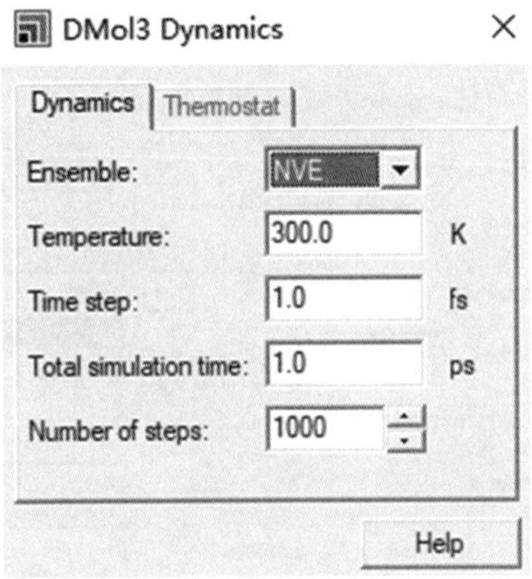

DMol3 Dynamics

Dynamics | Thermostat

Ensemble: NVE

Temperature: 300.0 K

Time step: 1.0 fs

Total simulation time: 1.0 ps

Number of steps: 1000

Help

Dynamics(动力学)选项卡可指定 molecular dynamics calculation(分子动力学)计算的主要参数，包括系综的选择、温度和运行长度。

**Ensemble(系综)**：选择用于动力学计算的热力学系综。可用选项如下：

NVE(默认)—固定体积和恒定能量下的动力学。

NVT—固定体积的与保持恒定的温度下的动力学。

**Temperature(温度)**：指定用于模拟的温度，单位：K。对于 NVE 系综，原子的初始随机速度是在该温度下的速率。默认值=300.0K。

**Time step(时间步长)**：为每个动力学步骤指定时间，单位：fs。这个值也决定总模拟时间。默认值=1.0fs。

**Total simulation time(总模拟时间)**：指定动力学模拟将运行的总时间，单位：ps。这个值也决定了步数。默认值=1.0ps。

**Number of steps(步数)**：指定的动力学的步数。这个值也决定总模拟时间。默认值=1000。

2. Quality(精度)

设定 DMol3 计算的总体精度。这种精度影响 basis set(基组)、k-point(k 点)和 SCF convergence criteria(SCF 收敛准则)，以及相关任务的收敛准则。可用选项如下：Coarse，Medium 和 Fine。这三种精度以更高的计算时间为代价提供越来越精确的信息。使用 Coarse 精度设置可快速评估计算，然后进行到更高的精度水平以获得更准确的结果。

精度设置影响控制模拟精度的所有相关任务参数。如果用户将任何参数设置为与总体精度级别指定值不同的值，则显示为 Customized。

3. Functional(交换相关函数)

选择用于计算的 DFT 交换相关电势的类型。从第一个下拉列表中选择泛函类型，然后从第二个下拉列表中选择特定的泛函。

(1) LDA

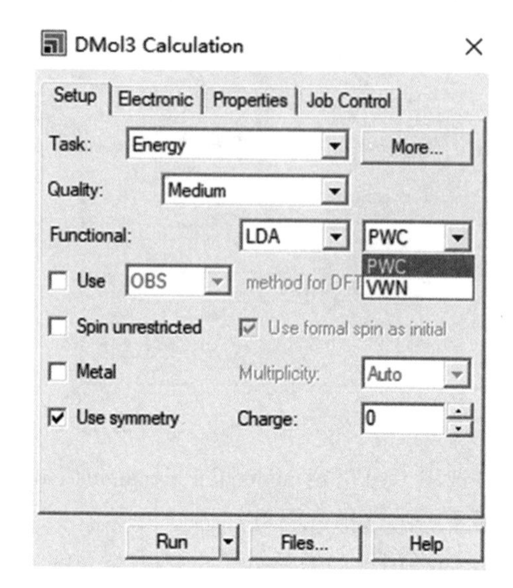


- LDA(局域密度近似)：
- PWC：Perdew and Wang，1992
- VWN：Vosko et al. ，1980

LDA 适用于下列情况：

① 电荷密度变化缓慢的体系，例如：金属；

② 电荷密度较高的体系，例如：过渡态；

③ 适用于大多数晶体结构。

LDA 不适用于下列情况：

① 电子分布体现出较强定域性，电荷密度分布不均匀的体系，例如，化学反应中的过渡态；

② 体系的束缚能的绝对值；

③ 禁带宽度的绝对值。

(2) GGA

- GGA(广义梯度近似)：
- PW91：Perdew and Wang，1992
- BP：Becke，1988；Perdew and Wang，1992
- PBE：Perdew et al. ，1996
- BLYP：Becke，1988；Lee et al. ，1988
- BOP：Tsuneda et al. ，1999
- VWN-BP：Vosko et al. ，1980；Becke，1988；Perdew and Wang，1992
- RPBE：Hammer et al. ，1999

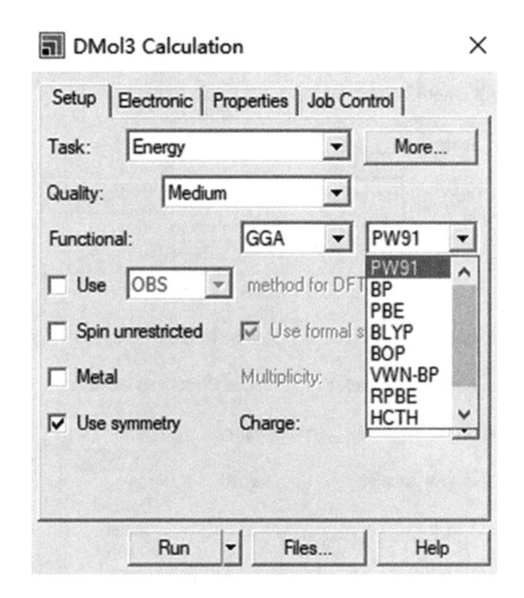


- HCTH：Boese and Handy，2001
- PBEsol：Perdew et al. ，2008

GGA 有效地克服了 LDA 在描述真实体系密度梯度变化剧烈的情况下的缺陷，大大改进了原子的交换和相关能的计算结果，这很大程度上提高了密度泛函理论方法的计算精度。

4. Use method for DFT-D correction(DFT-D 校正的使用方法)

当选中时，所选择的方法将用于色散校正。可用的选项有：

(1) TS 适用于 GGA(PBE 和 BLYP)和 B3LYP；

(2) Grimme 适用于 GGA(仅 PBE 和 BLYP)、B3LYP 和 m-GGA(仅 TPSS)；

(3) OBS 适用于 GGA(PW91)和 LDA。

所选的选项将自动更新 DMol3 Electronic(电子)选项对话框的 DFT-D 选项卡上的 Use custom DFT-D(使用自定义 DFT-D)参数设置。

5. Spin unrestricted(自旋非限制)

当选中时，表明对于不同的自旋将使用不同的轨道进行计算。这称为 spin-unrestricted(自旋非限制)或 spin-polarized(自旋极化)的计算。如果不选中，计算使用相同的轨道 alpha(α)和 beta(β)自旋。这被称为“自旋限制”或“非自旋极化”的计算。默认=未选中。

6. Use formal spin as initial(初始自旋状态设定)

当选中时，表明每个原子的未配对电子数量的初始值将取自为每个原子引入的正式自旋。在计算过程中，这个起始值随后在计算中进行优化。默认=选中。只有在选中 Spin unrestricted(自旋非限制)复选框时才能启用此选项。

7. Multiplicity(自旋多重性)

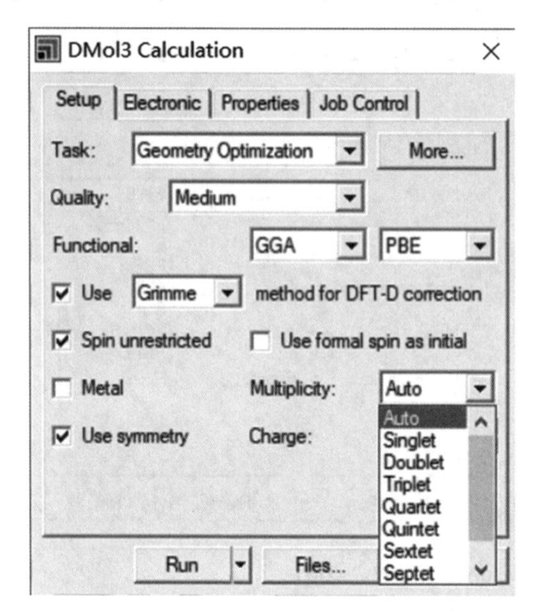


从下拉列表中选择 multiplicity(多重性)，以执行特定自旋状态的计算。可用选项如下：Auto(自动)、Singlet(单)、Doublet(偶)、Triplet(三)、Quartet(四)、Quintet(五)、Sextet(六)、Septet(七)、Octet(八)。

当选中 Auto 时，DMol3 将尝试通过执行 spin-unrestricted(自旋非限制)的计算来确定基自旋状态。只有在选中 spin-unrestricted(自旋非限制)复选框并且未选中 Use formal spin as initial(初始自旋状态设定)复选框时，才启用此选项。

指定自旋状态有一个限制：不可能强制 DMol3 执行 unrestricted singlet(非限制的单例)计算。如果选中 Spin unrestricted 复选框并将 Multiplicity 设置为 Singlet，则结果与使用自动设置时相同。

在周期系统的情况下，multiplicity(多重性)指的是单个单元晶胞中电子的自旋状态。

8. Metal(金属)

当选中时，这表明该系统是金属的，需要热拖尾效应和布里渊区的密集采样。当未选中时，默认使用的 k 点分离较粗，不使用拖尾。默认=未选中。此选项仅适用于周期性系统。

9. Use symmetry(使用对称性)

当选中时，表示在计算中应使用对称信息。涉及过渡态搜索或确认的 Molecular dynamics simulations(分子动力学模拟)或 calculations(计算)不能使用对称信息。默认=选中。

由于 DMol3 服务器强制的对称性管理单元，在 DMol3 calculation（DMol3 计算）中获得的总能量和其他性质在设置为 on（打开）和关闭（off）的 Use symmetry（使用对称性）之间可能略有不同。在高度对称的分子体系中，这种数值效应值得注意。

当 Functional（泛函）设置为 B3LYP 或 Task（任务）设置为 Dynamics（动力学）、TS Search（TS 搜索）、TS Confirmation（TS 确认）、Reaction Kinetics（反应动力学）或 Electron Transport（电子传输）时，Use symmetry（使用对称性）复选框不可用。在这些情况下，将不能使用对称性。

10. Charge（电荷）

指定分子或单位晶胞的总电荷。

DMol3 可以使用分数电荷进行操作，但是只能通过手动编辑 DMol3 input（DMol3 输入）文件来指定非整数电荷。

当 Task（任务）设置为 Electron Transport（电子传输）时，Spin（自旋）和 Charge（电荷）控制被禁用。

#### 2.3.1.2 Electronic（电子）

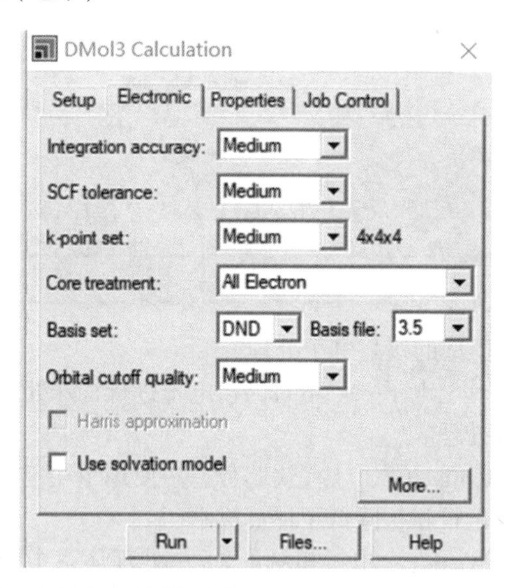


Electronic（电子）选项卡允许设置与 electronic Hamiltonian（电子哈密顿）相关的参数。

1. Integration accuracy（数值积分精度）

指定在哈密顿量的数值积分中使用的精度。可用的选项是：Coarse、Medium、Fine。Medium 选项在计算中对每个原子使用大约 1000 个网格点。

2. SCF tolerance（SCF 迭代误差）

指定用于确定 SCF 是否收敛的阈值。选项和相关的收敛阈值是：Coarse =

$10^{-4}$，Medium = $10^{-5}$，Fine = $10^{-6}$。Customized 选项也是可用的。控制这个选项的参数可以使用 More…按钮。

3. k-point set（$k$ 点集）

定义用于在倒易空间中积分波函数的积分点的数目（布里渊区抽样取点的数目）。可用选项如下：Gamma—a single point，Coarse，Medium 和 Fine。更详细的控制可在 DMol3 Electronic（DMol3 电子）选项对话框中获得。$k$ 点控制仅对周期性系统有效。计算时，同一系列体系需要使用相同的格点间隔。

4. Core treatment（核处理）

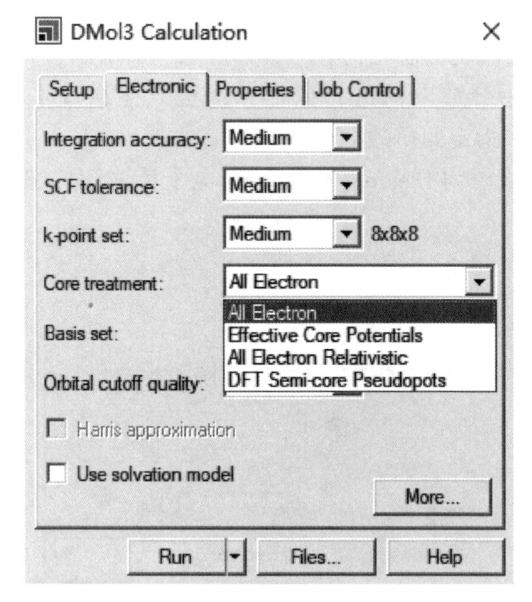


DMol3 中有四种类型的核心电子处理：

All Electron（默认）全电子——不对内核电子进行特殊处理，所有的电子都包含在计算体系中进行处理。

Effective Core Potentials（ECP）有效芯势——使用单个有效势替代内核电子，内核处理中引入相对论校正，降低了计算成本。

All Electron Relativistic（全电子相对论）——处理体系中的所有电子并在内核电子的处理中引入相对论效应。这是最准确和最昂贵的选项。

DFT Semi-core Pseudopots（DSPP）DFT 半核赝势——使用单个有效势替代内核电子，内核处理中引入相对论校正，降低了计算成本。DSPPS 将某种程度的相对论修正引入核心中。这些是基于 DFT 的电势。

注：ECP 和 DSPP 都是对 21 号以后的重元素进行处理，DSPP 特别针对 DMol3 模块开发，而 ECP 则来源于 Hartree-Fock 势。对于 meta-GGA 交换相关泛函，不能使用 ECP 和 DFT DSPP 这两种核处理。

5. Basis set(基组)

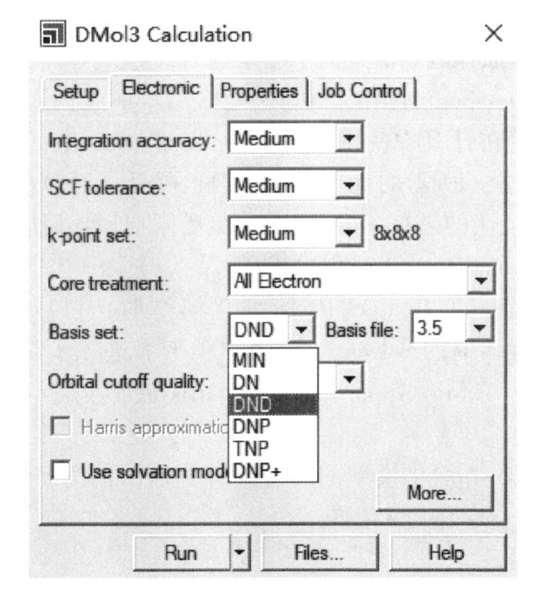


指定计算中使用的原子轨道基组。可用选项如下：MIN，DN，DND，DNP，TNP，DNP+。

（1）Min——一个数值轨道基组；

（2）DN——双数值轨道基组；

（3）DND——双数值轨道基组+d 轨道极化函数；

（4）DNP——双数值轨道基组+轨道极化函数。氢原子加入了 p 轨道函数极化。

（5）TNP——三数值轨道基组+轨道极化函数。所有原子加入了极化函数。

目前只使用 H 到 Cl 的元素(He 和 Ne 除外)。

6. Basis file(基文件)

指定要使用的基组文件的版本：3.5 和 4.4。

当 Basis 设置为 TNP 时，无法选择 Basis 文件，因为有自己的自定义基础文件。

当 Basis 集设置为 DNP+时，无法选择 Basis 文件，因为此集仅对版本 4.4 可用。

7. Orbital cutoff quality(轨道截断精度)

指定原子基组的有限范围截断。轨道截断精度决定有限范围截断的大小，并且取决于轨道截断方案。可用选项如下：Coarse，Medium，和 Fine。也可选用 Customized 的选项。控制这个选项的参数可以使用 More…(更多…)按钮。

原子轨道在离原子中心的距离为零。降低截断值可减少计算所需的计算时间，但是引入了较大的近似值。截断值必须介于 3.25Å 和 20Å 之间。使用过小或过大的截断值可能导致在 SCF 或几何优化计算期间不能收敛。推荐的最小截断值是 coarse 列表中的推荐值。最大值不应超过 20Å。

8. Harris approximation（Harris 近似）

当选中时，指定在计算中使用 Harris non-self-consistent approximation（非自洽近似）。这大大减少了所需的计算时间，但也降低了计算的精度。Harris 近似只适用于使用 LDA 泛函的 spin-restricted（自旋受限）计算，而不存在溶剂效应。

9. Use solvation model（使用溶剂化模型）

当选中时，指定将使用 COSMO 溶剂化模型时，可以在 DMol3 Electronic（DMol3 电子）选项对话框的 Solvent（溶剂）选项卡上进一步设置相关的细节。当使用溶剂化模型时，Harris Approximation（Harris 近似）是不可用的。默认＝未选中。

对于使用 COSMO 溶剂化模型的所有计算，返回名为<seedname>Sigma Profile.xcd 的 COSMO Sigma Profile 绘图。

10. More…（更多…）

打开 DMol3 Electronic（DMol3 电子）选项对话框，该对话框提供对电子哈密顿量相关参数的更详细控制。

（1）SCF 选项卡

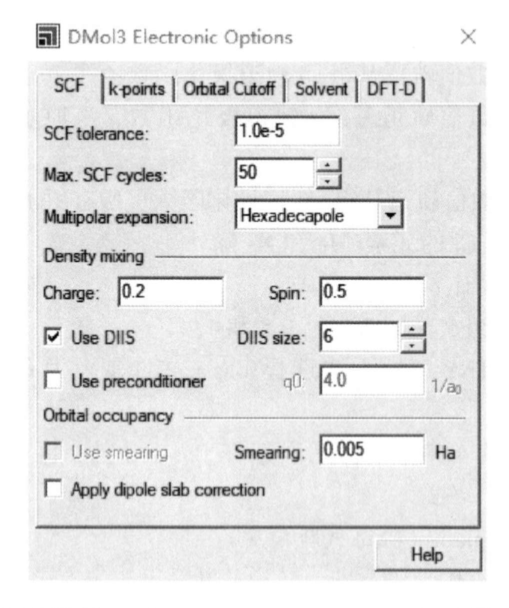


SCF 选项卡允许对计算中 electronic minimization（电子最小化）进行更详细的控制。下面将介绍部分功能。

**SCF tolerance（SCF 收敛）**：指定 SCF 密度收敛的阈值。当 DIIS 密度误差矩

阵的最大分量小于该值时，认为 SCF 过程收敛到最小。这将覆盖 Electronic(电子)选项卡上指定的 SCF 收敛设置，将设置更改为 Customized(自定义)。

**Max. SCF cycles(最大 SCF 循环)**：指定用于能量计算的 SCF 迭代的最大数目。如果 SCF 在指定的迭代次数之后没有收敛，则计算将终止。

**Multipolar expansion(多极展开)**：指定用于多极表示电荷密度的最大角动量函数。可用的选项有：Monopole，Dipole，Quadrupole，Octupole 和 Hexadecapole。对于半占据 d 电子的元素，必须选择多极展开的 Hexadecapole。

**Density mixing**：Density Mixing 参数控制体系中，如何根据特征方程来如何构造新的电子密度。在整个体系中，通过加入阻尼振荡来确保整个体系的平滑收敛。

**Use smearing(使用拖尾)**：当选中时，表明热拖尾将应用于轨道占领，以加快收敛。

**Smearing(拖尾)**：指定拖尾参数的值，单位：Hartree。只有当选中 Use smearing 时，才能使用 Smearing。

Smearing 参数允许电子在所有轨道中按照指定的能量差 $\Delta E$ 进行拖尾。类似于物理上的热占位现象。此方法能够通过允许轨道弛豫而大大加速 SCF 迭代的收敛速度。会导致虚轨道与占据轨道进行混合，因此，会有一些轨道出现分数占位。

**(2) k-points(k 点)选项卡**

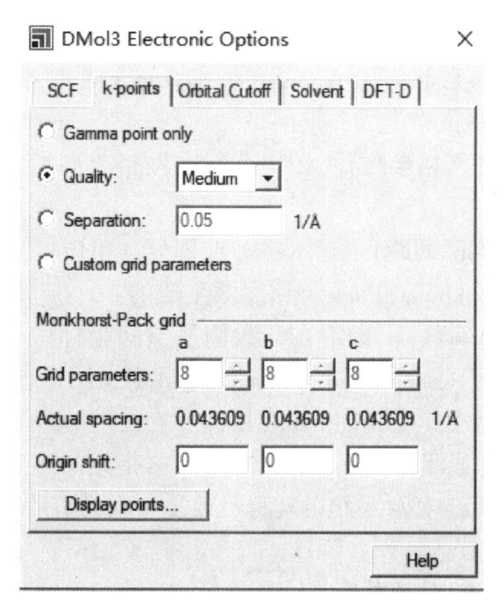


k-points(k 点)选项卡允许对计算中使用的 k 点基组进行更详细的控制。

在计算中使用的 Monkhorst-Pack k 点网格可以用几种方式来指定。对于立方晶胞和六晶胞的 C 方向，Monkhorst-Pack 方案中的奇偶网格给出了相同数量的 k

点。然而，偶数网格提供更好的采样，并且总是在这些条件下自动使用。这确保了在(或小于)指定目标处具有k点分离的良好网格。因此，这种晶格可能具有比所要求的更精细的分离，因为排除了奇数网格——即使它们更接近指定的分离，并且优选采用更好的偶数网格。

**Gamma point only(只有Γ点)**：当选择时，表明在(0，0，0)的单个k点将用于状态密度计算。

**Quality(精度)**：当选择时，指示将使用适合于指定精度级别的k点分离来生成k点网格。从下拉列表中选择所需的精度级别。可用的选项是：Coarse，Medium和Fine。与三个Quality设置相关联的k点分隔取决于是否选中了Setup选项卡上的Metal复选框，并且如下所示：

| Quality | k-point separation($Å^{-1}$) Metal checked | Metal unchecked |
|---|---|---|
| Coarse | 0.07 | 0.1 |
| Medium | 0.05 | 0.08 |
| Fine | 0.04 | 0.07 |

**Separation(分离)**：当选择时，指示将根据指定的k点分离生成k点网格。在相关文本框中指定k点分离，单位：$Å^{-1}$。当选择Separation选项时，将导出Monkhorst-Pack参数，以给出相邻网格点之间的指定分离。

**Custom grid parameters(自定义网格参数)**：当选择时，指示将分别使用Monkhorst-Pack网格参数和Grid parameters和Origin shift文本框中指定的分数倒易空间坐标中的原点移位来生成k点网格。

**Grid parameters(网格参数)**：指定在每个网格方向指定Monkhorst-Pack网格参数。

**Actual spacing(实际间距)**：显示在k点划分，单位：$Å^{-1}$，它是由每个晶格方向上当前指定的Monkhorst-Pack网格参数生成的。

**Origin shift(原点偏移)**：指定在分数倒易空间坐标中Monkhorst-Pack网格的偏移。只有在选择了Custom grid parameters(自定义网格参数)选项时，才启用Grid parameters(Grid参数)和Origin shift控件。

**Display points…(显示点…)**：显示使用当前指定的参数生成的倒易空间网格点的数量和分数坐标。如果系统的对称性改变，在计算中使用的实际的k点基组可以发生改变。

**(3) Orbital Cutoff(轨道截断)**

Orbital Cutoff(轨道截断)选项卡允许设置控制原子轨道截断的更详细的参数。

**Orbital cutoff scheme(轨道截断方案)**：指定轨道截断值是如何确定的。可用选项如下：

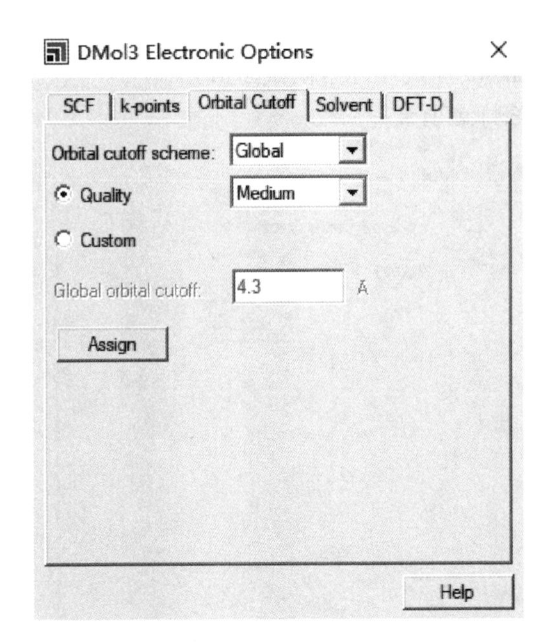


Global(全局)——基于所选的 Quality(精度)设置或指定的 Custom(自定义)截断值确定截断值。

Use current(使用当前)——使用分配给原子的 Orbital Cutoff Radius property(轨道截断半径性质)的值。

**Quality(精度)**：当选择时，表明将使用适合于指定精度水平的 global orbital cutoff(全局轨道截断)。从下拉列表中选择所需的精度级别。可用选项如下：Coarse、Medium 和 Fine。

**Custom(自定义)**：当选择时，表明将使用 Global orbital cutoff 文本框中指定的值。这将覆盖 Electronic 选项卡上指定的 Orbital cutoff quality 设置，并将设置更改为 Customized。只有在从 Orbital cutoff 方案下拉列表中选择了 Global 选项时，才启用 Quality 和 Custom 控件。

**Global orbital cutoff(全局轨道截断)**：在全局轨道截断值中指定一个值，单位：Å。

只有在为 global orbital cutoff 方案选择 Custom 选项时，才启用 Global orbital cutoff 控制。

**Assign(分配)**：使用指定的 Global orbital cutoff parameter(全局轨道截断参数)将 Orbital Cutoff Radius property 分配给当前结构中的选定原子(或者如果没有选定则分配给所有原子)。然后，这些指定的值可以与 Use current(使用当前)轨道截断方案结合使用。只有在从 Orbital cutoff 方案下拉列表中选择了 Global 选项时，才启用 Assign 按钮。

对于每个系统，当系统中特定于每个元素的所有截断值的最大值时，能够选择 global real space cutoff(全局实际空间截断值)。

**(4) Solvent(溶剂)选项卡**

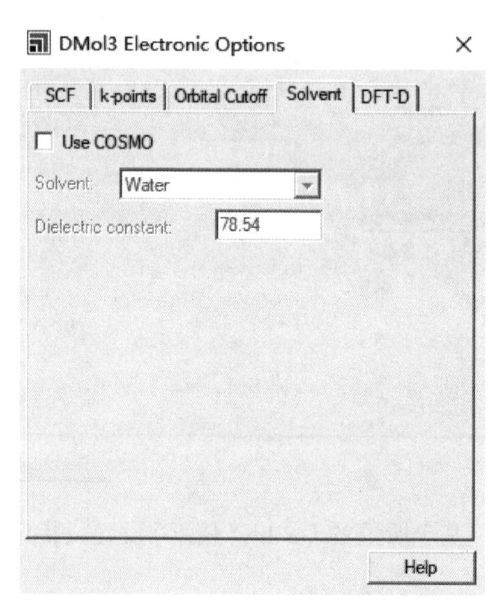


Solvent(溶剂)选项卡允许设置计算中要模拟溶剂环境。

**Use COSMO(使用 COSMO)**：当选中时，表明 conductor-like screening model(COSMO)导体样筛选模型，它将用于模拟溶剂环境进行计算。对于使用 COSMO 溶剂化模型的所有计算，返回名为 <seedname> Sigma Profile. xcd 的 COSMO Sigma Profile 绘图。

**Solvent(溶剂)**：从下拉列表中选择一种溶剂作为溶剂环境进行计算。可供选择的有：Acetone(丙酮)、Acetonitrile(乙腈)、Benzene(苯)、Carbon tetrachloride(四氯化碳)、Chloroform(氯仿)、Diethyl ether(乙醚)、Dimethyl sulfoxide(二甲基亚砜)、Ethanol(乙醇)、Methanol(甲醇)、Methylene chloride(二氯甲烷)、*n*-hexane(正己烷)、*n*-hexadecane(正十六烷)、Nitrobenzene(硝基苯)、Pyridine(吡啶)、Water(水)。

当选择溶剂时，Dielectric constant field(介电常数场)将自动更新为适当的值。如果介电常数参数设置为与所选溶剂指定值不同的值，则溶剂显示为 Customized(自定义)。

**Dielectric constant(介电常数)**：指定溶剂介电常数的值。当从溶剂下拉列表中选择溶剂时，此参数将自动更新为适当的值，但是，也可以输入要自定义的值。只有当使用 COSMO 复选框时，才启用 Solvent(溶剂)和 Dielectric constant(介电常数)控制。

(5) DFT-D 选项卡

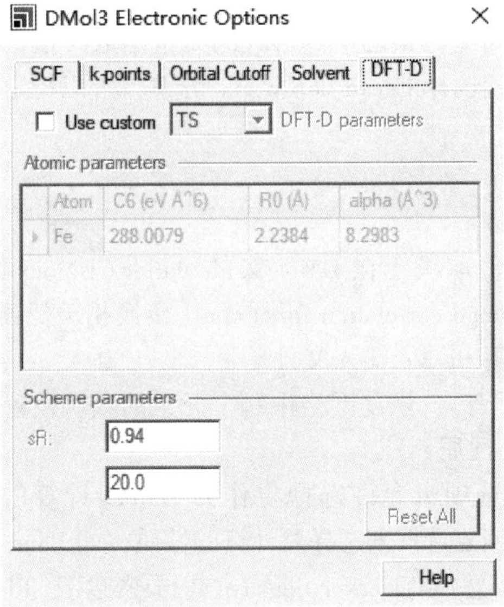

DFT-D 选项卡允许设置 van der Waals dispersion corrections(范德瓦尔斯色散校正)的自定义参数。这可以包括通常不支持的交换泛函的 DFT-D 校正的定义、对额外元素的支持或更改现有参数的定义。

**Use custom DFT-D parameters(使用自定义 DFT-D 参数)**：指定是否使用 custom DFT-D(自定义 DFT-D)参数。选中此复选框后，从下拉列表中选择要使用的 van der Waals 方案，选项为：TS、Grimme、OBS。所选的选项将自动更新 DMol3 Calculation(DMol3 计算)对话框的 Setup(设置)选项卡上的用于 DFT-D correction(DFT-D 校正)设置的使用方法。

**Atomic parameters(原子参数)**

此表允许编辑每个原子物种的 dispersion correction parameters(色散校正参数)。参数的类型和数量取决于所选择的 DFT-D 方案。能量的单位是 eV，长度的单位是 Å。可用列为：

**Atom**：定义每个可编辑的原子。

**C6(eV $Å^6$)**：TS 和 Grimme 方案中可用值。

**R0(Å)**：TS 和 Grimme 方案中可用值。

**alpha($Å^3$)**：TS 和 OBS 方案中可用值。

**I(eV)**：OBS 方案中可用值。

**Rvdw(Å)**：OBS 方案中可用值。

在目前活跃的上市工作文档中唯一的元素在原子参数表中给出。

每一个方案包括 radius 半径(TS 和 grimme 中 R0，OBS 中 Rvdw)，没用活动

的元素半径必须为非零值。

**Scheme parameters(方案参数)**

方案参数是定义每个方案的泛函形式的无量纲数。根据为 custom DFT-D(自定义 DFT-D)参数设置选择的 van der Waals 方案，可以指定的方案参数是：

- TS：sR，d
- Grimme：s6，d
- OBS：lambda，n

这些参数的默认值取决于在 DMol3 Calculation(DMol3 计算)对话框的 Setup 选项卡上选择的 exchange correlation functional(交换相关泛函)。两个方案参数必须非零，以便开始计算和写入输入文件。

**Reset All(重置所有)**：恢复网格中每个元素的默认设置。

#### 2.3.1.3 Properties(性质)

Properties(性质)选项卡允许选择将作为 DMol3 计算的一部分计算的性质。通过选择列表中的适当复选框来选择要计算的性质，如 Band structure(能带结构)、Density of states(态密度)、Electron density(电子密度)、Electrostatics(静电学)、Frequency(频率)、Fukui function(Fukui 函数)、Optics(光学)、Orbitals(轨道)、Population analysis(布居分析)，DMol3 Grid Parameters(DMol3 网格参数)对话框。

下面将介绍部分性质。

1. Band structure(能带结构)

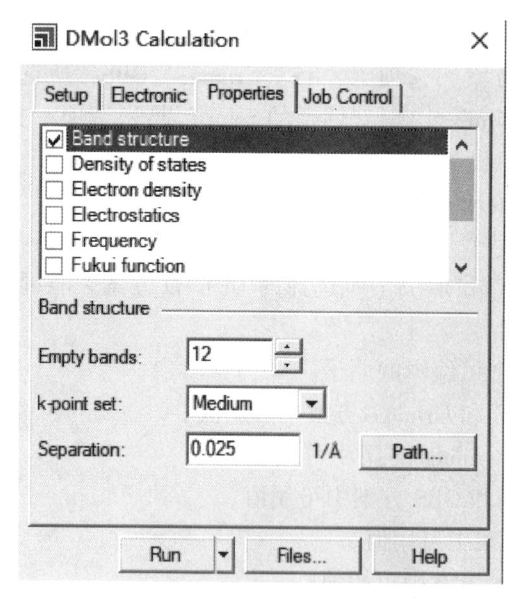


选中 Properties(性质)选项卡上的 Band structure 能带结构复选框，将显示用于控制能带结构计算的选项。

**Empty bands(空带)**：指定要包括在能带结构计算中的空带的数量(除了占用带之外)。

**k-point set($k$ 点集)**：指定用于能带结构计算的 $k$ 点集的精度。每个精度对应于倒易空间路径上的连续 $k$ 点之间的特定近似分离。

| Quality | k-point separation($Å^{-1}$) |
|---|---|
| Coarse | 0. 04 |
| Medium | 0. 025 |
| Fine | 0. 015 |

**Separation(分离)**：指定 $k$ 点之间的近似分离，单位：$Å^{-1}$。默认值取决于选定的 $k$ 点集。

**Path…(路径…)**：提供对 Brillouin Zone Path(布里渊区路径)对话框的访问，该对话框允许设置用于能带结构计算的倒易空间路径。

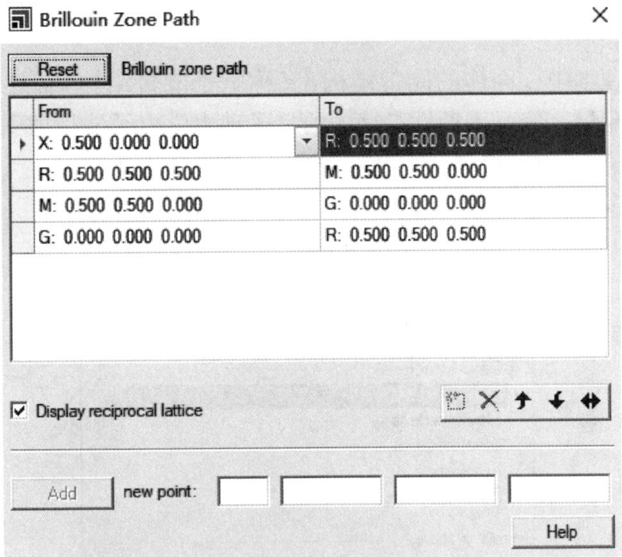

Brillouin Zone Path(布里渊区路径)对话框显示关于当前结构的布里渊区和路径的信息。Brillouin 区域路径的倒易晶格的显示样式可以在 Display Style(显示样式)对话框的 Reciprocal(倒易)选项卡上修改。

**Reset Brillouin zone path(重置布里渊区路径)**：将 $k$ 点路径重置为当前结构的默认路径。如果工作文档不是三维周期，则不可用。

**Create Brillouin zone path(创建布里渊区路径)**：为当前结构创建默认路径的 $k$ 点路径。只有当工作文档包含没有路径的三维周期系统时才可用。网格的每一行对应于路径的片段，显示对称选项卡、片段的起点和终点以及划分的数目。

可以添加和删除路径段，可以改变片断的顺序，并且可以使用网格下方的工具栏上的按钮来反转片断的方向。

Add path segment（添加路径段）：将选定的路径段复制到网格底部的新行。

× Delete path segment（删除路径段）：从网格中删除选定的行。

Earlier in path（向前移动路径）：将选定行向网格中前面行移动。

Later in path（向后移动路径）：将选定行向网格中后面行移动。

Reverse path segment（反转路径段）：转换所选路径段的起点和终点的坐标和对称性。

**Display reciprocal lattice（显示倒易点阵）**：当选中时，将显示倒易点阵。

**Add new point（添加新点）**：允许指定自定义点的选项卡和坐标，并将其添加到 Brillouin 区域。相关的位置分别是：Brillouin 区点位置—X coordinate（*X* 坐标），Y coordinate（*Y* 坐标），Z coordinate（*Z* 坐标）。添加点后，可以通过向网格中添加行并从新行的 To 或 From 下拉列表中选择新点来将路径段映射到该点。

在固体物理学中，固体的能带结构（又称电子能带结构）描述了禁止或允许电子所带有的能量，这是周期性晶格中的量子动力学电子波衍射引起的。材料的能带结构决定了多种特性，特别是它的电子学和光学性质。

2. Density of states（态密度）

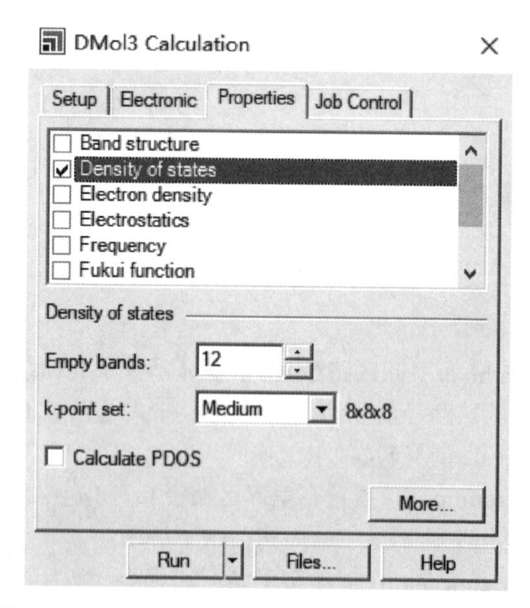


在 Properties（性质）选项卡上的 Density of states（态密度）复选框中显示用于控制状态密度计算的选项。

**Empty bands(空带)**：指定要包括在态密度计算中的空带的数量(除了占据带之外)。

**k-point set(*k* 点集)**：指定用于态密度计算的 *k* 点集的精度。每个精度对应于 Monkhorst-Pack 网格中相邻 *k* 点之间的特定分离。

**Calculate PDOS(计算 PDOS)**：当选中时，指示也将计算生成部分和局部态密度所需的信息。

**More…(更多…)**：允许访问 DMol3 Density of States(DMol3 态密度)选项对话框，该对话框提供了控制 *k* 点集规范的选项。对于非周期性系统，将禁用 *k* 点集下拉列表和 More…(更多…)按钮。要求态密度性质的计算也将为费米表面的产生提供信息。周期系统的 DOS 图的默认计算范围在-1.0~1.0Ha。这个范围可以通过编辑输入文件中的 Plot_DOS 关键字来修改。非周期结构的 DOS 图包括所有计算轨道。对于只有 Gamma 点的分子和周期系统，将显示包括核心能级在内的整个态密度。

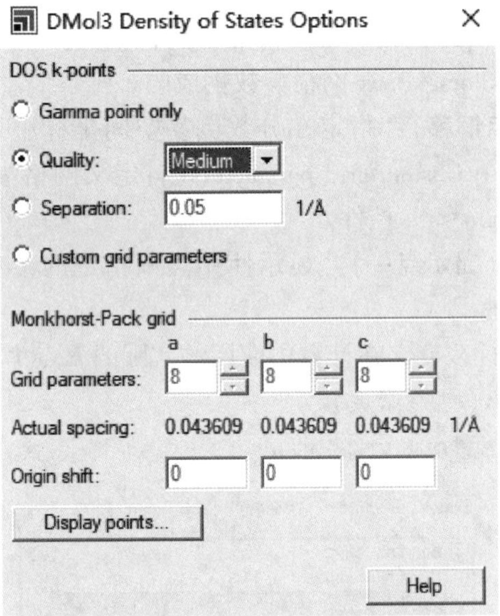

DMol3 Density of States(DMol3 态密度)选项对话框允许指定用于态密度计算的 *k* 点集。在计算中使用的 Monkhorst-Pack *k* 点网格可以用四种方式中的一种来指定。

**Gamma point only(只有 *Γ* 点)**：当选择时，表明在(0，0，0)的单个 *k* 点将用于状态密度计算。

**Quality(精度)**：当选择时，指示将使用适合于指定精度级别的 *k* 点分离来生成 *k* 点网格。从下拉列表中选择所需的精度级别。可用的选项是：Coarse、Medium 和 Fine。与三个精度设置相关的 *k* 点分离如下：

| Quality | $k$-point separation(Å$^{-1}$) |
|---|---|
| Coarse | 0.07 |
| Medium | 0.05 |
| Fine | 0.04 |

**Separation(分离)**：当选择时，指示将根据指定的 $k$ 点分离生成 $k$ 点网格。在相关文本框中指定 $k$ 点分离，单位：Å$^{-1}$。当选择 Separation 选项时，将导出 Monkhorst-Pack 参数，以给出相邻网格点之间的指定分离。要求态密度性质的计算也将为费米表面的产生提供信息。为了产生精确的费米表面，应该选择 Separation 选项，并且指定 0.01 1/Å 或更小的值。

**Custom grid parameters(自定义网格参数)**：当选择时，指示将分别使用 Monkhorst-Pack grid parameters 和 origin shift 文本框中指定的分数倒易空间坐标中的 Origin shift 来生成 $k$ 点网格。

**Grid parameters(网格参数)**：指定在每个网格方向上 Monkhorst-Pack 网格参数。

**Actual spacing(实际间距)**：显示 $k$ 点分离，单位：Å$^{-1}$，它是由每个晶格方向上当前指定的 Monkhorst-Pack 网格参数生成的。

**Origin shift(原点偏移)**：指定在分数倒易空间坐标中 Monkhorst-Pack 网格的偏移。只有在选择了 Custom grid parameters(自定义网格参数)选项时，才启用 Grid parameters 和 Origin shift 控件。

**Display points…(显示点…)**：显示使用当前指定的参数生成的倒易空间网格点的数量和分数坐标。

如果系统的对称性改变，在计算中使用的实际的 $k$ 点集可以发生改变。

3. Electron density(电荷密度)

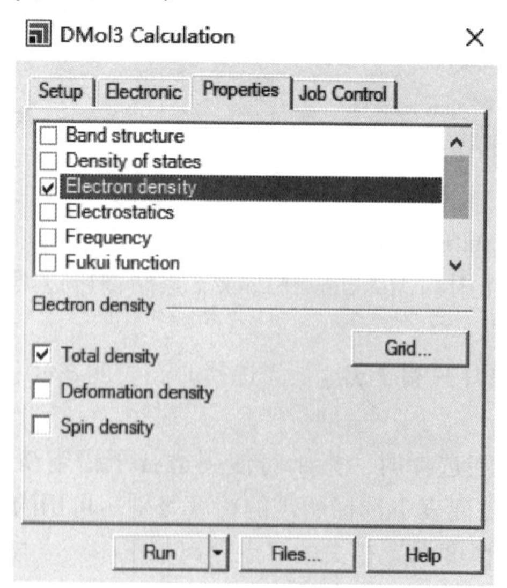

在 Properties(性质)选项卡上选择 Electron density(电荷密度)显示，用于计算几种不同类型电荷密度的选项。每种类型的密度作为一组体积数据返回到 . grd 文件中。

**Total density(总密度)**：当选中时，指示将计算总电子电荷密度。

**Deformation density(变形密度)**：当选中时，表明将计算不包含隔离原子密度的总密度。

**Spin density(自旋密度)**：当选中时，表明将计算 alpha(α)自旋和 beta(β)自旋电子的电荷密度之间的差异。

只有在 Setup 选项卡上选中 Spin unrestricted(自旋非受限)复选框时，才启用 Spin density 选项。

**Grid…**：提供对 DMol3 Grid Parameters 对话框的访问，该对话框允许设置用于计算轨道体积性质的网格的分辨率和区段。网格的默认分辨率为 0. 25Å。还可以通过编辑输入文件和添加关键字网格来进行修改。

DMol3 Grid Parameters
Grid resolution: Medium
Grid interval: 0.25 A
Border: 3.0 A
Help

**Grid resolution(网格分辨率)**：指定网格的分辨率。可用的值是：Coarse，Medium 和 Fine。

**Grid interval(网格间隔)**：可选地为网格间距指定用户定义的值。将此参数设置为上面列出的值以外的值，这将导致 Grid resolutio 设置为 Customized。较小的网格间隔(即更精细的分辨率)产生更高精度的网格，但是计算和显示成本更高。

**Border(边框)**：指定在创建体积网格时对分子范围施加的边框的大小。该对话框中设置的值将用于计算所有有关体积性质。

4. Orbitals(轨道)

在 Properties(性质)选项卡上选择 Orbitals(轨道)显示用于计算体积渲染的分子轨道的选项。

基于分子轨道理论三个基本近似的物理模型中，采用一组单电子函数——分子轨道波函数{$\Psi_i$}来描述分子中的电子运动状态。对电子数为 $N$ 的分子，遵照能量最小原则和泡利不相容原理，按轨道能级由低到高的顺序依次将电子配对填入各个分子轨道。

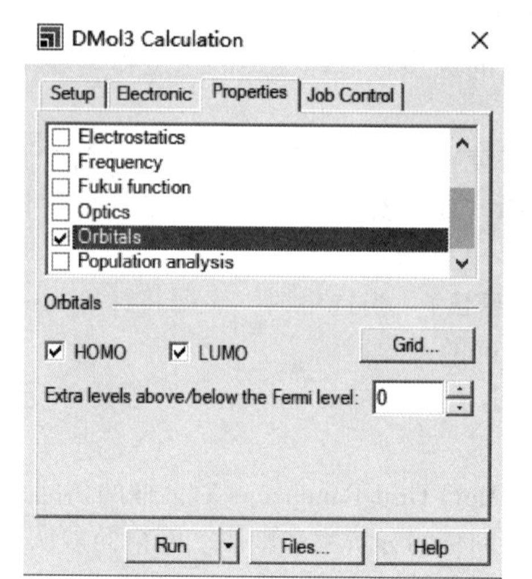


**HOMO(最高占据分子轨道)**：在已占据电子的分子轨道中，能量最高的分子轨道。当选中时，表示选择最高占据分子轨道进行渲染。

**LUMO(最低未占据分子轨道)**：在未被电子占据的分子轨道中，能量最低的分子轨道。当选中时，表明选择最低未占用分子轨道进行渲染。

**Grid…**：提供对 DMol3 Grid Parameters 对话框的访问，该对话框允许设置用于计算轨道的体积性质网格的分辨率和区段。

**Extra levels above/below the Fermi level(高于/低于费米能级的附加能级)**：指定要计算的 LUMO 能级之上和 HOMO 能级之下的附加轨道。在本框中输入一个值意味着，如果选择，除 HOMO/LUMO 外还将计算指定的占据轨道和虚拟轨道的数目。例如，当选中 HOMO 和 LUMO 复选框时，输入值 5，除了 HOMO 和 LUMO(总共 12 个轨道)外，还将计算 5 个占据轨道和 5 个虚拟轨道。网格的默认分辨率为 0.25Å。还可以通过编辑输入文件和添加关键字网格来修改此操作。

使用数值轨道的 DMol3 模块，能够给出整个体系的分子轨道信息。对于单个分子而言，这些分子能够帮助判断电子的可能跃迁；对于反应而言，也可以使用福井谦一的前线轨道对称守恒原理，判断反应发生的区域。一般来说，HOMO 轨道的值越高说明分子越容易贡献电子给受体；LUMO 轨道越低，其越容易接受电子；LUMO 和 HOMO 轨道的 energy gap 与反应活性相关。

5. Population analysis(*布局分析*)

在 Properties(性质)选项卡上选择 Population analysis(布局分析)，显示用于计算各种原子布局分析的选项。

分子的化学反应活性与电荷分布有关。而分子的极性、极化率、磁化率、化学键强度亦均取决于分子中的电子分布。布局是指电子在各原子轨道上的分布。

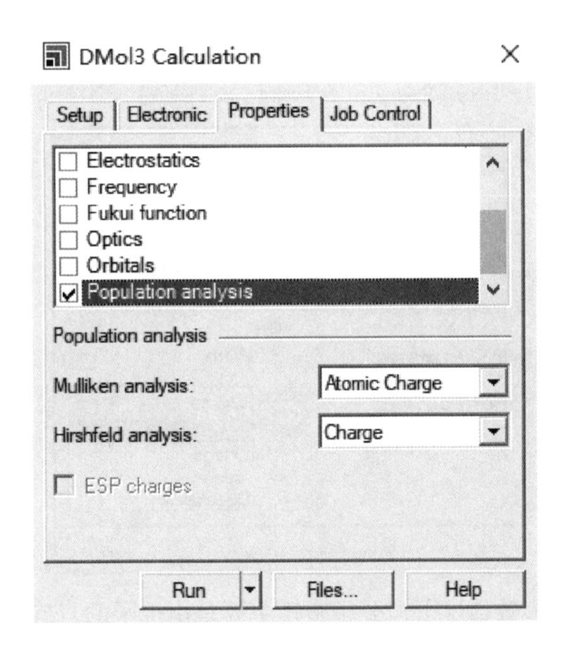


**Mulliken analysis(Mulliken 分析)**：从下拉列表中选择要执行的 Mulliken 布局分析的类型。可用选项如下：

None——关闭 Mulliken 分析

Atomic Charge(原子电荷)——计算每个原子上的总 Mulliken 电荷。

Orbital & Charge(轨道和电荷)——计算每个原子上每个原子轨道对原子电荷的贡献。

Overlap Matrix(重叠矩阵)——计算不同原子上原子轨道中重叠布局。

每当计算 Mulliken bond order(键级)时，DMol3 也会自动计算 Mayer 键级。键级又称键序，描述分子中相邻原子之间的成键强度的物理量，表示键的相对强度。特点：键级高，键强；反之，键弱。

使用 Population 性质只能计算非周期性结构的键级。在计算键级时不应使用对称信息，也就是说，不应选中 Setup 选项卡上的 Use symmetry 复选框。

Mulliken 布居分析是根据 SCF 计算给出的分子轨道波函数，给出电子在原子、原子轨道及化学键上分布的简明信息的一种理论处理方法。

**Hirshfeld analysis(Hirshfeld 分析)**：选择要从下拉列表中执行的 Hirshfeld 分析的程度。可用选项如下：None——关闭 Hirshfeld 分析，Charge，Dipole 和 Quadrupole。Hirshfeld 布居分析是根据电子密度的偏移(分子和未弛豫的原子电荷密度的差异)定义的。

**ESP charges(ESP 电荷)**：当选中时，表明最能再现 DFT 库仑势的原子中心电荷将作为 DMol3 运行的一部分来计算。

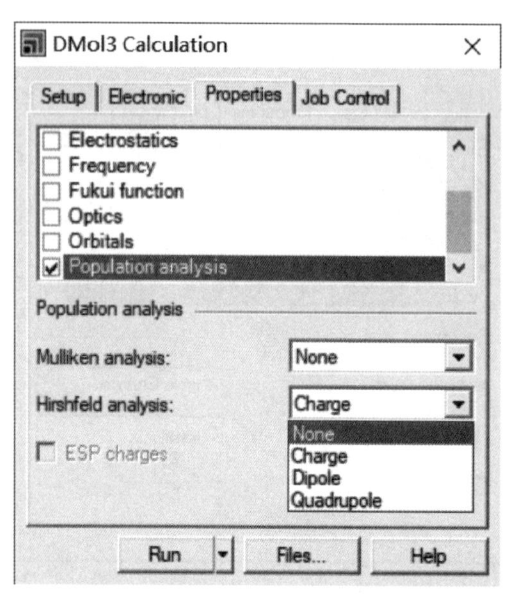


自旋磁矩：在多数情况下，分子磁矩主要是由电子的自旋产生的，纯的自旋磁矩可根据总自旋量子数进行计算。

在 Properties 中勾选 Population Analysis，并将 Mulliken Analysis 设置为 charge。计算完成后产生的 . outmol 文件的最后部分会有相关的 Mulliken charge 和 Mulliken spin 的数据，此处的 spin 值即为各个原子的自旋磁矩。

#### 2. 3. 1. 4 Job Control

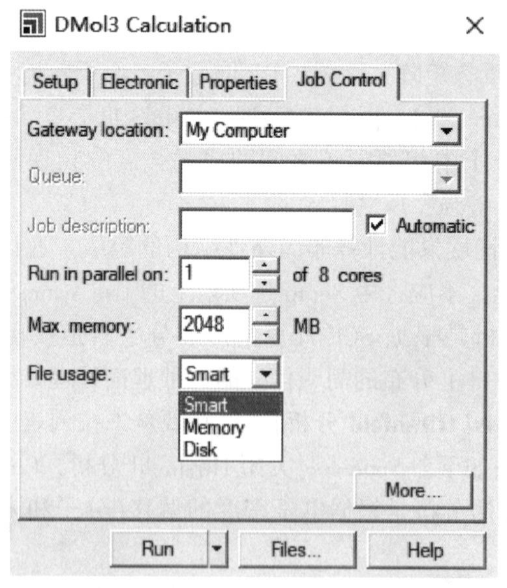


DMol3 计算通过网关在服务器上运行。Job Control 选项卡允许为 DMol3 计算选择服务器，并控制如何执行计算的一些方面操作。Job Control 选项卡上指定的

选项仅适用于新 job。它们不会影响已经运行的工作。

**Gateway location(网关位置)**：从可用服务器机器列表中选择用于 DMol3 计算的服务器。可以使用 Server Console(服务器控制台)将服务器添加到列表中。

**Queue(队列)**：指定将提交 job 的队列。从下拉列表中选择所需的队列，该下拉列表显示所选网关上的可用队列。

**Job description(工作描述)**：指定用于标识 job 的名称。自动指定默认 job 描述。可以通过取消选中 Automatic(自动)复选框并在 Job description(任务描述)文本框中输入新名称来选择替代描述。

**Automatic(自动)**：当选中时，指示将自动选择任务描述。默认=选中。

**Run in parallel on(并行运行)**：指示 job 将使用指定数量的计算机核心在选定的网关上运行。Run in parallel on control 右边的文本指示所选网关上可用的内核的最大数量。

**Max. memory(Max 内存)**：指定可用于 DMol3 每个内核的运行时内存，单位：MB。默认值=2048MB。

**File usage(文件用法)**：指定存储临时文件的位置以及写入重启信息的频率。可用选项如下：

- Smart(智能)——将尽可能多的数据保存在内存中，但是在完成每个几何步骤之后写出重启信息。不符合上述内存限额的数据仍将写入磁盘。
- Memory(内存)——最大化内存使用，只在 job 结束时写入重启信息。大型数组被临时分页到磁盘。如果此设置失败，则将不创建重新启动文件。
- Disk(磁盘)——将所有数据保存在磁盘上，包括重新启动信息。

**More…(更多…)**：提供对 DMol3 Job Control 选项对话框的访问，该对话框允许设置与监视和控制 DMol3 job 的结果相关的附加选项。

## 2.3.2 DMol3 Analysis(DMol3 分析)

要使用任何分析功能，必须首先执行 DMol3 计算。返回结果后，在 Project Explorer 中打开 3D 结构文件(.xsd)，然后双击 Analysis。该分析适用于活动文档。使用分析工具分析 DMol3 计算的结果。

可以从模块工具栏和模块菜单访问 DMol3 分析对话框，可分析的性质有：

- Band structure(能带结构)；
- Density of states(态密度)；
- Current/Voltage(电流/电压)；
- Elastic constants(弹性常数)；
- Electron density(电子密度)；
- Energy evolution(能量演化)；

- Fermi surface(费米表面);
- Raman spectrum(红外光谱);
- Optics(光学性质);
- Orbitals(轨道);
- Population analysis(布居分析);
- Potential(势能);
- Reaction kinetics(反应动力学);
- Structure(结构);
- Thermodynamic properties(热力学性质)等。

#### 2.3.2.1 能带结构分析

能带结构通常是相对于固态材料来说的，可用来描述被限制或被允许的电子所携带的能量，这是循环晶体中量子电波衍射的结果。材料的能带结构决定着许多特性，尤其是电学和光学特性。由无数的原子综合起来形成分子时，晶体是由大量的原子有序堆积而成的。原子轨道构成具有分立能级的分子轨道，由此可以看成 $N$ 个能级由单能级分裂，这些能级是准连续分布的，称之为能带。各种晶体能带数目及其宽度等都不相同。因此才有了价带、导带、禁带的概念。

基于能量最小化原理和泡利不相容基本原理，完全被电子占据的能带称“满带”。由于价电子是原子中的最外层电子，在此层分裂后所产生的电子能带则被叫作价带。满带中的电子不会导电；完全未被占据的称“空带”；部分被占据的称“导带”。导带则是比价带能量还要大的允带。相邻两能带间的能量范围称为“能隙”或“禁带”。晶体中电子不能具有这种能量。导带中的电子能够导电；能量比价带低的各能带一般都是满带，价带可以是满带，也可以是导带。

根据泡利不相容理论得知，同一个能级内就可含有二种与自旋方向完全相反的电子，在外部电场的影响下，这两种电子受力方向也相反。因此最多能够交换位置，但不可能有净电流与电场方向相同，由此可见，满带电子并不导电。同理，非满带就能导电。费米能级以下是价带，费米能级以上是导带，导带与价带之间是禁带。在金属中是导带，所以金属能导电。在绝缘体中和半导体中是满带所以它们不能导电。但半导体很容易因其中有杂质或受外界影响(如光照、升温等)，使价带中的电子数目减少，或使空带中出现一些电子而成为导带，因而也能导电。

能带结构分析的方法，在基于密度泛函理论的第一性原理计算工作中已经相当广泛。可根据模拟结果判断所分析材料体系是金属、半导体，或者是绝缘体。

绝缘体的导带和价带之间的带隙宽度会很大，价带电子很难被激发到一个电子空白地带，而价带变成了一个满带，电子既不能在价带上也不能在导带中移动，这是绝缘体不能导电的原因。一般来说，当带隙宽度大于 9eV 时，固体很难导电。然而半导体带隙较小，通常在0~3eV，价带可以很容易地跃迁到导带，在价带中形成相应的正电性空穴，导带中的电子和原子，价带中的空穴都能自由运动，形成半导体的导电载流子。对于金属能带结构，其导带和价带之间有重叠，带隙消失，电子可以通过导电而不受阻碍地抵达导带。

带隙的大小代表了价带顶和导带底之间的能量转移。一个更大的带隙，即能带结构图上更大的波动，就意味着在这些能带中电子的有效质量就更低，非局域率也更高，而构成它的轨道范围也就更广泛。相对较小的带隙表明，与该区域相对应的电子主要是由原子轨道所构成的，因此对于某个点，电子局域性足够强，有效质量也相对很大。关于本征半导体，还可通过比较价带顶和导带底的情况确定是直接带隙还是间接带隙半导体：如果价带顶和导带底都在同一个 $k$ 点处，则定义为直接带隙，否则为间接带隙。

下面简要介绍 DMol3 模块中能带结构分析相关内容。在 DMol3 Analysis (DMol3 分析)对话框上选择 Band structure(能带结构)选项以显示能带结构对话框。这些控件指定要使用的 DMol3 能带结构计算结果文件和要生成的能带结构图的类型。

Results file(结果文件)：指示与此计算关联的 DMol3 输出文件。此区域显示活动文档的名称。可以通过单击所需的文档窗口或双击项目资源管理器中的文档名称来更改活动文档。

Energy units(能量单位)：指定要用于色散图的能量单位。可用选项包括：eV 和 Ha。

Scissors(剪刀)：指定要用于画出能带结构的剪刀算符。剪刀算符仅适用于价带和导带状态之间有明显分离的绝缘系统。对于金属系统，它被忽略。

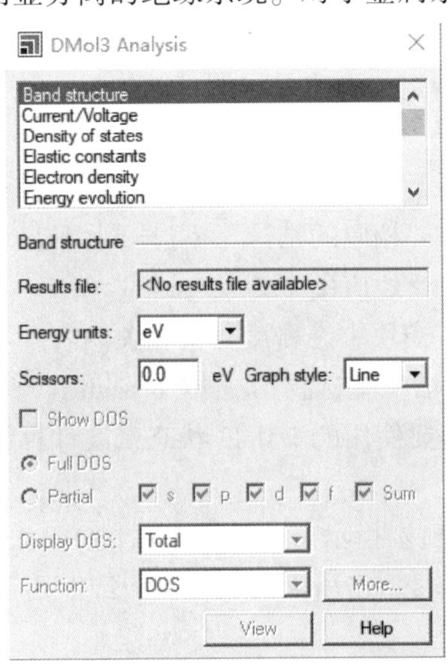

Graph style(图形样式)：指定要用于标注能带结构图形的样式。可用选项包括：Points 和 Line。

Show DOS(显示 DOS)：选中时，表示将显示指定结果文件中的态密度以及能带结构图。

Full DOS(完全 DOS)：选中时，表示将显示总态密度。

Partial(部分)：选中时，表示将显示部分态密度(PDOS)。

PDOS 显示中包含的角动量，可以使用 s、p、d、f 和 Sum 复选框进行控制。

当激活适当的结构文档并选择原子时，将绘制所选原子对态密度的贡献。否则，将考虑所有原子的贡献。

Display DOS(显示 DOS)：指定应在态密度图中绘制的自旋轨道。对于自旋极化计算，支持的选项有：

- Total——对自旋向上和自旋向下本征态的贡献进行了总结。
- Alpha——仅来自自旋向上本征态的贡献。
- Beta——仅来自自旋向下本征态的贡献。
- Alpha and Beta——自旋向上和自旋向下本征态的贡献显示在蝴蝶图中。
- Spin——显示自旋向上和自旋向下本征态贡献之间的差异。
- Total and Spin

当分析非自旋极化 DMol3 计算时，只有 Total 选项可用。

Function(功能)：指定是绘制未处理的 DOS 或者是绘制积分态密度(状态数)。

More…(更多…)：提供对 DMol3 DOS Analysis 选项对话框的访问，该对话框可以进行态密度积分方法调控相关的参数。

只有当选中“Show DOS”复选框时，才启用 Full、Partial、DOS display 和 More…选项。

View(视图)：使用指定的选项显示能带结构。

#### 2.3.2.2 态密度分析

原则上，态密度可用于能带结构的可视化研究。态密度的分析方法也可和能带结构图分析方法形成一一相应的结论。不过，由于态密度图更直观，所以比能带结构图的分析方法更广泛地应用于结果与讨论。

下面简要介绍 DMol3 模块中态密度分析相关内容。

在 DMol3 Analysis 对话框上选择 Density of states(态密度)选项，以显示态密度对话框。这些控件指定要使用的 DMol3 状态密度计算结果文件和要生成的态密度图表的类型。

Results file(结果文件)：指示与此计算关联的 DMol3 输出文件。此区域显示活动文档的名称。可以通过单击所需的文档窗口或双击项目资源管理器中的文档名称来更改活动文档。

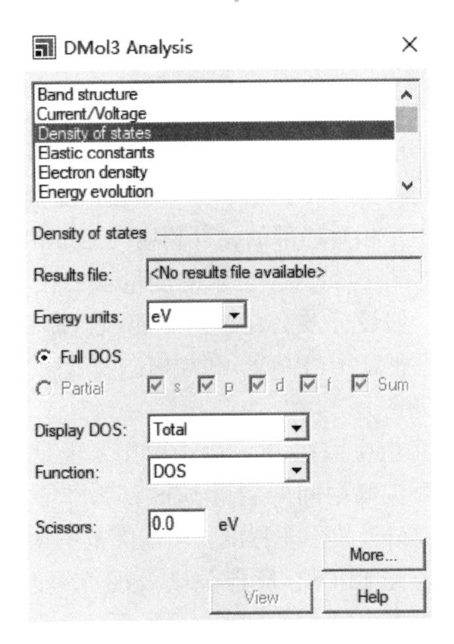


Energy units(能量单位)：指定要用于态密度图的能量单位。可用选项包括：eV 和 Ha。

Full DOS：选中时，表示将显示总态密度。

Partial：选中时，表示将显示部分态密度。

PDOS 显示中包含的角动量可以使用 s、p、d、f 和 Sum 复选框进行控制。

当激活合适的结构文档并选择原子时，将绘制所选原子对态密度的贡献。否则，将考虑所有原子的贡献。

Display DOS(显示 DOS)：指定应在态密度图中绘制的自旋轨道。对于自旋极化计算，支持的选项有：

- Total——对自旋向上和自旋向下本征态的贡献进行了总结。
- Alpha——仅来自自旋向上本征态的贡献。
- Beta——仅来自自旋向下本征态的贡献。
- Alpha and Beta——自旋向上和自旋向下本征态的贡献显示在蝴蝶图中。
- Spin——显示自旋向上和自旋向下本征态贡献之间的差异。
- Total and Spin

当分析非自旋极化 DMol3 计算时，只有 Total 选项可用。

Function(功能)：指定是绘制未处理的 DOS 或者是绘制积分态密度(状态数)。

Scissors(剪刀)：指定要用于绘制态密度的剪刀算符。剪刀算符仅适用于价带和导带状态之间有明显分离的绝缘系统。对于金属系统，它被忽略。

More…(更多…)：提供对 DMol3 DOS Analysis 选项对话框的访问，该对话框可以进行态密度积分方法调控相关的参数。

View(视图)：使用指定的选项显示态密度。

下面将分析方法进行简要介绍：

(1) 平均分布在整个能量区间的 DOS，没有局部峰值，对应于 sp 类带，这意味着电子强而非本地化特性。相比之下，对于过渡金属来说，$d$ 轨道通常是一个大尖峰，这表明 $d$ 电子是相对局部的，其相应的能带相对狭窄。

(2) 根据 DOS 图解析带隙特性：费米的能量水平在 DOS 间隔内为零，则该体系是半导体或绝缘体；假设分波会穿越费米能级，那么该体系是金属。另外，还可以通过描绘出部分态密度图(PDOS)和局域态密度图(LDOS)，对各点分波连接的情况进行更详细的研究。

(3) “赝能隙”的定义也应该在 DOS 图中引用。也是说，费米能级两边各自有两个尖峰，并且这两个尖峰中间的能量 DOS 都为非零。赝能隙也就可以很直接地表现出系统中共价键结合的强弱程度：赝能隙范围愈宽，就表示系统的共价结合性愈强。如分析的若是 LDOS，赝能隙则表现了邻近原子间化学键的强度：更大的赝能隙范围，意味着两原子间的键合更强烈。

#### 2.3.2.3 布局分析

布局分析，分子的化学反应活性与电荷分布有关。而分子的极性、极化率、磁化率、化学键强度均取决于分子中的电子分布。电子在各个原子轨道上的分布则称为布局。Dmol$^3$中的布局分析主要分为 Mulliken analysis 和 Hirshfeld analysis。其中 Mulliken 布局分析是根据自洽场计算给出的分子轨道波函数，给出电子在原子、原子轨道及化学键上分布的简明信息的一种理论处理方法。

下面简要介绍 DMol3 模块中布局分析相关内容。

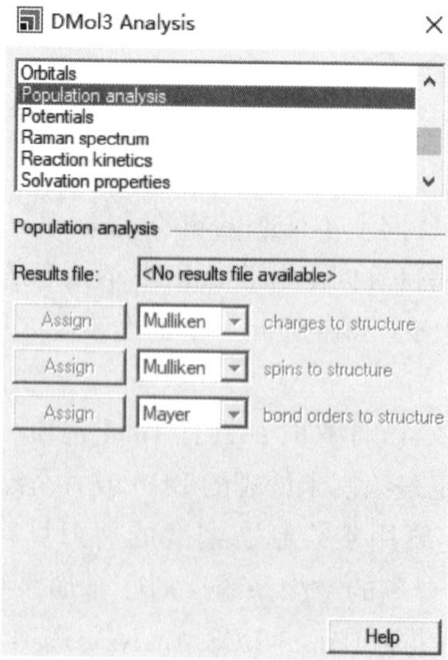

在 DMol3 Analysis 对话框上选择 Population analysis(布局分析)选项以显示其对话框。这些控件导入原子电荷和键序，并将它们分配给活动结构文件(.xsd)。

Results file(结果文件)：表示与此计算关联的 DMol3 输出文件。此区域显示活动文档的名称。可以通过单击所需的文档窗口或双击项目资源管理器中的文档名称来更改活动文档。

Assign charges to structure(将电荷赋予结构)：将所选电荷导入活动结构文档，并将部分电荷分配给每个原子。从下拉列表中选择要导入的电荷类型。可用选项包括：Mulliken，Hirshfeld 和 ESP。

Assign spins to structure(将自旋赋予结构)：将选定的自旋导入活动结构文档，并将部分自旋指定给每个原子。从下拉列表中选择要导入的旋转类型。可用选项包括：Mulliken 和 Hirshfeld。

Assign bond orders to structure(将键序赋予结构)：将选定的键序导入活动结构文档，并将其分配给每个键。从下拉列表中选择要导入的键序类型。可用选项包括：Mayer 和 Mulliken。

只有在 DMol3 计算中生成了适当电荷、自旋和键序的类型时，上述 import(导入)选项才可用。

# 外场下GaN/InN 核壳纳米线的电学性质

由于当前薄膜基的光生伏打器件的光电转化率较低，新型的光生伏打器件越来越吸引人们的广泛研究。电子空穴在空间分布上占据相同的位置将导致电子空穴分离能力很弱。在实际的应用中，增强光诱导的激子转化成自由的电子和空穴的分离效率是构建高效率光生伏打器件的必备条件，目前依然是一种严峻的挑战。

由具有较大晶格不匹配的半导体材料所组成的核壳纳米线，可以在界面处不存在缺陷，这是由非常大的表面与体积比所决定的。核壳纳米线具有便捷调节电学和光学性能的优点为设计电子设备提供了非常重要的帮助。因此，核壳纳米线在基本的设计和构建光电器件中有着广泛的应用背景，如场效应晶体管和光生伏打器件。

## 3.1 引言

GaN 和 InN 半导体材料具有巨大的发展前景。超细的 GaN/InN 核壳纳米线可以通过外延生长的方法非常容易被控制。核壳纳米线具有容易调节成分和无缺陷的界面两方面的优势。有效的应变弛豫使核壳纳米结构具有高质量的界面。在很多可能的应用中，能带排列暗示着载流子和禁闭等方面的性能。没有表面修饰的 GaN/InN 异质结构具有类型-Ⅰ的能带排列，此时，电子和空穴禁闭在 InN 处。然而，在最高占据分子轨道和最低未占据分子轨道上的电子空穴分离，是应用在新能源领域中的迫切要求，其中包括光生伏打器件、光催化剂及发光二极管等。在具有类型-Ⅱ的能带排列的核壳纳米线中，电子空穴的分离为电子和空穴的载流子输运提供了不同的通道，这有利于延长电子空穴的再结合时间。

量子禁闭和应变对核壳纳米线中电子结构的影响被广泛地研究。此外，表面修饰的作用也吸引了越来越多的研究兴趣，因为它们在调节电学和光学性能方面起到了至关重要的作用。对于没有表面修饰的纳米线，没有饱和的表面悬空键将引起带隙 $E_g$ 变小。对于表面重构的纳米线，带隙 $E_g$ 的大小将主要由表面态所决定。对于表面饱和的核壳纳米线，表面修饰不仅仅调节半导体材料的带隙 $E_g$ 使其可以在更宽的光谱范围内得到应用，并且可以改变最高占据分子轨道态和最低未占据分子轨道态的空间分布。在实验中纳米线的表面可能经历表面重构，并且在表面上只有有限数量的未饱和的悬空键存在。已有报道指出，Si 纳米线和 ZnO 纳米线的原子结构稳定性和带隙 $E_g$可以通过 H 原子和 F 原子的表面覆盖率来调节。另外，Si 纳米线的最高占据分子轨道态和最低未占据分子轨道态的分布受表面修饰的影响。由此可见，表面对纳米线的电学性能的影响至关重要。为了简单说明，采用没有表面修饰并且没有发生表面重构的核壳结构作为一种参照，来说明表面修饰对核壳纳米线性能的重要影响。依据上述的描述，表面修饰的核壳纳米线的电学和光学性能的理论研究为发展和制造新型的光电器件打下了坚实的基础。

最近的理论和实验研究表明，在纳米材料中激子的分离可以通过不同材料组成的界面来实现。具有类型-Ⅱ的能带排列的异质结构中，价带顶和导带底的能量分别由界面两侧材料来提供。在异质纳米材料中，核壳纳米线具有很多的优点，例如为分离的载流子的输运提供很多分开的渠道，并且能够增强有效激子的创造和分离的可能性。已有报道称在核壳纳米线异质结构中，应变、量子禁闭效应等外界因素能够决定其电学和光学性能。因此，核壳纳米线为设计高效的光生伏打器件提供了一条崭新的设计途径。

由 GaN 和 InN 材料组成的体系具有很多独特的电学和光学性能。比如应用在高效率电子迁移率晶体管，具有高功率和高速度传输电子的普遍特征，也可以应用在发光二极管和激光二极管，能够用来照明、数据储存等。光生伏打器件现在已经可以通过共轴的Ⅲ族氮化物来制造。H 原子被认为是通用的表面饱和修饰元素，用来移除表面的悬空键。共轴核壳纳米线允许由较大晶格不匹配的不同材料所组成的界面处没有位错。壳可以使载流子远离于表面，这样就能在一定程度上降低载流子非辐射再结合。然而，在 GaN/InN 异质纳米线中典型形成类型-Ⅰ的能带排列，这种情况下，电子空穴都位于在相同的位置。因此，探索电子空穴分离途径和理解相应的分离机制是非常有意义的。

在核壳结构中，特定的环境可以使其实现从类型-Ⅰ的能带排列转变为类型-Ⅱ的能带排列。已有研究表明，量子禁闭对带隙 $E_g$和能带排列的效果依赖于核的半径和壳的厚度。然而，很少有人注意到应变对它们的作用。相比于传统的平面结构，在核壳纳米线中，内应变 $\varepsilon_i$ 的弛豫能够赋予核和壳之间高质量的组合，使其在界面处没有缺陷。另外，外应变 $\varepsilon_e$不仅能调节带隙 $E_g$，而且能够调节载流子的分离。因而，研究调节带隙 $E_g$，以及核和壳的价带顶和导带底能量的方法是设计高效的纳米基的光生伏打器件至关重要的条件。

在此项工作中，采用第一性原理的密度泛函理论，通过与没有表面修饰的 GaN/InN 核壳纳米线相比较，阐述表面修饰对共格界面纤锌矿的 GaN/InN 核壳纳米线的电学和光学性能的调节起着至关重要的作用。结果证实了不同原子的表面修饰不仅可以调节 GaN/InN 核壳纳米线的带隙 $E_g$大小，也可以促使电子和空穴分布在 GaN/InN 核壳纳米线的不同空间区域。另外，通过第一性原理密度泛函理论(DFT)模拟计算，系统考查了内应变 $\varepsilon_i$ 和外应变 $\varepsilon_e$ 对沿[0001]方向表面氢化的 GaN/InN 核壳纳米线电学和光学性能的影响。研究发现在氢化的 GaN/InN 核壳纳米线中，内应变 $\varepsilon_i$ 使核壳纳米线中的 GaN 核的带隙 $E_g$ 降低；沿核壳纳米线轴向的外应变 $\varepsilon_e$ 可以诱导电子空穴很大程度的分离，促使形成准类型-Ⅱ的能带排列。这主要是因为不同的应变诱导核和壳的能带结构中价带顶和导带底能量不同程度的移动。

## 3.2 模拟计算细节

### 3.2.1 模拟计算细节

密度泛函理论是采用 DMol3 模块，Perdew-Burke-Ernzerhof(PBE)的广义梯度近似 GGA 作为交换相关函数。密度泛函半核赝势是通过相对效应来完成的，它通过相对势取代 Ga 和 In 的核电子。采用全电子赝势对 H 元素、N 元素和 F 元素进行计算。另外，轨道基本设置使用 DNP(Double Numerical plus Polarization)作为基组。$k$ 点采用 1×1×8。采用拖尾效应来达到自洽场收敛，选择拖尾的数值为 0.005Ha(1Ha=27.2114eV)。在结构优化和性质计算过程中，分别采用能量收敛公差是 $1.0\times10^{-5}$ Ha，最大力收敛公差是 0.002Ha/Å，最大位移收敛公差是 0.005Å。

### 3.2.2 在 DMol3 模块中电场的计算

在 DMol3 模块中输入关键词，可以计算电场对材料各种性能的影响。特别是，极化张量可以计算出电场中的沿着 $x$、$y$ 和 $z$ 方向的偶极矩。实际上，极化率是关系到电场情况下偶极矩的一阶变化，它是通过计算在有限场下偶极矩的有限变化来极性估算的。在 DMol3 模块中，需要在 input 文件中输入电场关键词“electronic_field”，这将允许计算具体沿着某个方向的电场强度的作用。电场是依赖于三个坐标来进行描述的。例如：沿着 $z$ 轴方向的电场强度为 0.01au 的关键词就是：“electronic_field 0.0 0.0 0.01”，其中 1au=51.4V/Å。

## 3.3 GaN 和 InN 的晶体结构和能带结构

采用第一性原理密度泛函理论的 DMol3 模块对大块的纤锌矿结构 GaN 和 InN 进行研究。采用广义梯度近似(GGA)并伴随着不同的交换函数 PBE 来进行模拟计算。纤锌矿结构的 GaN 和 InN 的晶体结构如图 3-1 所示。

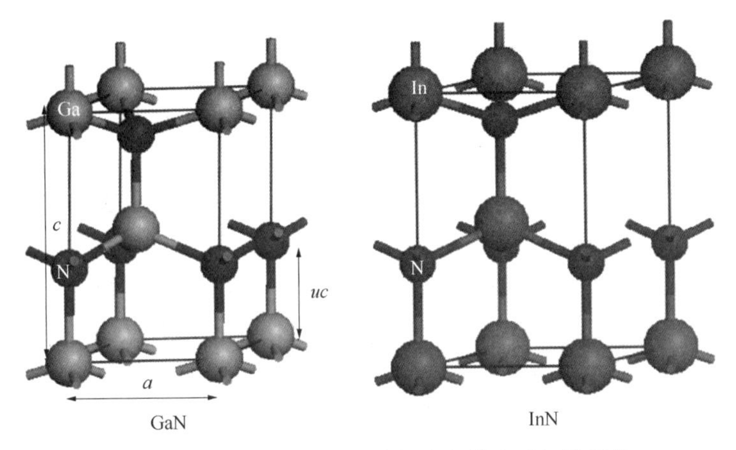


图 3-1　采用 DMol3 模块中的广义梯度近似模拟的
纤锌矿结构的 GaN(左边)和 InN(右边)

如表 3-1 所示，研究发现广义梯度近似计算的 GaN 晶格常数和实验值相比仅仅缩小了不到 0.5%的差距；广义梯度近似计算的 InN 的晶格常数相比于实验值增大了 1.1%，计算的晶格常数与已报道的采用广义梯度近似计算和实验值的晶格常数是相吻合的。如表 3-1 所示，用基于 GW(a combination of the Green function G and the screened Coulomb interaction W)方法和 Quasiparticle self-consistent GW theory(QSGW)方法计算的 GaN 和 InN 的晶格常数与实验值是更加接近的。

**表 3-1　大块纤锌矿结构的 GaN 和 InN 采用 DMol3 模块中广义梯度近似计算的大块晶格常数 *a*、*c*、内部参数 *u* 和带隙 $E_g$，与已经报道的模拟和实验结果的比较**

| 项目 | | $a$/Å | $c$/Å | $u$ | $E_g$/eV |
|---|---|---|---|---|---|
| GaN | GGA-PBE | 3. 18 | 5. 18 | 0. 377 | 2. 59 |
| | GGA | 3. 18 | 5. 18 | 0. 377 | 2. 58 |
| | GGA | 3. 22 | 5. 24 | 0. 377 | 1. 7 |
| | GGA | 3. 24 | 5. 17 | 0. 376 | 1. 45 |
| | $G_0W_0$ | 3. 18 | 5. 17 | 0. 377 | 3. 32 |
| | QSGW | 3. 19 | 5. 20 | 0. 377 | 3. 81 |
| | Experiment | 3. 19 | 5. 19 | 0. 377 | 3. 50 |
| | GGA | 3. 20 | 5. 22 | 0. 377 | — |
| InN | GGA-PBE | 3. 58 | 5. 77 | 0. 389 | 0. 22 |
| | GGA | 3. 58 | 5. 80 | 0. 379 | — |
| | $G_0W_0$ | 3. 53 | 5. 60 | 0. 379 | 0. 72 |
| | QSGW | 3. 54 | 5. 72 | 0. 379 | 0. 99 |
| | Experiment | 3. 54 | 5. 70 | 0. 377 | 0. 70 |

众所周知，基于密度泛函理论的第一性原理计算的半导体的带隙 $E_g$ 低估了其真实的 $E_g$ 值。低估带隙 $E_g$ 的重要问题在于虚假的自洽的相互影响和交换相关势的不连续。如表 3-1 所示，迄今为止，GW 方法和 QSGW 方法是代表模拟计算带隙最精准的技术发展水平方法，是计算半导体带隙和光学性能的最精准的方法。这种方法包含了电子-电子间交互影响的多体效应。尽管概念部分是相对比较简单的，但是 GW 方法和 QSGW 方法特别耗时，并且伴随着体系的增大，相应的计算量将迅速增加，计算成本变得特别昂贵。它们能够计算的体系允许包含的原子数是很少的，这就强烈限制它们广泛应用于半导体的计算中。因此，尽管密度泛函理论低估半导体带隙 $E_g$，期望应用的密度泛函理论基于相同的计算精度来计算半导体的带隙，在不同的外界环境下的变化趋势是准确的，例如在不同的表面饱和、应变场、电场等情况下的纳米结构带隙的变化趋势。

目前，采用第一性原理模拟计算的 GaN 和 InN 纳米线最常见的是[0001]方向，侧面为$(1\bar{1}00)$非极性面。下面采用 DMol3 模块中的 GGA-PBE 来研究沿[0001]生长方向的 GaN 和 InN 纳米线的原子结构和带隙。考虑没有表面修饰的和表面氢化的 GaN 和 InN 纳米线两种情况。表面的 H 原子能够实现移除表面悬空键的目的，从而可以研究纳米线本身的电子结构。这些纳米线直接从大块纤锌矿结构中构建。纳米线的横截面分别是六边形和三角形，与已报道的纳米线截面形状是一致的。一维的无限长纳米线采用三维周期性晶胞进行构建，在 $x$ 方向和 $y$ 方向全加真空，$z$ 方向作为纳米线的生长方向。在 GaN 和 InN 纳米线中，所有原子都是允许弛豫的。图 3-2 和图 3-3 分别给出了没有表面修饰的和表面完全氢化的 GaN 纳米线的原子结构图。没有表面修饰和表面完全氢化的 InN 纳米线的原子结构也有类似的结果。研究发现氢饱和的纳米线表面键的键长比没有表面修饰纳米线表面键的键长收缩的程度小得多，这是由表面 H 原子作用的结果。

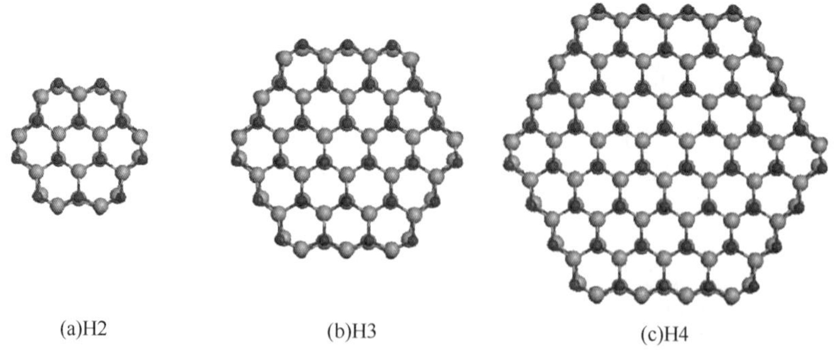


图 3-2　沿[0001]轴向的横截面为六边形(a)~(c)和三角形(d)~(i)没有表面修饰的 GaN 纳米线

注：大球和小球分别表示 Ga 原子和 N 原子

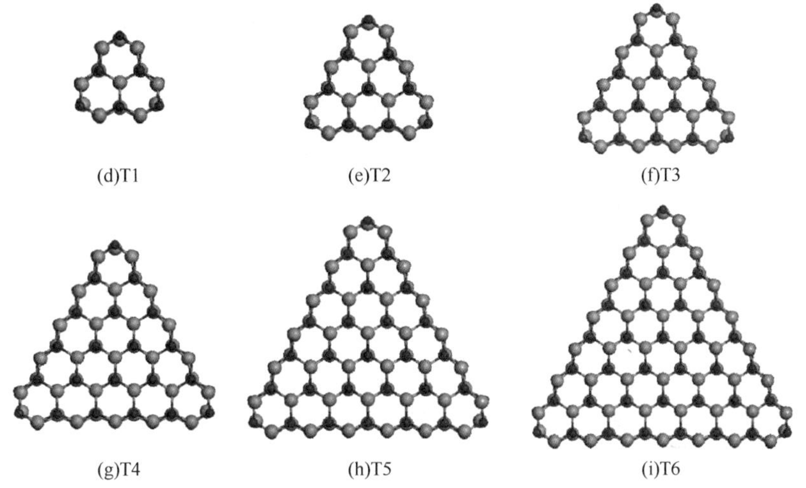


图 3-2　沿[0001]轴向的横截面为六边形(a)~(c)和三角形(d)~(i)没有表面修饰的 GaN 纳米线(续)

注：大球和小球分别表示 Ga 原子和 N 原子

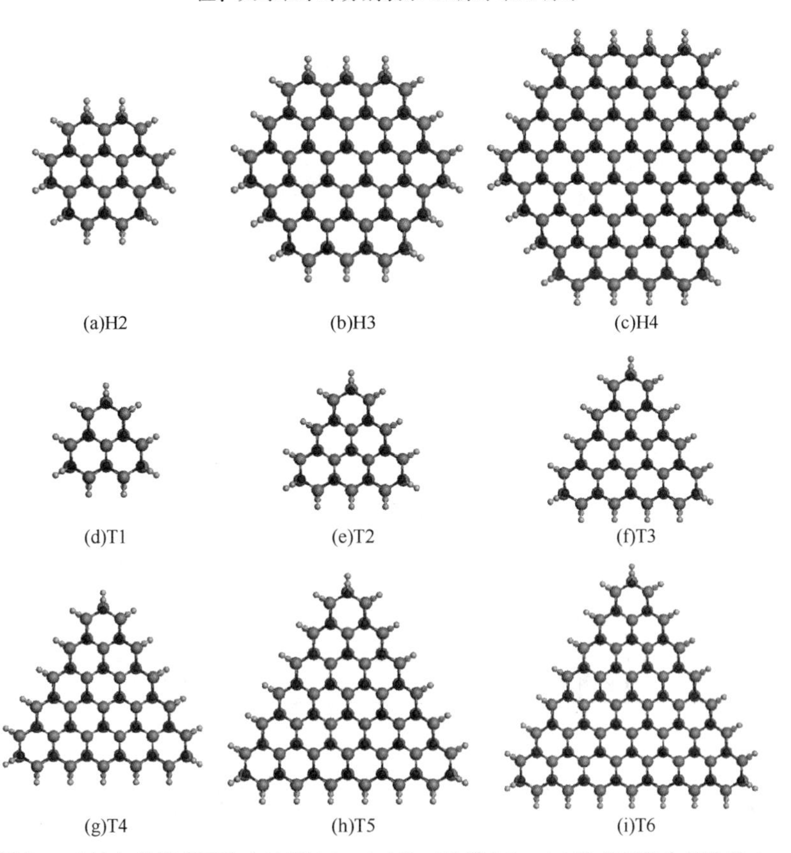


图 3-3　沿[0001]轴向的横截面为六边形(a)~(c)和三角形(d)~(i)的表面完全氢化的 GaN 纳米线

注：大球和小球分别表示 Ga 原子和 N 原子，最小的球表示 H 原子

表 3-2 中展示了表面氢饱和纳米线的带隙比没有表面修饰的纳米线带隙大得多，并且伴随着原子数和直径的增加，带隙逐渐降低。尽管这些 GGA-PBE 计算的结果低估了 GaN 和 InN 纳米线的带隙，但是依然可以给出其带隙的变化趋势。这些结果也表明了量子禁闭效应在氢饱和纳米线中对带隙的影响比在没有表面修饰的纳米线中对带隙的影响强。这主要是因为在表面氢饱和纳米线中，表面悬空键被移除，使其最高占据分子轨道态和最低未占据分子轨道态分布在纳米线的中心；而在没有表面修饰的纳米线中，最高占据分子轨道态和最低未占据分子轨道态分布在表面原子上。

**表 3-2　采用 DMol3 模块中广义梯度近似计算沿[0001]方向的纤锌矿结构的没有表面修饰和表面氢饱和的 GaN 和 InN 纳米线的带隙，与已报道的模拟和实验结果的比较**

| Band gaps/eV | | GaN NWs | | InN NWs | |
|---|---|---|---|---|---|
| | | GGA-PBE | 参考文献 | GGA-PBE | 参考文献 |
| 没有表面修饰的纳米线 | H2 | 2.27 | 2.2 | 0.82 | 0.85 |
| | H3 | 2.26 | — | 0.60 | 0.68 |
| | H4 | 2.20 | — | 0.49 | — |
| | T1 | 1.82 | — | 0.74 | — |
| | T2 | 1.77 | — | 0.49 | — |
| | T3 | 1.68 | 1.8 | 0.38 | — |
| | T4 | 1.31 | | 0.33 | |
| | T5 | 1.12 | | 0.30 | |
| | T6 | 0.98 | | 0.27 | |
| 表面氢饱和的纳米线 | H2 | 4.16 | 4.2 | 1.83 | 2.1 |
| | H3 | 3.46 | — | 1.14 | 1.4 |
| | H4 | 3.22 | — | 0.82 | — |
| | T1 | 4.95 | — | 2.64 | — |
| | T2 | 4.30 | — | 1.96 | — |
| | T3 | 3.90 | 3.9 | 1.55 | — |
| | T4 | 3.65 | | 1.31 | |
| | T5 | 3.46 | | 1.12 | |
| | T6 | 3.29 | | 0.98 | |

## 3.4　表面修饰的 GaN/InN 核壳纳米线

GaN/InN 核壳纳米线是从理想的 GaN 和 InN 纤锌矿大块结构中截取的。对于大块 GaN（InN）的原子结构，计算的晶格常数是 $a_0 = 3.18(3.58)$ Å，$c_0 = 5.18(5.77)$ Å，$u_0 = 0.38(0.39)$；计算的带隙是 2.58（0.22）eV，其中 $u_0$ 是表示沿[0001]方向的 Ga—N（In—N）键的键长与 $c_0$ 的比值。模拟计算结果和其他报道的结果非常吻合。GaN/InN 核壳纳米线结构模型是以 $c$ 轴即[0001]方向，作为周期性生长方向的。在超晶胞中，垂直核壳纳米线轴向的方向有 17Å 大小的真空，这足够大来避免相邻的核壳纳米线之间的相互影响。GaN/InN 核壳纳米线具有六边形（H）或者是三角形（T）两种不同形状的横截面。在此工作中，以 H 和 F 两种原子对 GaN/InN 核壳纳米线进行表面饱和，来移除表面的悬空键。为了描述方便，表面饱和的 GaN/InN 核壳纳米线被定义为 $(Ga_mIn_nN_lH_aF_b)_H$ 和 $(Ga_mIn_nN_lH_aF_b)_T$，其中 $m$、$n$、$l$、$a$ 和 $b$ 分别表示 Ga、In、N、H 和 F 元素的原子数目。图 3-4 展示了横截面为六边形的 GaN/InN 核壳纳米线 $(Ga_{24}In_{30}N_{54}H_{36})_H$、$(Ga_{54}In_{42}N_{96}H_{48})_H$、$(Ga_{24}In_{72}N_{96}H_{48})_H$ 和横截面为三角形的 GaN/InN 核壳纳米线 $(Ga_{13}In_{33}N_{46}H_{36})_T$、$(Ga_{22}In_{39}N_{61}H_{36})_T$、$(Ga_{33}In_{45}N_{78}H_{48})_T$ 的原子结构。在 GaN/InN 核壳纳米线单元结构中总的原子数 $N$ 是由 $N = N_{core} + N_{shell}$ 决定的，其中 $N_{core}$ 和 $N_{shell}$ 分别表示 GaN 核和 InN 壳的原子数目。GaN 核的原子成分比例 $x$ 被定义为 $x = N_{core}/(N_{core} + N_{shell})$。

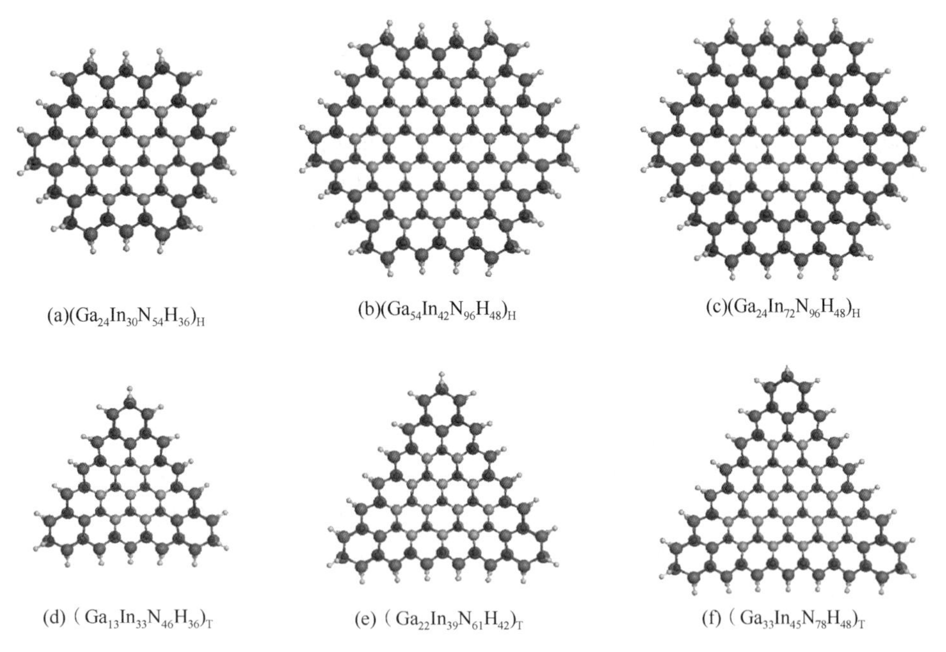


图 3-4　生长方向为[0001]横截面为六边形的 GaN/InN 核壳纳米线（a）~（c）和横截面为三角形的 GaN/InN 核壳纳米线（d）~（F）的原子结构

注：最大球、中间球和较小球分别表示是 In、Ga 和 N 原子，最小浅色球是代表 H 原子

首先计算了沿着 GaN/InN 核壳纳米线轴向的晶格常数 $L_z$，此原子结构中所有的原子都是可弛豫的。为了优化 $L_z$，针对具有不同轴向晶格常数 $L$ 的氢饱和核壳纳米线的整体能量 $E_{total}$进行一系列的计算。当 GaN/InN 核壳纳米线的晶格常数为 $L_z$时，整体能量 $E_{total}$是最低的。对于横截面为六边形的 GaN/InN 核壳纳米线，在$(Ga_{24}In_{30}N_{54}H_{36})_H$核壳纳米线中，$L_z=5.43$Å；在$(Ga_{54}In_{42}N_{96}H_{48})_H$核壳纳米线中，$L_z=5.36$Å；在$(Ga_{24}In_{72}N_{96}H_{48})_H$核壳纳米线中，$L_z=5.57$Å。对于横截面为三角形的核壳纳米线，在$(Ga_{13}In_{33}N_{46}H_{36})_T$核壳纳米线中，$L_z=5.53$Å；在$(Ga_{22}In_{39}N_{61}H_{42})_T$核壳纳米线中，$L_z=5.48$Å；在$(Ga_{33}In_{45}N_{78}H_{48})_T$核壳纳米线中，$L_z=5.44$Å。值得注意的是，一般情况下，局部应变依赖于 GaN 核和 InN 壳的成分比例，即 GaN 核的半径和 InN 壳的厚度。GaN 核的成分比例 $x$ 降低会导致核壳纳米线具有较大的轴向晶格常数 $L_z$，这将会使 GaN 核有较大的内应变和 InN 壳有较小的内应变。相反，GaN 核的成分比例 $x$ 增大会导致较小的轴向晶格常数 $L_z$，这将会使 GaN 核有较小的内应变和 InN 壳有较大的内应变。因此，当 GaN 核的半径固定不变时，伴随着 InN 壳的原子数目的增加，GaN/InN 核壳纳米线的轴向晶格常数 $L_z$增加；而当 InN 壳的厚度固定不变时，伴随着 GaN 核的原子数目的增加，此时 GaN/InN 核壳纳米线的轴向晶格常数 $L_z$降低。在最优的表面氢化的 GaN/InN 核壳纳米线的横截面处，对比大块 GaN 和 InN 的纤锌矿结构，InN 壳收缩，而 GaN 核膨胀。表面的 In—H 键和 N—H 键的键长(1.74Å 和 1.03Å)比游离的 In—H 和 N—H 二聚物的键长(1.91Å 和 1.05Å)小。为了研究氢化 GaN/InN 核壳纳米线原子结构的稳定性，形成能 $E_f$可以被定义为：$E_f=E_t-E_b-n_H E_{H2}/2$，这里的 $E_t$和 $E_b$分别表示表面氢化的 GaN/InN 核壳纳米线和没有表面修饰的 GaN/InN 核壳纳米线的能量，$E_{H2}$表示一个 $H_2$分子的能量。$n_H$是表面饱和时需要的 H 原子的原子数目。计算的 GaN/InN 核壳纳米线的形成能 $E_f$大约是$(-0.95\pm0.02)$eV/H，这暗示着 GaN/InN 核壳纳米线的表面氢化是放热的过程。

图 3-5 总结了横截面为六边形和三角形表面氢化的 GaN/InN 核壳纳米线的带隙 $E_g$依赖于 GaN 核的成分比例 $x$ 的函数关系。$x=0$ 和 $x=1$ 分别相应于纯 InN 纳米线和纯 GaN 纳米线。模拟计算得出 GaN/InN 核壳纳米线在 $\Gamma$ 点[布里渊区的原点(000)]具有直接带隙。带隙 $E_g$定义为导带底的能量值和价带顶的能量值之间的差值。目前 GW 方法是计算带隙最精准的技术方法。然而，GW 方法特别耗时，并且伴随着体系的增大，将变得特别昂贵。尽管密度泛函理论低估了半导体的带隙，但是期望通过基于相同的计算精度的密度泛函理论来计算核壳纳米线带隙的变化趋势。

如图 3-5 所示，对于具有相同原子数目 $N$ 的纳米线，GaN/InN 核壳纳米线带隙 $E_g$的值比纯 GaN 纳米线带隙 $E_g$值小，而比纯 InN 纳米线带隙 $E_g$值大。当 GaN/InN 核壳纳米线有相同的原子数目 $N$ 时，带隙 $E_g$伴随着 $x$ 的增加而增加。同时考虑到当不同的 GaN/InN 核壳纳米线有不同的原子数 $N$ 的时候，带隙 $E_g$的

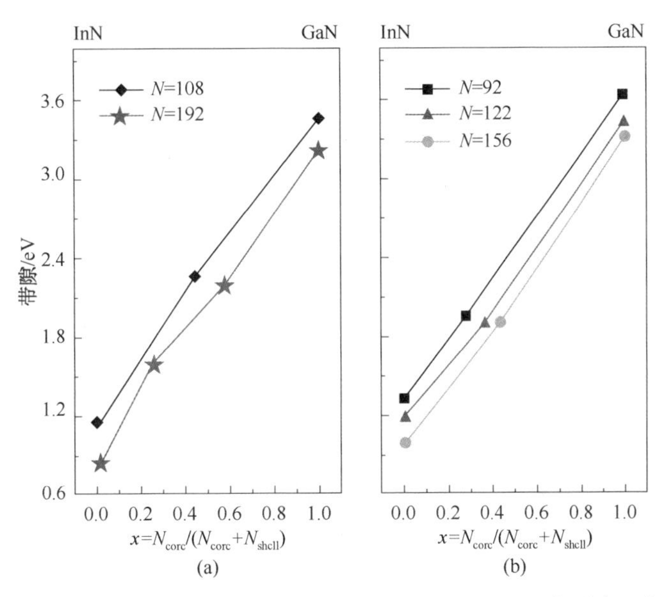


图 3-5　沿[0001]生长方向横截面为(a)六边形和(b)三角形表面氢化的 GaN/InN 核壳纳米线的单元晶胞有着原子数目 $N$，其带隙 $E_g$ 和 GaN 核的成分比例 $x$ 的函数关系

变化。结果展示了在 GaN/InN 核壳纳米线中，当 InN 壳是一层时，伴随着 GaN 核的原子数目 $N_{core}$ 的增加，$x$ 增加导致了带隙 $E_g$ 的一系列的降低。核壳纳米线带隙 $E_g$ 依赖于整体原子数目呈现一种函数关系，即 $E_g \sim 1/(N_{core}+N_{shell})$。在 GaN/InN 核壳纳米线中，当 GaN 核的半径固定时，伴随着 InN 壳的层数的增加，带隙 $E_g$ 有很大程度的降低。$x$ 的降低会导致轴向晶格常数 $L_z$ 的增大，这将会使 GaN 核有较大的内应变和 InN 壳较小的内应变。因此，带隙 $E_g$ 的变化归结为内应变和量子禁闭效应共同作用的结果。这个内应变和量子禁闭效应是由成分和尺寸变化所引起的。

为了进一步理解表面氢化对 GaN/InN 核壳纳米线电学性能的影响，考查了在 $\Gamma$ 点带隙区域电子态的分布。由于核壳纳米线电子态分布拥有相似的变化，在这里，只给出了 $(Ga_{54}In_{42}N_{96}H_{48})_H$、$(Ga_{24}In_{72}N_{96}H_{48})_H$ 和 $(Ga_{33}In_{45}N_{78}H_{48})_T$ 的轨道态分布作为代表，如图 3-6 所示。最高占据分子轨道态主要分布在 InN 壳的 N 原子上面，以及很少地分布在 GaN 核界面处的 N 原子上面。最低未占据分子轨道态主要分布贯穿于 GaN 核，展示出扩展的游离分布，这时出现了轨道连接，与表面氢化的 GaN 量子点的最低未占据分子轨道态的分布结果很相似。这些结果与准类型-Ⅱ的核壳纳米线的能带排列所提供的空间间接态相一致，此时，电子分布在 GaN 核上面，而空穴分布在 InN 壳上面。在 InN 壳结构中，表面的 H 原子可以移除悬空键并且增加了带隙 $E_g$，这与表面氢化对纯 GaN 纳米线的效果是相似的。在表面氢饱和的核壳纳米线边界的 In—N 键长收缩比没有表面修饰的核壳纳米线边界的 In—N 键长收缩小。因此，GaN/InN 核壳纳米线的表面修饰使 InN 壳具有较大的带隙 $E_g$。表面修饰可以诱导 GaN 核的能带结构中导带底的能量比 InN 壳的能带结构中导带底的能量低，而 GaN 核的能带结构中价带顶的能量依然比 InN 壳的能带结构中价带顶的能量低。没有表面修饰的 GaN/InN 核壳纳米线是具有类型-Ⅰ能带排列的特点，其最高占据分子轨道态和最低未占据分子轨道态分布全部位于 InN 壳层。而表面氢化的 GaN/InN 核壳纳米线的电子空穴的分布展示从类型-Ⅰ能带排列到类型-Ⅱ能带排列的转变。因此，表面修饰使 GaN/InN 核壳纳米线具有类型-Ⅱ能带排列的特点来促使电子空穴的分离是至关重要的。相比之下，大块界面异质结构具有的类型-Ⅰ的能带排列特点，主要是由界面的应变弛豫所贡献的。

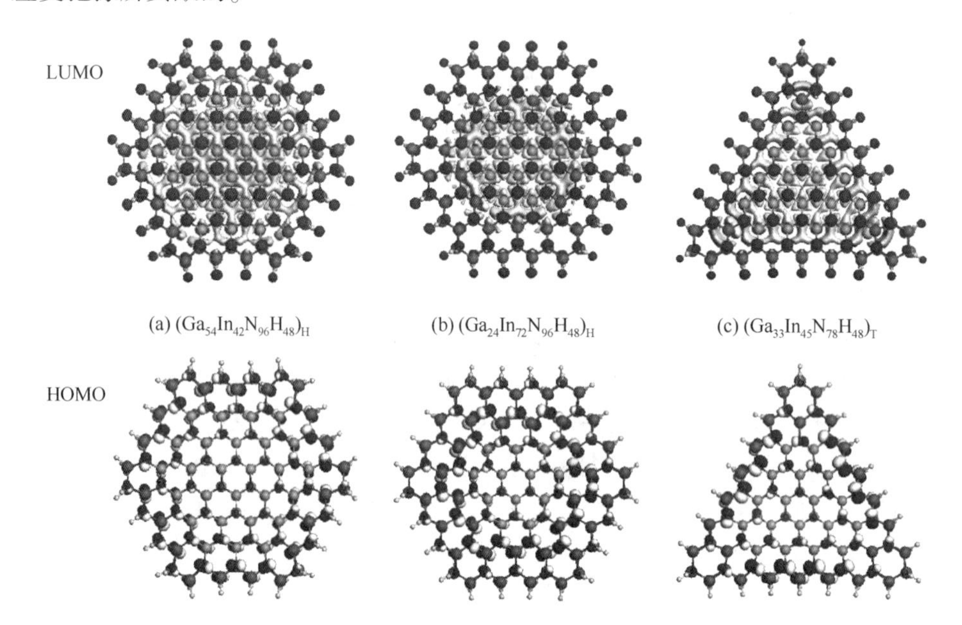


图 3-6　表面氢化的 GaN/InN 核壳纳米线在 $\Gamma$ 点的最低未占据分子轨道态 HOMO(上层)和最高占据分子轨道态 LUMO(下层)的分布

表面修饰调节带隙 $E_g$ 大小和电子态分布的效果也依赖于表面吸附原子不同组合的吸附位置和吸附比例。已有文献报道用 H 原子和 F 原子的表面修饰对 ZnO 纳米线电学性能有着非常重要的影响，它调节带隙 $E_g$ 的效果可以和量子禁闭效应相媲美。相应的，引入 F 原子来取代部分的 H 原子，采用不同的 F 原子与 H 原子比和吸附位置进行表面修饰。当 GaN/InN 核壳纳米线的表面全部被氟化时，InN 壳的原子结构发生巨大的变化，引起价带顶和导带底的能量大幅度的下移。导带底的能量比价带顶的能量变化得快，这将引起带隙 $E_g$ 急速降低。采用 F 原子与 H 原子比是 1 时，考虑不同的吸附位置，此时：F 原子吸附在 N 原子上时，H 原子则吸附在 In 原子上面；或者是 H 原子吸附在 In 原子上时，F 原子则吸附在 N 原子上面。结果证实了对于表面氢化的 N 原子和表面氟化的 Ga 原子的核壳纳米线，形成能 $E_f$ 的绝对值伴随着 GaN 核半径的增加而增加，或者是伴随着 InN 壳厚度的增加而降低；而对于表面氢化的 Ga 原子和表面氟化的 N 原子的核壳纳米线，形成能 $E_f$ 的绝对值变化的趋势则相反，即：形成能 $E_f$ 的绝对值伴随着 GaN 核半径的增加而降低，或者是伴随着 InN 壳厚度的增加而增加。

考查不同的吸附位置和 F 与 H 原子比对核壳纳米线性能的影响。如 3-7(a) 中所示，在横截面为六边形的 GaN/InN 核壳纳米线中，标注为 $F_a^N$ 和 $F_b^N$ 表示 F 原子吸附在 N 原子上，$F_a^{In}$ 和 $F_b^{In}$ 表示 F 原子吸附在 In 原子上。这四个位置可以代表 $(Ga_{24}In_{30}N_{54}H_{36})_H$、$(Ga_{54}In_{42}N_{96}H_{48})_H$ 和 $(Ga_{24}In_{72}N_{96}H_{48})_H$ 所有的吸附位置。标如图 3-7(b) 中所示，在横截面为三角形的 GaN/InN 核壳纳米线中，标注为 $F_a^N$、$F_b^N$、$F_c^N$、$F_d^N$ 和 $F_e^N$ 的位置表示 F 原子吸附在 N 原子上，$F_a^{In}$、$F_b^{In}$、$F_c^{In}$、$F_d^{In}$ 和 $F_e^{In}$ 的位置表示 F 原子吸附在 In 原子上。在其他的核壳纳米线中，由于尺寸的降低，有两个位置是不存在的。模拟计算的形成能 $E_f$ 值证实了表面氢化和氟化可以同时存在，这个方法是可行的。具有 In—F 键和 N—H 键的 GaN/InN 核壳纳米线比具有 N—F 键和 In—H 键的 GaN/InN 核壳纳米线稳定。

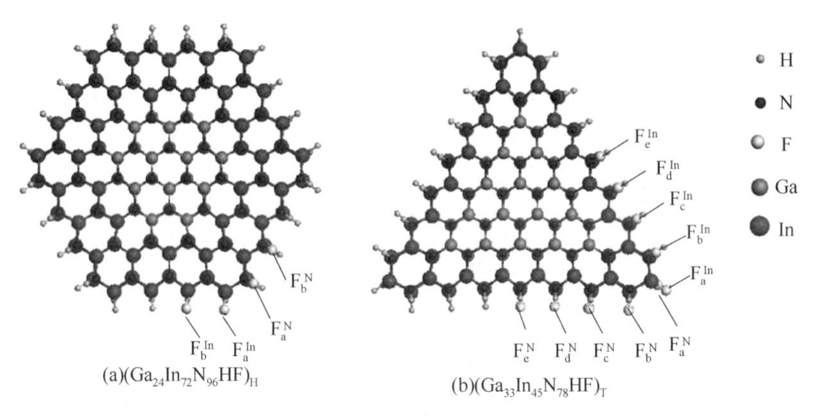


图 3-7 表面饱和的 GaN/InN 核壳纳米线

注：图中标注的位置可以表示所有的吸附位置

横截面为六边形和三角形的 GaN/InN 核壳纳米线，以不同的 F 原子与 H 原子比和吸附位置进行表面修饰的时候，它们的价带顶和导带底的能量变化有着相同的变化趋势。图 3-8 展示了核壳纳米线 $(Ga_{54}In_{42}N_{96}HF)_H$、$(Ga_{24}In_{72}N_{96}HF)_H$ 和 $(Ga_{33}In_{45}N_{78}HF)_T$ 的计算结果。当 F 原子与 H 原子比增加时，带隙 $E_g$ 降低，并且价带顶和导带底的能量下降。F 原子吸附在 In 原子上的表面修饰对能带结构的影响比 F 原子吸附在 N 原子上的表面修饰对能带结构的影响大，这是因为强的氟化和氢化作用的结果。当 F 与 H 原子比是 1 时，F 原子吸附在 In 原子上的核壳纳米线具有最小的带隙 $E_g$，并且价带顶和导带底的能量都最低。同时，横截面为六边形和三角形的核壳纳米线带隙 $E_g$，相比于表面完全氢化时的带隙 $E_g$，可以分别降低 22%和 26%。另外，F 原子的不同吸附位置能引起能带结构的变化。如图 3-8(a)所示，在横截面是六边形的核壳纳米线中，三个在 $F_a^{In}$ 位置的 H 原子或者是六个在 $F_a^{In}$ 位置的 H 原子被 F 原子取代。或者是如图 3-8(b)所示，在横截面三角形的核壳纳米线中，当有三个在 $F_a^{In}$ 位置的 H 原子被 F 原子取代，能带结构都有不同的改变。这与不同表面钝化对 GaN 纳米线能带结构的影响非常相似。因此，表面的 F 原子与 H 原子比，以及 F 原子和 H 原子的不同吸附位置都可以调节带隙 $E_g$ 大小以及价带顶，导带底的能量变化。

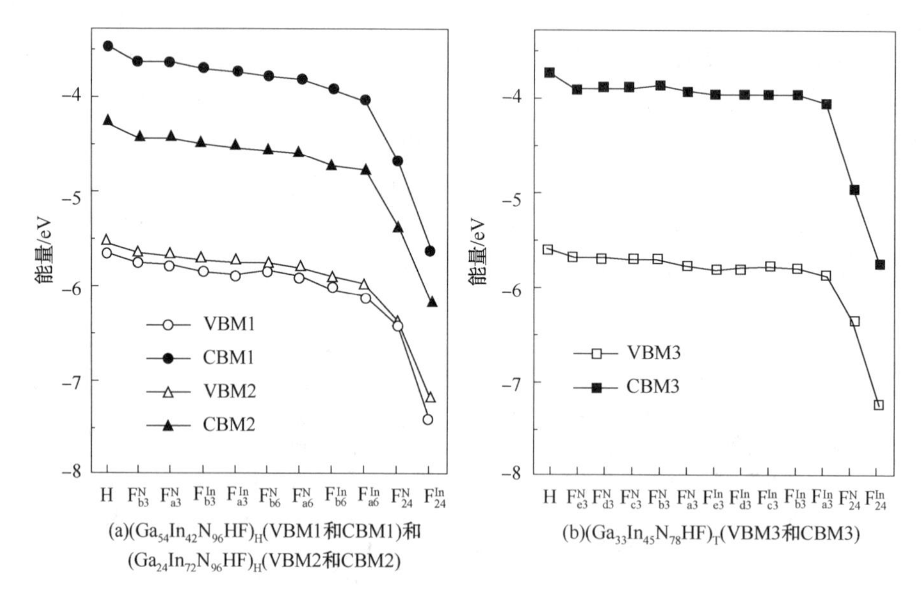


图 3-8　表面氢化和氟化的 GaN/InN 核壳纳米线
价带顶(VBM)的能量和导带底(CBM)的能量

注：表面氢化的核壳纳米线用 H 表示；其他表面氢化和氟化的核壳纳米线通过 F 的吸附位置和原子数目来表示

对于横截面为三角形的核壳纳米线，最高占据分子轨道态分布主要位于 InN 壳的 N 原子上面，也有很少部分位于 GaN 核界面处 N 原子上面。而最低未占据分子轨道态的分布主要集中在 GaN 核上面。在$(Ga_{33}In_{45}N_{78}H_{45}F_3)_T$核壳纳米线中，其中有三个位于 $F_e^{In}$ 的 H 原子被 F 原子取代，这时的核壳纳米线在 Γ 点的最高占据分子轨道态和最低未占据分子轨道态的分布，如图 3-9(a)所示。F 原子诱导最低未占据分子态轨道态分布形成六边形结构，这有利于增强电子空穴的分离。

为了进一步证实表面修饰的核壳纳米线的量子禁闭效应，讨论两种不同尺寸的核壳纳米线$(Ga_{54}In_{42}N_{96}H_{42}F_6)_H$和$(Ga_{24}In_{72}N_{96}H_{42}F_6)_H$，$H_b^{In}$ 位置的六个 H 原子被 F 原子取代。这种表面氢氟化的核壳纳米线的最高占据分子轨道态和最低未占据分子轨道态的分布如图 3-9(b)和图 3-9(c)所示。从整体上看，它们的最高占据分子轨道态和氢化核壳纳米线的最高占据分子轨道态分布是相似的。尽管最低未占据分子轨道态分布依然主要位于 GaN 核上面，但是那里存在着一些变化。对于$(Ga_{54}In_{42}N_{96}H_{42}F_{6})_{H}$，当 F 原子吸附在表面的 N 或者是 In 原子上时，最低未占据分子轨道态分布是依赖于 F 原子的吸附位置的，并且在 GaN 核界面处的分布非常大的程度上依赖于 F 与 H 原子比。对于$(Ga_{24}In_{72}N_{96}H_{42}F_{6})_{H}$，它的最低未占据分子轨道态分布展示的延伸的游离区域是相互连接的，并不依赖于 F 与 H 原子比。因此，不同的表面修饰的效果作用在一层壳的核壳纳米线是非常明显的。通过电子态的分布的分析，最低未占据分子轨道态很少一部分分布在表面的 H 原子和 F 原子上面。H 原子和 F 原子的作用主要是饱和表面的悬空键，尽可能消除悬空键对能带结构的影响。相比于没有表面修饰的核壳纳米线，这会诱导带隙 $E_g$ 的增加。更重要的是，由表面修饰引起的键长变化会导致带隙 $E_g$ 的改变。这有利于促使核壳纳米线拥有准类型-Ⅱ的能带排列。InN 壳和 GaN 核的能带结构可以通过不同的 H 和 F 组合进行调节。

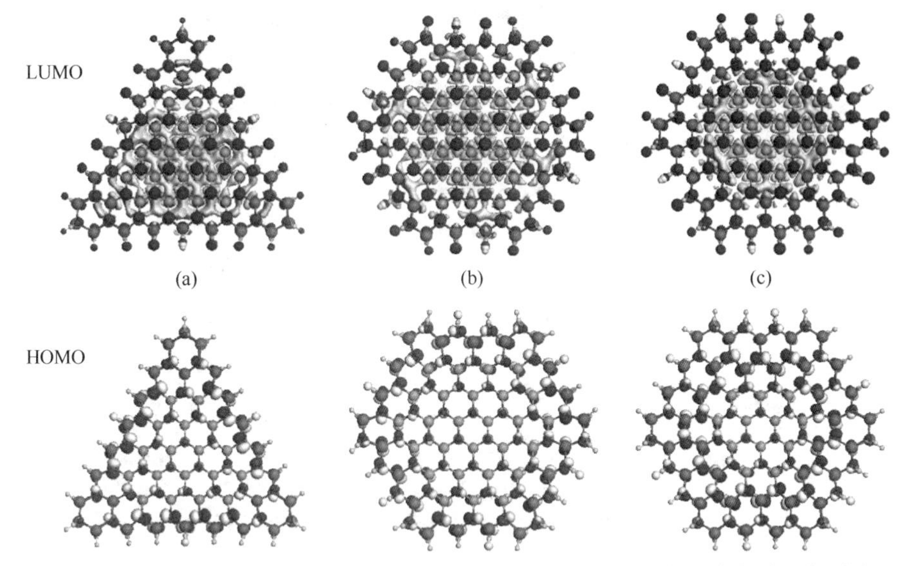


图 3-9　表面氢化和氟化的 GaN/InN 核壳纳米线在 $\Gamma$ 点的最低未占据分子轨道态 LUMO(上层)和最高占据分子轨道态 HOMO(下层)的分布

(a)F 原子吸附在 $F_e^{In}$ 位置的$(Ga_{33}In_{45}N_{78}H_{45}F_{3})_{T}$，(b)F 原子吸附在 $F_b^{In}$ 位置的$(Ga_{54}In_{42}N_{96}H_{48})_{H}$，(c)F 原子吸附在 $F_b^{In}$ 位置的$(Ga_{24}In_{72}N_{96}H_{48})_{H}$

采用 H 和 F 原子进行的表面修饰诱导电子空穴的分离，这导致核壳纳米线有准类型-Ⅱ的能带排列的特点。值得注意的是最高占据分子轨道态和最低未占据分子轨道态的分布非常小的一部分是直接由表面的 H 原子和 F 原子来贡献的，这样就有利于降低环境对核壳纳米线电学性能的影响。表面钝化是通过移除表面态来改善载流子的有效工作时间并且增强小尺寸核壳纳米线的性能。因此，表面修饰提供了一种既经济又有效的方法来改变 GaN/InN 核壳纳米线的电学和光学性能，使其能够应用在新颖的光电子器件上。

## 3.5 外部应变下 GaN/InN 核壳纳米线

原子结构模型以核壳纳米线的轴方向即[0001]方向，作为周期性的方向。超晶胞的真空垂直于核壳纳米线的轴方向，具有 17Å 的大小，这样大小的真空足够大来避免临近的核壳纳米线之间的交互影响。$(C_mS_n)_H$是具有六边形横截面的原子结构，$(C_mS_n)_T$是具有三角形横截面的原子结构，下脚标的字母 $m$ 和 $n$ 表示层数，分别为核的半径和壳的厚度。图 3-10 展示了$(C_2S_2)_H$和$(C_2S_1)_T$纳米线的稳定结构作为代表。

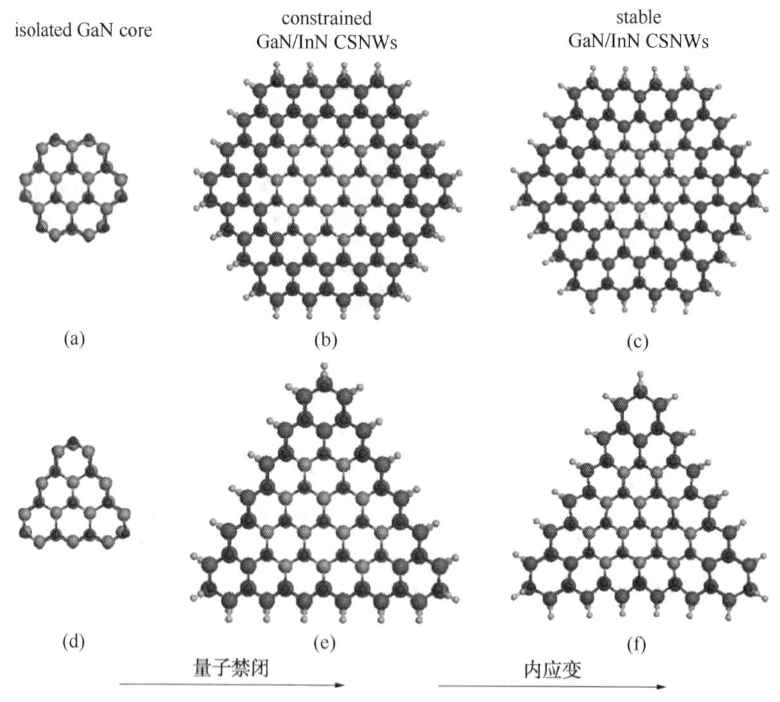


图 3-10 (a)没有表面饱和两层的六边形的 GaN 纳米线的原子结构，(b)固定的 GaN/InN 核壳纳米线$(C_2S_2)_H$的原子结构，(c)稳定的 GaN/InN 核壳纳米线$(C_2S_2)_H$的原子结构，(d)没有表面饱和两层的三角形的 GaN 纳米线的原子结构，(e)固定的 GaN/InN 核壳纳米线$(C_2S_1)_T$的原子结构和(f)稳定的 GaN/InN 核壳纳米线$(C_2S_1)_T$的原子结构

注：小球(深色球)、中间球(浅色球)和大球(深色球)分别表示为 N、Ga 和 In 原子。最小的浅灰色球表示 H 原子

InN 壳和 GaN 核之间晶格的不匹配导致了 GaN 核沿着核壳纳米线的轴向有着非常大的各向异性的膨胀。沿[0001]方向优化的轴向晶格常数 $L_z$，被列于表 3-3 中。此时的核壳纳米线有着最小的整体能量 $E_{total}$。GaN 核的内应变 $\varepsilon_i$ 可以定义为 $\varepsilon_i=(c_{GaN}-L_z)/c_{GaN}\times100\%$，而 InN 壳的内应变 $\varepsilon_i$ 可以定义为 $\varepsilon_i=(c_{InN}-L_z)/c_{InN}\times100\%$，这里的 $c_{GaN}$ 和 $c_{InN}$ 分别表示为沿[0001]方向大块 GaN 和 InN 的晶格常数。

**表 3-3 由内应变 $\varepsilon_i$ 引起的在沿轴向的晶格常数为 $L_z$ 的 GaN/InN 核壳纳米线中带隙变化 $\Delta E_s$ 和应变的 GaN 大块带隙变化 $\Delta E_{sb}$[应变的 GaN 大块的平均晶格常数 $a$、$c$(inÅ)和 $u$ 是从 GaN/InN 核壳纳米线中抽取出来的，此时 $c=L_z$]**

| 项　目 | $(C_2S_1)_H$ | $(C_3S_1)_H$ | $(C_2S_2)_H$ | $(C_1S_1)_T$ | $(C_2S_1)_T$ | $(C_3S_1)_T$ |
|---|---|---|---|---|---|---|
| $\Delta E_i$/eV | 0.80 | 0.62 | 1.06 | 1.03 | 0.97 | 0.92 |
| $\Delta E_{sb}$/eV | 0.71 | 0.60 | 1.01 | 1.01 | 0.90 | 0.84 |
| $a$/Å | 3.22 | 3.23 | 3.22 | 3.25 | 3.25 | 3.26 |
| $L_z$/Å | 5.43 | 5.36 | 5.56 | 5.53 | 5.48 | 5.44 |
| $u$ | 0.38 | 0.38 | 0.38 | 0.38 | 0.38 | 0.38 |
| 内核层 $\varepsilon_i$ | 4.83% | 3.47% | 7.34% | 6.76% | 5.79% | 5.02% |
| 外核层 $\varepsilon_i$ | -5.89% | -7.11% | -3.64% | -4.16% | -5.03% | -5.72% |

在表 3-3 中，对于具有最低能量状态的 GaN/InN 核壳纳米线的原子结构，轴向晶格常数为 $L_z$。GaN 核和 InN 壳的内应变 $\varepsilon_i$ 随着核的半径 $m$ 和壳的厚度 $n$ 变化。在不同尺寸的 GaN/InN 核壳纳米线中，InN 壳的厚度 $n$ 增大导致轴向晶格常数 $L_z$ 变大，使 GaN 核的内应变 $\varepsilon_i$ 变大和 InN 壳的内应变 $\varepsilon_i$ 变小；而 InN 壳的厚度 $n$ 减小会导致轴向晶格常数 $L_z$ 变小，使 GaN 核的内应变 $\varepsilon_i$ 变小和 InN 壳的内应变 $\varepsilon_i$ 变大。在只有内应变的作用下，即 $\varepsilon_e=0$ 时，带隙 $E_g$ 的数值在图 3-11 中展示。在不同尺寸的 GaN/InN 核壳纳米线中，固定 GaN 核的半径 $m$ 或者是 InN 壳的厚度 $n$ 时，伴随着增加 InN 壳的厚度 $n$ 或者是 GaN 核的半径 $m$，带隙 $E_g$ 将会降低。同时，当核壳纳米线的尺寸相同的时候，伴随着壳的厚度 $n$ 的增加或者核的半径 $m$ 的降低，也会导致带隙 $E_g$ 降低。这些结果主要是由量子禁闭和内应变 $\varepsilon_i$ 的作用所引起的。

对于 GaN/InN 核壳纳米线，区别于量子禁闭效应，以 $(C_2S_2)_H$ 为例来理解由内应变 $\varepsilon_i$ 对带隙 $E_g$ 和能带排列的影响。对于稳定的核壳纳米线 $(C_2S_2)_H$，正如表 3-3 中所列出的，GaN 核的内应变是 $\varepsilon_i=7.34\%$，而 InN 壳的内应变是 $\varepsilon_i=3.64\%$。对于四层结构优化表面氢化的 GaN 纳米线，用 InN 取代最外两层的 GaN 而不进行弛豫，固定的核壳纳米线 $(C_2S_2)_H$，此时的轴向晶格常数是 $L=5.18$Å。在这种情况下，尽管 InN 壳有非常大的应变，并且 GaN/InN 界面处也存在应变，但是 GaN 核的内应变是非常小。GaN 核的带隙 $E_g$ 是 2.31eV，比纯两层 GaN 纳米

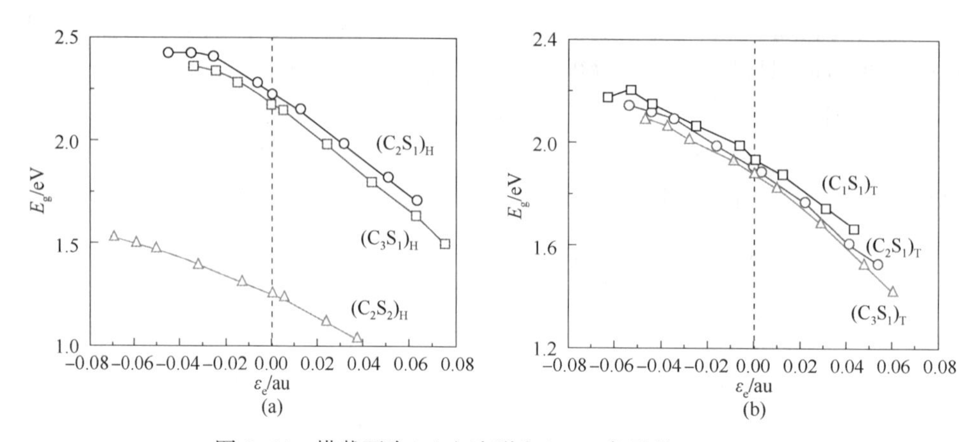


图 3-11　横截面为(a)六边形和(b)三角形的 GaN/InN
核壳纳米线带隙 $E_g$ 关于轴向应变 $\varepsilon_e$ 的函数关系

注：虚线表示只有内应变存在的 GaN/InN 核壳纳米线的带隙 $E_g(0)$

线的带隙 $E_g$ 为 2.28eV 大，这是量子禁闭效应的结果。在固定的核壳纳米线中，最高占据分子轨道态和最低未占据分子轨道态分布主要位于 GaN 核上，因而核壳纳米线的带隙 $E_g$ 和 GaN 核的带隙 $E_g$ 是一样的。此时，由类型-Ⅰ的能带排列转变为类型-Ⅱ的能带排列的过程是不存在的。

内应变 $\varepsilon_i$ 的重要性可以通过固定的与完全弛豫的核壳纳米线中内层 GaN 核的带隙差值 $\Delta E_i$ 所体现出来。带隙差值 $\Delta E_i$ 是由内应变 $\varepsilon_i$ 来调节的(在后面，将会详细解释为什么完全弛豫的核壳纳米线的内层 GaN 核的带隙 $E_g$ 可以直接采用整体的 GaN/InN 核壳纳米线的带隙 $E_g$ 值)。将发生应变的和稳定的 GaN 大块带隙的差值定义为 $\Delta E_{sb}$。这个应变的 GaN 大块的晶格常数是采用从 GaN 核抽取的平均晶格常数 $a$、$c$ 和 $u$，列于表 3-3 中。计算结果 $\Delta E_{sb}=1.01$eV 与 $\Delta E_i=1.06$eV 相吻合。通过相同的方法，计算了其他具有不同的 GaN 核半径和 InN 壳厚度横截面为六边形和三角形的 GaN/InN 核壳纳米线的 $\Delta E_{sb}$ 和 $\Delta E_i$，这些结果也列于表 3-3 中。$\Delta E_{sb}$ 和 $\Delta E_i$ 之间的差值低于 0.1eV。这种良好吻合的结果证实了内应变 $\varepsilon_i$ 是影响 GaN 核的带隙 $E_g$ 的重要因素，$\Delta E_i$ 伴随着 GaN 核的内应变 $\varepsilon_i$ 的增加而增加，或者是 $\Delta E_i$ 伴随着 InN 壳的内应变 $\varepsilon_i$ 的降低而增加。

尽管理论上允许具有较大的晶格不匹配的异质结构核壳纳米线界面处不存在缺陷，但是在实验中还没有制备出具有共格界面的 InN/GaN 纳米线。然而，已有很多实验研究 GaN 和 InN 基的异质结构材料。在这些工作中，价带顶能量的偏移 $\Delta E_V$ 和导带底能量的偏移 $\Delta E_C$ 的研究吸引了广泛的关注。在纤锌矿 InN/GaN (0001) 中，价带顶能量的偏移 $\Delta E_V$ 和导带底能量的偏移 $\Delta E_C$ 分别为 0.52 和 2.22eV。在 InN/$n$-type GaN 的异质结中，InN 和 GaN 之间的 $\Delta E_V$ 和 $\Delta E_C$ 分别是 1.07eV 和 1.68eV。在劈裂的 InN/GaN 异质结中，$\Delta E_V$ 和 $\Delta E_C$ 分别为 0.78eV 和

1.97eV。实验结果表明了由内应变 $\varepsilon_i$ 所引起的导带底能量的变化比价带顶能量的变化大得多。这些结果支持了在表 3-3 中计算的由内应变 $\varepsilon_i$ 所引起的结果。

对于轴向晶格常数为 $L_z$ 稳定的 GaN/InN 核壳纳米线，考查了内应变 $\varepsilon_i$ 变化所引起的键长变化。平行于核壳纳米线轴向的 Ga—N 键的键长伴随着 GaN 核的半径减小或者是伴随着 InN 壳的厚度增加而变长，而平行于核壳纳米线轴向的 In—N 键的键长伴随着 GaN 核的半径增加或者是伴随着 InN 壳的厚度降低而变长。在 Ga—N 或者 In—N 的双层中，键长变化非常小。整体来说，相比于 GaN 和 InN 大块的键长，Ga—N 键的键长被延长，而 In—N 键的键长被收缩。核壳纳米线的原子结构没有发生结构相变。另外，最稳定的核壳纳米线中交互层的距离伴随着轴向晶格常数 $L_z$ 的增加而增加。这间接的解释了伴随着 GaN 核的内应变 $\varepsilon_i$ 的增加会诱导核壳纳米线的带隙 $E_g$ 降低。

对轴向晶格常数为 $L_z$ 弛豫的 GaN/InN 核壳纳米线施加外应变，通过变化不同的轴向晶格常数 $L$ 来实现对其电学和光学性能的调节。把轴向晶格常数 $L$ 控制在 5.18~5.77Å 的范围之内，即 GaN 和 InN 沿着 $c$ 轴的晶格常数之内。此时对于不同的轴向晶格常数为 $L$ 的核壳纳米线，外应变 $\varepsilon_e=(L-L_z)/L_z\times100\%$。值得注意的是对于给定的外应变 $\varepsilon_e$，核壳纳米线中沿 $x$ 和 $y$ 方向的原子位置被进一步弛豫。图 3-11 分别展示了在横截面是六边形和三角形的核壳纳米线的带隙 $E_g$ 伴随着外应变 $\varepsilon_e$ 变化的 $E_g(\varepsilon_e)$ 函数关系。研究发现除了当 $L=5.23$Å 外，其余的结果全是伴随着外拉应变的增加，带隙 $E_g(\varepsilon_e)$ 逐渐减小；或者是伴随着外压应变的减小，带隙 $E_g(\varepsilon_e)$ 逐渐增加。计算 GaN/InN 核壳纳米线的带隙 $E_g(\varepsilon_e)$ 伴随外应变 $\varepsilon_e$ 的变化程度，$\Delta E_g=[E_g(\varepsilon_e)-E_g(0)]/E_g(0)\times100\%$。结果发现，GaN/InN 核壳纳米线 $(C_3S_1)_H$ 的带隙 $E_g$ 在外拉应变 $\varepsilon_e=7.65\%$ 的情况下降低得最大：$\Delta E_g=31.24\%$；GaN/InN 核壳纳米线 $(C_2S_2)_H$ 的带隙在外压应变 $\varepsilon_e=-6.83\%$ 的情况下增加得最大：$\Delta E_g=21.72\%$。

在外应变 $\varepsilon_e$ 的作用下，H—In 或者是 H—N 的键长几乎没有变化，它们并不敏感于外应变 $\varepsilon_e$。GaN/InN 核壳纳米线的横截面尺寸伴随着轴向外压应变的增加而增大，或者伴随着轴向外拉应变的增加而减小。在双层中，垂直于核壳纳米线轴向的 In—N 和 Ga—N 键的键长伴随着不同外应变 $\varepsilon_e$ 的变化有着相似的变化趋势，而平行于核壳纳米线轴向的 In—N 和 Ga—N 键的键长伴随着不同外应变 $\varepsilon_e$ 的变化有着相反的变化趋势。由此可见，外应变 $\varepsilon_e$ 影响着核壳纳米线不同键的键长变化。

图 3-12 中 GaN/InN 核壳纳米线 $(C_2S_2)_H$ 在 $\varepsilon_e=0$，$\varepsilon_e=-6.83\%$ 和 $\varepsilon_e=+3.78\%$ 的情况下的能带结构和 GaN/InN 核壳纳米线 $(C_2S_1)_T$ 在 $\varepsilon_e=0$，$\varepsilon_e=-5.47\%$ 和 $\varepsilon_e=+5.29\%$ 的情况下的能带结构分别作为横截面为六边形和三角形的 GaN/InN 核壳纳米线的能带结构的例子。能带结构揭示了在外压应变的情况下，导带底的

能量将会上移，而价带顶的能量就将会下移；相比之下，在外拉应变的情况下，导带底的能量将会下降，而价带顶的能量将会上升。值得注意的是伴随着外应变 $\varepsilon_e$ 的增加，导带底的能量比价带顶的能量变化得快，这就暗示了外应变 $\varepsilon_e$ 对最低未占据分子轨道态的分布影响比较大。此外，已有研究表明 GaN 的带隙 $E_g$ 伴随着外拉应变的增大将会减小。在 GaN/InN 核壳纳米线中，导带底的能量和价带顶的能量由外应变 $\varepsilon_e$ 所引起的变化趋势，这个结果在未来还需实验进一步来证实。

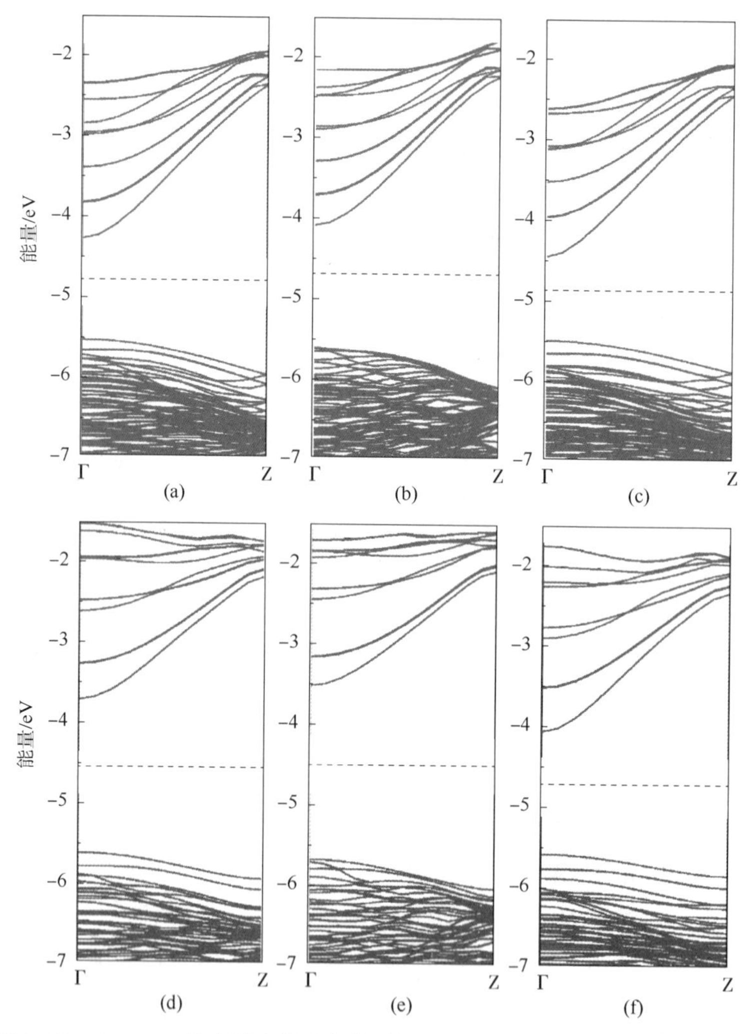


图 3-12　GaN/InN 核壳纳米线的能带结构图：(a) $\varepsilon_e=0$，(b) $\varepsilon_e=-6.83\%$，(c) $\varepsilon_e=+3.78\%$ 的 $(C_2S_2)_H$ 的能带结构图，和 (d) $\varepsilon_e=0$，(e) $\varepsilon_e=-5.47\%$，(f) $\varepsilon_e=+5.29\%$ $(C_2S_1)_T$ 的能带结构图

注：虚线表示费米面

图 3-13 展示了对于核壳纳米线$(C_2S_1)_T$，在外应变$\varepsilon_e$的作用下 GaN 核和 InN 壳的能带结构。这里分别保留 GaN 核和 InN 壳在核壳纳米线中的原始结构。界面处的悬空键通过 H 原子来饱和。只有这个饱和的 H 原子允许弛豫，而其他的原子被固定。弛豫的 H 原子消除悬空键对导带底和价带顶的能量的影响。

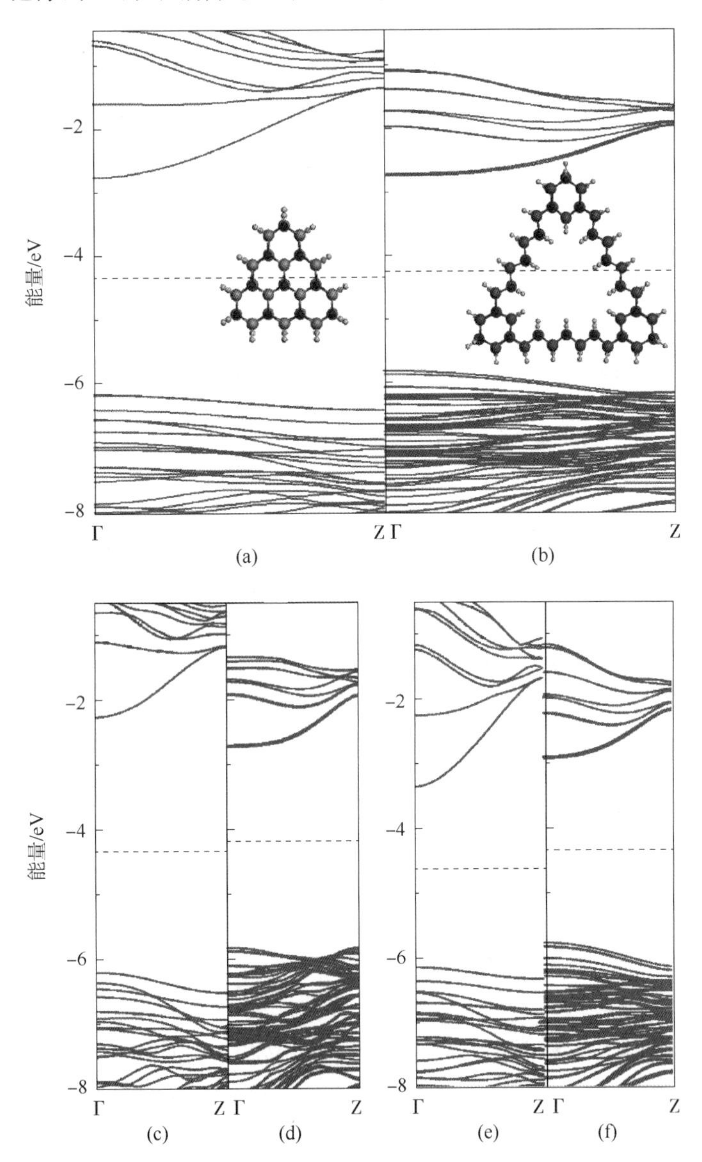


图 3-13　GaN/InN 核壳纳米线$(C_2S_1)_T$中的 GaN 核和 InN 壳的能带结构图：(a)$\varepsilon_e=0$，(b)$\varepsilon_e=-5.47\%$，(c)$\varepsilon_e=+5.29\%$

注：虚线表示费米面。小球(深色球)、中间球(浅色球)和大球(深色球)分别表示 N、Ga 和 In 原子，最小浅灰色球代表 H 原子

正如图 3-13 所示，这些结构展示了伴随着外拉应变的增加，GaN 核的导带底的能量比 InN 壳的导带底的能量下降得快；随着外压应变的增加，GaN 核的导带底的能量比 InN 壳的导带底的能量上升得快，但是 GaN 核和 InN 壳的价带顶的能量只是稍微地变化。在 GaN/InN 核壳纳米线中，内应变 $\varepsilon_i$ 和外应变 $\varepsilon_e$ 诱导整体的价带顶的能量变化是来源于 InN 壳的价带顶的能量变化，和整体的导带底的能量变化是来源于 GaN 核的导带底的能量变化。这将促使 GaN/InN 核壳纳米线具有类型-Ⅱ的能带排列。当在最大的外拉应变情况下，即轴向晶格常数为 5.77 时，GaN 核的导带底的能量比 InN 壳价带顶的能量小得多。这是因为相比于 GaN 和 InN 大块的键长，GaN 核的键长发生了非常大的变化，而 InN 壳的键长只是发生非常小的变化，从而引起了能带结构的不同变化。在其他的 GaN/InN 核壳纳米线中也得到类似的结果。由此可见，外拉应变有利于异质结构具有类型-Ⅱ能带排列，同时促进电子和空穴更大程度上的分离。

图 3-14 中展示了在不同的外应变 $\varepsilon_e$ 的情况下，GaN/InN 核壳纳米线 $(C_2S_2)_H$ 和 $(C_2S_1)_T$ 在 $\Gamma$ 点的最高占据分子轨道态和最低未占据分子轨道态的分布。如图 3-14(a) 和图 3-14(d) 所示，当外应变为 $\varepsilon_e=0$ 时，即在只有内应变 $\varepsilon_i$ 存在的情况下，在所有的 GaN/InN 核壳纳米线中，最高占据分子轨道态的分布主要由 InN 壳中的 N 原子所贡献，以及很少的一部分由 GaN 核中界面处的 N 原子所贡献，它们具有 2p 轨道特征。最低未占据分子轨道态的分布主要是由 Ga 原子的 Ga-3s 和 Ga-3p 轨道所贡献的，并且最低未占据分子轨道态贯穿于整个 GaN 核，这个表现为轨道连接的一些游离区域。这个结果与氢化的 GaN 纳米点的最低未占据分子轨道态分布极为相似。这解释了为什么只有内应变存在时的 GaN/InN 核壳纳米线的带隙 $E_g$ 和 GaN 核的带隙 $E_g$ 是相等的。在外拉应变作用下的 GaN/InN 核壳纳米线中，最低未占据分子轨道态的分布主要集中在 GaN 核的 Ga 原子上面，并且在整个 GaN 核中的分布更为广泛，占据的面积更大，这就证实了 GaN 核区域的电子密度的增加，如图 3-14(c) 和图 3-14(f)。对于核壳纳米线 $(C_2S_2)_H$ 在外拉应变为 $\varepsilon_e=+3.78\%$ 的情况下，以及核壳纳米线 $(C_2S_1)_T$ 在外拉应变为 $\varepsilon_e=+5.29\%$ 的情况下，它们的轴向晶格常数为 $L=5.77$Å，此时的 GaN 核有最大的键长变化，InN 壳有最小的键长变化。外拉应变能够为分离的载流子提供更多的独立的传输通道。因此，最高占据分子轨道态和最低未占据分子轨道态的分布敏感于内应变 $\varepsilon_i$ 和外应变 $\varepsilon_e$。其他的核壳纳米线也得到相似的结果。电子和空穴的分离暗示了 GaN/InN 核壳纳米线具有准类型-Ⅱ的能带排列的特点，这不同于文献中的 GaN/InN 界面处形成的类型-Ⅰ的能带排列。

最近有实验集中研究了 GaN/InN 轴向异质结构，这种结构是具有典型的类型-Ⅰ的能带排列性质，此时电子和空穴全部位于 InN 上面。这样就将导致较低的光电转化率。在此项工作中，研究了内应变 $\varepsilon_i$ 和外应变 $\varepsilon_e$ 对 GaN/InN 核壳纳米线异质结构的能带排列的影响。外应变 $\varepsilon_e$ 能够使核壳纳米线实现从类型-Ⅰ到类型-Ⅱ能带排列的转变，促使光激子诱发的电子和空穴得到很好的分离。因此，理论上高效的光生伏打器件在外拉应变的情况下得到改善，这为 GaN/InN 核壳纳米线材料应用在高效光生伏打器件提供了一条便捷之路。

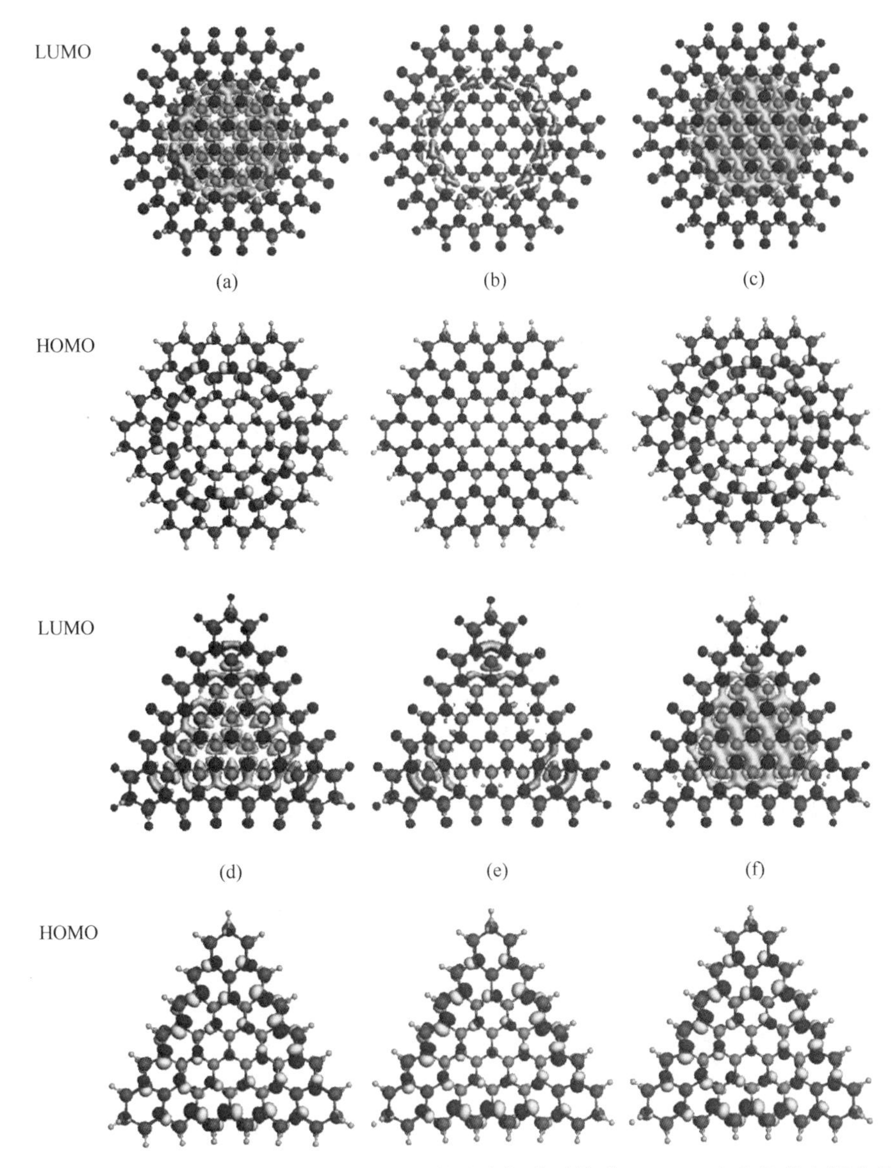


图 3-14　GaN/InN 核壳纳米线在 $\Gamma$ 点的最低未占据分子轨道(LUMO)态和最高占据分子轨道(HOMO)态(上下层)的分布：(a)$\varepsilon_e=0$，(b)$\varepsilon_e=-6.83\%$，(c)$\varepsilon_e=+3.78\%$时的$(C_2S_2)_H$轨道态的分布和(d)$\varepsilon_e=0$，(e)$\varepsilon_e=-5.47\%$，(f)$\varepsilon_e=+5.29\%$时的$(C_2S_1)_T$轨道态的分布

## 3.6 本章小结

通过第一性原理密度泛函理论(DFT)模拟方法，本章研究了表面修饰对应变场作用下 GaN/InN 核壳纳米线的原子结构及电学性质的影响。通过分析原子结构和电子结构之间潜在联系，结合轨道图以及电荷转移等手段对结果进行分析。获得的主要结论如下：

(1) 采用 H 原子和 F 原子对 GaN/InN 核壳纳米线进行的表面修饰可以移除核壳纳米线表面的悬空键，消除悬空键对能带结构的影响，使带隙值增加。同时，不同的 H 原子与 F 原子比以及 H 原子与 F 原子的吸附位置可以调整核壳纳米线的键长，诱导能带结构发生变化，使带隙的大小得到进一步的调整。表面修饰使 GaN/InN 核壳纳米线从类型-Ⅰ的能带排列转变为准类型-Ⅱ的能带排列。计算结果证实了不同的表面修饰不仅可以调节带隙，也可以促使电子空穴的分离。这为调节核壳纳米线的电学和光学性能提供了一种新的方法。

(2) 针对由不同半径的 GaN 核和不同厚度的 InN 壳组成的 GaN/InN 核壳纳米线，轴向晶格常数是不一样的。GaN 核和 InN 壳具有的内应变大小也是不一样的，这会诱导带隙的变化。内应变引起的带隙变化量 $\Delta E_{\mathrm{i}}$ 伴随着 GaN 核的内应变的增加(InN 壳的内应变的降低)而增加。另外，对于 GaN 和 InN 半导体纳米结构，当施加拉应变或者是压应变时，其能带结构的变化程度不同。GaN 核的带隙随着外拉应变(外压应变)的增加而变小(增大)，并且导带底的能量比价带顶的能量下降(上升)得快。而 InN 壳的能带结构随着外应变的增加变化不大。这将有利于增强准类型-Ⅱ能带排列的表面氢化的 GaN/InN 核壳纳米线中电子和空穴的分离。采用应变有效调节电学和光学性能的方法为基于 GaN/InN 核壳纳米线应用在光生伏打器件、光催化剂及发光二极管等领域中的设计提供了一条便捷的途径。

# 外场下表面修饰的氮化镓纳米薄膜的电磁学性质

氮化镓由于其惊奇的光电性能和高的热稳定性和力学性能稳定性，在过去的十多年中引起了广泛的关注。随着大带隙(3.4eV)和外延生长技术的出现，GaN被广泛应用于高效率的短波(蓝光和超紫外光)发光二极管(LEDs)和室温激光二极管中。通过带隙调控，GaN基纳米材料有望克服无法实现绿光难题，并显示红外光，从而实现了全色显示的应用。因此，期望采用其他方法来调控GaN基材料的电学性质。此外，更有趣的是，材料可以在一个电子极化轨道上展示出金属性，而在另一个电子极化轨道上展示出绝缘性。这种材料在电子自旋纳米器件中具有广泛的应用价值。此外，近期二维纳米薄膜的磁性备受关注，因为纳米薄膜可以通过表面修饰和薄膜厚度来调节其电学和磁学性质。

## 4.1 引言

近年来，半导体纳米结构在科学研究和技术应用方面得到了广泛的研究。GaN基纳米线、纳米管和纳米自旋晶体，显示出了制造宽谱发光二极管和其他纳米器件的巨大潜力。特别是，超薄的氮化镓纳米薄膜可转变成二维的类石墨结构。超薄原子六方形的二维纳米结构，如石墨烯和氮化硼纳米薄膜，由于其独特的电子特性，尤其是在许多情况下，比相应的块状结构具有更优异的性质，引起人们的广泛关注。此外，已经报道了平面化学修饰和外部电场可有效调整这种基于二维纳米材料的能带结构。由此，非常有必要研究外部电场下表面化学修饰对二维氮化镓纳米薄膜的能带结构的影响作用。本章中，为了更好地理解氮化镓纳米薄膜的电学性质，分别考虑了表面状态、量子尺寸效应以及外场(电场和外部应变)因素，然后考察了这些因素的组合效应，对电场作用下表面修饰的氮化镓纳米薄膜的原子结构和电子结构进行了第一性原理计算。该研究结果为这些GaN基纳米材料在光电子器件和自旋电子器件中的应用提供了重要的理论依据。

## 4.2 模拟计算细节

模拟计算采用基于极性密度泛函理论(DFT)的DMol3模块，相关交换函数使用广义梯度近似(GGA)中 Perdew-Burke-Ernzerhof(PBE)方法。对于原子结构、电子结构及磁学模拟计算，超晶胞采用 2×2 的氮化镓纳米薄膜，其真空为 15Å 来避免相邻晶胞间的相互作用。所有原子完全弛豫。核处理方法使用的是密度泛函理论半核赝势，这种方法也考虑了一定的相对论效应，尤其是对镓元素；全电子效应主要针对氮元素、氢元素、氟元素和氯元素。此外，基本设置使用双数字极化。结构优化中 $k$ 点设置使用 9×9×1，而性质计算中 $k$ 点设置使用 17×17×1。模拟计算中使用了拖尾效应，拖尾值为 0.001Ha(1Ha = 27.2114eV)。能量收敛公差，最大力收敛和位移分别为 $1.0\times10^{-5}$Ha、0.002Ha/Å 和 0.005Å。

大块氮化镓计算的晶格常数为 $a = b = 3.182$Å，$c = 5.180$Å，和 $u = 0.377$。Ga—N 键的键长为 1.951Å。大块氮化镓模拟计算的带隙为 2.58eV，尽管比实验得到的带隙值(3.45eV)小，但是与以前 GGA 模拟计算得到的 2.58eV 一致。而杂化泛函，如 HSE、PBE0 或 B3LYP 可精确计算能带结构，但是这种方法非常耗时，并且计算很大的材料时需要耗费大量的财力。在本章中，只要采用相同的处理方法和精度，基于 DFT-GGA 的模拟计算可以预测氮化镓纳米材料的电学和磁学性质的变化趋势。所有的氮化镓纳米薄膜都是从大块纤锌矿结构中截取，极性面为(0001)面，其中一层氮化镓包含一层镓原子和一层氮原子，如图 4-1 所示。

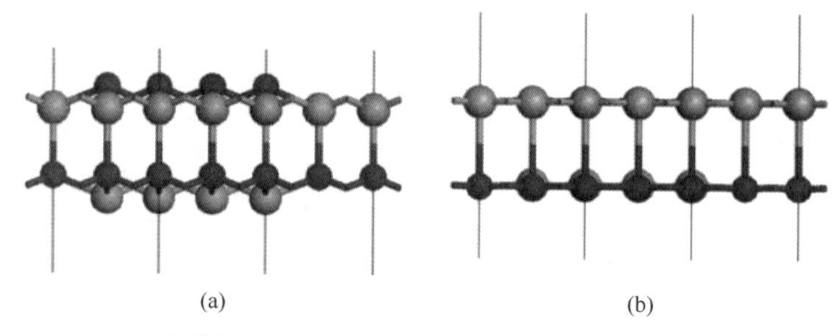


图 4-1 两层氮化镓纳米薄膜在(a)结构优化前和(b)优化后的原子结构

注：最大球和中间球分别代表镓原子和氮原子

## 4.3 完全表面修饰的氮化镓纳米薄膜电学性质

为了更好地理解氮化镓纳米薄膜的电学性质，分别研究了表面状态和量子尺寸效应，然后考察了这些因素的组合效应。

大块氮化镓具有很多独特的物理性质，在光学、电学、自旋电子学等领域具有广泛的应用。近期二维纳米薄膜结构及电学等性质备受关注，这是由于其存在较大的表面体积比，表面对其物理和化学性质起着至关重要的作用。发生表面重构的纳米薄膜的带隙将会由表面态所决定，由此表面修饰对不同厚度纳米薄膜的性质有着重要的调控作用。而电场对二维半导体纳米材料的性质也有重要的调控作用，如完全氢化的锗薄膜在外电场作用下可由导体转变为金属。在本节中，研究表面修饰和电场对氮化镓纳米材料电学性质的调控作用将会为其在新型纳米电子器件领域的发展提供重要的理论指导意义。

采用没有表面修饰的氮化镓纳米薄膜验证精度。不同厚度的氮化镓薄膜的优化结构采用 $n$-GaN 表示，其中 $n$ 表示沿着(0001)方向的薄膜厚度。对没有表面修饰的氮化镓 $n$-氮化镓纳米薄膜进行结构优化。没有表面修饰的氮化镓纳米薄膜的原子结构全由最初的纤锌矿结构转变为类似石墨结构。图 4-1(a)和图 4-1(b)表示两层氮化镓纳米薄膜在结构优化前和优化后的原子结构。图 4-2(a)给出没有表面修饰的三层氮化镓薄膜结构图。所有的类石墨结构的氮化镓纳米薄膜为具有间接带隙的半导体性质，并且伴随着薄膜厚度的增加，其带隙不断降低。这由极性表面上的悬空键引起的。极性计算表明没有表面修饰的氮化镓纳米薄膜为非磁性半导体。研究结果与以前的研究结果一致。没有表面修饰的氮化镓纳米薄膜的带隙伴随着层厚的变化很小。

采用第一性原理模拟方法研究完全表面修饰对二维氮化镓纳米薄膜的电学和磁学性质的影响。将对于表面 Ga 原子和 N 原子分别进行氢化、氟化或氯化得到的氮化镓纳米薄膜，命名为 A-GaN-B，其原子结构示意图如图 4-2(b)所示，其带隙变化趋势如图 4-3 所示。表面完全氯化(Cl-GaN-Cl)或表面氯化镓原子而氢化氮原子(Cl-GaN-H)的氮化镓纳米薄膜在双层的时候已经由半导体转变为导体。而对于表面完全氢化(H-GaN-H)、表面完全氟化(F-GaN-F)以及表面氟化镓原子而氢化氮原子(F-GaN-H)的纳米薄膜而言，F-GaN-H 纳米薄膜在层厚度相同的情况下，其带隙值最小。由此可见，表面修饰可有效调节氮化镓纳米薄膜的带隙。当层厚增加时，相同表面修饰的氮化镓纳米薄膜带隙将逐渐减小，最终由半导体转变为导体。

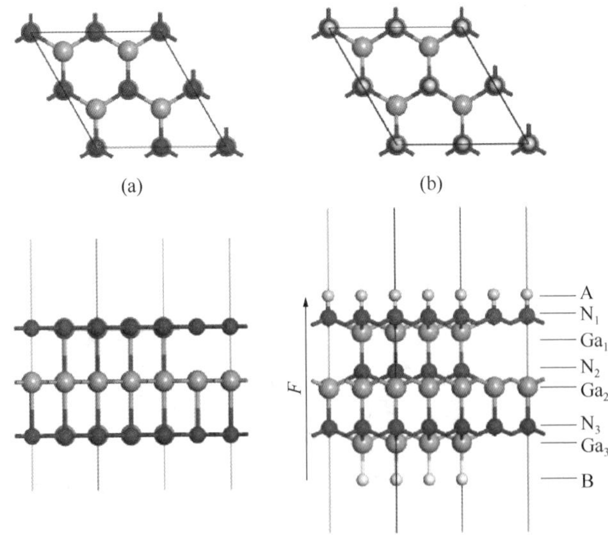


图 4-2　(a)没有和(b)完全表面修饰三层氮化镓薄膜结构的俯视图(上)和正视图(下)

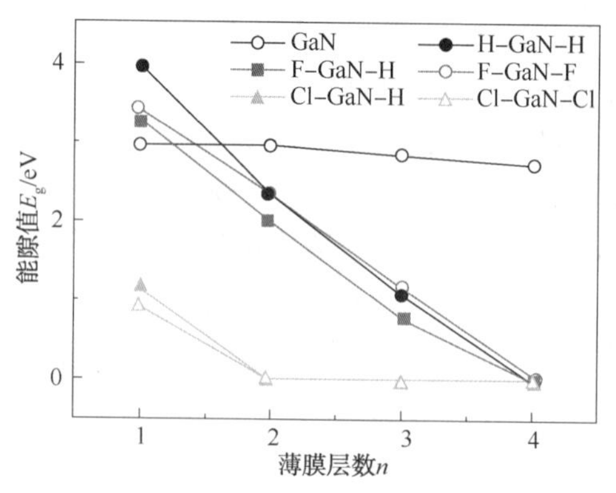


图 4-3　不同情况的氮化镓纳米薄膜带隙 $E_g$ 值关于薄膜层数 $n$ 的函数关系图

对表面修饰的氮化镓纳米薄膜施加垂直电场，从 B 到 A 方向的电场 $F$ 为正电场，相反方向的电场为负电场。随着正电场强度的增加，薄膜带隙值将不断减小，最终由半导体转变为导体；而随着负电场强度的增加，其带隙值将呈现出近乎线性增加。以电场对三层 F-GaN-H 纳米薄膜电学性质调控效果为例来进行说明，如图 4-4 所示。没有电场时，F-GaN-H 纳米薄膜为直接带隙，带隙值为 0.82eV。当施加正电场时，直接带隙值将会减小，在电场强度达到 $F$=+0.20V/Å 时，其能级将会贯穿费米面，转变为导体。当施加负电场时，直接带隙值将会增加，当电场强度达到 $F$=-0.30V/Å 时，其带隙值将会增加到 2.18eV。

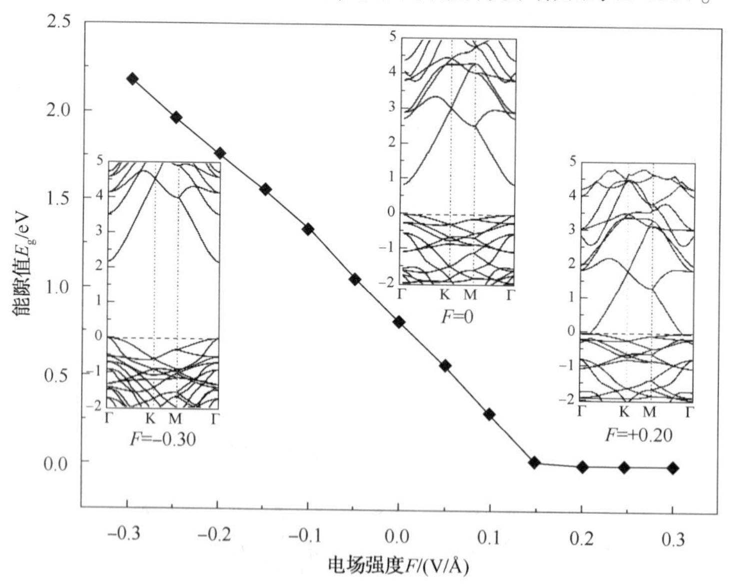


图 4-4　在电场作用下，三层 F-GaN-H 纳米薄膜的带隙 $E_g$ 值变化图

表面修饰和电场对氮化镓纳米薄膜带隙有着重要的调控作用，研究发现其能带结构主要由表面吸附的原子来决定。当薄膜厚度层数为两层时，H-GaN-H 和

H-GaN-F 纳米薄膜直接带隙的大小受到表面吸附的 H 1s 和 F 2p 轨道的调控作用；而 H-GaN-Cl 纳米薄膜表面的 H 1s 和 Cl 2p 轨道贯穿费米面，促使其转变导体。对于两层和三层 F-GaN-H 纳米薄膜，表面吸附的 F 2p 轨和 H 1s 轨道分别对价带顶和导带底起着重要的调控作用，并且表面吸附的氟原子和氢原子的电荷转移和轨道能级伴随薄膜厚度的增加也发生变化，因而带隙随之减小。

图 4-5 给出了三层 F-GaN-H 纳米薄膜在不同电场强度下最高占据态分子轨道图和最低未占据态分子轨道图。研究结果表明，在垂直电场作用下，最低未占据态分子轨道主要占据表面氮原子和其吸附的氢原子；而最高占据态分子轨道主要占据表面氮原子和其吸附的氟原子。这意味着表面修饰和电场促使氮化镓纳米薄膜空穴和电子的输运轨道分离，具有准类型-Ⅱ的能带排列的特点。这将改善载流子的有效工作时间并增强小尺寸半导体纳米薄膜性质。因此，表面修饰和电场提供了一种既经济又有效的方法来改变单一半导体纳米薄膜性质，对其实际应用于纳米电子器件的设计具有重要的意义。

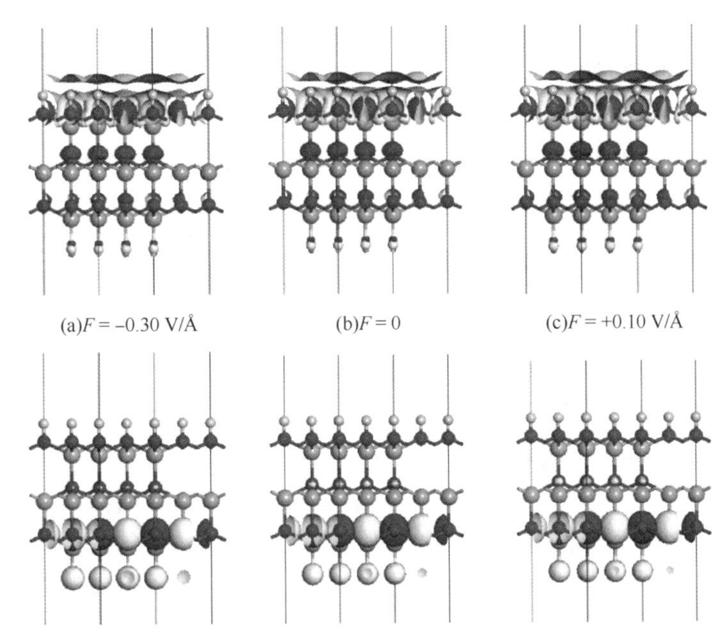


图 4-5 在电场作用下，三层 F-GaN-H 纳米薄膜的
最低未占据态分子轨道图（上层）和最高占据态分子轨道图（下层）
(a) $F$=-0.30V/Å，(b) $F$=0，(c) $F$=+0.10V/Å

## 4.4 半表面修饰的氮化镓纳米薄膜电磁学性质

低维半导体材料在纳米器件，如新型电子器件、光学器件、电化学器件、机

电器件等领域中具有潜在的应用前景，它们备受研究学者们广泛关注和研究。由于二维氮化镓纳米薄膜具有较高的表面体积比，表面修饰对其性质起决定性的调控作用，可以有效调节半导体纳米薄膜的带隙和磁学性质。在石墨表面上吸附分子和原子可以有效调节石墨的电学性质。例如，掺杂氮原子的石墨，当在表面上吸附两个氢原子时，其能带结构具有约 3eV 的间接带隙。对石墨的一个表面进行氢化处理，此时石墨将转变为铁磁性并具有较小的间接带隙类型的半导体。在石墨中嵌入锯齿三角形石墨纳米薄片将会使其具有铁磁性。单层氮化硼纳米薄膜可以为铁磁性、反铁磁性或磁性退化，这依赖于不同的表面修饰。半氢化表面修饰促使单层氮化镓纳米薄膜具有铁磁性和金属性质。同时，新材料的表面修饰和厚度的多样化变化，例如 ZnO、AlN 和 $Co_9Se_8$纳米薄膜，可以促使它们具有半导体、半金属或金属性质。纳米阵列石墨烯薄膜的厚度为一层、二层、三层和四层时，它们的带隙将分别为 2.5eV、1.7eV、1.1eV 和 1.6eV。

此外，半氟化的单层氮化镓纳米薄膜可以通过应变场可以使半表面修饰的单层氮化镓纳米薄膜或单层氮化硼纳米薄膜来实现铁磁性和反铁磁性之间的转变。没有表面修饰的氮化镓薄膜在较大拉应变作用下将由纤锌矿结构转变为类石墨平面结构，并且其带隙有很大幅度的下降。电场可有效调节半导体纳米薄膜的带隙。然而表面修饰和应变场及电场对电学和磁学性质的耦合效应的研究还很少。因此，采用氢、氟或氯对氮化镓纳米材料进行表面修饰，研究它们在应变场或电场作用下的电学和磁学性质具有非常重要的意义。研究发现没有表面修饰和完全氢化氮镓纳米薄膜展示出非磁性，并且当厚度超临界值时它们将由半导体转变为金属性质。本节中，采用密度泛函模拟计算研究，半氢化、半氟化和半氯化的氮化镓纳米薄膜在应变场或电场作用下的电学和磁学性质的变化。该研究结果为新型的电子器件和自旋电子器件领域的发展提供了理论指导意义。

与 BN 和 ZnO 纳米薄膜相似，氮化镓纳米薄膜表面的镓原子和氮原子的化学性质不同。通过只对镓原子或氮原子进行饱和可以实现半表面修饰。首先对不同层厚的氮化镓纳米薄膜表面上的镓原子进行氢化、氟化和氯化，将这些氮化镓纳米薄膜命名为 $n$-M-GaN。图 4-6 给出了三种磁态的俯视图：铁磁态、反铁磁态和非磁态。优化后的结构表明相比于没有表面修饰的氮化镓纳米薄膜，$n$-M-氮化镓纳米薄膜的结构变化较小。镓原子与其表面吸附的原子 M(代表氢、氟和氯原子)形成的 M—Ga 键互相平行并垂直于氮化镓薄膜。M—Ga 键的形成导致表面的氮原子极性不配对。

为了研究 $n$-M-氮化镓纳米薄膜的电学和磁学性质，模拟计算了上述三种磁态下氮化镓纳米薄膜系统能量。表 4-1 为半修饰的氮化镓在铁磁性态、反铁磁态和非磁态之间的相对能量。研究结果表明 $n$-M-GaN($2\leqslant n\leqslant 5$)纳米薄膜在铁磁态下的能量比其他两种磁态下的能量低，这说明了 $n$-M-氮化镓纳米薄膜具有铁磁性质。研究结果与已经报道的单层 H-GaN 纳米薄膜具有铁磁性质的研究结果相吻合。

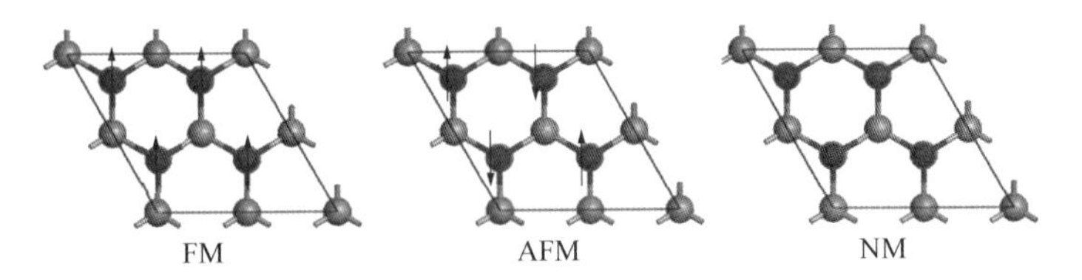


图 4-6　三种磁态的俯视图：铁磁态(FM)、反铁磁态(AFM)和非磁态(NM)

**表 4-1　半表面氢化的氮化镓纳米表面在非磁态、铁磁态及反铁磁态作用下的相对能量差(meV)**

| 项目 | | 氢化 | | | 氟化 | | | 氯化 | | |
|---|---|---|---|---|---|---|---|---|---|---|
| | | 非磁性 | 铁磁性 | 反铁磁性 | 非磁性 | 铁磁性 | 反铁磁性 | 非磁性 | 铁磁性 | 反铁磁性 |
| *n*-M-GaN | *n*=2 | 384 | 0 | 49 | 515 | 0 | 79 | 319 | 0 | 46 |
| | *n*=3 | 354 | 0 | 44 | 400 | 0 | 44 | 338 | 0 | 45 |
| | *n*=4 | 353 | 0 | 39 | 383 | 0 | 41 | 347 | 0 | 45 |
| | *n*=5 | 351 | 0 | 39 | 368 | 0 | 38 | 347 | 0 | 44 |
| *n*-GaN-M | *n*=2 | 0 | 0 | -4 | 0 | 0 | -4 | 0 | 0 | 0 |
| | *n*=3 | 0 | 0 | -5 | 0 | 0 | -5 | 0 | 0 | 0 |
| | *n*=4 | 0 | 0 | -6 | 0 | 0 | -6 | 0 | 0 | 0 |
| | *n*=5 | 0 | 0 | -6 | 0 | 0 | -6 | 0 | 0 | 0 |

### 4.4.1　对表面镓原子进行氢化

能带结构和部分态密度图说明了 $n$-H-GaN($2\leqslant n\leqslant 5$)纳米薄膜电学和磁学性质发生变化。这是因为在镓原子表面上氢化形成了 Ga—H 键，并导致表面氮原子存在悬空键。在两层、三层、四层和五层氮化镓纳米薄膜中，表面上的氮原子的磁矩分别为 $0.72\mu_B$、$0.65\mu_B$、$0.63\mu_B$ 和 $0.62\mu_B$，其他原子也具有一定的磁性，由此单元晶胞的氮化镓纳米薄膜的总磁矩分别为 $0.93\mu_B$、$0.84\mu_B$、$0.77\mu_B$ 和 $0.72\mu_B$。氮化镓纳米薄膜产生磁性的原因通过能带结构和极性态密度图进行深入分析。图 4-7(a)和(b)分别为 2-H-氮化镓纳米薄膜的原子结构和部分态密度图，表明该薄膜为铁磁性半导体，其中在上旋轨道和下旋轨道的带隙分别为 4.01eV 和 0.08eV。

范德华交互影响能使硅烯和石墨烯具有带隙，例如硅烯/硅纳米薄膜、石墨烯/BN 纳米薄膜、硅烯/Ag 纳米薄膜，也能对金属表面上吸附分子，例如苯/金属，给出定性趋势。采用 DFT-D 方法验证计算的精度，该方法包含范德华交互

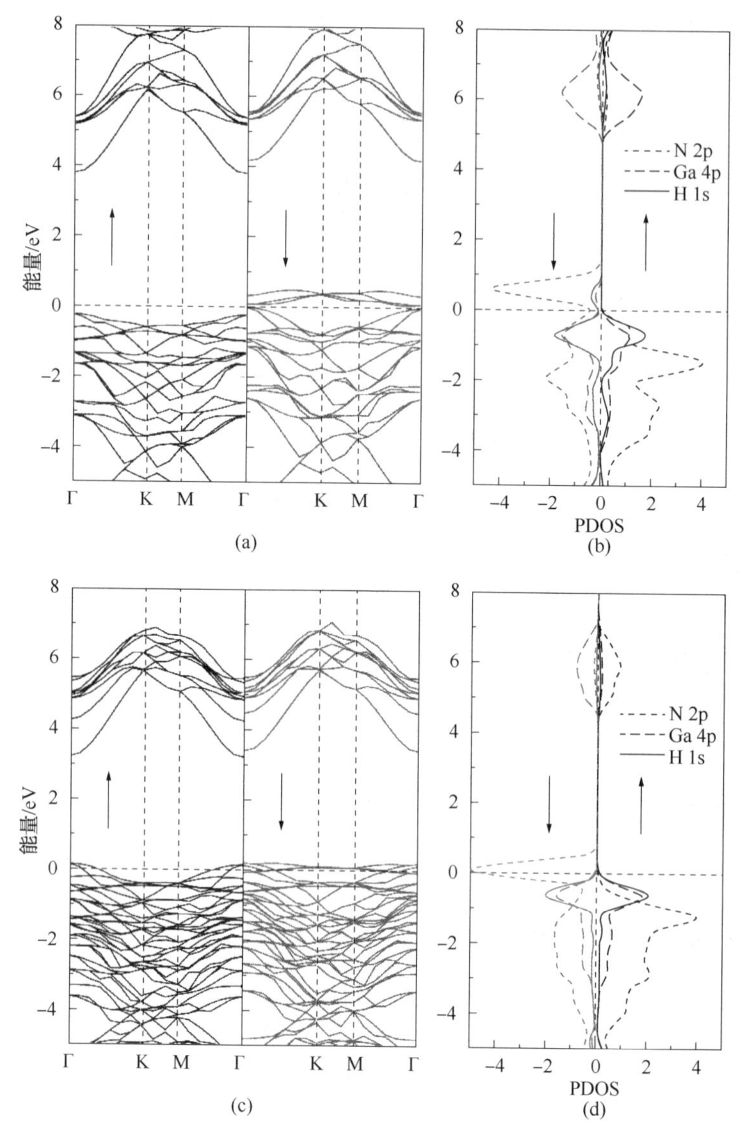

图 4-7 (a)~(b)和(c)~(d)分别为 2-H-GaN 和 4-H-氮化镓纳米薄膜在铁磁态下的能带结构图和部分态密度图(PDOS)

影响。采用 DFT-D 方法得到 2-H-氮化镓纳米薄膜的能带结构，发现该薄膜依然为铁磁性半导体，在上旋轨道和下旋轨道的带隙分别为 3.99eV 和 0.06eV。两种模拟方法得到的结果表明 DFT 模拟方法可以有效预测半修饰的氮化镓纳米薄膜的电学和磁学性质变化趋势。

3-H-氮化镓纳米薄膜依然为铁磁性半导体，上旋轨道和下旋轨道的带隙分别为 3.55eV 和 0.03eV。然而，当薄膜层厚增加到四层或五层时，上旋轨道和下旋轨道全展示出金属性，如图 4-7(c)和图 4-7(d)所示，这表明半氢化对较大厚度的氮化镓纳米薄膜的影响更为明显。该结果不同于半氢化对 $n$-H-AlN($2\leqslant n\leqslant 5$)纳米薄膜半金属性质的调节作用。这可以由 Ga—H 键的键长变化来解释。伴随着氮化镓纳米薄膜的厚度增加时，Ga—H 键的键长将降低。这表明杂化效应显著增强，从而拓宽上旋占据轨道和下旋未占据轨道，最终诱发氮化镓纳米薄膜具有金属性质。

### 4.4.2 对表面镓原子进行氟化

当对表面镓原子进行氟化时，此时得到的 $n$-F-GaN($2\leqslant n\leqslant 4$)纳米薄膜都具有半金属性质。如图 4-8(a)和图 4-8(b)所示，由 DFT 模拟计算得出 2-F-氮化镓纳米薄膜的上旋轨道带隙为 3.79eV，下旋轨道呈现金属性质；DFT-D 模拟得出上旋带隙为 3.78eV，下旋轨道呈现金属性质。当薄膜厚度分别为三层和四层时，上旋轨道带隙为 3.42eV 和 3.10eV。然而，当薄膜厚度达到五层时，5-F-氮化镓纳米薄膜的上旋和下旋轨道由于杂化效应而扩宽，最终转变为金属性质[图 4-8(c)和图 4-8(d)]。从部分态密度图分析得出，极化磁矩主要由表面没有饱和的氮原子的 2p 轨道所决定。当薄膜厚度为两层、三层、四层和五层时，单元晶胞 F-氮化镓纳米薄膜的总磁矩分别为 $0.98\mu_B$、$0.85\mu_B$、$0.78\mu_B$和 $0.76\mu_B$；每个表面氮原子的磁矩分别为 $0.72\mu_B$、$0.66\mu_B$、$0.64\mu_B$和 $0.63\mu_B$。

这种现象很容易理解，相比于在镓原子表面氢化，镓原子氟化形成了较强的 F—Ga 键，促使表面没有配对的氮原子存在更强烈的极化效应。F-氮化镓纳米薄膜中没有饱和的氮原子比 H-GaN 纳米薄膜中的获得较少的电子，这是由氟的较强电负性引起的。此外，伴随着薄膜厚度的增加，每个表面氮原子的磁矩将逐渐降低。其主要原因为伴随着薄膜厚度的增加，表面氮原子得到了更多的电子。

### 4.4.3 对表面镓原子进行氯化

对于薄膜厚度为 2~5 层时，对表面镓原子进行氯化得到的 $n$-Cl-氮化镓纳米薄膜全部显示为铁磁性和金属性质。DFT 和 DFT-D 模拟方法得到的结果一致。以 2-Cl-氮化镓纳米薄膜为例，图 4-9 给出其能带结构和部分态密度图。研究发现由于氯化作用使上旋和下旋轨道穿越费米面来形成金属性质。极化磁矩主要由表面氮原子的 2p 轨道所决定，伴随薄膜厚度增加，其单元晶胞总磁矩分别为 $0.58\mu_B$、$0.60\mu_B$、$0.61\mu_B$和 $0.63\mu_B$。该现象不同于 H-GaN 和 F-氮化镓纳米薄膜。通过对 Ga—M 键进行分析，研究发现伴随着薄膜厚度增加，Ga—Cl 键的键长降低，暗示了氯化作用不断增强。

上述研究结果证实了采用氢、氟和氯原子对表面镓原子进行的表面修饰可以有效地调节不同厚度的氮化镓纳米材料的电学和磁学性质。半氢化镓原子、半氟

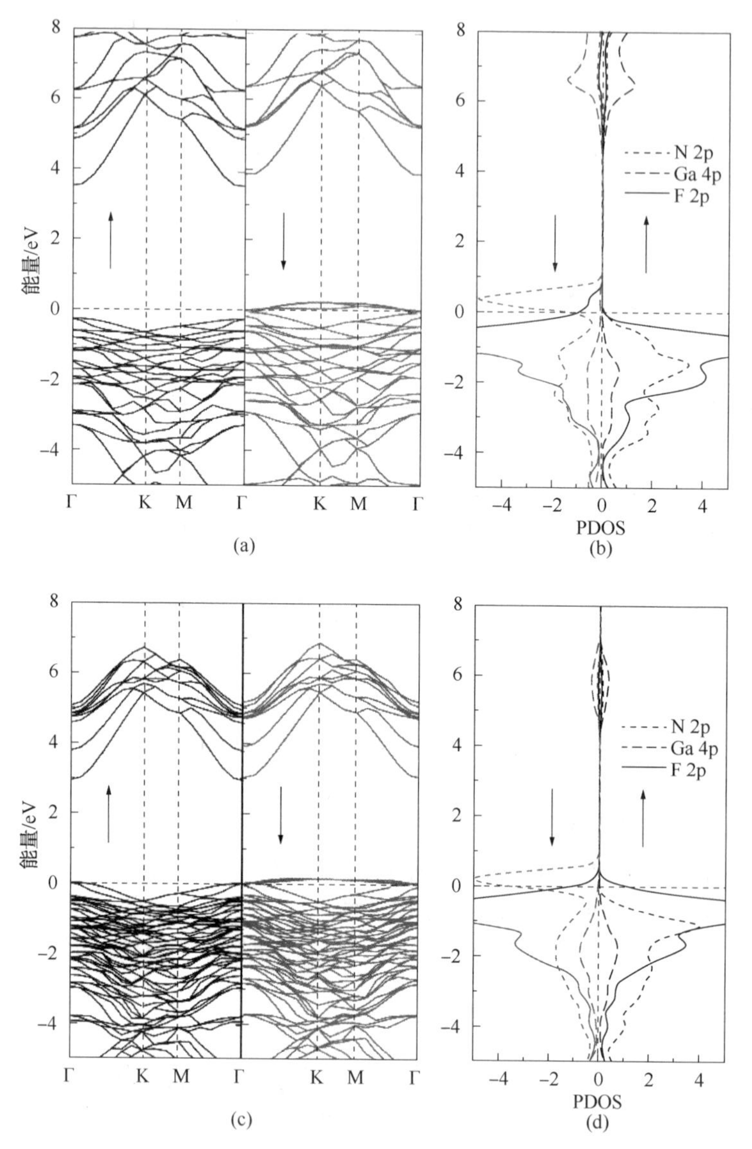


图 4-8 (a-b)和(c-d)分别为 2-F-GaN 和 5-F-氮化镓纳米薄膜在铁磁态下的能带结构图和部分态密度图(PDOS)

化镓原子和半氯化镓原子促使两层氮化镓纳米薄膜分别展示出半导体、半金属和金属。同时，伴随着薄膜厚度的增加，$n$-H-GaN 和 $n$-F-氮化镓纳米薄膜表面上氮原子的磁矩逐渐降低，而 $n$-Cl-氮化镓纳米薄膜表面上氮原子的磁矩逐渐增加。该电学和磁学性质可从两个方面来理解：表面氮原子的键间交互影响和 p-p 轨道直接交互影响。键间交互影响表示一个原子的上旋(下旋)密度影响其最近邻原子的下旋(上旋)密度；而 p-p 轨道直接交互影响表示一个原子的上旋(下

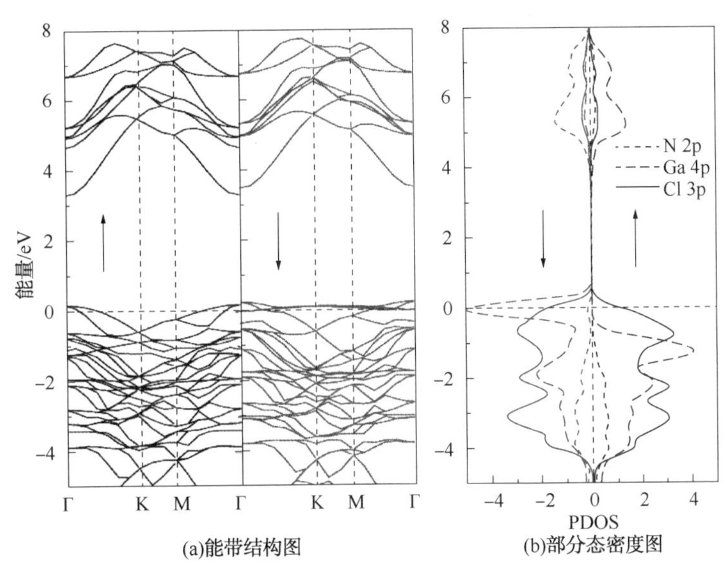


图 4-9　2-Cl-氮化镓纳米薄膜在铁磁态下的(a)能带结构图和(b)部分态密度图(PDOS)

旋)密度只是影响其最近邻同种元素的下旋(上旋)密度，而不需其他原子调停。尽管键间交互影响和 p-p 轨道直接交互影响从键的角度理解是相同的，但是表面氮原子的键间交互影响受到相邻镓原子的间接调节，而表面氮原子的 p-p 轨道直接交互影响是通过真空直接调节。采用上述机制对 $n$-M-氮化镓纳米薄膜的电学和磁学性质进行分析研究。结果发现对于三种不同的表面修饰，表面相邻氮原子间的键长 $d_{N-N}$约为 3.182Å。然而表面氮原子和相邻的镓原子间的键长 $d_{N-Ga}$不同，当薄膜厚度相同时，在 H-氮化镓纳米薄膜中 $d_{N-Ga}$最大，而在 Cl-氮化镓纳米薄膜中 $d_{N-Ga}$最小。这是表面修饰杂化效应强弱的根本原因，从而解释了 2-H-GaN、2-F-GaN 和 2-Cl-氮化镓纳米薄膜为什么分别呈现半导体、半金属和金属性质。此外，$n$-H-GaN 和 $n$-F-氮化镓纳米薄膜表面上氮原子和相邻镓原子间的键长，而 $n$-Cl-GaN 薄膜中 $d_{N-Ga}$将增加。显然，氮化镓纳米薄膜的磁性是由键间交互影响所决定，从而导致表面未饱和的氮原子磁矩不同的变化趋势。更重要的是，该机制已在半氟化的二维纳米薄膜的电学和磁学性质研究中得到验证，例如半氟化单层的 BN、GaN 和石墨薄膜中。

### 4.4.4　对表面氮原子进行表面修饰

在研究对镓原子进行表面修饰后，接下来讨论分析对氮原子进行的表面修饰对 $n$-GaN-M 纳米薄膜的电学和磁学性质。当对一层氮化硼纳米薄膜的表面氮原子进行表面修饰后，它将展示出反铁磁性，此时表面的氢原子提供电子，降低了从硼原子转到的氮原子的电子量，这导致表面硼原子的 2p 电子轨道发生极化。

然而，氮化镓纳米薄膜在铁磁态、反铁磁态和非磁性态作用下的能量差接近于0。由此得出，对表面氮原子进行氢化、氟化和氯化得到的 $n$-GaN-M 纳米薄膜($2 \leqslant n \leqslant 5$)全为非磁性材料，且具有金属性质。相似的金属性质在对表面氮原子进行氢化得到的一层氮化镓纳米薄膜的结果一致。出现此现象的原因为镓原子的电负性比硼原子的电负性小，由此氮原子的 2p 轨道不能从镓原子的 4p 轨道上得到电子。图 4-10 给出 2-GaN-F 纳米薄膜的能带结构和部分态密度图，以此为例进行简要揭示。结果表明 2-GaN-F 纳米薄膜转变为金属性质，这是因为表明氮原子氟化的效果。上旋和下旋轨道的对称性暗示了 2-GaN-F 纳米薄膜为非磁性材料。

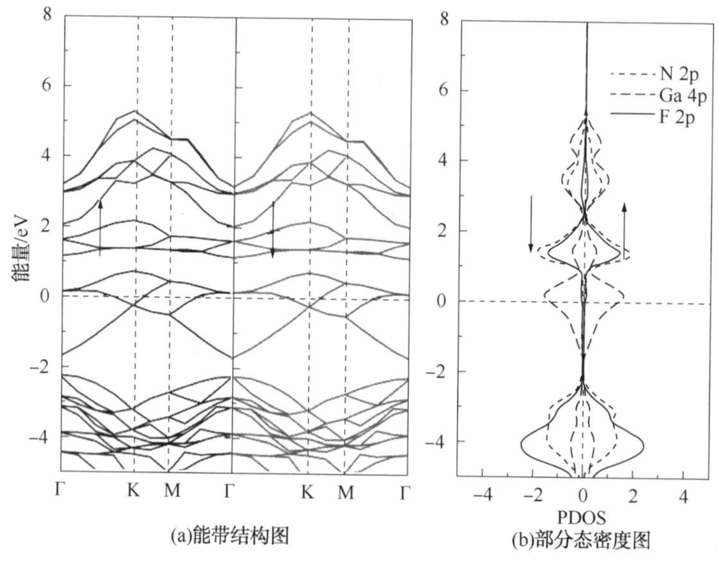


图 4-10 2-GaN-F 纳米薄膜在铁磁态下的(a)能带结构图和(b)部分态密度图(PDOS)

### 4.4.5 半表面修饰的氮化镓纳米薄膜结构稳定性

对镓原子进行的表面修饰比对氮原子进行的表面修饰更为有效地调节氮化镓纳米薄膜的电学和磁学性质。为了确定 $n$-M-氮化镓纳米薄膜的结构稳定性，系统计算得到结合能 $E_b$ 可以用 $E_b=(E_{M-GaN}-E_{GaN}-n_M E_M)/n_M$ 进行描述，其中 $E_{GaN}$ 和 $E_{M-GaN}$ 分别为没有表面修饰和有表面修饰的氮化镓纳米薄膜的能量，$E_M$ 为单个的氢、氟或氯原子的能量，而 $n_M$ 为氢、氟或氯原子 M 的个数。系统的结合能 $E_b$ 越小，系统越稳定。

图 4-11 表示不同表面修饰的 $n$-M-GaN 和 $n$-GaN-M 纳米薄膜的结合能 $E_b$ 关于薄膜厚度 $n$ 的函数。2-H-GaN、2-F-GaN 和 2-Cl-氮化镓纳米薄膜采用密度泛函理论 DFT 计算得到的结合能 $E_b$ 分别为-1.10eV、-3.03eV 和-1.82eV，该结

果比修正的密度泛函理论 DFT-D 计算得到的结合能 $E_b$的-1.20eV、-3.23eV 和-1.99eV 略小。DFT 和 DFT-D 计算结果的一致性表明 DFT 模拟可以精确计算稳定的吸附结果。当纳米薄膜的厚度相同时，对镓原子进行的三种不同表面修饰时，半氟化的氮化镓纳米薄膜具有最低的结合能 $E_b$，而对氮原子进行的三种不同表面修饰时，半氢化的氮化镓纳米薄膜具有最低的结合能 $E_b$。值得注意的是，伴随着薄膜厚度 $n$ 的增加，结合能 $E_b$逐渐降低，表明更容易在较厚的氮化镓纳米薄膜上进行的表面修饰。

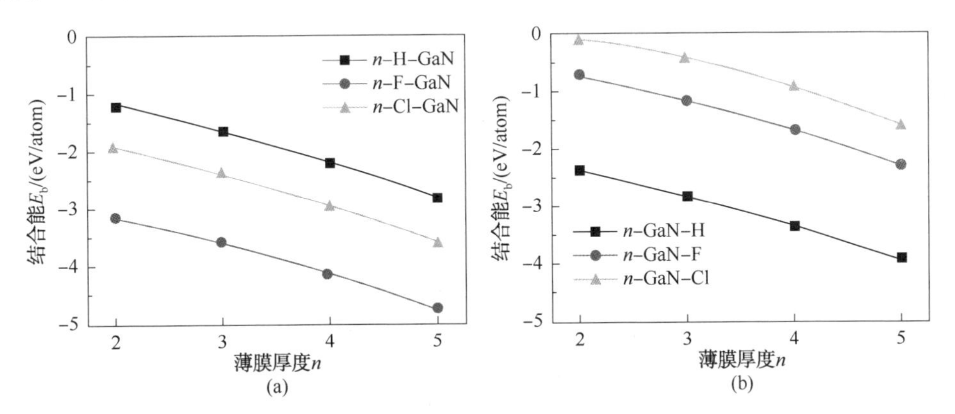


图 4-11　(a)和(b)分别为 $n$-M-GaN 和 $n$-GaN-M 纳米薄膜的结合能 $E_b$(in eV)关于层厚 $n$ 的函数关系图

## 4.5　外部应变下两层半氢化氮化镓纳米薄膜电磁学性质

应变对半导体纳米材料的结构及性质的调控作用起着至关重要的影响。对单层二硫化钼材料施加一个很小的拉应变(0.5%)时，其能带结构由直接带隙转变为间接带隙，并且随着拉应变的进一步增加，能带结构依然保持间接带隙特性，且带隙呈现出线性下降的趋势。值得注意的是，半氟化的单层氮化镓纳米薄膜可以通过应变来实现铁磁性和反铁磁性之间的转变。没有表面修饰的氮化镓薄膜在较大拉应变作用下将由纤锌矿结构转变为类石墨平面结构，并且其带隙有很大幅度的下降。然而，表面修饰和应变对半导体纳米材料的电学和磁学性质的耦合效应的研究还很少。

在本节中，采用基于密度泛函理论的第一性原理研究应变对半氢化的两层氮化镓纳米薄膜的电学和磁学性质的调控效果。该研究结果不仅有助于了解氮化镓纳米材料在特殊环境下的物理特性，而且对其在新型电子器件和自旋电子器件领域中的实际应用具有重要的意义。

两层没有表面修饰的氮化镓纳米薄膜经过结构优化后将会由纤锌矿结构转变为类石墨的平面结构，如图 4-12(a)和图 4-12(b)所示。与氮化硼和氧化锌纳米薄膜相似，氮化镓纳米薄膜表面的镓原子和氮原子的化学性质不同。研究发现，对氮原子进行氢化得到的两层氮化镓纳米薄膜基本没有磁性，因此只研究对表面镓原子进行氢化得到的两层氮化镓纳米薄膜(命名为 H-GaN)在应变场作用下电学和磁学性质的调控效果。图 4-12(c)中给出两层 H-氮化镓纳米薄膜的原子结构示意图。

为了探究两层 H-氮化镓纳米薄膜在应变场作用下的磁性状态，模拟计算了图 4-12(d)中非磁态、铁磁性态和反铁磁态下两层 H-氮化镓纳米薄膜在不同应变场下的系统总能量。通过比较发现，该两层 H-氮化镓纳米薄膜在铁磁态下的能量比其他两种情况下的能量低，如图 4-12 所示。该研究结果表明两层 H-氮化镓纳米薄膜在应变($-6\%<\varepsilon<+6\%$)下具有稳定的铁磁性。

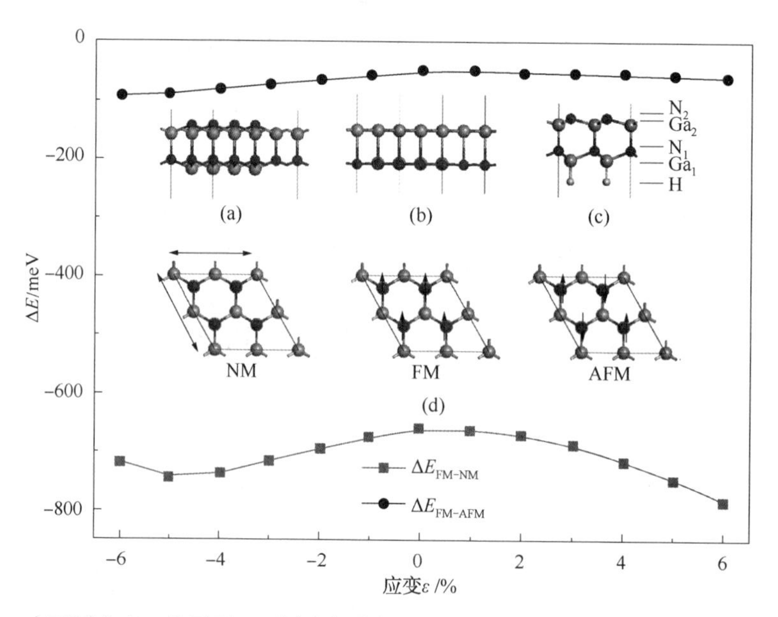


图 4-12　在不同应变 $\varepsilon$ 作用下，两层半氢化氮化镓 H-氮化镓纳米薄膜在铁磁态(FM)下的系统能量分别与非磁态(NM)和反铁磁态(AFM)下系统能量的差值 $\Delta E$ 变化关系图

没有表面修饰的两层氮化镓纳米薄膜在(a)优化前和(b)优化后原子结构的正视图，(c)对镓原子进行表面修饰的两层氮化镓 H-氮化镓纳米薄膜的正视图，(d)非磁性、铁磁性和反铁磁性三种磁态的俯视示意图

注：最大球和中间大小球分别代表镓原子和氮原子，而最小球代表氢原子

采用原子结构、能带结构和部分态密度图来解释应变场对两层 H-氮化镓纳米薄膜的电学和磁学性质的调控效果。对于没有应变的两层 H-氮化镓纳米薄膜，通过原子结构分析发现，相比于没有表面修饰的氮化镓纳米薄膜，优化后 H-氮

化镓纳米薄膜的原子结构变化较小。镓原子与其表面吸附的氢原子形成的 H—$Ga_1$键互相平行并垂直于氮化镓薄膜。$Ga_1$与 $N_1$平面以及 $Ga_2$与 $N_2$平面之间的距离分别为 0.717Å 和 0.454Å。而 $Ga_1$—H 键长为 1.557Å 比 GaH 二聚物的键长 1.685Å 稍短，这证实了表面吸附的氢原子与表面的镓原子之间形成了强烈的 H—Ga 键。该 H—Ga 键的形成导致表面的氮原子极性不配对。这是因为在镓原子与表面吸附的氢原子形成了 Ga—H 键，导致表面氮原子存在悬空键和轨道电子的不配对。在两层 H-氮化镓纳米薄膜中，通过 Hirshfeld 电荷分析可得出，尽管其他原子也具有一定的磁性，但是表面氮原子的磁矩占有主导地位，其磁矩大小为 0.62$\mu_B$。

两层 H-氮化镓纳米薄膜产生磁性的原因通过能带结构和极性态密度图进行深入分析。图 4-13(a)和图 4-13(b)分别为两层 H-氮化镓纳米薄膜在没有应变场的作用下的能带结构和部分态密度图。上旋和下旋的不对称性表明了该薄膜为铁磁性半导体，其中在上旋轨道和下旋轨道的带隙分别为 3.99eV 和 0.06eV。部分态密度图证实了两层 H-氮化镓纳米薄膜的磁性主要是由表面没有修饰的氮原子所决定，小部分受其他原子的影响。

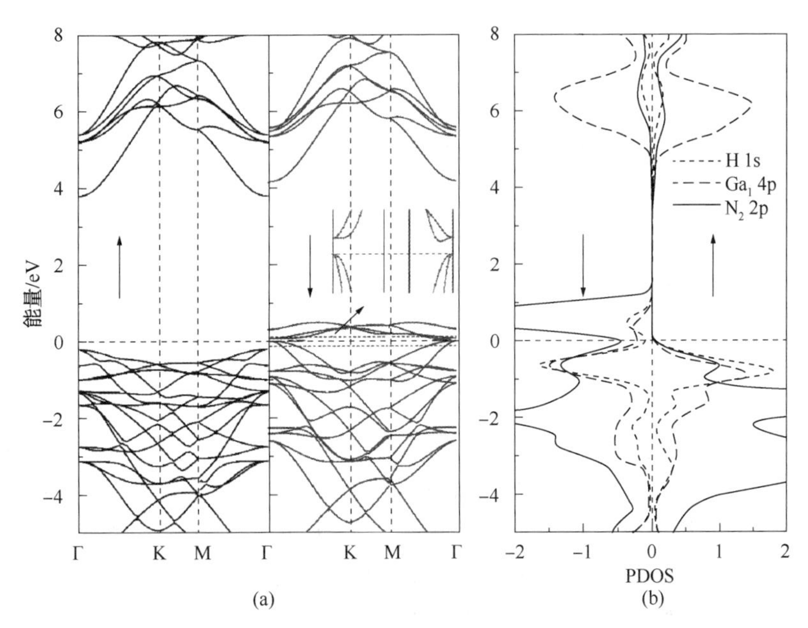


图 4-13 (a)和(b)分别为铁磁态下的两层
H-氮化镓纳米薄膜的能带结构图和部分态密度图(PDOS)

当对两层的 H-氮化镓纳米薄膜施加应变($\varepsilon$=-6%~+6%)后，其上旋轨道和下旋轨道中带隙 $E_g$是关于应变 $\varepsilon$ 的函数关系，如图 4-14 所示。研究发现该纳米薄膜在应变 $\varepsilon$=0~+6%的拉应变作用下依然为铁磁性半导体。此时上旋轨道中带

隙 $E_g$ 可降低到 2.71eV，这是因为导带底能级下移和价带顶能级上移共同作用的结果；而下旋轨道中导带底能级上移，可以使带隙 $E_g$ 增加到 0.41eV。而当压应变为 $\varepsilon$=-1%时，它将转变为铁磁性半金属。此外，伴随着压应变的增加，导带底能级将上移的幅度比价带顶能级下移幅度大，促使上旋轨道中的带隙 $E_g$ 逐渐增加，甚至达到 4.79eV；下旋轨道中的能级贯穿费米面诱发下旋轨道保持金属性质。当压应变为 $\varepsilon$=-6%时，上旋和下旋轨道中能级都贯穿费米面，促使两层的 H-氮化镓纳米薄膜转变为铁磁性金属。

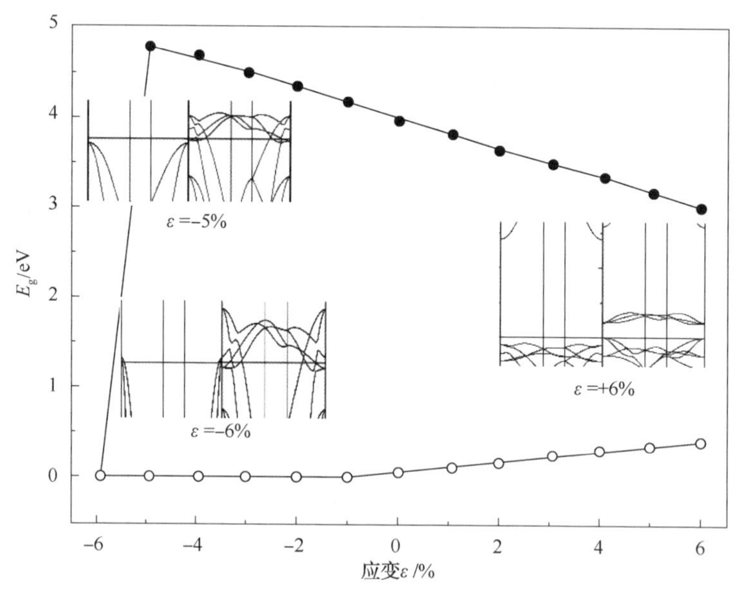


图 4-14　铁磁态下的两层 H-氮化镓纳米薄膜的上旋轨道和下旋轨道中的带隙 $E_g$ 关于应变 $\varepsilon$ 的函数关系图

注：实心圆和空心圆分别代表上旋和下旋轨道中的带隙。插图为在不同应变场下的局部能带结构图

为了确定铁磁态下两层 H-氮化镓纳米薄膜的结构稳定性，系统计算结合能 $E_b$ 采用 $E_b=(E_{H-GaN}-E_{GaN}-n_H E_H)/n_H$ 来描述，其中 $E_{GaN}$ 和 $E_{H-GaN}$ 分别为没有表面修饰和半氢化的两层氮化镓纳米薄膜的能量，$E_H$ 为单个氢原子的能量，而 $n_H$ 为氢原子的个数。系统的结合能 $E_b$ 越小，系统越稳定。图 4-15 给出在应变场作用下半表面修饰的 H-氮化镓纳米薄膜的结合能 $E_b$ 是关于应变 $\varepsilon$ 的函数。采用密度泛函理论 DFT-D 计算得到两层 H-氮化镓纳米薄膜的结合能 $E_b$ 为-1.20eV。研究结果发现伴随着拉应变(压应变)的增加，结合能 $E_b$ 数值将逐渐增加(降低)，这表明在压应变作用下，铁磁态下两层 H-氮化镓纳米薄膜的原子结构更为稳定。值得注意的是，铁磁态下两层 H-氮化镓纳米薄膜在-6%～+6%的应变作用下其原子结构依然稳定。

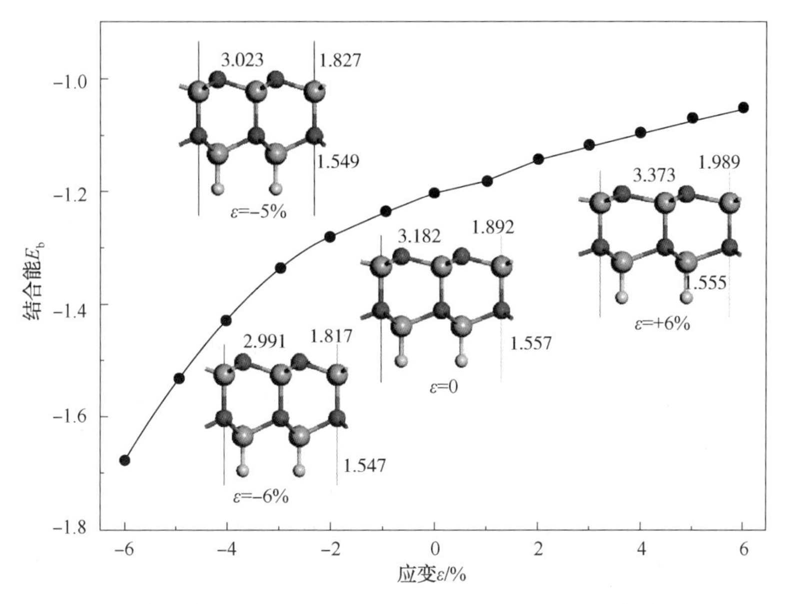


图 4-15　铁磁态下的两层 H-氮化镓纳米薄膜的上旋轨道和下旋轨道中的带隙 $E_g$ 关于应变 $\varepsilon$ 的函数关系图

注：实心圆和空心圆分别代表上旋和下旋轨道中的带隙。插图为在不同应变场下的原子结构图

上述研究结果证实了应变可以有效调控两层半氢化氮化镓纳米薄膜的电学和磁学性质，促使该纳米薄膜可具有铁磁性的半导体、半金属和金属性质。该电学和磁学性质可从两个方面来理解：表面氮原子的键间交互影响和 p-p 轨道直接交互影响。键间交互影响表示一个原子的上旋(下旋)密度影响其最近邻原子的下旋(上旋)密度；而 p-p 轨道直接交互影响表示一个原子的上旋(下旋)密度只是影响其最近邻同种元素的下旋(上旋)密度，而不需其他原子调节。尽管键间交互影响和 p-p 轨道直接交互影响两种方法，从键的角度理解是相同的，但是表面氮原子的键间交互影响受到相邻镓原子的间接调节，而表面氮原子的 p-p 轨道直接交互影响是通过真空直接调节。结果发现对于没有应变作用下两层 H-氮化镓纳米薄膜，表面相邻氮原子间的键长 $d_{N2-N2}$ 约为 3.182Å，表面氮原子和相邻的镓原子间的键长 $d_{N2-Ga2}$ 约为 1.892Å。伴随着压应变(拉应变)的增加，$d_{N2-N2}$ 和 $d_{N2-Ga2}$ 都将减小(增加)。此外，两层 H-氮化镓纳米薄膜表面上镓原子和其表面吸附的 H 原子间 H—$Ga_1$ 键的键长 $d_{H-Ga1}$ 伴随着压应变的增加而减小；而伴随拉应变的增加，它基本保持不变。该研究结果暗示了应变对两层半氢化的氮化镓纳米薄膜的电学和磁学性质的调控作用主要是由键间交互影响和 p-p 轨道直接交互影响共同决定的。从而揭示了两层半氢化氮化镓纳米薄膜分别呈现铁磁性半导体、半金属和金属性质的根本原因。

## 4.6 外部应变下两层半氟化氮化镓纳米薄膜电磁学性质

在自旋电子学中，在半金属是理想的材料，因为它的一个自旋轨道展现出金属特性，另一个自旋轨道展现出半导体特性。探索具有宽半金属带隙的半金属纳米结构是开发高性能自旋电子器件的关键解决方案。据报道，通过单轴应变引发的非对称变形促使从半金属性到金属性的转变，并且在 $g$-$C_4N_3$ 中双轴应变会引发结构对称变形，因而不可能发生的这种转变。由碳和氮原子组成连接的二维 $C_9N_7$ 晶胞表现出金属行为，并通过施加拉伸应变而变成半金属性。锯齿形石墨烯纳米带在拓扑线缺陷和拉伸双轴应变的协同作用下可以经历从反铁磁(AFM)半导体到 AFM 半金属的转变，甚至转变为铁磁(FM)金属。此外，由于外应变通过特定的衬底可以容易地在制造中实现，在自旋电子材料工程中应用外应变的策略具有潜在的应用价值。期望在合适的衬底上获取调控氮化镓纳米薄膜的双轴应变来实现调控氮化镓纳米薄膜的带隙，从而达到许多重要的技术应用。因此，研究应变对半氟化 GaN 纳米材料的原子结构、电学和磁学性质的调控机理对 GaN 基自旋电子学的设计是至关重要的。

下面将系统地介绍采用第一性原理研究应变和表面氟化修饰对两层氮化镓纳米薄膜能带结构的影响。更有趣的是，在双轴平面压应变或拉应变下，两层氮化镓纳米薄膜上旋轨道中的带隙将会增加或降低，并且在较大的双轴拉应变下该两层氮化镓纳米薄膜将会发生从纤锌矿相到类石墨相的相变。

由于 F 和 N 原子之间的弱键合作用，所以氮化镓纳米薄膜表面 Ga 原子氟化作用从能量角度出发更为有利，此处只考虑在 Ga 原子上吸附 F 原子的半氟化 GaN 纳米薄膜。一些研究表明单层半氟化氮化镓纳米薄膜展示出反铁磁性；而两层半氟化氮化镓纳米薄膜展示出铁磁性金属特性，如图 4-16(a)所示，一层 GaN 是由一层 Ga 原子和其邻近的一层 N 原子组成。在这里，主要研究双轴应变和沿锯齿形方向的单轴应变调控两层半氟化氮化镓纳米薄膜的半金属特性。

图 4-16 给出双轴和单轴平面应变下两层半氟化氮化镓纳米薄膜，该应变可以通过改变晶格参数 $a$ 来改变平面内应变值。平面应变可以定义为 $\varepsilon=(a-a_0)/a_0$，其中 $a_0$ 和 $a$ 分别为没有应变和在应变作用下系统的晶格参数。因此，应变为正值，即 $\varepsilon>0$，是指拉应变；应变为负值，即 $\varepsilon<0$，是指压应变。注意，两层半氟化氮化镓纳米薄膜结构可用平面晶格参数 $a$(对应 $\varepsilon$)、沿[0001]方向的平面外晶格参数 $c$ 进行表征。晶格参数 $c$ 随应变发生弛豫。

由于应变调控纳米结构的性质是非常重要的，通过改变双轴平面应变来研究两层半氟化氮化镓纳米薄膜的自旋耦合的应变依赖性，其中三种磁性构型：没有磁性耦合、铁磁性耦合和反铁磁性耦合，如图 4-16(b)~(d)所示。自旋极化计算表明，两层半氟化氮化镓纳米薄膜在外应变下确实表现出磁性行为。图中给出两层半氟化氮化镓纳米薄膜在不同磁性时的能量差 $\Delta E_{FM-AFM}$($\Delta E_{FM-AFM}=E_{FM}-E_{AFM}$)和 $\Delta E_{FM-NM}$($\Delta E_{FM-NM}=E_{FM}-E_{NM}$)关于双轴平面应变 $\varepsilon$ 的函数关系图，其中 $E_{FM}$、$E_{AFM}$和 $E_{NM}$分别表示两层半氟化氮化镓纳米薄膜在铁磁性、铁磁性和无磁性时的能量。

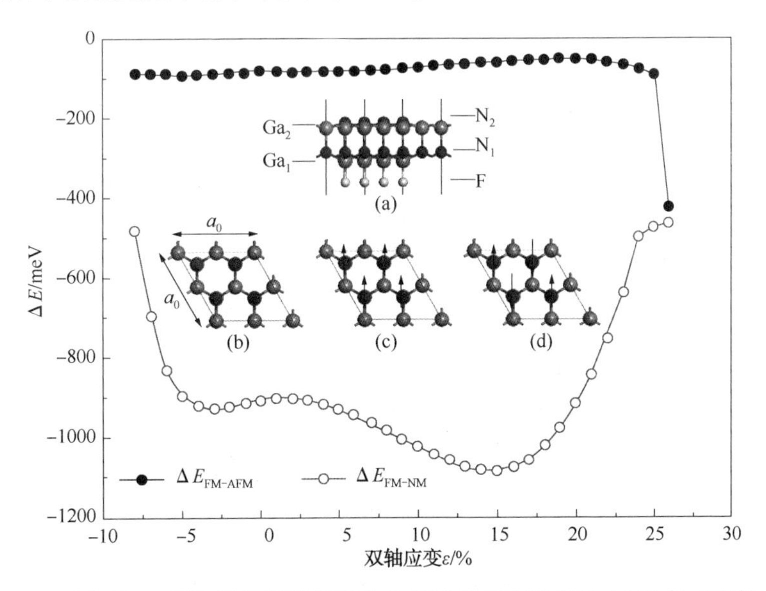


图 4-16　对表面 Ga 原子氟化的两层氮化镓纳米薄膜在铁磁性(FM)与无磁性或反铁磁性(AFM)时与无磁性(NM)结构能量差值 $\Delta E_{FM-AFM}$和 $\Delta E_{FM-NM}$关于双轴应变 $\varepsilon$ 的关系图

插图(a)主视图，(b)无磁性，(c)铁磁性和(d)铁磁性的俯视图

注：最大球(浅色球)表示 Ga 原子，中间球(深色)表示 N 原子，最小球(浅色)表示氟原子

在双轴压应变和拉应变下，N 原子表现铁磁态时的系统能量比 N 原子表现反铁磁态或非磁态时的系统能量低，因此两层半氟化氮化镓纳米薄膜在双轴应变下始终表现为铁磁性。这不同于单层半氟化氮化镓纳米薄膜在双轴应变下会从反铁磁性转变为铁磁性。

通过能带结构和部分态密度图(PDOS)来探讨双轴面应变和表面修饰对 2-F-氮化镓纳米薄膜的电学和磁学性质的耦合效应。图 4-17(a)给出了无应变下铁磁态的 2-F-氮化镓纳米薄膜的能带结构。它呈现出明显的自旋极化。上旋轨道中的价带顶和导带底都位于 $\Gamma$ 点，表现为直接带隙半导体(3.78eV)；下旋轨道表现为金属特性。因此，无应变的 2-F-氮化镓纳米薄膜为铁磁性半金属。要注意的是上旋轨道中半金属带隙(定义为费米能级与价带顶之间的差值)为 0.20eV。图 4-17(b)给出无应变下铁磁态的 2-F-氮化镓纳米薄膜的部分态密度图(PDOS)，由此可发现自旋极化主要体现在表面未修饰的 N 原子，并且带隙主要是由 Ga 4p 和 F 2p 轨道决定的。

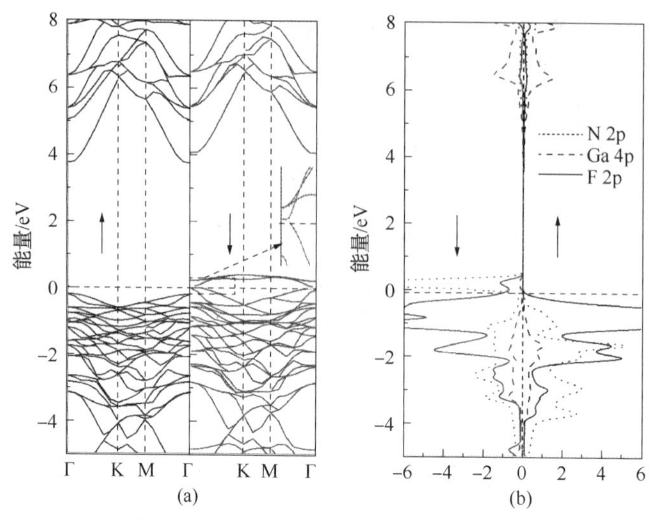


图 4-17　铁磁性的两层半氟化氮化镓纳米薄膜(a)能带结构和(b)部分态密度图(费米面设置为零)

在图 4-18 中，双轴平面应变可有效调控两层半氟化氮化镓纳米薄膜上旋轨道的带隙 $E_g$(空心圆)，下旋轨道的带隙 $E_g$(空心圆)以及半金属带隙(实心正方形)。显然，在下旋轨道中的零带隙，这表明金属性质。在双轴应变 $\varepsilon$($-6\% \leqslant \varepsilon \leqslant +25\%$)下，上旋轨道的带隙 $E_g$将单调降低，而半金属带隙将呈现线性增加趋势。在双轴压应变下，上旋轨道保持绝缘体，其中直接带隙 $E_g$上升到 4.47eV，而下旋带隙保持金属，并且半金属带隙降低到 0.01eV。

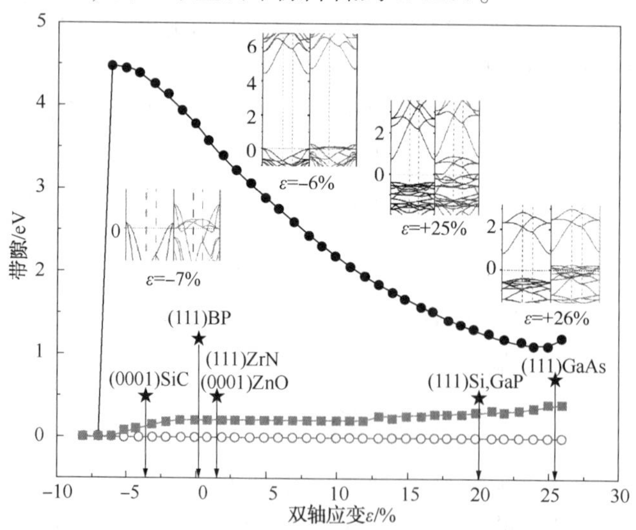


图 4-18　铁磁性的两层半氟化氮化镓纳米薄膜在不同双轴应变 $\varepsilon$ 时上旋轨道(实心圆)和下旋轨道(空心圆)的带隙，以及上旋轨道的半金属带隙(实心方格)

注：插图为不同应变时的能带结构图，实心星表示常用衬底与 GaN 的平面应变

如果将双轴压应变进一步增加到7%，两层半氟化氮化镓纳米薄膜的上旋轨道中的带隙和半金属带隙将会消失。此时，两层半氟化氮化镓纳米薄膜将会从半金属特性转变为完全金属特性，这主要是由 F 2p 轨道劈裂引起的，如图 4-19(a)和图 4-19(b)所示。另一方面，在拉应变作用下，上旋轨道中的带隙将会单调降低。在拉应变 $\varepsilon=+25\%$时，两层半氟化氮化镓纳米薄膜的上旋轨道的带隙可急剧下降至 1.11eV，而其半金属带隙可以持续上升到 0.39eV。当进一步增加拉双应变时，两层半氟化氮化镓纳米薄膜可从纤锌矿结构转变为类石墨状结构。

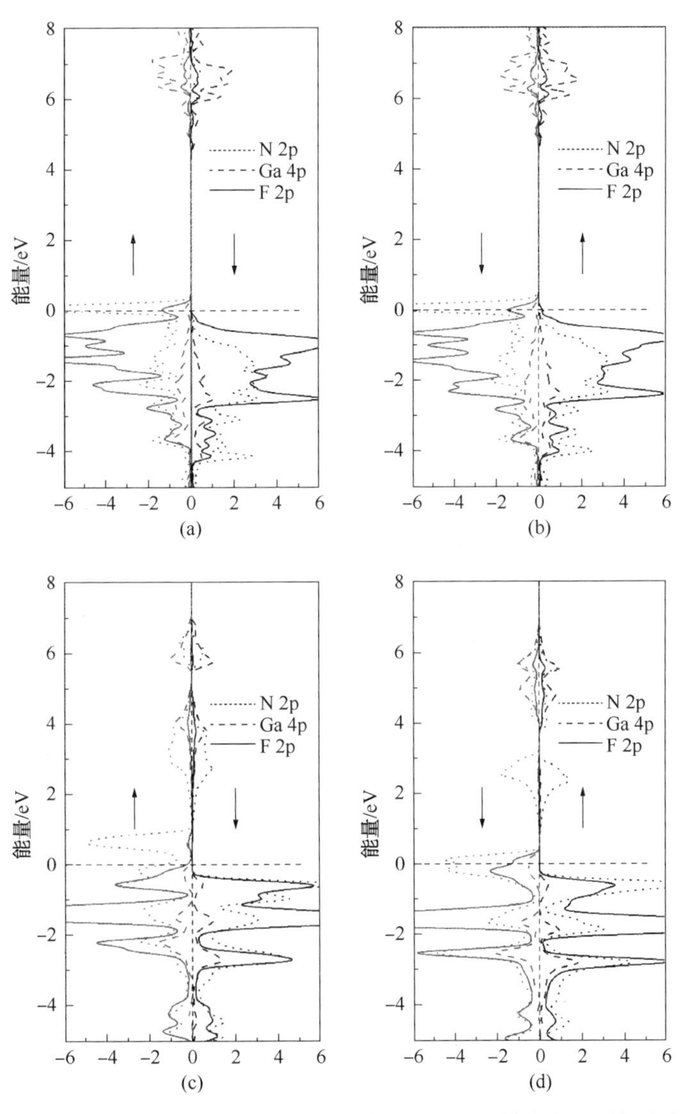


图 4-19　铁磁性的两层半氟化氮化镓纳米薄膜在不同双轴应变 $\varepsilon$ 时部分态密度图

(a)$\varepsilon=-6\%$，(b)$\varepsilon=-7\%$，(c)$\varepsilon=+25\%$，(d)$\varepsilon=+26\%$。费米面设置为零

如图 4-19(c)和图 4-19(d)所示，F 2p、Ga 4p 和 N 2p 轨道的低分裂能量的上旋轨道被完全占据，而下旋轨道能带被部分填充。这导致上旋轨道中的带隙可从直接带隙向间接带隙跃迁，并在下旋轨道中保持金属性质。因此，双轴平面应变是设计两层半氟化氮化镓纳米薄膜半金属行为的关键手段。注意，由于 GaN/衬底界面的晶格失配，可以通过选择合适的衬底来实现 GaN 薄膜的双轴压应变和拉应变。

一些商业化的用于 GaN 薄膜的衬底材料也被标记在图 4-18 中。因此，超薄 GaN 薄膜的电学和磁学性质可以通过沉积在合适的衬底上，从而诱导双轴应变的强度。

对于两层半氟化氮化镓纳米薄膜，在施加沿着锯齿状方向的单轴应变时，其半金属行为只能在应变 $\varepsilon<-6\%$下保持。如图 4-20 所示单轴应变 $\varepsilon=-6\%$下的原子结构、能带结构和态密度图，此时，上旋轨道的半金属带隙降低到 0.02eV，带隙升高到 4.08eV，而下旋轨道依然保持金属特性。这主要是由 F 2p、Ga 4p 和 N 2p 轨道决定的。然而，如果施加较高的单轴压应变或拉应变，两层半氟化氮化镓纳米薄膜则会呈现出完全金属性。因此，与双轴应变相比，沿着锯齿状方向的单轴应变不利于两层半氟化氮化镓纳米薄膜的半金属特性。

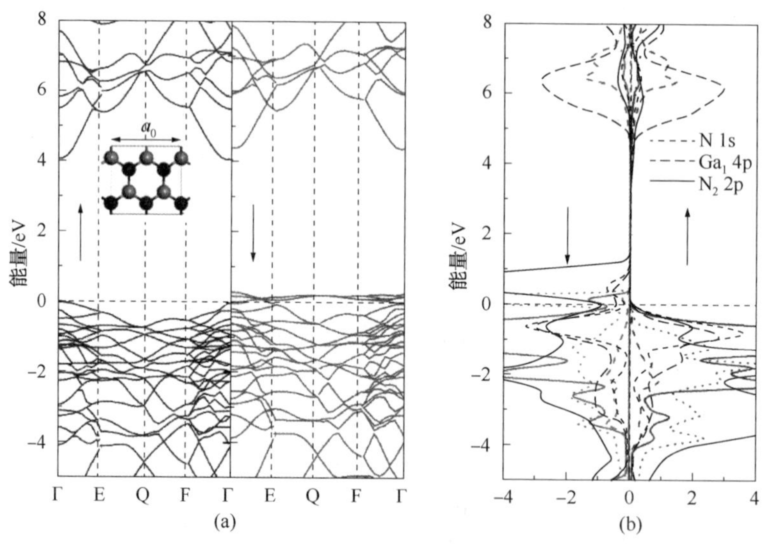


图 4-20　铁磁性的两层半氟化氮化镓纳米薄膜在沿着锯齿方向的单轴应变 $\varepsilon=-6\%$时，(a)能带结构和原子结构图，(b)部分态密度图(其中，费米面设置为零)

为了估算两层半氟化氮化镓纳米薄膜在双轴应变下的结构稳定性，其形成能 $E_f$ 可以通过公式 $E_f=(E_{2\text{-F-GaN}}-E_{2\text{-GaN}}-n_F E_F/2)/n_F$ 来计算，其中 $E_{2\text{-F-GaN}}$ 和 $E_{2\text{-GaN}}$ 分别为两层半氟化氮化镓纳米薄膜和两层没有表面修饰的氮化镓纳米薄膜的能量，$E_F$ 为 $F_2$ 分子的能量，$n_F$ 为吸附的氟原子的数目。正如图 4-21 所示，两层半氟化氮化镓

纳米薄膜的形成能 $E_f$ 依赖于平面应变 $\varepsilon$，每个氟原子的形成能为-1.66～-2.50eV。要注意的是形成能 $E_f$ 值越负，对表面 Ga 原子进行氟化的两层氮化镓纳米薄膜结构越稳定。

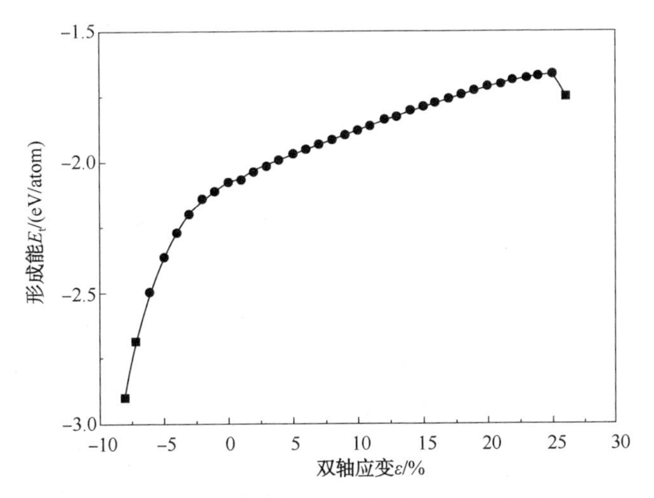


图 4-21　铁磁性的两层半氟化氮化镓纳米薄膜在不同双轴应变 $\varepsilon$ 时形成能 $E_f$

对于两层半氟化氮化镓纳米薄膜，伴随着平面应变的增加，键长发生变化，这可以通过不同双轴应变下原子结构得到证实，如图 4-22 所示。随着双轴拉应变(压应变) $\varepsilon$ 增加，$Ga_1$—$N_1$ 键和 $Ga_2$—$N_2$ 键的键长显著伸长(缩短)，但是 $Ga_2$—$N_1$ 键的键长始终缩短。$Ga_2$ 和 $N_2$ 原子所在层之间的层间距不断降低，直到发生结构

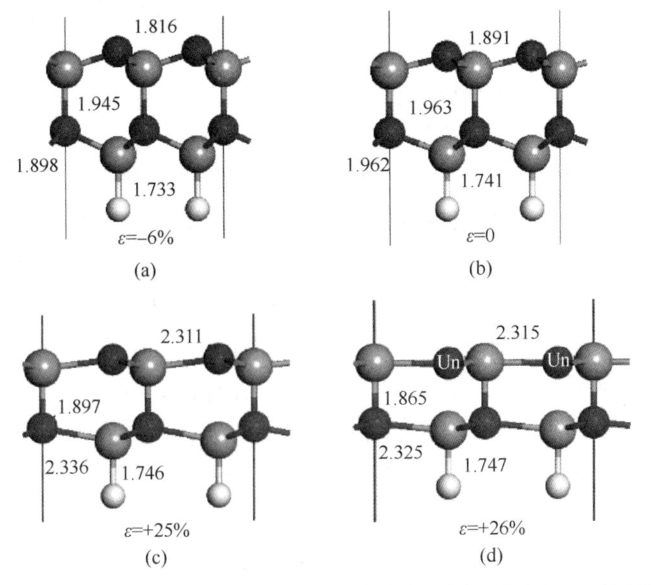


图 4-22　铁磁性的两层半氟化氮化镓纳米薄膜在不同双轴应变 $\varepsilon$ 时原子间键长

相变，此时 $Ga_2$ 和 $N_2$ 几乎在同一平面上。此外，在双轴压应变作用下，$Ga_1$—F键的键长 $d_{Ga1-F}$ 将降低，但是在双轴拉应变作用下，$d_{Ga1-F}$ 几乎保持不变。在不同的双轴应变下，两层半氟化氮化镓纳米薄膜的原子结构的变化可以有效调节其电子结构，这进一步解释了两层半氟化氮化镓纳米薄膜在较高的双轴压应变($\varepsilon<-6\%$)下迅速从半金属性质转变为完全金属性质，而在双轴拉应变下保持半金属性质。因此，控制所施加的双轴应变可以精确地调节两层半氟化氮化镓纳米薄膜的电学和磁学性质，这使得氮化镓纳米薄膜可应用于新型自旋电子器件中。

## 4.7 电场下两层半氯化氮化镓纳米薄膜电磁学性质

外电场和表面修饰是用于调节半导体纳米材料的电学和磁学特性的有效方法。据报道，外电场可诱导 ZnO 纳米线从直接带隙半导体转变为间接带隙半导体。外电场还可将 Si 纳米线从半导体转变为金属。施加横向电场可显著降低扶手椅型 $MoS_2$ 纳米带的带隙，并且促使拉伸状态的 $MoS_2$ 转变为用铁磁(FM)金属。此外，垂直于纳米薄膜的电场可有效调控表面修饰的半导体纳米薄膜的电磁学性质，例如表面氢化的石墨烯和硅烯。施加垂直于双层氢化石墨烯的电场，可连续调节其带隙，并导致其从半导体转变为金属性质。横向电场可促使氢化的石墨烯纳米带具有半金属行为。这些研究表明电场和表面修饰可协同调控半导体纳米材料的电学和磁学性质。

因此，研究氮化镓纳米薄膜在表面半氯化和电场共同作用下是否保持金属性质，具有重要的意义。在本节中，采用密度泛函理论并考虑 Grimme 作用的 DFT-D 计算方法，研究了电场作用下两层半氯化氮化镓纳米薄膜的电学和磁学性质。探讨调控氮化镓纳米薄膜的半金属性质，可为设计和制造新颖的自旋电子器件提供了重要的思路。

具有极性表面(0001)的没有表面修饰的两层氮化镓纳米薄膜具有类石墨烯的平面结构，它从大块纤锌矿结构截取得到的。类石墨烯结构的氮化镓纳米薄膜在基态时表现为非磁性(NM)半导体，与先前的结果一致。类似于 BN 和 ZnO 纳米薄膜，由于氮化镓纳米薄膜中的 Ga 和 N 位点是化学不等价的，通过表面的 Ga 原子氯化，两层氮化镓纳米薄膜转变为铁磁性金属，而对表面的 N 原子氯化，两层氮化镓纳米薄膜依然为无磁性金属，其原子结构如图 4-23(a)中的插图。为了研究电场 $F$ 作用下两层半氯化氮化镓纳米薄膜的半金属性的调控机理，模拟计算了在垂直电场的不同强度下，无磁性、铁磁性和反铁磁性的三种磁性构型。这里描述了沿着垂直向上方向的垂直电场 $F$ 被定义为正“+”，即从表面 Cl 原子到表面 N 原子，而沿着垂直向下方向的 $F$ 被定义为负“-”。

铁磁性和非磁性的两层半氯化氮化镓纳米薄膜系统能量的差值 $\Delta E_{FM-NM}$，铁磁性和反磁性的两层半氯化氮化镓纳米薄膜系统能量的差值 $\Delta E_{FM-AFM}$ 关于电场强度 $F$ 的函数关系图，在图 4-23 中给出。可以看出，在电场强度 $F(-1.50\sim+0.50V/Å)$ 的条件下，两层半氯化的氮化镓纳米薄膜在铁磁性下的系统能量比非磁性和反铁磁性下的系统能量低。该结果证实了铁磁性的两层半氯化氮化镓纳米薄膜在电场作用下结构最为稳定。因此，主要研究在不同电场下两层半氯化氮化镓纳米薄膜的原子结构、电学和磁学性质。

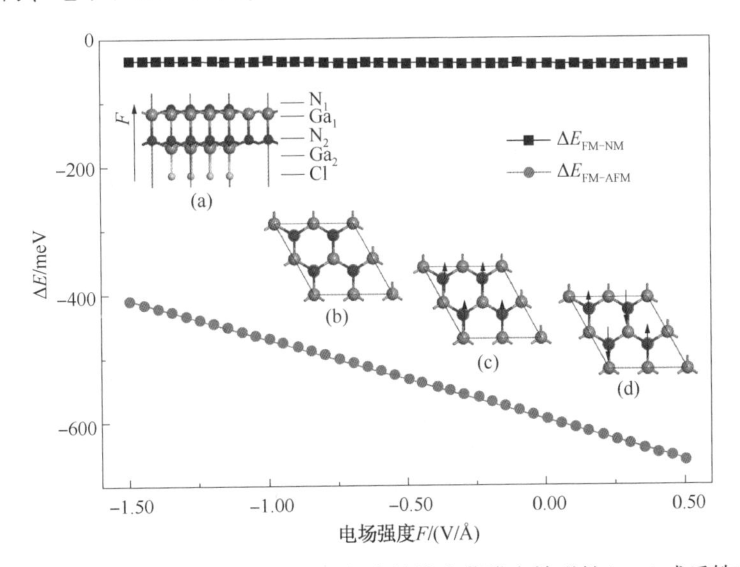


图 4-23　对表面 Ga 原子氯化的两层氮化镓纳米薄膜在铁磁性(FM)或反铁磁性(AFM)与无磁性(NM)时结构能量差值 $\Delta E$ 关于电场强度 $F$ 的关系图

其中插图(a)主视图，(b)无磁性，(c)铁磁性和(d)铁磁性的俯视图

注：最大球(浅色球)表示 Ga 原子，中间球(深色)表示 N 原子，最小球(浅色)表示氯原子。图中下角标数字表示原子所在的层数

为进一步评估电场下两层半氯化氮化镓纳米薄膜在铁磁态下的结构稳定性质，计算了这些体系的结合能 $E_b$，公式为：$E_b=(E_{Cl-GaN}-E_{GaN}-n_{Cl}E_{Cl})/n_{Cl}$，其中 $E_{Cl-GaN}$ 和 $E_{GaN}$ 分别为表面半氯化的氮化镓纳米薄膜和没有表面修饰的氮化镓纳米薄膜的总能量，$E_{Cl}$ 和 $n_{Cl}$ 分别为单个 Cl 原子的能量和数量。图 4-24 给出了铁磁性的两层表面半氯化氮化镓纳米薄膜的结合能 $E_b$ 作为电场 $F$ 的函数关系图。可以发现对氮化镓纳米薄膜表面的 Ga 原子进行氯化从能量角度出发是支持的，这表明铁磁性下两层半氯化的氮化镓纳米薄膜在电场作用下是稳定的。

对于铁磁性的两层半氯化氮化镓纳米薄膜，Ga 和 N 原子与 Cl 原子键合形成 $sp^3$ 杂化，这促使氮化镓纳米薄膜的平面几何结构转变为锯齿形构型。图 4-24 的插图给出优化的原子结构，表明在电场作用下半氯化的氮化镓纳米薄膜具有纤锌矿结构，而不是类石墨结构。优化的 $Ga_2$—Cl 键的键长(2.208Å)为表面吸附的

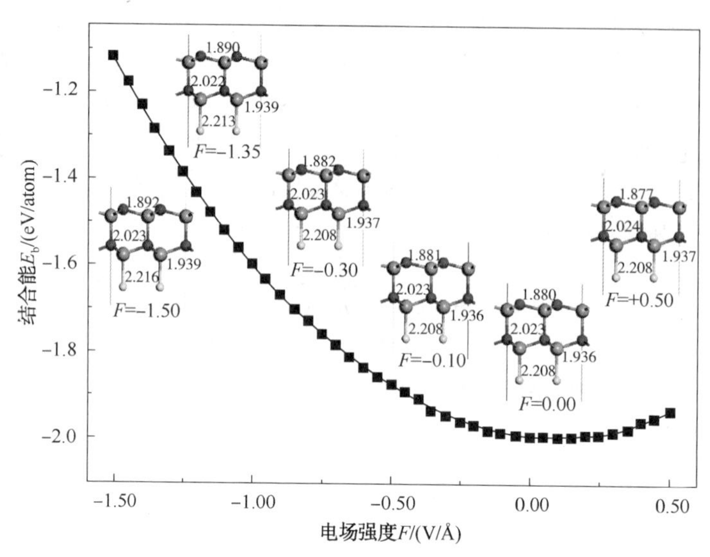


图 4-24 铁磁性的两层半氯化氮化镓纳米薄膜的结合能 $E_b$(eV)关于电场强度 $F$ 的函数关系图

注：插图为不同电场强度下的原子结构图并给出键长

Cl 和表面 Ga 原子之间形成的化学键。伴随着负(正)电场强度 $F$ 的增加，$Ga_2$—Cl 和 $Ga_1$—$N_1$ 键的键长缓慢伸长(缩短)，$Ga_2$—$N_2$ 和 $Ga_2$—$N_1$ 键的键长基本保持不变，表明 Cl 和 $Ga_2$原子之间或 $Ga_1$ 和 $N_1$ 原子之间的退化和强化的相互作用。注意，未修饰的 N 原子和相邻的 Ga 原子之间的键长的变化导致半表面修饰氮化镓纳米薄膜从半导体或半金属特性转变为金属特性。因此，电场作用下键合强度变化显著地影响了氯化作用，这是调控氮化镓纳米薄膜的电学和磁学性质的一个重要因素。

为了验证两层半氯化氮化镓纳米薄膜在垂直电场作用下是否表现出半金属性，模拟计算了铁磁性的两层半氯化 GaN 的能带结构、部分态密度(PDOS)和磁矩。在没有表面修饰的 GaN 薄膜中，从 Ga 到 N 原子的电荷转移和轨道杂化促使电子成对，因此该系统是非磁性的。然而，图 4-25 中给出的没有电场的两层半氯化氮化镓纳米薄膜铁磁性金属，其中上旋轨道和和下旋轨道转变为金属性。图 4-26(a)和图 4-26(b)中的能带结构和部分态密度图(PDOS)中存在明显的自旋极化现象。通过施加正电场，强度从 0~+0.5V/Å，上旋轨道和下旋轨道表现出完全金属行为。选择两层半氯化氮化镓纳米薄膜在电场强度 $F=+0.50$V/Å 下能带结构和 PDOS 图[图 4-26(c)和图 4-26(d)]为例解释完全金属特性。Ga 原子与 Cl 原子共价键合形成 $sp^3$杂化，导致 N 原子的 2p 轨道未配对。因此，诱导的磁矩主要归因于不饱和 N 2p 轨道和 Cl 3p 轨道，这类似于 BN 纳米薄膜中的结果。

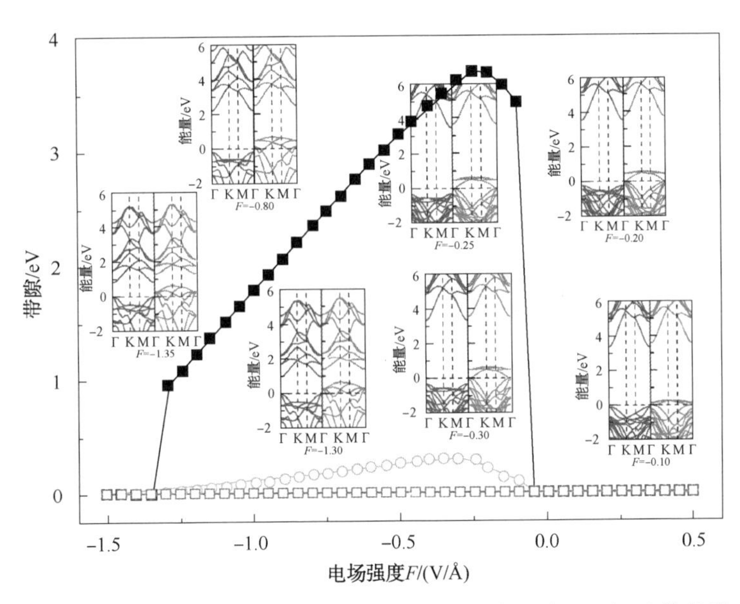


图 4-25　铁磁性的两层 Cl-氮化镓纳米薄膜的在不同电场强度 $F$ 下，上旋轨道（实心方格）和下旋轨道（空心方格）的带隙，以及上旋轨道的半金属带隙（空心圆形）

注：插图为 $F=-0.10$V/Å，$F=-0.20$V/Å，$F=-0.25$V/Å，$F=-0.30$V/Å，$F=-0.80$V/Å，$F=-1.30$V/Å 和 $F=-1.35$V/Å 的能带结构图

接下来，模拟计算了负电场对铁磁性的两层半氯化氮化镓纳米薄膜的电学和磁学性质的影响。图 4-25 给出了电场作用下上旋轨道中的带隙和半金属带隙以及下旋轨道中的带隙，其中半金属带隙定义为费米能级与价带顶（VBM）之间的差值。可以清楚地看到，一旦施加负电场，上旋轨道中的价带顶的能级将迅速向下移动，但下旋轨道仍然表现为金属行为。当电场强度增加到-0.10V/Å 时，两层半氯化的氮化镓纳米薄膜转变为铁磁性半金属，其中上旋轨道表现为半导体特性，带隙为 3.44eV，半金属带隙为 0.10eV，而下旋轨道始终保持金属行为。通过图 4-27（a）的 PDOS 图详细分析了上旋轨道中半金属行为是由 Cl 3p 轨道的占据态决定的，其能级低于费米能级。随着负电场强度的增加，下旋轨道的金属行为保持不变，在上旋轨道中直接带隙和半金属带隙不断增大。导带底（CBM）和价带顶（VBM）向上或向下的运动对带隙和半金属带隙的协同效应是由电场引起的。在电场强度 $F=-0.20$V/Å 时，上旋轨道中的直接带隙为 3.70eV，其中导带底达到 3.49eV 的最高能级，而半金属带隙增加到 0.21eV。在电场强度 $F=-0.25$V/Å 时，导带底和价带顶的能级向下移动导致铁磁性两层半氯化氮化镓纳米薄膜在上旋轨道中的最大带隙为 3.71eV，半金属带隙为 0.29eV。然而，在电场强度 $F=-0.30$V/Å 时，价带顶能级到达最低能级-0.30eV，表明上旋轨道中半金属带隙的最大值为 0.30eV，并且直接带隙变为 3.62eV。随着负电场强度的增

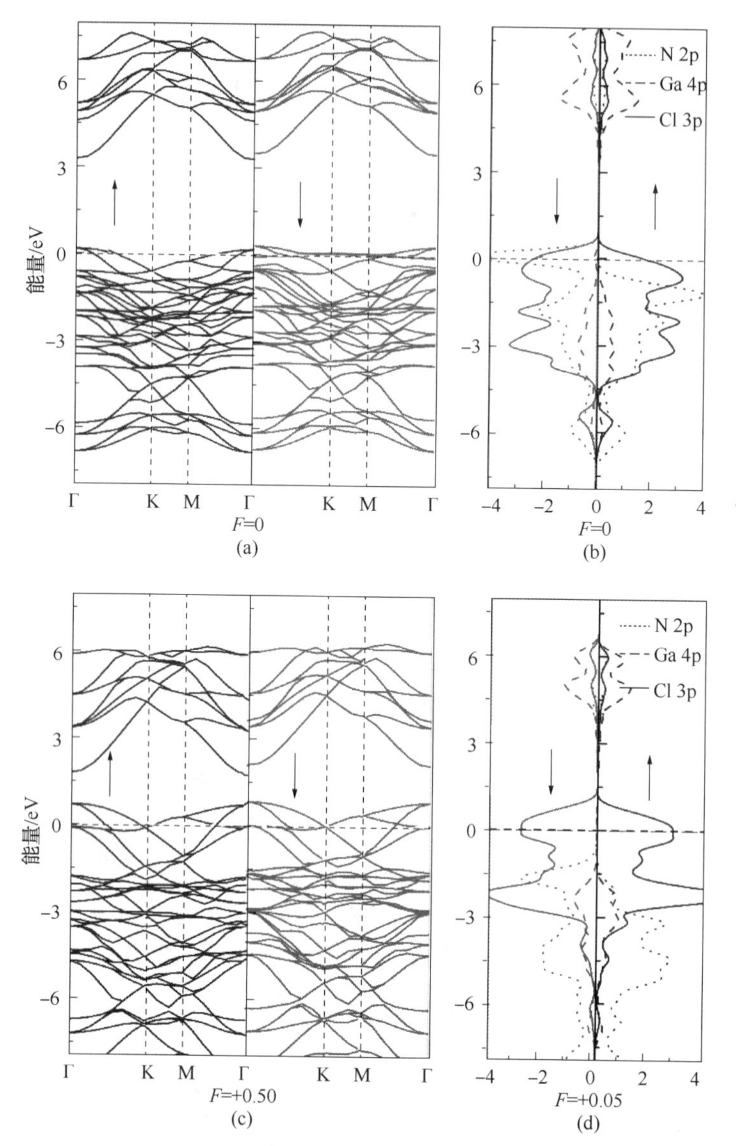


图 4-26 铁磁性的两层半氯化氮化镓纳米薄膜的能带结构图和 PDOS 图

(a)~(b)没有电场，(c)~(d)$F$=+0.50V/Å

加，导带底和价带顶的能级在费米能级附近不断移动，导致上旋轨道中的带隙和半金属带隙单调减小。在电场强度 $F$=-1.30V/Å 时，铁磁性的两层半氯化氮化镓纳米薄膜的上旋轨道分别具有 0.96eV 直接带隙和 0.01eV 的半金属直接带隙。从图 4-27(b)中的 PDOS 图，导带底和价带顶分别由 $Ga_2$4p 和 $N_1$2p 轨道决定的。然而，模拟计算结果表明，太强的电场可能会破坏半导体纳米薄膜的半金属特性。采用较强的负电场，铁磁性的两层半氯化氮化镓纳米薄膜将转变为金属性质。

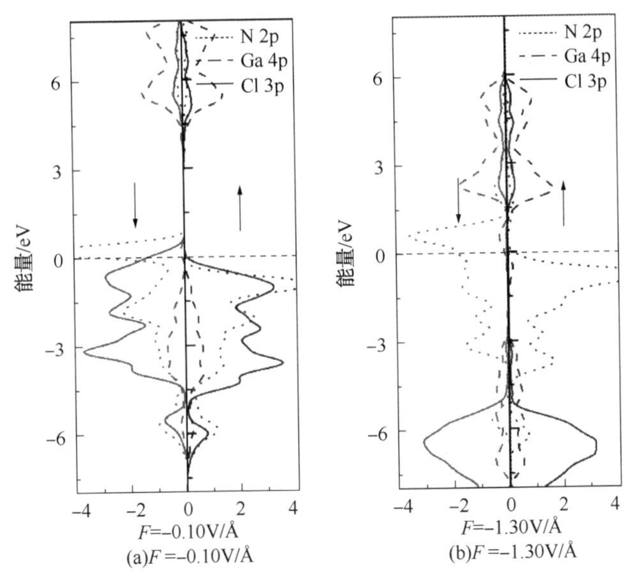


图 4-27　铁磁性的两层 Cl-氮化镓纳米薄膜在

(a)$F$=-0.10V/Å 和(b)$F$=-1.30V/Å 下 PDOS 图

为了更清楚地说明这种情况，图 4-28 给出电场强度 $F$=-1.50V/Å 下铁磁性的两层半氯化氮化镓纳米薄膜的能带结构和 PDOS 图。可以明显看出，在上旋轨道和下旋轨道中，$N_1$2p 轨道贯穿费米能级，表明铁磁性的两层半氯化氮化镓纳米薄膜呈现出完全金属性。更有趣的是，电场在较大的强度范围下[$F$=(-0.10～-1.30)V/Å]可有效调控铁磁性两层半氯化氮化镓纳米薄膜的电学和磁学性质。对于其他材料，锯齿形 AlN 纳米带在相对窄的电场强度范围内[$F$=(-0.20～-0.05)V/Å]和石墨烯纳米带在电场强度范围内[$F$=(+0.30～+0.80)V/Å]均表现出半金属性。研究结果表明电场和表面修饰可有效地调节氮化镓纳米薄膜的半金属性质，为其在自旋电子器件中的应用提供了重要的理论依据。

图 4-29 显示了电场作用下铁磁性两层半氯化氮化镓纳米薄膜中各种原子的磁矩，其中自旋极化主要由表面上未修饰的 N 原子贡献，其他原子贡献很小。随着正电场(负)电场强度 $F$ 的增加，所有 N 原子和 Ga 原子的磁矩单调递增(减小)，而 Cl 原子的磁矩呈现相反的变化趋势。单位晶胞的总磁矩随着正(负)电场强度 $F$ 的增加而增加(减小)。这种电场对磁矩的线性调控效应类似于锯齿状 $MoS_2$ 纳米带的情况。

图 4-30 给出所有原子的 Hirshfeld 电荷差 $\Delta q$，它可定义为 $\Delta q=q(F)-q(0)$，其中 $q(F)$ 和 $q(0)$ 分别表示电场 $F$ 下和无电场($F$=0)下的 Hirshfeld 电荷。在电场 $F$ 作用下，$N_1$ 原子、$Ga_1$ 原子和 Cl 原子具有较大的 Hirshfeld 电荷变化。然而，$Ga_2$ 和 $N_2$ 原子的电荷转移几乎保持不变。显然，$N_1$ 和 $Ga_1$ 原子的 $\Delta q$ 随着正电场或

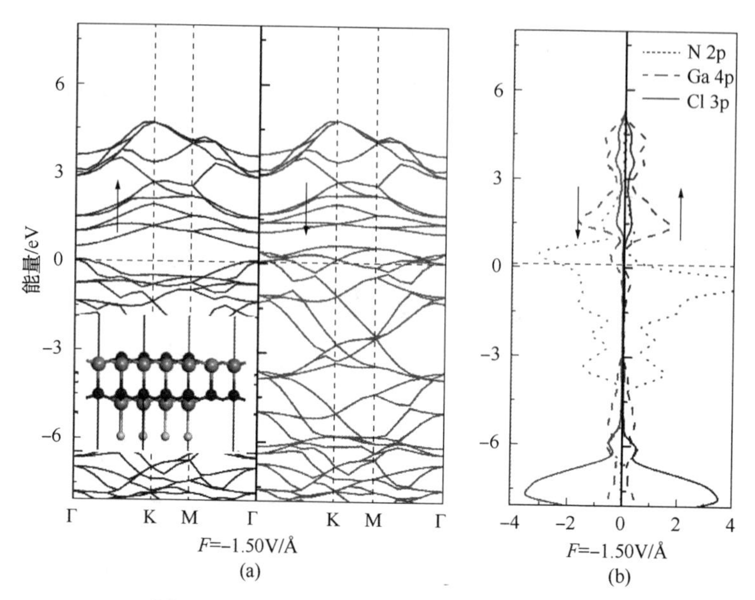


图 4-28　铁磁性的两层 Cl-氮化镓纳米薄膜
在 $F=-1.50\mathrm{V/Å}$ 下能带结构和 PDOS 图

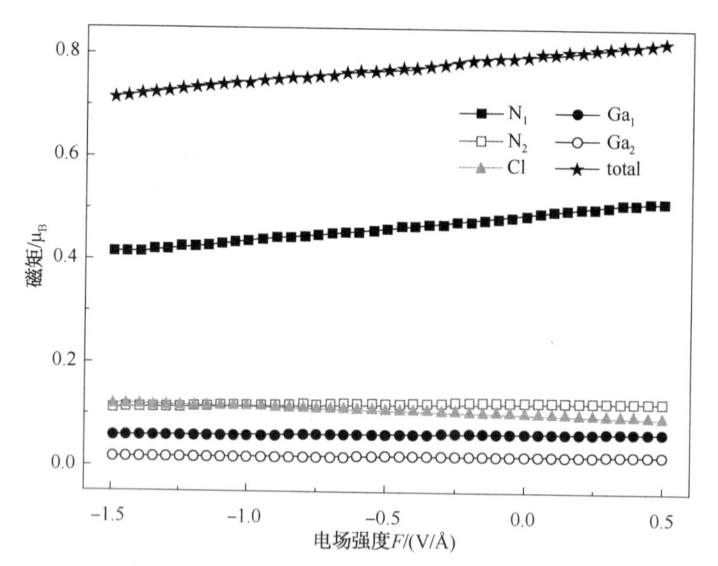


图 4-29　铁磁性的两层 Cl-氮化镓纳米薄膜的
磁矩关于不同电场强度 $F$ 的函数关系图

负电场 $F$ 的增加而单调增加，但与 Cl 原子的变化趋势相反。注意，Cl 原子得到较少的电子，表明对 Ga 原子的半氯化作用减弱。因此，氮化镓纳米薄膜的杂化程度是带隙随外电场强度 $F$ 发生变化的主要原因，这导致其从金属转变为半金属行为。此外，随着负(正)电场强度的增加，两层半氯化氮化镓纳米薄膜表面的

$N_1$原子从其他原子中获得更多(更少)的电子，这意味着表面未成对的特性退化(加强)，从而解释了总磁矩伴随着电场强度 $F$ 发生变化的原因。众所周知，具有较大表面/体积比的薄半导体纳米薄膜的电学和磁学特性对电场和表面修饰的协同作用更敏感。

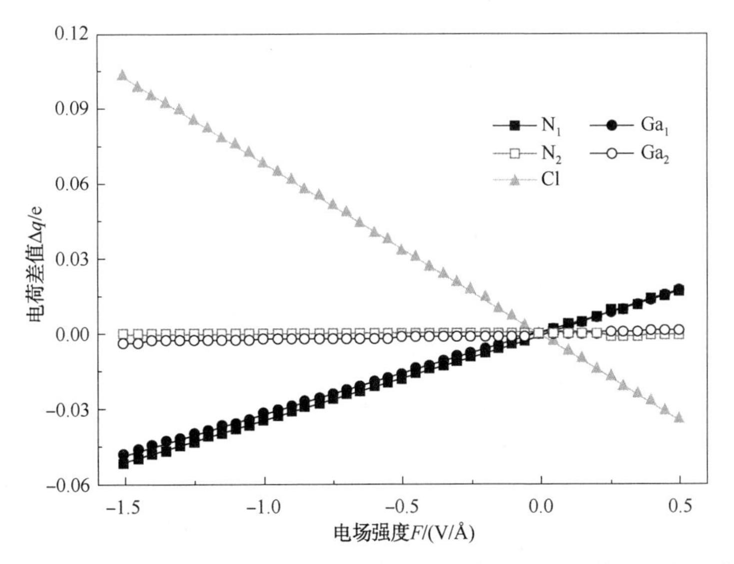


图 4-30　铁磁性的两层 Cl-氮化镓纳米薄膜中每个原子在有无电场 $F$ 作用下 Hirshefeld 电荷差 $\Delta q$，电荷差 $\Delta q$ 可用 $\Delta q=q(F)-q(0)$ 进行计算，其中 $q(0)$ 和 $q(F)$ 分别表示没有电场和在电场 $F$ 作用下的 Hirshfeld

当氮化镓纳米薄膜层厚相同时，不同的表面修饰可有效调节其带隙；随着层厚增加时，其带隙将会减小，最终由半导体转变为导体。在电场作用下，带隙将依赖电场的方向，随着电场强度增加而增加或降低。表面修饰和电场促使空穴和电子输运轨道分离，为其应用于纳米电子器件提供重要的理论指导。

## 4.8　本章小结

本章主要采用基于密度泛函理论的第一性原理方法研究了外电场或外部应变下表面修饰的氮化镓纳米薄膜的电磁学性质的调控作用。研究结果表明：

(1) 完全表面修饰的氮化镓纳米薄膜不具有磁性，并且伴随着薄膜厚度的增加，其带隙将会减小，最终由半导体转变为导体；不同的表面修饰可有效调节相同厚度的氮化镓纳米薄膜的带隙；两层 F-GaN-H 纳米薄膜在电场的作用下可由半导体转变为导体，实现单一半导体纳米材料的电子空穴的有效分离。

(2) 系统研究了半表面修饰的氮化镓纳米薄膜的电学和磁学性质伴随着薄膜厚度的变化规律。研究结果表明，当只有表面的镓原子进行氢化、氟化或氯化时，该纳米薄膜具有铁磁性，并且较厚的纳米薄膜更为容易形成。当薄膜的厚度增加时，H-GaN 和 F-氮化镓纳米薄膜分别由半导体和半金属性质转化为金属性质，而 Cl-氮化镓纳米薄膜依然保持金属性质。然而，当只对表面的氮原子进行表面修饰时，氮化镓纳米薄膜不具有磁性，并展示出金属性质。

（3）系统研究了两层半氢化氮化镓纳米薄膜的电学和磁学性质伴随着应变的变化规律。研究结果表明，当只有表面的镓原子被氢化时，两层半氢化氮化镓纳米薄膜转变为铁磁性半导体。当施加一定的应变（$-6\% \leqslant \varepsilon \leqslant +6\%$）时，两层半氢化氮化镓纳米薄膜依然具有铁磁性质。但是，当压应变 $\varepsilon=-1\%$时，两层半氢化氮化镓纳米薄膜将转变为铁磁性半金属；伴随压应变的增加，其上旋轨道的带隙将单调增加；当压应变 $\varepsilon=-6\%$时，它将转变为铁磁性金属。然而，在拉应变（$\varepsilon \leqslant +6\%$）作用下，两层半氢化氮化镓纳米薄膜依然为铁磁性半导体，其上旋轨道的带隙将逐渐降低，而下旋轨道的带隙将增大。这主要是由表面氮原子的键间交互影响和 p-p 轨道直接交互影响共同作用的结果。此外，铁磁态下两层半氢化氮化镓纳米薄膜在应变作用下其原子结构始终稳定。

（4）系统研究了平面应变调控两层半氟化氮化镓纳米薄膜的半金属性质。不同于单层半氟化氮化镓纳米薄膜在双轴应变作用下会从反铁磁性质转变为铁磁性质，而两层半氟化氮化镓纳米薄膜在双轴应变作用下会始终保持铁磁性半金属性质。与沿着锯齿状方向的单轴应变的局限效应相比，双轴应变会有效调控上旋轨道中的半金属带隙和总带隙，而下旋轨道中的金属性质始终保持。由此，双轴应变可有效调控两层半氟化氮化镓纳米薄膜的多样性质，促使上旋轨道从完全金属性质转变为半金属性质，并且可大幅度调整期带隙。

（5）系统地研究了电场下两层半氯化氮化镓纳米薄膜的电学和磁学性质。取决于电场的强度和方向，两层半氯化氮化镓纳米薄膜可从完全金属转变为半金属性质。研究发现，在电场强度 $F$（$F=-0.10 \sim -1.30\mathrm{V/Å}$）作用下，两层半氯化氮化镓纳米薄膜保持半金属特性，其上旋轨道的带隙（3.71~0.96eV）和半金属带隙伴随着电场强度的增加而发生变化，但是下旋轨道始终保持金属特性。总磁矩随着负（正）电场强度 $F$ 的增加而减小（增加），这主要是由表面未修饰的 N 原子贡献的，其他原子也具有一定贡献。因此，电场和表面氯化修饰在调节氮化镓纳米薄膜的电学和磁学性质方面起着关键的作用。

表面修饰对外场下氮化镓纳米薄膜的电学和磁学性质有重要的调控作用。在不同强度的外场作用下将具有半导体、半金属或金属性质。由此，可以得出氮化镓纳米薄膜在电学和磁学性质方面的新颖及多样化的变化强烈依赖于表面修饰（采用氢、氟或氯原子）、电场及应变场。这些性质的有效调控具有非常重要的基础科学意义，为设计新型的电子器件和电子自旋器件开辟了新的设计思路。

# 外电场下锡烯/有机分子体系的电学性质

近年来，很多研究集中于采用密度泛函理论的第一性原理模拟计算开展打开类石墨烯纳米薄膜带隙等方面的工作。锡烯的稳定构型为褶皱结构，上下两个表面都具有悬空键，因此表面非常敏感。锡烯的电学性质很容易通过表面改性法来进行调节。锡烯表面化学吸附氢元素，促使锡烯转变为带隙为 1eV 的锡烷，但要注意的是氢饱和会将锡烯的拓扑特性转变成普通的半导体特性。另外，由于横向量子限制效应，作为二维材料中准一维纳米带也是用于打开带隙的有效手段，但是在实验中制备具有特定边缘结构的纳米带构型仍然是一项挑战，并且强烈的边缘散射效应导致载流子迁移率显著降低。因此，探索能打开锡烯的带隙的同时保持高速载流子迁移率的有效途径是其应用在高性能电子元器件(如场效应晶体管)的关键性问题。目前，广泛使用考虑了弱的范德华交互作用的第一性原理研究了促使有机分子吸附引起的内电场来破坏锡烯中两个亚晶格的对称性，从而打开了其带隙。

本章采用基于密度泛函理论的第一性原理的模拟计算，研究了有机分子吸附的锡烯体系的稳定原子结构及电子结构，揭示了有机分子吸附对锡烯体系的能带结构的调控作用，并预测了锡烯/有机分子体系能具有较大的直接带隙并保留较高载流子迁移率的外场条件。

## 5.1 引言

理想状态下，优化后锡烯的晶格常数为 4.67Å。与石墨烯的结构相类似，不同之处在于石墨烯由于 $sp^2$ 型杂化可以形成纯平面六角形晶格。而锡烯由于其 $sp^3$ 键态表现出 $sp^2$-$sp^3$ 型杂化。因此，在锡烯稳定状态下形成了具有一定翘曲的蜂窝状结构，理想状态下锡烯的能带结构与石墨烯类似，为近零带隙结构。由于二维纳米材料(2D)具有极高的比表面积，表面特性对于锡烯的应用是至关重要的。

已有研究表明锡烯的翘曲高度可以通过各种外部因素进行调节，包括衬底界面应变、电场、掺杂和化学功能化等。单层锡烯的带隙可随翘曲结构发生变化，这对于量子电子领域的应用至关重要。低度翘曲(LB)锡烯结构中，晶胞中的 Sn 原子在两个亚晶格平面上。由于锡烯翘曲结构的存在，外部因素(如化学官能团）可以为锡烯提供多种电子性质。翘曲结构导致低度翘曲锡烯的 π 轨道和 σ 轨道产生重叠，但 π—π 键相对较弱。2015 年，Zhu 等通过分子束外延成功合成具有翘曲结构的二维锡烯薄膜。

## 5.2 模拟计算细节及相关公式说明

### 5.2.1 模拟方法和计算参数

本章使用 Materials Studio 软件的基于密度泛函理论（DFT）的 DMol3 模块研究了外电场作用下有机分子吸附对锡烯原子结构和电学性质的影响，相关交换函数使用广义梯度近似（GGA）中的 Perdew-Burke-Ernzerhof（PBE）方法。由于 PBE 泛函低估了半导体的带隙，因此也采用了 HSE06 混合泛函来计算更精确的电学性质。采用全电子效应的核处理方法和双数字极化的基本设置进行了几何优化和电学性质的计算。相应 $k$ 点采用 17×17×1。原始锡烯采用 2×2 超晶胞，并在 $z$ 轴方向上用 15Å 真空层进行分离，避免层间相互作用。在结构优化和性质计算的过程中，能量收敛公差为 $1.0\times10^{-5}$ Ha，最大力收敛公差为 0.002Ha/Å，最大位移收敛公差为 0.005Å。本章采用 DFT-D（D 表示色散）方法来研究有机分子与锡烯之间的范德华相互作用。DFT-D 方法已经广泛地用于存在范德华力作用的表面吸附小分子的纳米薄膜体系的理论研究中。采用基于 DFT 的 CASTEP 模块进行了声子色散计算。使用 Forcite 模块进行了分子动力学（MD）模拟。模拟在 300K 的温度下，采用 NVT 系综（$N$ 是原子数，$V$ 是体积，$T$ 是温度）进行了 1000ps 计算，时间步长为 1fs，以确认有机分子/锡烯体系的动力学稳定性。

### 5.2.2 结构稳定性的判据

当有机分子吸附在锡烯上时，可以通过公式（5-1）计算有机分子/锡烯体系的吸附能 $E_{ad}$ 来判断研究吸附构型中最稳定的构型：

$$E_{ad}=E_{有机分子}+E_{锡烯}-E_{总体} \tag{5-1}$$

其中，$E_{ad}$ 表示单个有机分子吸附在 2×2 锡烯超晶胞表面的吸附能，$E_{总体}$ 表示有机分子吸附在锡烯表面形成的有机分子/锡烯体系的总能量，$E_{锡烯}$ 表示 2×2 锡烯超晶胞在真空中的能量，$E_{有机分子}$ 表示单个有机分子在真空中的能量。根据此公式，吸附能 $E_{ad}$ 的值越大，锡烯与有机分子之间的结合力越强。

### 5.2.3 带隙的判据

分子吸附诱导的内部电场的强度与电荷转移的值成正比，这可以通过公式（5-2）计算。

$$E_{in}=2q/[\varepsilon_0 a^2\sin(\pi/3)] \tag{5-2}$$

其中，$E_{in}$有机分子与锡烯之间的内电场，$q$ 表示转移电荷量，$\varepsilon_0$表示真空电容率，$a$ 表示锡烯晶格常数。

复合电场 $E$ 的强度可通过公式(5-3)来计算：

$$E=E_{ex}+E_{in} \tag{5-3}$$

其中，$E$ 表示复合电场强度，$E_{in}$表示有机分子与锡烯之间的内电场，$E_{ex}$表示外电场。

有机分子/锡烯体系的带隙 $E_g$和复合电场强度 $E$ 的依赖关系可以通过 $k$ 点的双带模型解释，哈密顿量 $H$ 公式在公式(5-4)中给出：

$$H=\begin{pmatrix} +\mathrm{e}Ed/2 & 0 \\ 0 & -\mathrm{e}Ed/2 \end{pmatrix} \tag{5-4}$$

其中，$E$ 表示复合电场强度，$d$ 表示锡烯的翘曲高度。

有机分子/锡烯体系的带隙 $E_g$可通过公式(5-5)计算：

$$E_g=qEd \tag{5-5}$$

其中，$q$ 表示电荷转移量，$d$ 表示锡烯的翘曲高度。

### 5.2.4 载流子迁移率的判据

为了证实有机分子/锡烯体系中锡烯保留了较高的载流子迁移率，通过公式(5-6)计算电子有效质量 $m_e$和空穴有效质量 $m_h$，采用公式(5-7)计算电子和空穴两种载流子的迁移率$\mu_e$和$\mu_h$。

$$m=\hbar^2\left[\frac{\partial^2 E(k)}{\partial k^2}\right]^{-1} \tag{5-6}$$

$$\mu=\mathrm{e}\tau/m \tag{5-7}$$

其中，$\hbar$表示普朗克常数，$k$ 表示波矢量，$E(k)$表示色散关系和 $\tau$ 表示散射时间。

对于锡烯结构，本节考虑了具有双原子层的六方晶胞结构。通过 Materials Studio 计算得出的 2×2 锡烯晶格参数为 $a=b=9.29$Å，Sn—Sn 的键长为 2.82Å，这与之前报道 Sn—Sn 的键长值(2.82Å)一致。优化后的结构表明，本章中锡烯模型的翘曲高度为 0.88Å，这与之前报道的 0.85Å 值一致。已有研究表明，与石墨烯的平面结构对比，具有翘曲结构的锡烯是最稳定的。已知锡烯在原始状态下并没有打开带隙，换而言之，与石墨烯一样，锡烯为近零带隙纳米材料。同时，锡烯的价带顶(VBM)和导带底(CBM)均由 Sn 5p 轨道组成。

## 5.3 外电场作用下 $C_6H_6$/锡烯体系

本节构建了多种表面吸附有机分子苯($C_6H_6$)的锡烯体系构型。采用基于密度泛函理论并考虑范德华力修正的第一性原理方法研究了 $C_6H_6$ 吸附对锡烯的原子结构、能带结构、态密度图、电荷转移量与载流子迁移率等方面的影响，揭示了 $C_6H_6$ 吸附对锡烯直接带隙的调控机理。接下来研究了外电场（$-0.65V/Å \leq E_{ex} \leq 0.65V/Å$）与 $C_6H_6$ 吸附对锡烯直接带隙的协同线性调控机理，阐明了外电场作用下 $C_6H_6$/锡烯体系可保留较大的电子和空穴载流子迁移率的主要原因。

### 5.3.1　$C_6H_6$/锡烯体系的结构模型

本节选择吸附的有机分子是苯（$C_6H_6$）。苯是一种无色有特殊气味的物质，室温下密度低，为 0.878gr/cm$^3$，沸点为 80.1℃，重复接触高浓度苯会损伤血液和造血器官。考虑了四种不同的吸附位点，其中包括有机分子中心位于锡烯的 A 或 B 亚晶格正上方、Sn—Sn 键中心和晶胞空心环上，并且对于每个吸附位点，还考虑了苯的不同分子取向。由此，本节共考虑了 8 种吸附类型，详细的吸附情况如图 5-1 所示。

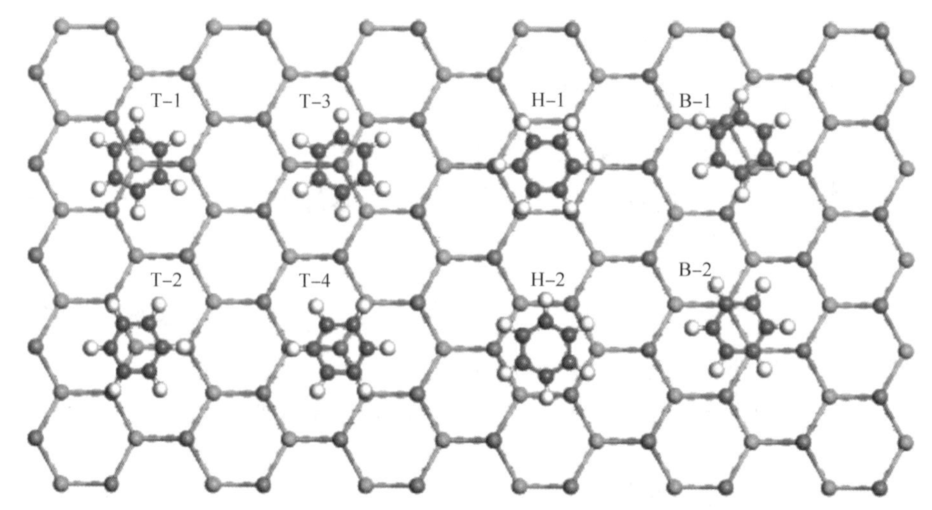


图 5-1　有机分子 $C_6H_6$ 吸附的锡烯体系原子结构的俯视示意图，以及锡烯上分子中心的可能吸附位点

### 5.3.2　无外电场下 $C_6H_6$/锡烯体系

通过公式（5-1）计算出的吸附能 $E_{ad}$、$C_6H_6$ 的中心与上层 Sn 原子之间的吸附距离 $D$、有机分子吸附后的锡烯的翘曲高度 $d$ 和锡烯打开的带隙 $E_g$ 在表 5-1 中给出。B-2 构型的吸附能 $E_{ad}$（0.619eV）较其他的 7 种构型大了 0.002~0.136eV，因此有机分子吸附在 Sn—Sn 键上的 B-2 构型为 $C_6H_6$/锡烯体系中最稳定的吸附构型，其原子结构示意图如图 5-2 所示。B-2 构型的 $C_6H_6$/锡烯体系的吸附能 $E_{ad}$（0.619eV）大于吸附在锡烯上的 CO/锡烯（0.345eV）、$H_2O$/锡烯（0.423eV）和

$NH_3$/锡烯(0.273eV)体系的吸附能，这说明有机分子 $C_6H_6$ 比无机分子 CO、$H_2O$ 和 $NH_3$ 更容易吸附在锡烯表面上。

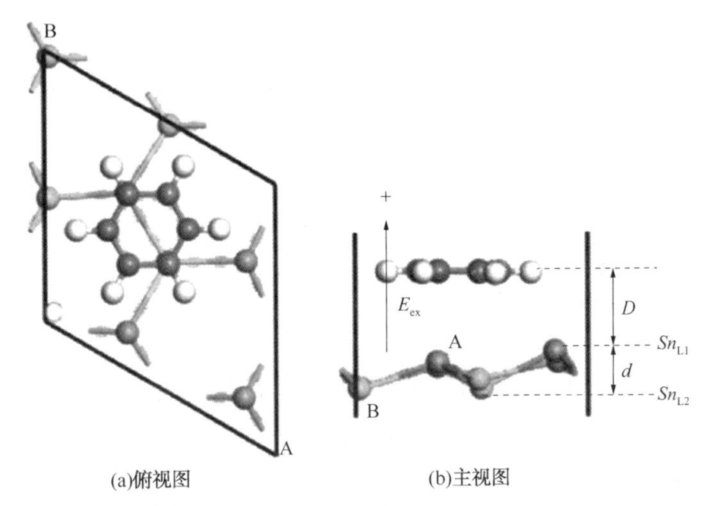


图 5-2　B-2 构型的 $C_6H_6$/锡烯体系的原子结构(a)俯视图与(b)主视图

其中 $Sn_{L1}$ 表示锡烯上层 Sn 原子，$Sn_{L2}$ 表示锡烯下层 Sn 原子；A 和 B 分别代表锡烯的上层与下层亚晶格；图中单箭头的方向表示施加正电场的方向

由于有机分子与锡烯间的相互作用，$C_6H_6$ 分子产生轻微的结构变形，吸附后 $C_6H_6$ 分子的最大垂直变化为 0.09Å。此外，有机分子吸附导致锡烯变形，锡烯的结构变形主要发生在 $C_6H_6$ 分子吸附以下区域。$C_6H_6$ 分子吸附后的锡烯的最大翘曲约为 1.25Å。

**表 5-1　不同吸附构型的 $C_6H_6$/锡烯体系的吸附能 $E_{ad}$、带隙 $E_g$、吸附距离 $D$ 和翘曲高度 $d$**

| $C_6H_6$/锡烯 | $E_{ad}$/eV | $E_g$/meV | $D$/Å | $d$/Å |
| --- | --- | --- | --- | --- |
| T-1 | 0.615 | 43.2 | 3.03 | 1.12 |
| T-2 | 0.601 | 43.0 | 3.19 | 1.10 |
| T-3 | 0.575 | 36.9 | 3.06 | 0.97 |
| T-4 | 0.590 | 35.9 | 2.97 | 0.98 |
| B-1 | 0.617 | 28.0 | 2.81 | 1.17 |
| B-2 | 0.619 | 39.5 | 2.65 | 1.25 |
| H-1 | 0.488 | 25.7 | 3.23 | 1.02 |
| H-2 | 0.483 | 21.2 | 3.22 | 1.01 |

将优化后的有机分子的中心与锡烯上层 Sn 原子之间的最小垂直距离定义为吸附距离 $D$。$C_6H_6$/锡烯体系中 $C_6H_6$ 吸附距离 $D$ 位于锡烯上方约 2.65～3.23Å；

$C_6H_6$分子吸附会使锡烯的翘曲高度增大，由表 5-1 得出其中最稳定的 B-2 构型的 $C_6H_6$/锡烯体系中，锡烯的翘曲高度 $d$ 由原始的 0.88Å 增大到 1.25Å，这说明有机分子与锡烯之间的吸附能越大，对锡烯产生的结构变形就越大，吸附后的体系结构也最稳定。

此外，$C_6H_6$/锡烯体系的吸附距离 $D$ 远远大于 Sn 和 C 原子键之和（1.45Å+0.67Å=2.12Å）、Sn 和 H 原子键之和（1.45Å+0.53Å=1.98Å），并且远远小于 Sn 和 C 原子范德华键之和（2.59Å+2.04Å=4.63Å）、Sn 与 H 原子范德华键之和（2.59Å+1.62Å=4.21Å）。这表明锡烯中 Sn 原子与有机分子的 C、H 原子之间没有化学键。在 TTF/硅烯、腺嘌呤/Cu（110）和 3，4，9，10-苝四甲酸二酐/Au（111）体系中也观察到这种现象。对于非共价的层间相互作用，不同的吸附构型之间的结构电子性质是相似的。

为了充分证明构建 $C_6H_6$/锡烯体系原子结构的稳定性，对 B-2 构型的 $C_6H_6$/锡烯体系进行了声子色散谱的计算和分子动力学模拟。如图 5-3（a）所示，声子谱在 G 点附近的二维布里渊区高对称线上没有虚频，这表明 B-2 构型的 $C_6H_6$/锡烯体系具有热力学稳定性。此外，还进行了分子动力学模拟，在温度 $T$=300K 下进行 1000ps 计算，以确定 B-2 构型的 $C_6H_6$/锡烯体系的动态稳定性，相对能量随时间的函数如图 5-3（b）所示。对于 $T$=300K，该过程中总能量波动规律且较小，说明 B-2 构型的 $C_6H_6$/锡烯体系在此温度下具有热稳定性。

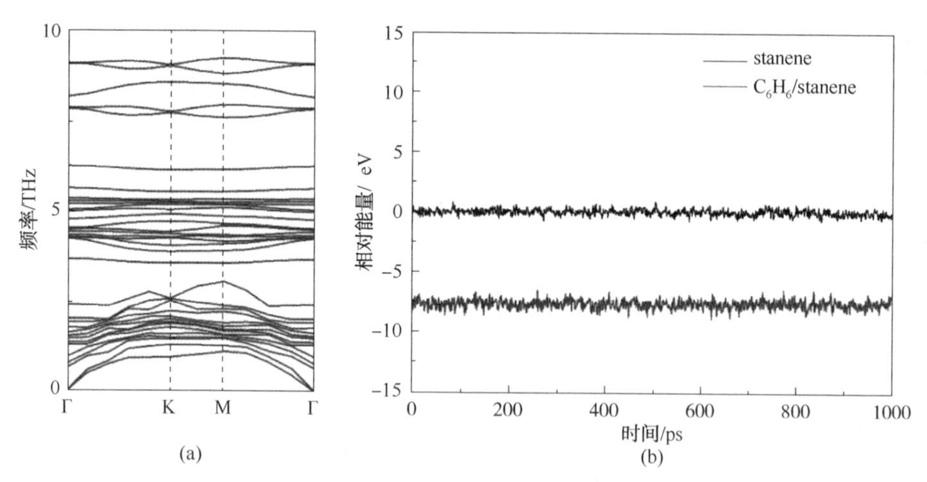


图 5-3　B-2 构型的 $C_6H_6$/锡烯体系的（a）声子色散谱与（b）在 300K 下的相对势能波动曲线

为了研究有机分子 $C_6H_6$ 吸附对锡烯的电学性质的影响，图 5-4（a）计算了 $C_6H_6$/锡烯体系最稳定构型的能带结构图。原始锡烯是一个零带隙材料。当 $C_6H_6$ 吸附在锡烯上时，有机分子与锡烯之间的电荷转移产生了层间偶极点。根据整数电荷转移模型，电荷转移可以忽略不计，因此保持了锡烯的电中性。结果表明，B-2 构型的 $C_6H_6$/锡烯体系打开了约为 39.5meV 的带隙。同时由于 PBE 倾向于低估半导体的带隙，采用 HSE06 混合计算了 B-2 构型的 $C_6H_6$/锡烯体系的带隙来证明更接近实验值，最稳定 B-2 构型的 $C_6H_6$/锡烯体系的 HSE06 计算的带隙结果为 59.0meV。通过 HSE 功能计算，碳化磷(从 1.5eV 到 2.58eV)和 $C_3N$(从 0.38eV 到 1.10eV)的带隙也大幅增加。可以看出，PBE 函数略低估了带隙值，而 HSE 函数导致略高估了带隙值。虽然 HSE06 增强了最稳定的 B-2 构型的$C_6H_6$/锡烯体系的直接带隙，但在 HSE06 和 PBE 计算的 $k$ 点附近的直接带隙的能带结构是相似的。本节主要采用 PBE 泛函来研究 $C_6H_6$/锡烯体系的原子结构和电学性质。

值得注意的是，有机分子吸附虽打开了锡烯的直接带隙，但并未破坏其狄拉克锥(Dirac)能带结构特性。此外，中性点附近的线性色散保持不变，表明有机分子吸附 $C_6H_6$的锡烯体系可以保持相当高的电子和空穴载流子迁移率。由于它们之间的弱相互作用，能带结构可以粗略地认为是锡烯和吸附的有机分子的简单结合。当有机分子吸附在石墨烯和硅烯上时，也可观察到离散的底物带和分子水平。

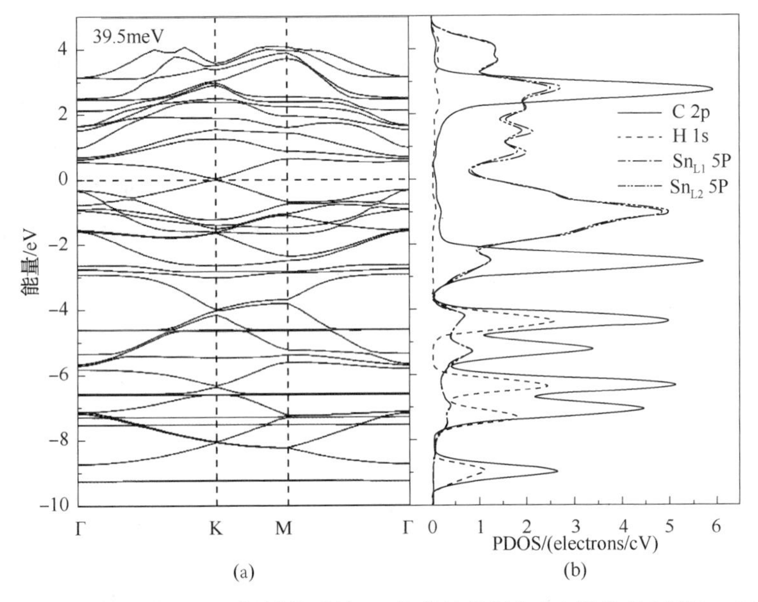


图 5-4　B-2 构型的 $C_6H_6$/锡烯体系的(a)能带结构图和(b)部分态密度(PDOS)图

图 5-4(b)为最稳定的 B-2 构型的 $C_6H_6$/锡烯体系的部分态密度(PDOS)图，发现 $C_6H_6$与锡烯之间的相互作用是在价带的-2.5eV 和导带的 2.8eV 处其耦合作用比较强，并且 Sn 5p 和 C 2p 轨道之间存在很强的杂化。此外，注意到价带顶(VBM)和导带底(CBM)主要是由 $Sn_{L1}$ 5p 和 $Sn_{L2}$ 5p 轨道决定的，$C_6H_6$对锡烯费米面影响均较小，说明 $C_6H_6$吸附并没有破坏锡烯直接带隙的狄拉克锥结构。

进一步的 Mulliken 电荷分析表明，从 $C_6H_6$到锡烯之间存在电荷转移。B-2 构型的 $C_6H_6$/锡烯体系中 $C_6H_6$分子失去 0.038e 的电子，这表明 $C_6H_6$是作为电荷供体向锡烯提供电子。锡烯中 A 和 B 亚晶格周围的电子密度分布不均匀，其中

上层 $Sn_{L1}$原子失去了 0.132e 的电子，下层 $Sn_{L2}$原子得到了 0.174e 的电子，这是由于锡烯中 A 和 B 亚晶格在翘曲结构中感受到的库仑场是不同的，由此导致锡烯中上下两层 $Sn_{L1}$和 $Sn_{L2}$原子的电荷的不均匀分布，使两个亚晶格不再等价。根据紧束缚模型，$C_6H_6$/锡烯体系的直接带隙在 $k$ 点处被打开。此外，还发现电荷转移可以促使有机分子与锡烯之间产生内部电场，像石墨烯与硅烯一样，分子吸附二维材料可以用平行电容器模型来解释。

由公式(5-6)计算得到 B-2 构型的 $C_6H_6$/锡烯体系中电子有效质量 $m_e$和空穴有效质量 $m_h$分别是理想锡烯的 1.17 倍和 1.14 倍；假设散射时间 $\tau$ 与理想锡烯相同，依据公式(5-7)计算出 B-2 构型的 $C_6H_6$/锡烯体系的电子迁移率 $\mu_e$(空穴的迁移率 $\mu_h$)，分别保留了理想锡烯的电子迁移率 $\mu_{e0}$(空穴迁移率 $\mu_{h0}$)的 85%(87%)。研究结果表明，表面吸附 $C_6H_6$可保持锡烯较高的载流子迁移率。

### 5.3.3 外电场下 $C_6H_6$/锡烯体系

施加外电场是调节石墨烯类材料电学性质的常见的有效方法。在本节中，仅对 $C_6H_6$/锡烯体系中结构最稳定的 B-2 构型施加不同强度的外电场($-0.65V/Å \leq E_{ex} \leq 0.65V/Å$)，电场方向垂直于锡烯平面，如图 5-5 所示。图 5-5 给出了外电场作用下 B-2 构型的 $C_6H_6$/锡烯体系的带隙 $E_g$伴随外电场强度 $E_{ex}$的变化趋势图。值得一提的是 B-2 构型的 $C_6H_6$/锡烯体系的直接带隙大小几乎不受外电场的方向影响，主要由外电场强度大小决定。

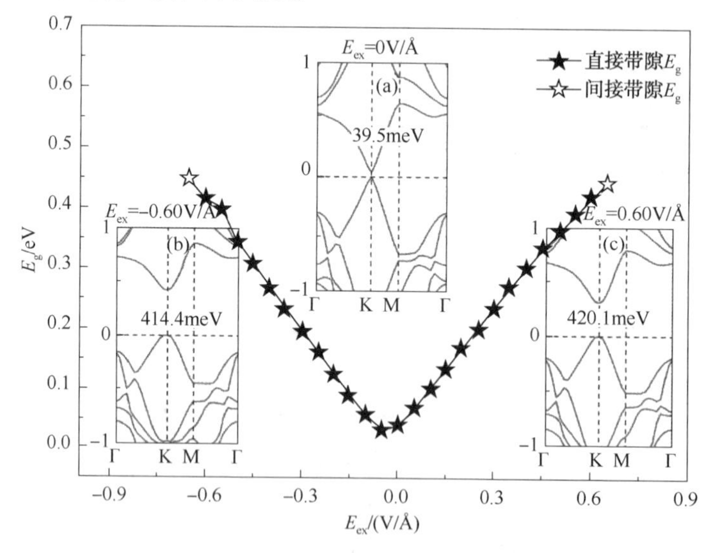


图 5-5 不同外电场作用下 B-2 构型的 $C_6H_6$/锡烯体系的带隙 $E_g$的变化图

其中插图(a)~(c)分别为当外电场 $E_{ex}$为 0V/Å、-0.60V/Å 和 0.60V/Å 时 $C_6H_6$/锡烯体系的能带结构图

此外，从图5-5中能清晰地看出，无论是在正电场或负电场的情况下，当电场强度 $E_{ex}$ 不断增大，B-2构型的 $C_6H_6$/锡烯体系打开的直接带隙 $E_g$ 逐渐增大，整体呈现近似线性增加趋势。这与Ren等在垂直电场下原始锡烯的线性可调带隙情况的研究结果相似。其原因可以用PDOS图以及外电场下有机分子与锡烯之间电荷转移引起的内电场的变化来进一步解释。当施加的外加负电场强度 $E_{ex}$ 增大到-0.60V/Å时，B-2构型的 $C_6H_6$/锡烯体系直接带隙值可增大至414.4meV；当外加正电场 $E_{ex}$ 增大到0.60V/Å时，该体系的直接带隙值可增大至420.1meV。然而无论是在正电场还是负电场情况下，当电场强度进一步增加时，B-2构型的 $C_6H_6$/锡烯体系带隙值也会进一步增大，但却由直接带隙转变为间接带隙，甚至是从半导体转变为导体特性。该研究结果表明，在外电场作用下表面吸附 $C_6H_6$ 有机分子可有效拓宽锡烯的直接带隙。接下来的研究内容主要探讨表面改性与外电场对锡烯直接带隙的协同调控机理。

为了解释随着外电场强度的增大B-2构型的 $C_6H_6$/锡烯体系的直接带隙最终变成间接带隙的转化机理，图5-6给出了B-2构型的 $C_6H_6$/锡烯体系分别在外电场 $E_{ex}$ 为-0.65V/Å、-0.60V/Å、0.60V/Å和0.65V/Å下的部分态密度(PDOS)图。分析可得出施加电场后有机分子与锡烯之间的交互作用均变得更强了。注意到施加电场会对有机分子/锡烯体系内部的电子结构产生一定影响，在较大的负电场下，$C_6H_6$/锡烯体系中价带顶主要由有机分子、$Sn_{L1}$ 5p轨道和 $Sn_{L2}$ 5p轨道决定，而导带底主要是由 $Sn_{L1}$ 5p轨道和 $Sn_{L2}$ 5p轨道贡献的。相比之下，在更大的正电场下，$C_6H_6$/锡烯体系中价带顶是由 $Sn_{L1}$ 5p轨道和 $Sn_{L2}$ 5p轨道决定，而导带底是由有机分子、$Sn_{L1}$ 5p轨道和 $Sn_{L2}$ 5p轨道决定。该研究结果说明，锡烯能带结构的狄拉克锥特性在外电场作用下仍然可以得到很好的保留。进一步增加外电场强度，B-2构型的 $C_6H_6$/锡烯体系由直接带隙可以转化为间接带隙。通过对 $C_6H_6$/锡烯体系的PDOS图分析，其能带结构在很大程度上受到C 2p轨道的影响。如图5-6所示。选择较大负电场下 $C_6H_6$/锡烯体系的PDOS图来说明外电场对B-2构型的 $C_6H_6$/锡烯体系能带结构的影响。发现 $C_6H_6$/锡烯体系中价带顶受C 2p道影响更明显，这导致了从直接带隙向间接带隙的转变。因此，更大的外电场作用下会破坏 $C_6H_6$/锡烯体系的狄拉克锥结构。

图5-7显示了外电场作用下B-2构型的 $C_6H_6$/锡烯体系中有机分子 $C_6H_6$ 与锡烯之间的电荷转移情况。可以看出，随着正电场强度的增大，$Sn_{L1}$ 和 $Sn_{L2}$ 之间电荷转移量也不断增大，$C_6H_6$ 仍保持着电荷供体失去更多的电子；然而随着负电场强度的增大，$Sn_{L1}$ 原子和 $C_6H_6$ 最终变为电荷受体，而 $Sn_{L2}$ 原子变为电荷供体。伴随着较大的负电场强度的增加，$C_6H_6$、$Sn_{L1}$ 和 $Sn_{L2}$ 原子之间的电荷转移量($q$)呈线性增加。这些结果表明，电荷转移取决于外电场的强度和方向，外电场强度越大，电荷转移量也越大，所以B-2构型的 $C_6H_6$/锡烯体系打开的带隙值也就越大。

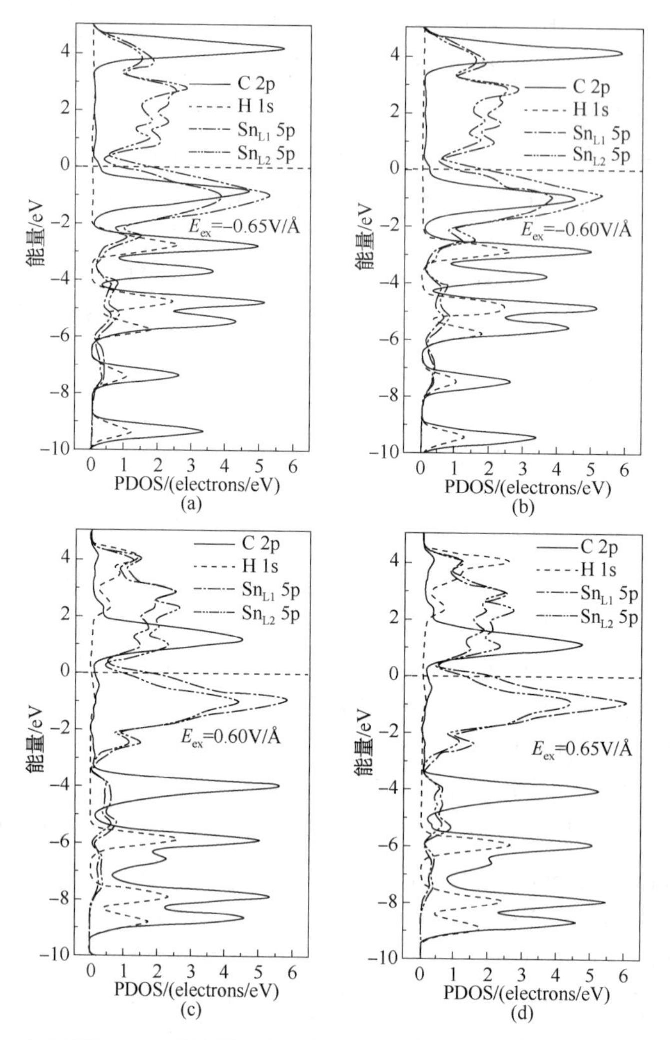


图 5-6　B-2 构型的 $C_6H_6$/锡烯体系分别在(a)$E_{ex}=-0.65V/Å$、(b)$E_{ex}=-0.60V/Å$、(c)$E_{ex}=0.60V/Å$ 和(d)$E_{ex}=0.65V/Å$ 时部分态密度(PDOS)图

通过公式(5-5)可以计算出 B-2 构型的 $C_6H_6$/锡烯体系带隙随电场强度的变化情况，由公式可知当电场强度 $E=0$ 时，B-2 构型的 $C_6H_6$/锡烯体系的带隙大小应为零。但是根据上述研究得知，在未施加外电场的情况下，$C_6H_6$吸附明显打开了锡烯的带隙，其中 B-2 构型的 $C_6H_6$/锡烯体系带隙 $E_g$ 约为 39.5meV。这是由于在 $C_6H_6$/锡烯体系中，由于分子的吸附，导致 $C_6H_6$与锡烯体系产生电荷转移 $q$，从而使有机分子与锡烯之间产生内电场 $E_{in}$，所以在内电场 $E_{in}$的作用下打开了锡烯的带隙。所以，在公式(5-4)中，电场强度 $E$ 应该为复合电场强度，包含了内电场 $E_{in}$和外电场 $E_{ex}$两部分。此外，基于石墨烯或硅烯中描述的电容器模

型，有机分子吸附后使其与锡烯之间产生的内电场强度 $E_{in}$ 可以通过公式(5-2)计算，在没有外电场作用下，计算出的 B-2 构型的 $C_6H_6$/锡烯体系存在内电场强度 $E_{in}$，发现 $C_6H_6$/锡烯体系带隙在一定的外电场强度下其带隙最小，接近于零。这进一步证实了 $C_6H_6$/锡烯体系内部产生的电荷转移促进了带隙打开。

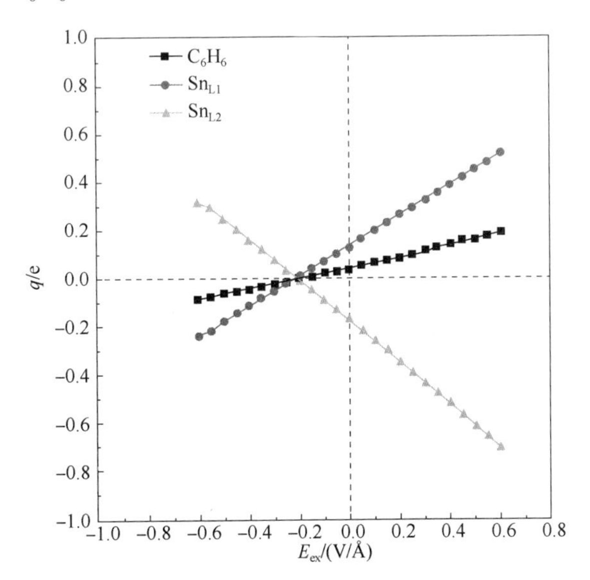


图 5-7　B-2 构型的 $C_6H_6$/锡烯体系中有机分子、$Sn_{L1}$ 和 $Sn_{L2}$ 的电荷转移量 $q$ 与外电场强度 $E_{ex}$ 的函数关系图

图 5-8 给出了外电场作用下，B-2 构型的 $C_6H_6$/锡烯体系中产生的内电场强度 $E_{in}$ 的变化关系图。从图中能够清晰地看出 $E_{in}$ 随着 $E_{ex}$ 增加呈线性增加；不论是在正电场，还是负电场情况下，当电场强度最大时，复合电场 $E$ 与外电场方向相同。而当电场强度变化时，$C_6H_6$/锡烯体系中锡烯的翘曲高度 $d$ 的值变化不大。根据公式(5-2)可以看出，有机分子吸附诱导的内电场 $E_{in}$ 随着有机分子与锡烯之间的电荷转移量 $q$ 的大小成正比，然而，电荷转移量 $q$ 的值会随着外电场强度变化的，外电场 $E_{ex}$ 强度越大，有机分子与锡烯之间的电荷转移 $q$ 也随之增加，所以有机分子与锡烯之间产生的内电场强度 $E_{in}$ 就越大，复合电场强度也随之增大，因此打开的带隙也就越大。依据公式(5-5)，研究结果清晰地解释了 $C_6H_6$/锡烯体系的带隙 $E_g$ 随外电场强度 $E_{ex}$ 呈现近似线性增加趋势的原因。

为了证实外电场作用下 B-2 构型的 $C_6H_6$/锡烯体系保留了较高的载流子迁移率，采用公式(5-7)计算了电子和空穴两种载流子的迁移率 $\mu_e$ 和 $\mu_h$。其中 $\mu_e$ 和 $\mu_h$ 分别代表 B-2 构型的 $C_6H_6$/锡烯体系的电子和空穴载流子迁移率，$\mu_{e0}$ 和 $\mu_{h0}$ 分别代表理想锡烯的电子和空穴载流子迁移率。相对电子载流子迁移率 $\mu_e/\mu_{e0}$(相对空穴载流子迁移率 $\mu_h/\mu_{h0}$)分别代表 B-2 构型的 $C_6H_6$/锡烯体系的电子(空穴)

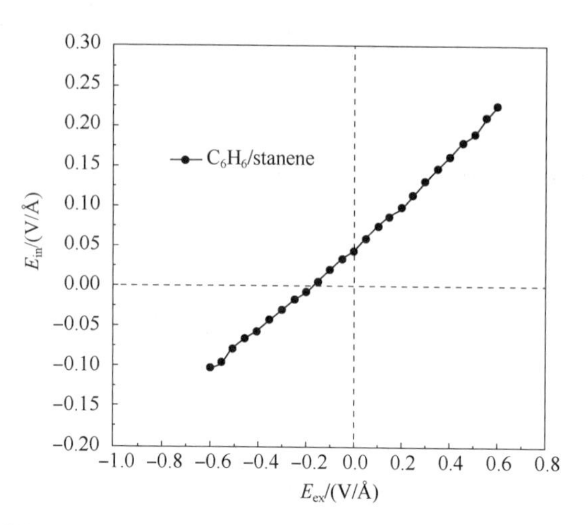


图 5-8　不同外电场强度下 B-2 构型的 $C_6H_6$/锡烯体系的内电场强度 $E_{in}$ 变化图

载流子迁移率占理想锡烯的电子(空穴)载流子迁移率的百分比。如图 5-9 所示，随着外电场强度的增加，B-2 构型的 $C_6H_6$/锡烯体系的载流子迁移率不断减小；在负电场情况下，当 $E_{ex}$ = -0.60eV/Å 时，B-2 构型的 $C_6H_6$/锡烯体系的 $\mu_e$($\mu_h$) 分别保留了 $\mu_{e0}$($\mu_{h0}$) 的 27%(30%)。在正电场的情况下，当 $E_{ex}$ = 0.60eV/Å 时，B-2 构型的 $C_6H_6$/锡烯体系的 $\mu_e$($\mu_h$) 保留了 $\mu_{e0}$($\mu_{h0}$) 的 25%(38%)。对于独立的锡烯，$E_{ex}$ = 0.40eV/Å 下的载流子迁移率可保持在 15%，带隙只能有效提高到 312meV。由此可以发现，在外电场作用下，B-2 构型的 $C_6H_6$/锡烯体系的电子($\mu_e$)和空穴($\mu_h$)的载流子迁移率优于独立的锡烯的载流子迁移率。因此，有机分子 $C_6H_6$ 吸附后的锡烯在外电场作用下不仅可以实现对带隙的调控，同时也可以保持锡烯较高的载流子迁移率。

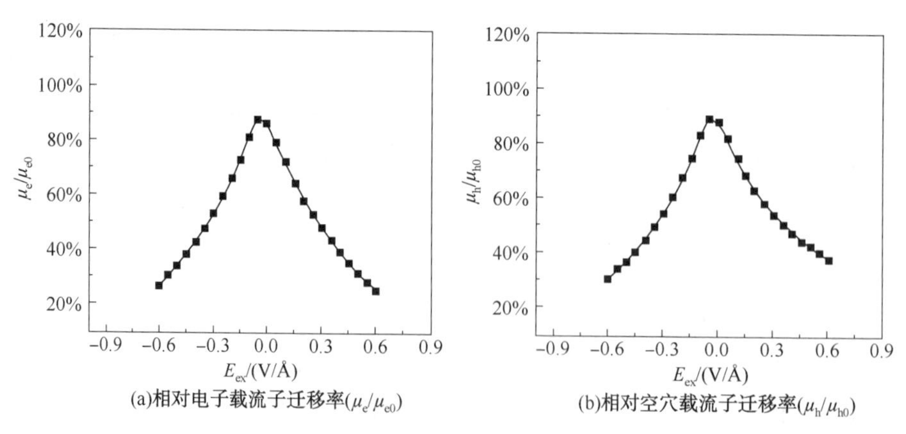


图 5-9　外电场作用下 B-2 构型的 $C_6H_6$/锡烯体系的

(a)相对电子载流子迁移率($\mu_e/\mu_{e0}$)和(b)相对空穴载流子迁移率($\mu_h/\mu_{h0}$)

## 5.4 外电场作用下 $C_6F_6$/锡烯体系

本节采用基于密度泛函理论并考虑范德华力修正的第一性原理方法探讨了在无电场和有外电场情况下六氟苯($C_6F_6$)吸附对锡烯的原子结构、电学性质及载流子的迁移速率的影响，解释了外电场作用($-0.90V/Å \leq E_{ex} \leq 0.70V/Å$)对最稳定构型的 $C_6F_6$/锡烯系统的带隙产生的影响的原因，揭示了 $C_6F_6$/锡烯体系保留较大载流子迁移率的机理。

### 5.4.1 $C_6F_6$/锡烯体系的结构模型

在本节中选择吸附的有机分子是六氟苯($C_6F_6$)，六氟苯是通过用 F 原子取代苯中的 H 原子得到的苯的衍生物，因此六氟苯具有许多与苯相似的性质，并且它们在冷却时都表现出一个固相，且六氟苯与苯一样，都是一种有毒性的物质。由于 $C_6F_6$ 与 $C_6H_6$ 的原子结构相同，考虑了与 $C_6H_6$/锡烯体系相同的四种不同的吸附位点，有机分子中心位于锡烯的 A 或 B 亚晶格正上方，Sn—Sn 键中心和晶胞空心环上的 8 种吸附类型，吸附情况在图 5-10 中给出。

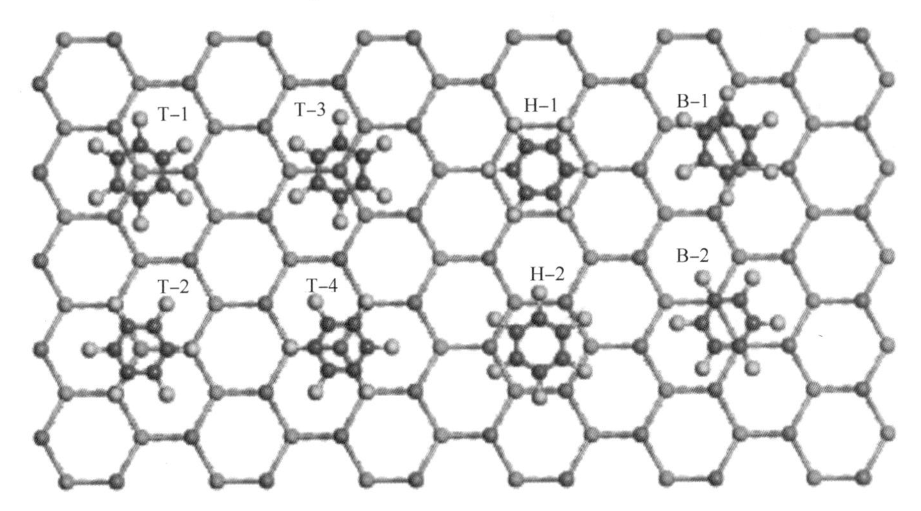


图 5-10 有机分子 $C_6F_6$ 吸附锡烯的原子结构的俯视图，以及锡烯上分子中心的可能吸附位点

### 5.4.2 无外电场下 $C_6F_6$/锡烯体系

表 5-2 中给出通过公式(5-1)计算出的 8 种吸附构型的吸附能 $E_{ad}$、$C_6F_6$ 的中心与上层 Sn 原子之间的吸附距离 $D$、有机分子吸附后的锡烯的翘曲高度 $d$ 和锡烯打开的带隙 $E_g$。通过对表 5-2 中的吸附能总结可以看出 T-4 构型的 $C_6F_6$/锡

烯体系吸附能 $E_{ad}$(0.516eV)较其他的 7 种构型大了 0.002~0.136eV。

**表 5-2　不同吸附构型的 $C_6F_6$/锡烯体系的**
**吸附能 $E_{ad}$、带隙 $E_g$、吸附距离 $D$ 和翘曲高度 $d$**

| $C_6F_6$/锡烯 | $E_{ad}$/eV | $E_g$/meV | $D$/Å | $d$/Å |
|---|---|---|---|---|
| T-1 | 0.439 | 5.63 | 3.03 | 1.13 |
| T-2 | 0.426 | 17.0 | 3.06 | 1.14 |
| T-3 | 0.481 | 20.4 | 3.05 | 1.02 |
| T-4 | 0.516 | 18.9 | 2.85 | 1.11 |
| B-1 | 0.416 | 19.8 | 2.93 | 1.24 |
| B-2 | 0.437 | 10.3 | 2.91 | 1.18 |
| H-1 | 0.481 | 28.4 | 3.18 | 1.37 |
| H-2 | 0.491 | 25.6 | 3.19 | 1.00 |

图 5-11 中给出 T-4 构型的 $C_6F_6$/锡烯体系原子结构图。锡烯表面吸附 $C_6F_6$ 分子时，$C_6F_6$产生轻微的结构变形，吸附后 $C_6F_6$分子最大垂直变化为 0.04Å，$C_6F_6$分子吸附后的锡烯的最大翘曲约为 1.11Å，这比 $C_6H_6$吸附后的锡烯的最大翘曲小 0.14Å，这说明 $C_6F_6$分子对锡烯的吸附作用比 $C_6H_6$的略弱。同时发现 B-2 构型的 $C_6H_6$/锡烯体系的吸附能 $E_{ad}$(0.619eV)比 T-4 构型的 $C_6F_6$/锡烯体系的吸附能大 0.103eV，这说明 $C_6F_6$与锡烯的结合力比 $C_6H_6$与锡烯的结合力稳定性略小。

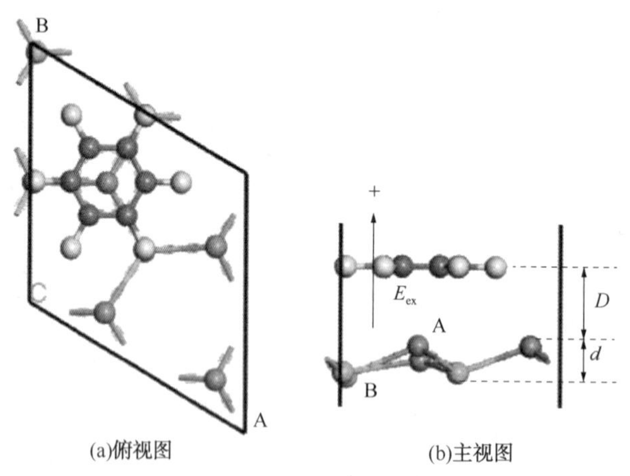


图 5-11　T-4 构型的 $C_6F_6$/锡烯体系的原子结构

注：单箭头代表施加正电场的方向

相比较原始锡烯的翘曲高度($d$=0.85Å)，最稳定的 T-4 构型的 $C_6F_6$/锡烯体系中锡烯的翘曲高度变化($d$=1.11Å)比 B-2 构型的 $C_6H_6$/锡烯体系中锡烯翘曲高度($d$=1.25Å)小。此外,$C_6F_6$/锡烯的吸附距离 $D$(2.85~3.19Å)远大于 Sn 和 C 原子键之和(1.45Å+0.67Å=2.12Å)、Sn 和 F 原子键之和(1.45Å+0.42Å=1.87Å),并且远小于 Sn 和 C 原子范德华键之和(2.59Å+2.04Å=4.63Å)、Sn 与 F 原子范德华键之和(2.59Å+1.71Å=4.30Å)。这表明 $C_6F_6$与锡烯之间只存在物理吸附(范德华吸附),并未形成化学键。

对 T-4 构型的 $C_6F_6$/锡烯体系进行声子色散谱的计算和分子动力学模拟来检测构建的结构的稳定性。从图 5-12(a)可以看出在声子谱中 $C_6F_6$/锡烯不存在虚频,这证明 T-4 构型的 $C_6F_6$/锡烯体系具有热力学稳定性。随后进行了分子动力学模拟,图 5-12(b)给出了 T-4 构型的 $C_6F_6$/锡烯体系在 300K 时经过 1000ps 弛豫后的结构状态。结果表明在 300K 时,T-4 构型的 $C_6F_6$/锡烯体系的能量并没有发生明显的变化,说明 T-4 构型的 $C_6F_6$/锡烯体系在此温度下时可保持结构稳定性。

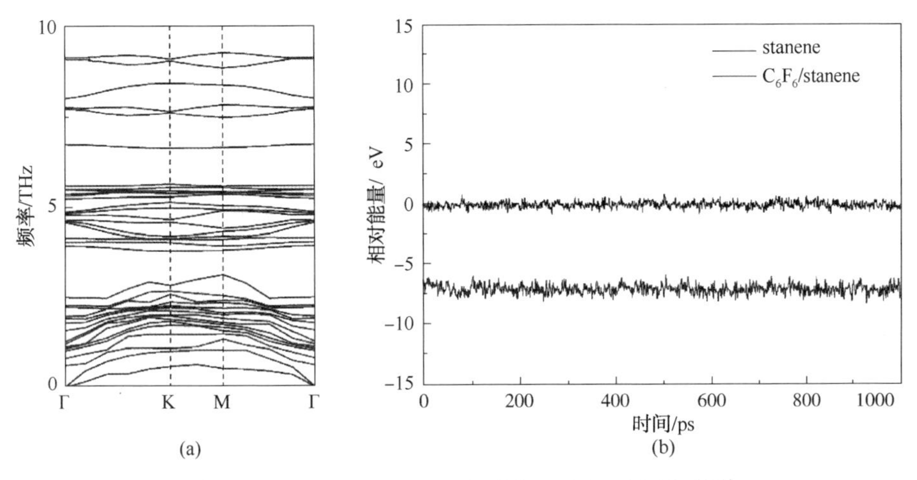


图 5-12 T-4 构型的 $C_6F_6$/锡烯体系的(a)声子色散谱与(b)在 300K 下的相对势能波动曲线

通过 PBE 计算出 T-4 构型的 $C_6F_6$/锡烯体系打开了约为 18.9meV 的带隙[如图 5-13(a)所示],而通过 HSE06 混合计算出的 T-4 构型的 $C_6F_6$/锡烯体系的带隙为 29.0meV,在本节中也继续采用 PBE 泛函来计算 T-4 构型的 $C_6F_6$/锡烯体系的其他电学性质。与 $C_6H_6$分子对锡烯的吸附一样,$C_6F_6$分子吸附虽然打开了锡烯的带隙,但也并未破坏锡烯能带的狄拉克锥结构。通过图 5-13(b)给出的 T-4 构型的 $C_6F_6$/锡烯体系的部分态密度(PDOS)图可以得出,$C_6F_6$与锡烯在导带的交互作用比较弱,而 Sn 5p、C 2p 和 F 2p 轨道之间的相互作用则在价带的-2.5 eV 处作用比较强;并且类似于 B-2 构型的 $C_6H_6$/锡烯体系,$Sn_{L1}$ 5p 和 $Sn_{L2}$ 5p 轨道对 T-4 构型的 $C_6F_6$/锡烯体系的价带顶和导带底起决定性作用,这也进一步说明 $C_6F_6$吸附并没有破坏锡烯带隙的狄拉克锥结构。

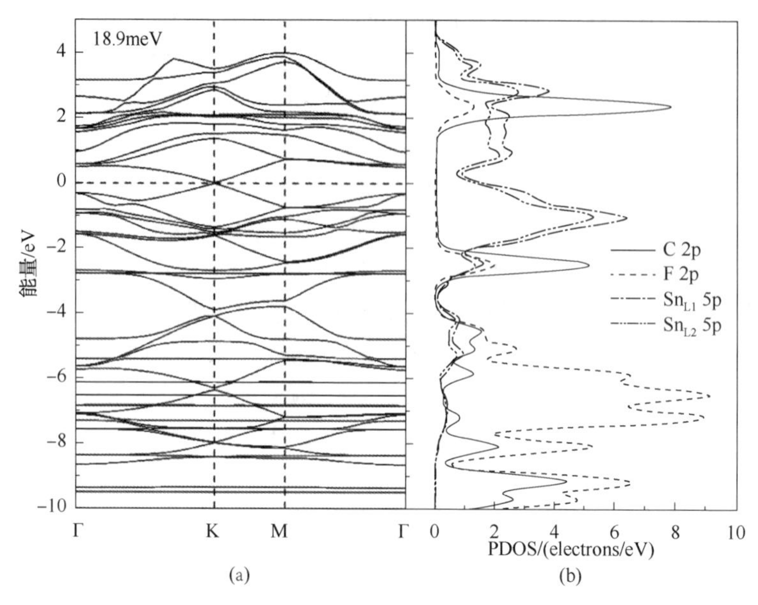


图 5-13　T-4 构型的 $C_6F_6$/锡烯体系的(a)能带结构图和(b)部分态密度(PDOS)图

Mulliken 电荷分析得出 $C_6F_6$与锡烯之间也存在一定的电荷转移。与 B-2 构型的 $C_6H_6$/锡烯中 $C_6H_6$作为电子供体不同，T-4 构型的 $C_6F_6$/锡烯中 $C_6F_6$作为电子受体，$C_6F_6$得到了 0.021e 的电子，上层 $Sn_{L1}$原子失去了 0.270e 的电子，下层 $Sn_{L2}$原子得到了 0.249e 的电子。由此锡烯中上下两层 $Sn_{L1}$和 $Sn_{L2}$原子的电荷的不均匀分布，使两个亚晶格不再等价。根据紧束缚模型，T-4 构型的 $C_6F_6$/锡烯的直接带隙在 $k$ 点处被打开。

由公式(5-6)计算得到，T-4 构型的 $C_6F_6$/锡烯体系中电子有效质量 $m_e$ 和空穴有效质量 $m_h$分别是理想锡烯的 0.95 倍和 0.98 倍；假设散射时间 $\tau$ 与理想锡烯相同，依据公式(5-7)计算出 T-4 构型的 $C_6F_6$/锡烯体系的电子迁移率 $\mu_e$(空穴的迁移率 $\mu_h$)分别保留了理想锡烯的电子迁移率 $\mu_{e0}$(空穴迁移率 $\mu_{h0}$)的 105%(102%)，所以表面吸附 $C_6F_6$可保持锡烯较高的载流子迁移率。

### 5.4.3　外电场作用下 $C_6F_6$/锡烯体系

本节对 $C_6F_6$/锡烯体系中最稳定的 T-4 构型施加外电场，电场方向如图 5-11 所示。对不同的外电场强度($-0.90V/Å \leqslant E_{ex} \leqslant 0.70V/Å$)作用下 T-4 构型的 $C_6F_6$/锡烯体系的原子结构和电学性质的变化规律以及调控机理进行了详细的研究。图 5-14 给出了外电场作用下 T-4 构型的 $C_6F_6$/锡烯体系的带隙 $E_g$伴随外电场强度 $E_{ex}$的变化图。

可以发现，与 B-2 构型的 $C_6H_6$/锡烯体系变化规律一样，无论是在正电场或负电场的情况下，当电场强度 $E_{ex}$不断增大，T-4 构型的 $C_6F_6$/锡烯体系打开的带

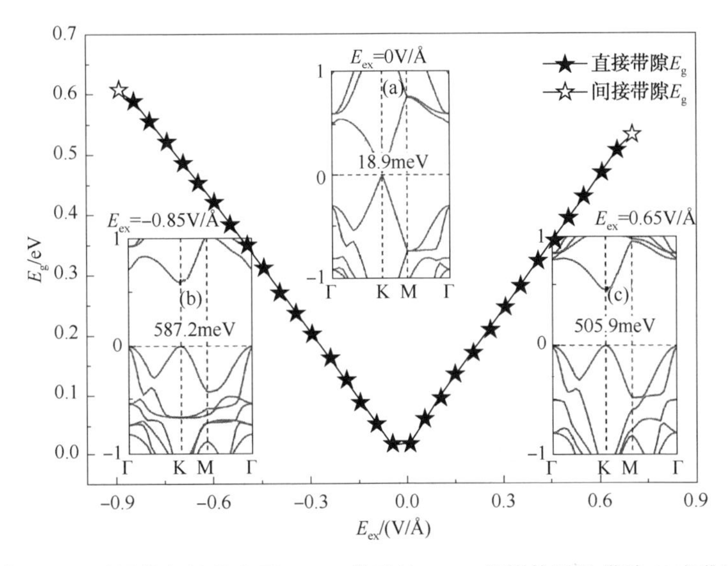


图 5-14　不同外电场强度下，T-4 构型的 $C_6F_6$/锡烯体系的带隙 $E_g$ 变化图

注：其中插图(a)～(c)分别为外电场为 0V/Å、-0.85V/Å 和 0.65V/Å 时 $C_6F_6$/锡烯体系的能带结构图

隙 $E_g$ 也就越大，整体是呈近似线性增加趋势。当施加的外加负电场强度 $E_{ex}$ 增大到-0.85V/Å 时，T-4 构型的 $C_6F_6$/锡烯体系的直接带隙值可增大至 587.2meV；当外加正电场强度 $E_{ex}$ 增大到 0.65V/Å 时，T-4 构型的 $C_6F_6$/锡烯体系的直接带隙值可增大至 505.9meV；然而当负电场或正电场的强度进一步增大时，该体系带隙值也会进一步增大，但由直接带隙转变为间接带隙。从图 5-14 中可以观察到，外电场方向对带隙影响较小，所以在外电场作用下，有机分子/锡烯体系带隙变化主要是取决于外电场强度的大小。

为了解释随着外电场强度的增大，T-4 构型的 $C_6F_6$/锡烯体系的直接带隙最终变成间接带隙的转化机理，图 5-15 给出了 T-4 构型的 $C_6F_6$/锡烯体系分别在外电场 $E_{ex}$ 为-0.90V/Å、-0.85V/Å、0.65V/Å 和 0.70V/Å 下的部分态密度(PDOS)图。

由图 5-15 的态密度图同样也可得出施加电场后有机分子与锡烯之间的交互作用均变得更强了。在较大的负电场下($E_{ex}$=-0.85V/Å)，T-4 构型的 $C_6F_6$/锡烯体系的价带顶主要由有机分子、$Sn_{L1}$ 5p 轨道和 $Sn_{L2}$ 5p 轨道决定，而导带底的主要是由 $Sn_{L1}$ 5p 轨道和 $Sn_{L2}$ 5p 轨道决定的。在较大的正电场下($E_{ex}$=0.65V/Å)，T-4 构型的 $C_6F_6$/锡烯体系的价带顶由 $Sn_{L1}$ 5p 轨道和 $Sn_{L2}$ 5p 轨道决定，而导带底由有机分子、$Sn_{L1}$ 5p 轨道和 $Sn_{L2}$ 5p 轨道决定。说明锡烯带隙的狄拉克锥结构仍然得到很好的保留。当外电场的强度进一步增大时，T-4 构型的 $C_6F_6$/锡烯体系由直接带隙可以转化为间接带隙。通过分析图 5-15(a)和图 5-15(d)中给出的在更大正/负电场作用下 $C_6F_6$/锡烯体系的 PDOS 图，得出与 B-2 构型的 $C_6H_6$/锡

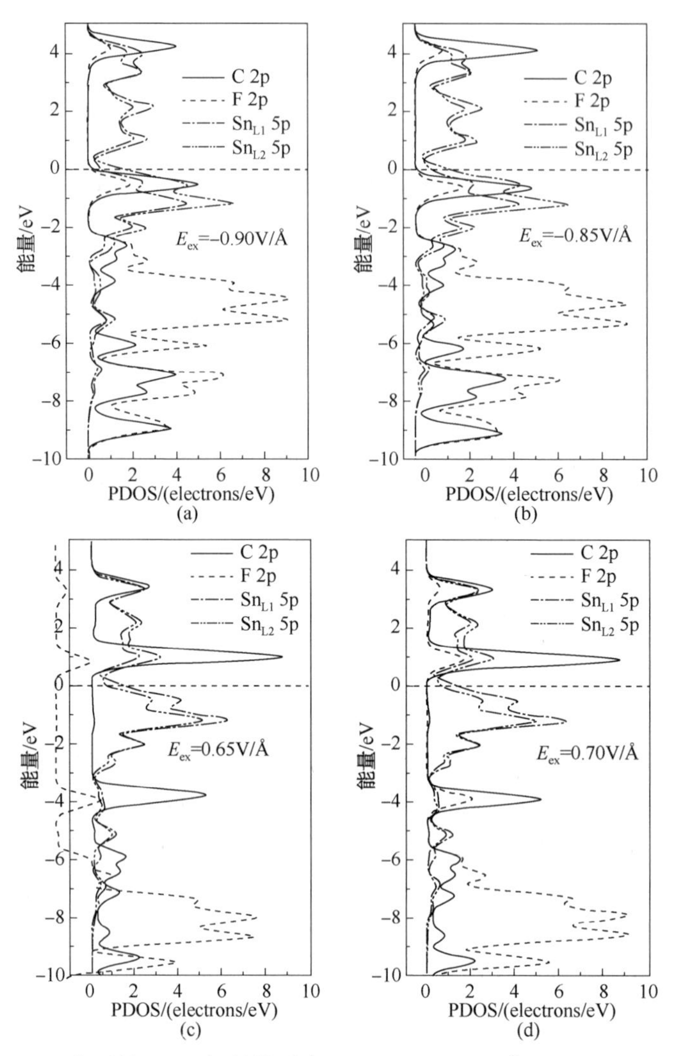


图 5-15 T-4 构型的 $C_6F_6$/锡烯体系在(a)$E_{ex}=-0.90V/Å$、(b)$E_{ex}=-0.85V/Å$、(c)$E_{ex}=0.65V/Å$ 和(d)$E_{ex}=0.70V/Å$ 下的部分态密度(PDOS)图

烯体系近乎相同的规律，在更大负电场下[图 5-15(a)]T-4 构型的 $C_6F_6$/锡烯体系的价带顶受 C 2p 轨道影响更明显，在更大正电场下[图 5-15(d)]T-4 构型的 $C_6F_6$/锡烯体系导带底也是受 C 2p 轨道影响更明显，这导致了锡烯从直接带隙向间接带隙的转变；因此可得出在更大的外电场作用下会破坏 $C_6F_6$/锡烯体系原有的狄拉克锥结构，这很好解释了外电场作用下锡烯能带结构类型变化的原因。

外电场对 T-4 构型的 $C_6F_6$/锡烯体系的电荷转移影响变化情况在图 5-16 中给出。在负电场作用下，当电场强度不断增大时，$C_6F_6$、$Sn_{L1}$ 和 $Sn_{L2}$ 原子之间的电荷转移量($q$)也不断增大，$Sn_{L2}$ 原子最终由电荷受体转变为电荷供体，$Sn_{L1}$ 原子由电荷供体转变为电荷受体，有机分子 $C_6F_6$一直保持为电荷受体。在正电场作用下，$Sn_{L1}$和 $Sn_{L2}$之间电荷转移量随电场强度的增加呈现线性增加趋势，$Sn_{L1}$和 $Sn_{L2}$原子分别保持着原来的电荷供体和电荷受体，但与 B-2 构型的 $C_6H_6$/锡烯体系的情况不同的是，在正电场情况下 $C_6F_6$从电子受体转变为电子供体。

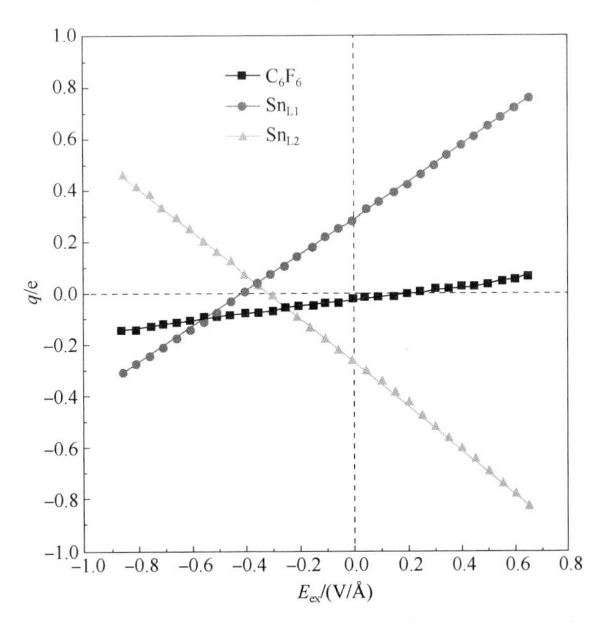


图 5-16　T-4 构型的 $C_6F_6$/锡烯体系中的有机分子、$Sn_{L1}$和 $Sn_{L2}$的带电量 $q$ 随外电场强度 $E_{ex}$变化关系图

在没有外电场作用下，T-4 构型的 $C_6F_6$/锡烯体系存在内电场强度 $E_{in}$。值得注意的是，由于在没有外电场时 $C_6F_6$是电荷受体，电荷总是从锡烯转移到 $C_6F_6$，导致内部电场的方向总是从锡烯指向 $C_6F_6$。这表明，在施加与内电场方向相反的外电场强度时，复合电场的强度将为零。此时，T-4 构型的 $C_6F_6$/锡烯体系的带隙最小，接近于零。

图 5-17 给出了在不同的外电场作用下（$-0.85V/Å \leqslant E_{ex} \leqslant 0.65V/Å$），T-4 构型的 $C_6F_6$/锡烯体系中产生的内电场强度 $E_{in}$的变化关系图。从图中能够清晰地看出，$E_{in}$随着 $E_{ex}$增加呈线性增加。可知 T-4 构型的 $C_6F_6$/锡烯体系中锡烯的翘曲高度 $d$ 受外电场强度 $E_{ex}$的影响变化不大。并且不论是在正电场还是负电场情况下，当外电场强度达到最大时，复合电场 $E$ 与外电场方向相同。根据公式(5-2)可以看出，有机分子吸附诱导的内电场 $E_{in}$随着有机分子与锡烯之间的电荷转移量 $q$ 的大小成正比，所以外电场 $E_{ex}$强度越大，有机分子与锡烯之间的电荷转移 $q$ 也随之增加，所以有机分子与锡烯之间产生的内电场强度 $E_{in}$就越大，复合电场强度也随之增大，因此打开的带隙也就越大。依据公式(5-5)，该研究

结果清晰地解释了 T-4 构型的 $C_6F_6$/锡烯体系的带隙 $E_g$ 随外电场强度 $E_{ex}$ 呈现近似线性增加趋势的原因。

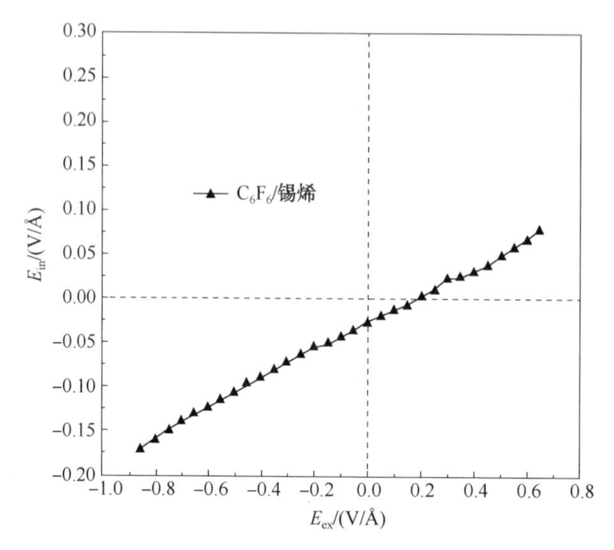


图 5-17 T-4 构型的 $C_6F_6$/锡烯体系的内电场强度 $E_{in}$ 与外电场强度 $E_{ex}$ 变化关系图

图 5-18 给出了通过公式(5-7)计算了不同电场强度下，T-4 构型的 $C_6F_6$/锡烯体系的相对电子载流子的迁移率 $\mu_e/\mu_{e0}$ 和相对空穴两种载流子的迁移率 $\mu_h/\mu_{h0}$。在正电场的情况下，当 $E_{ex}$=0.65eV/Å 时，T-4 构型的 $C_6F_6$/锡烯体系的 $\mu_e(\mu_h)$ 保留了 $\mu_{e0}(\mu_{h0})$ 的 37%(34%)；在负电场情况下，当 $E_{ex}$=−0.85eV/Å 时，T-4 构型的 $C_6F_6$/锡烯体系的 $\mu_e(\mu_h)$ 分别保留了 $\mu_{e0}(\mu_{h0})$ 的 33%(30%)。经比较，在外电场作用下，T-4 构型的 $C_6F_6$/锡烯体系的载流子迁移率要优于 B-2 构型的 $C_6H_6$/锡烯体系的载流子迁移率。

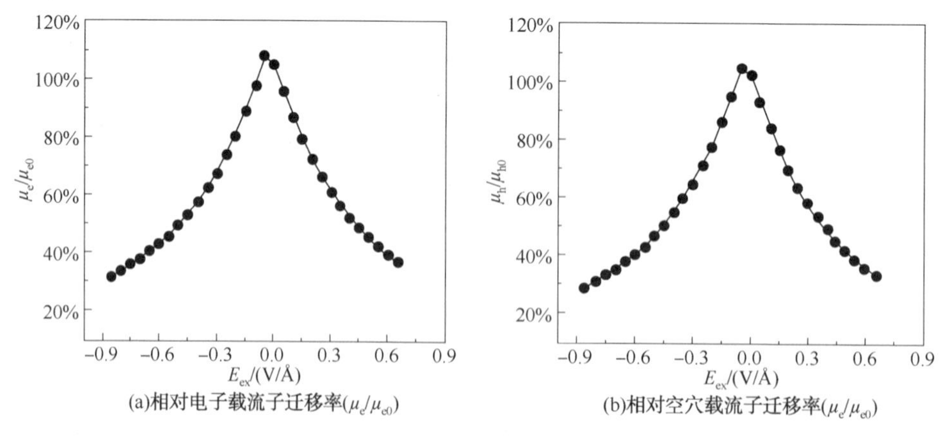


图 5-18 不同外电场下 T-4 构型的 $C_6F_6$/锡烯体系的(a)相对电子载流子迁移率($\mu_e/\mu_{e0}$)和(b)相对空穴载流子迁移率($\mu_h/\mu_{h0}$)

# 5.5 外电场作用下 $C_6H_4F_2$/锡烯体系

本节首先研究了有机分子 $C_6H_4F_2$吸附对锡烯的原子结构、能带结构、态密度图与载流子迁移率的影响；随后研究了外电场( $-0.70V/Å \leq E_{ex} \leq 0.65V/Å$ )与有机分子 $C_6H_4F_2$吸附协同线性调控锡烯直接带隙的机理，并解释了外电场作用下最稳定构型的 $C_6H_4F_2$/锡烯体系可保留较大载流子迁移率的原因。

## 5.5.1 $C_6H_4F_2$/锡烯体系的结构模型

在本节中选择吸附的有机分子是对二氟苯( $C_6H_4F_2$ )，对二氟苯又称 1,4-二氟苯，是一种无色液体，室温下密度为 1.17g/cm$^3$，沸点为 88℃，不溶于水。除了与 $C_6H_6$/锡烯体系和 $C_6F_6$/锡烯体系相同 8 种吸附类型，也考虑了其他的 3 种吸附类型，具体吸附情况如图 5-19 所示。

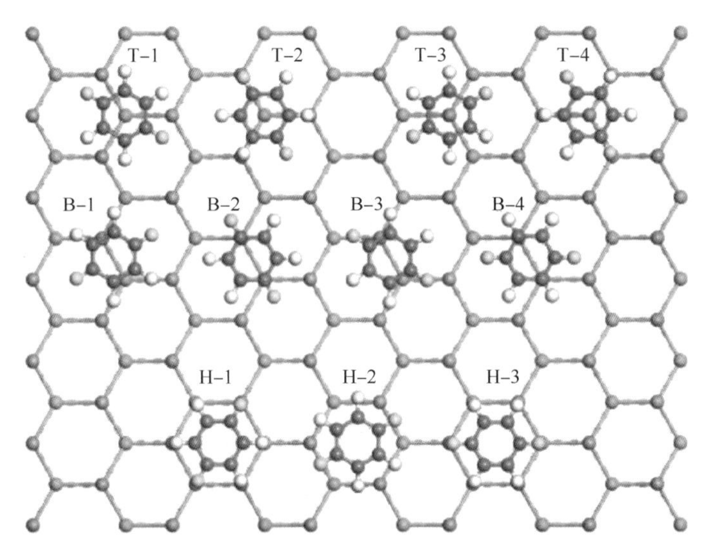


图 5-19　有机分子 $C_6H_4F_2$吸附锡烯的原子结构的俯视图，以及锡烯上分子中心的可能吸附位点

## 5.5.2 无外电场下 $C_6H_4F_2$/锡烯体系

表 5-3 中给出了通过公式(5-1)计算出的吸附能 $E_{ad}$、$C_6H_4F_2$的中心与上层 Sn 原子之间的吸附距离 $D$、有机分子吸附后的锡烯的翘曲高度 $d$ 和锡烯打开的带隙 $E_g$。通过比较可以看出，与 $C_6H_6$/锡烯体系一样，在 $C_6H_4F_2$/锡烯体系的 11 种吸附构型中，有机分子吸附在 Sn—Sn 键上的 B-2 构型的吸附能最大( $E_{ad}$ = 0.550eV)，较其他的 10 种构型大了 0.006~0.023eV。相比较发现同为 B-2 吸附

构型，$C_6H_4F_2$/锡烯体系比 $C_6H_6$/锡烯体系的吸附能（$E_{ad}$ = 0.619eV）小了 0.103eV，但是B-2构型的 $C_6H_4F_2$/锡烯体系却比T-4构型的 $C_6F_6$/锡烯体系的吸附能($E_{ad}$=0.516eV)大了0.034eV，这表明在这三种有机分子中，虽然 $C_6H_6$ 比 $C_6H_4F_2$ 更容易吸附在锡烯上，但 $C_6H_4F_2$ 与锡烯结合仍比 $C_6F_6$ 与锡烯之间的结合强。

**表5-3 11种不同吸附构型的 $C_6H_4F_2$/锡烯体系的吸附能 $E_{ad}$、带隙 $E_g$、吸附距离 $D$ 和翘曲高度 $d$**

| $C_6H_4F_2$/锡烯 | $E_{ad}$/eV | $E_g$/meV | $D$/Å | $d$/Å |
| --- | --- | --- | --- | --- |
| T-1 | 0.504 | 26.1 | 3.03 | 1.07 |
| T-2 | 0.512 | 26.5 | 3.07 | 1.06 |
| T-3 | 0.512 | 30.0 | 3.04 | 0.99 |
| T-4 | 0.533 | 33.6 | 2.95 | 0.99 |
| B-1 | 0.522 | 3.6 | 2.84 | 1.24 |
| B-2 | 0.550 | 14.5 | 2.86 | 1.03 |
| B-3 | 0.527 | 21.9 | 2.81 | 1.19 |
| B-4 | 0.544 | 39.4 | 2.83 | 1.17 |
| H-1 | 0.448 | 45.1 | 3.19 | 1.03 |
| H-2 | 0.427 | 8.2 | 3.21 | 1.02 |
| H-3 | 0.445 | 41.9 | 3.19 | 1.02 |

B-2构型的 $C_6H_4F_2$/锡烯体系的原子结构图在图5-20中给出，锡烯表面吸附 $C_6H_4F_2$ 后有机分子最大垂直变化为0.04Å，锡烯的最大翘曲高度 $d$ 约为1.03Å。然而通过第3章、第4章研究得出吸附后 $C_6H_6$ 分子和 $C_6F_6$ 分子的最大垂直变化分别为0.09Å和0.04Å。此外最稳定构型的 $C_6H_6$ 分子和 $C_6F_6$ 分子吸附后的锡烯的翘曲高度 $d$ 分别约为1.25Å和1.11Å，通过比较得知，吸附作用最强的有机分子是 $C_6H_6$，其次是 $C_6H_4F_2$，吸附作用最弱的是 $C_6F_6$，这与上述吸附能 $E_{ad}$ 得出的结论一致。

此外，$C_6H_4F$/锡烯的吸附距离 $D$(2.81~3.21Å)远远大于Sn和C原子键之和(1.45Å+0.67Å=2.12Å)、Sn和H原子键之和(1.45Å+0.53Å=1.98Å)、Sn和F原子键之和(1.45Å+0.42Å=1.87Å)，并且远远小于Sn和C原子范德华键之和(2.59Å+2.04Å=4.63Å)、Sn与H原子范德华键之和(2.59Å+1.62Å=4.21Å)、Sn与F原子范德华键之和(2.59Å+1.71Å=4.30Å)。这表明锡烯的Sn原子与有机分子 $C_6H_4F_2$ 的C、H或F原子之间只存在物理吸附(范德华吸附)，并未形成化学键。

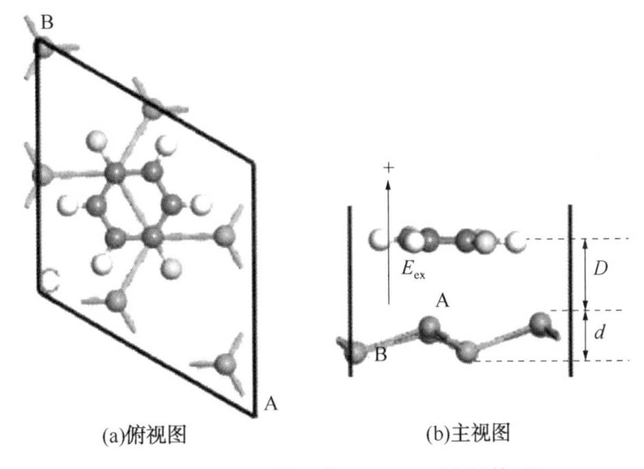


图 5-20　B-2 构型的 $C_6H_4F_2$/锡烯体系

图 5-21(a)给出了 B-2 构型的 $C_6H_4F_2$/锡烯体系计算的声子色散谱示意图。可以看出，在 $C_6H_4F_2$/锡烯的声子谱中不存在虚频，这证明 B-2 构型的 $C_6H_4F_2$/锡烯体系具有热力学稳定性。接着对此体系进行分子动力学模拟来检测构建结构的稳定性，图 5-21(b)给出了 B-2 构型的 $C_6H_4F_2$/锡烯体系在 300K 时经过 1000ps 弛豫后的结构状态。结果表明，在 300K 时，B-2 构型的 $C_6H_4F_2$/锡烯体系的结构没有发生明显的变化，这表明 B-2 构型的 $C_6H_4F_2$/锡烯体系在此温度下仍可以保持结构稳定性。

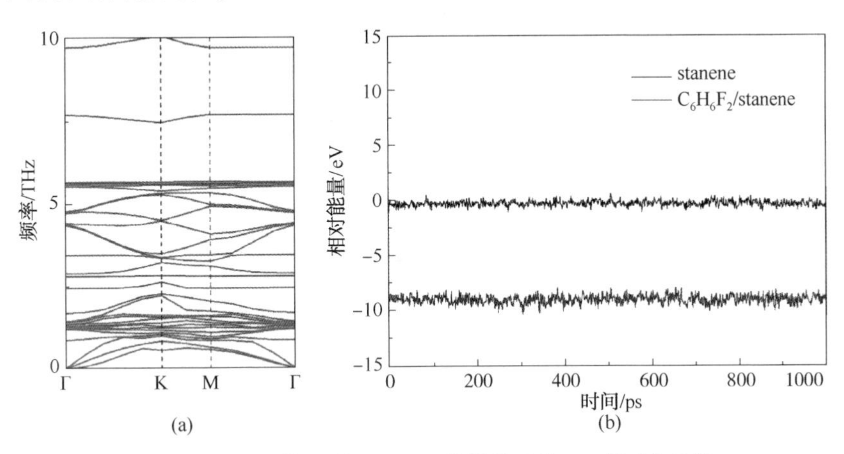


图 5-21　B-2 构型的 $C_6H_4F_2$/锡烯体系的(a)声子色散谱
与(b)在 300K 下的相对势能波动曲线

为了研究有机分子 $C_6H_4F_2$ 吸附对锡烯的电学性质的影响，图 5-22(a)计算了 $C_6H_4F_2$/锡烯体系中最稳定构型的能带结构图。当 $C_6H_4F_2$ 吸附在锡烯上时，PBE 方法计算出 B-2 吸附构型打开了锡烯约为 14.5meV 的直接带隙，HSE06 方法计算出的 B-2 构型的 $C_6H_4F_2$/锡烯体系的直接带隙为 22.0meV。原始锡烯是一个零带隙材料，这进一步证明了有机分子 $C_6H_4F_2$吸附可有效打开锡烯的直接带隙，这与上述的实验规律一致，因此，采用 PBE 泛函来计算 $C_6H_4F_2$/锡烯体系的电学性质。

图 5-22(b)给出了 B-2 构型的 $C_6H_4F_2$/锡烯体系的部分态密度(PDOS)图。价带顶和导带底主要是由 $Sn_{L1}$ 5p 和 $Sn_{L2}$ 5p 轨道决定的，$C_6H_4F_2$对锡烯费米面影响均较小，结合上两章的内容进一步证实了有机分子($C_6H_6$、$C_6F_6$和 $C_6H_4F_2$)吸附并没有破坏锡烯带隙的狄拉克锥结构。

Mulliken 电荷分析表明，B-2 构型的 $C_6H_4F_2$/锡烯中 $C_6H_4F_2$为电子受体，从锡烯得到了 0.013e 的电子，上层 $Sn_{L1}$原子失去了 0.248e 的电子，下层 $Sn_{L2}$原子得到了 0.235e 的电子。锡烯中上下两层 $Sn_{L1}$和 $Sn_{L2}$原子的电荷的不均匀分布，使两个亚晶格不再等价。根据紧束缚模型，$C_6F_6$/锡烯的直接带隙在 $k$ 点处被打开。值得注意的是，$C_6H_6$/锡烯体系具有最大电荷转移(0.038e)和最大直接带隙(39.5meV)，而 $C_6H_4F_2$/锡烯体系具有最小电荷转移(0.013e)和最小直接带隙(14.5meV)。此规律与小分子吸附打开锗烯的直接带隙相吻合。

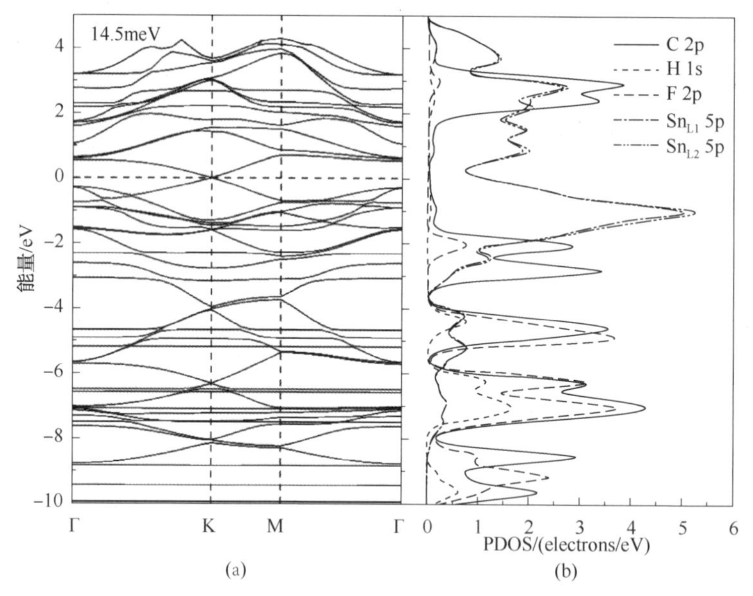


图 5-22 B-2 构型的 $C_6H_4F_2$/锡烯体系的(a)能带结构图和(b)部分态密度(PDOS)图

当锡烯表面吸附 $C_6H_4F_2$分子后，探讨了 $C_6H_4F_2$/锡烯体系载流子的迁移率保持情况。由公式(5-6)计算得到 B-2 构型的 $C_6H_4F_2$/锡烯体系中电子有效质量 $m_e$和空穴有效质量 $m_h$分别是理想锡烯的 0.99 倍和 0.97 倍；假设散射时间 $\tau$ 与理想锡烯相同，依据公式(5-7)计算出 B-2 构型的 $C_6H_4F_2$/锡烯体系的电子迁移率 $\mu_e$(空穴的迁移率 $\mu_h$)，分别保留了理想锡烯的电子迁移率 $\mu_{e0}$(空穴迁移率 $\mu_{h0}$)的 101%(103%)，所以表面吸附 $C_6H_4F_2$也可保持锡烯较高的载流子迁移率。

## 5.5.3 外电场下 $C_6H_4F_2$/锡烯体系

本节对 B-2 构型的 $C_6H_4F_2$/锡烯体系施加如图 5-20 所示方向的电场，并研究了不同的外电场强度($-0.70V/Å \leq E_{ex} \leq 0.65V/Å$)对 B-2 构型的 $C_6H_4F_2$/锡烯体系的原子结构和电学性质的变化规律，并对变化原因进行了详细的解释。图 5-23 给出了不同的外电场作用下 B-2 构型的 $C_6H_4F_2$/锡烯体系的带隙 $E_g$变化图。可以看出无论是在正电场或负电场的情况下，带隙 $E_g$均伴随着电场强度 $E_{ex}$的增大可呈现出近似线性增加趋势。当施加的外加负电场强度 $E_{ex}$增大到-0.65V/Å时，B-2 构型的 $C_6H_4F_2$/锡烯体系的直接带隙可增大至 490.2meV；当正外电场 $E_{ex}$增大到 0.60V/Å 时，其直接带隙可增大至 468.7meV；然而当负电场或正电场的强度进一步增大时，该体系带隙值也会进一步增大，但由直接带隙转变为间接带隙。值得一提的是，在外电场作用下，$C_6H_4F_2$/锡烯体系直接带隙变化主要还是取决于外电场强度的大小，外电场方向对带隙影响较小。

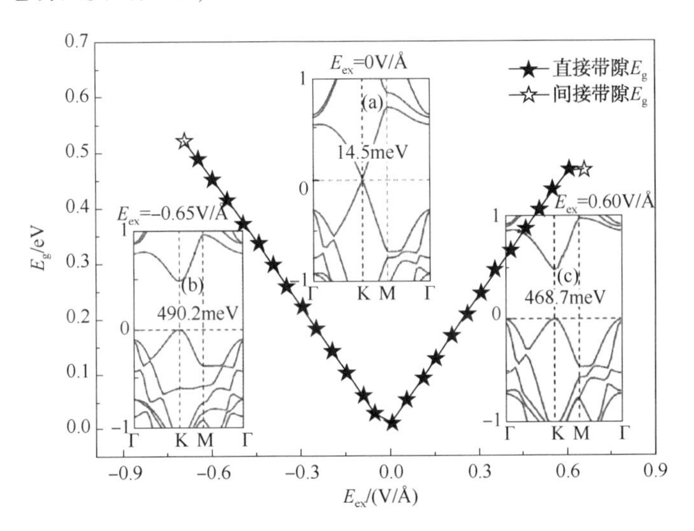


图 5-23　不同外电场强度下 B-2 构型的 $C_6H_4F_2$/锡烯体系的带隙 $E_g$变化图

其中插图(a)~(c)分别为当外电场为 0V/Å、-0.65V/Å 和 0.60V/Å 时 $C_6H_4F_2$/锡烯体系的能带结构图

为了解释随着外电场强度的增大，B-2 构型的 $C_6H_4F_2$/锡烯体系的直接带隙最终变成间接带隙的转化机理，图 5-24 给出了在较大的正、负电场作用下 B-2 构型的 $C_6H_4F_2$/锡烯体系的部分态密度图。态密度图也可得出施加电场后有机分子与锡烯之间的交互作用均变得更强了。在较大的负电场下，B-2 构型的 $C_6H_4F_2$/锡烯体系的价带顶主要由有机分子、$Sn_{L1}$ 5p 轨道和 $Sn_{L2}$ 5p 轨道决定，而导带底主要是由 $Sn_{L1}$ 5p 轨道和 $Sn_{L2}$ 5p 轨道贡献的。在更大的正电场下，B-2 构型的 $C_6H_4F_2$/锡烯体系的价带顶由 $Sn_{L1}$ 5p 轨道和 $Sn_{L2}$ 5p 轨道决定，而导带底由有机

分子、$Sn_{L1}$ 5p 轨道和 $Sn_{L2}$ 5p 轨道决定，说明锡烯带隙的狄拉克锥结构仍然得到很好的保留。进一步增加外电场的强度，B-2 构型的 $C_6H_4F_2$/锡烯体系由直接带隙可以转化为间接带隙。并且由 PDOS 图分析得出其能带结构在很大程度上受到 C 2p 轨道的影响，如图 5-24(a) 和图 5-24(d) 所示。选择了较大负电场下 B-2 构型的 $C_6H_4F_2$/锡烯体系的 PDOS 为例来说明外电场对能带结构的影响，B-2 构型的 $C_6H_4F_2$/锡烯体系的价带顶受 C 2p 轨道影响更明显，这导致了从直接带隙向间接带隙的转变。因此，更大的外电场作用下会破坏 B-2 构型的 $C_6H_4F_2$/锡烯体系的狄拉克锥结构。

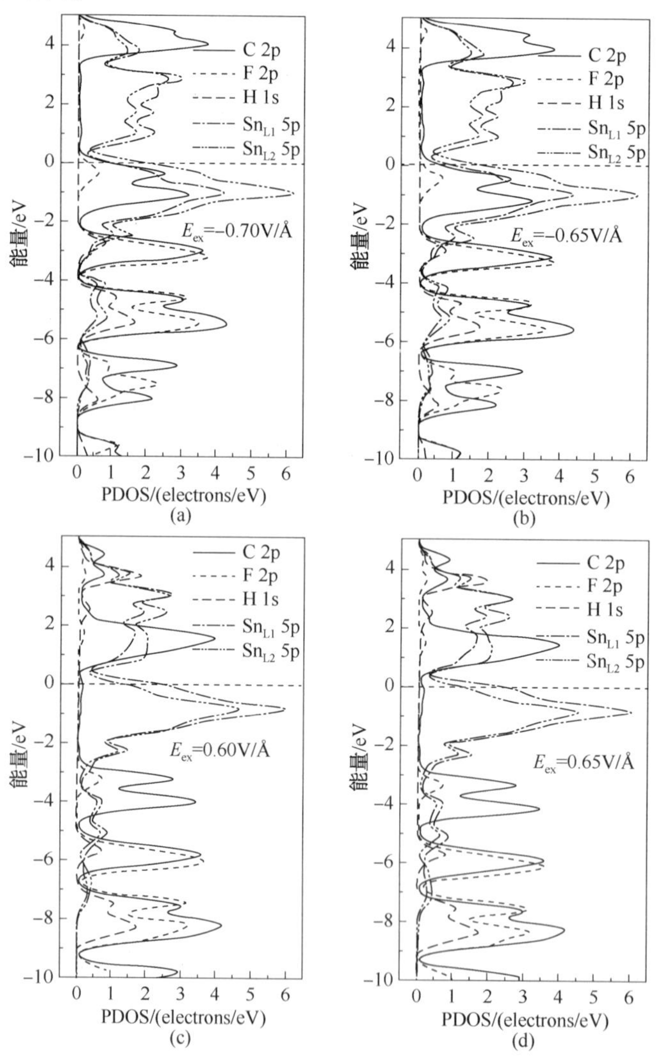


图 5-24　B-2 构型的 $C_6H_4F_2$/锡烯体系在(a) $E_{ex}=-0.70$V/Å、(b) $E_{ex}=-0.65$V/Å、(c) $E_{ex}=0.60$V/Å 和(d) $E_{ex}=0.65$V/Å 下的部分态密度(PDOS)图

图 5-25 给出了外电场作用下 B-2 构型的 $C_6H_4F_2$/锡烯体系的电荷转移情况。随着电场强度的增大，$C_6H_4F_2$、$Sn_{L1}$ 和 $Sn_{L2}$ 原子之间的电荷转移量($q$)呈线性增加，在负电场作用下，$Sn_{L1}$ 原子和 $C_6H_4F_2$ 逐渐变为电子受体，而 $Sn_{L2}$ 原子变为电子供体。随着正电场强度的增大，$C_6H_4F_2$ 从电子受体转变为电子供体，$Sn_{L1}$ 和 $Sn_{L2}$ 分别保持电子供体与电子受体的情况，系统整体仍保持电中性。

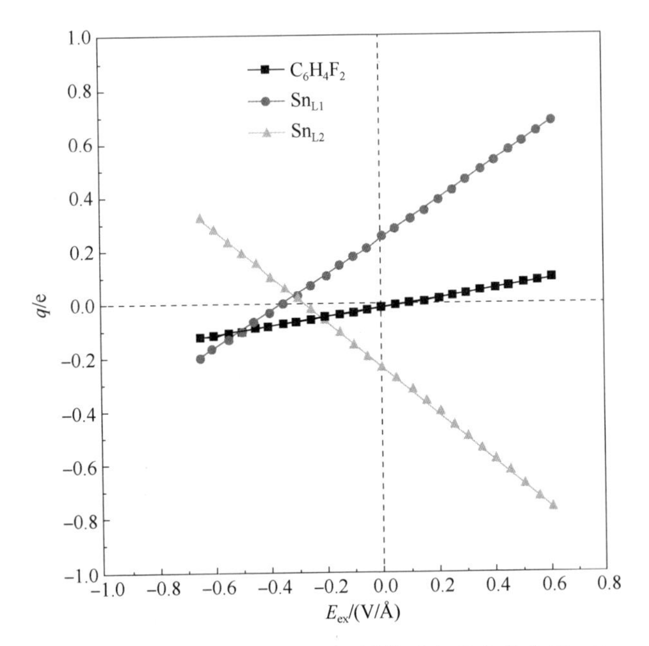


图 5-25　B-2 构型的 $C_6H_4F_2$/锡烯体系中的有机分子、$Sn_{L1}$ 和 $Sn_{L2}$ 的电荷转移量 $q$ 随外电场强度 $E_{ex}$ 变化关系图

在没有外电场作用下，计算出的 B-2 构型的 $C_6H_4F_2$/锡烯体系存在内电场强度 $E_{in}$。这表明，如果施加与内电场大小相同方向相反的外电场时，复合电场的强度将为零。此时采用软件详细模拟计算了 B-2 构型的 $C_6H_4F_2$/锡烯体系在外电场强度时，B-2 构型的 $C_6H_4F_2$/锡烯体系的带隙可以达到最小，接近于零。

图 5-26 给出了在不同的外电场作用下 T-4 构型的 $C_6F_6$/锡烯体系中产生的内电场强度 $E_{in}$ 的变化关系图。从图中能够清晰地看出，$E_{in}$ 随着 $E_{ex}$ 增加呈线性增加；不论是在正电场还是负电场情况下，施加较大的电场强度时，复合电场 $E$ 与外电场方向相同。所以与上述研究的规律一样，外电场 $E_{ex}$ 强度越大，有机分子与锡烯之间的电荷转移 $q$ 也随之增加，所以有机分子与锡烯之间产生的内电场强度 $E_{in}$ 就越大，复合电场强度也随之增大，因此打开的带隙也就越大，此研究结果解释了外电场作用下有机分子/锡烯体系的带隙 $E_g$ 呈现近似线性增加趋势的原因。

图 5-27 给出了通过公式(5-7)计算出的不同电场强度下，B-2 构型的 $C_6H_4F_2$/锡烯体系的相对电子载流子迁移率 $\mu_e/\mu_{e0}$ 和相对空穴两种载流子迁移率 $\mu_h/\mu_{h0}$。

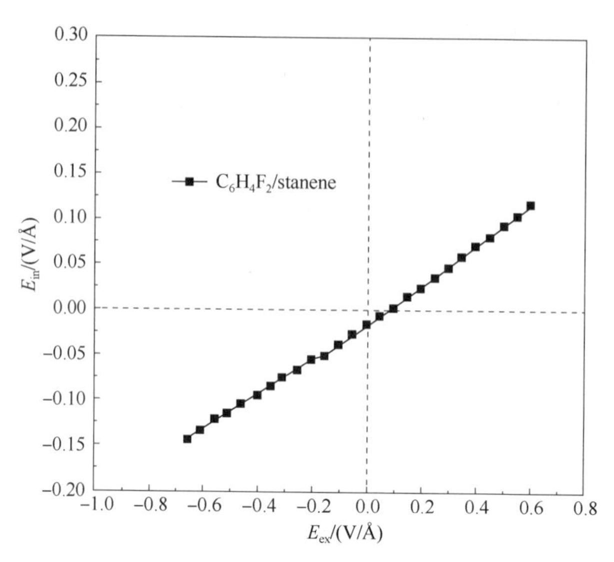


图 5-26　B-2 构型的 $C_6H_4F_2$/锡烯体系的

内电场强度 $E_{in}$ 与外电场强度 $E_{ex}$ 变化关系图

相对电子载流子迁移率 $\mu_e/\mu_{e0}$（相对空穴载流子迁移率 $\mu_h/\mu_{h0}$）代表该体系的电子（空穴）载流子迁移率占理想锡烯的电子（空穴）载流子迁移率的百分比。在正电场的情况下，当 $E_{ex}=0.60$eV/Å 时，B-2 构型的 $C_6H_4F_2$/锡烯体系的 $\mu_e$（$\mu_h$）保留了理想锡烯的电子迁移率 $\mu_{e0}$（空穴迁移率 $\mu_{h0}$）的 33%（47%）；在负电场情况下，当 $E_{ex}=-0.65$eV/Å 时，B-2 构型的 $C_6H_4F_2$/锡烯体系的 $\mu_e$（$\mu_h$）分别保留了 $\mu_{e0}$（$\mu_{h0}$）的 25%（32%）。经比较在外电场作用下，B-2 构型的 $C_6H_4F_2$/锡烯体系的载流子迁移率要优于 B-2 构型的 $C_6H_6$/锡烯体系的载流子迁移率。

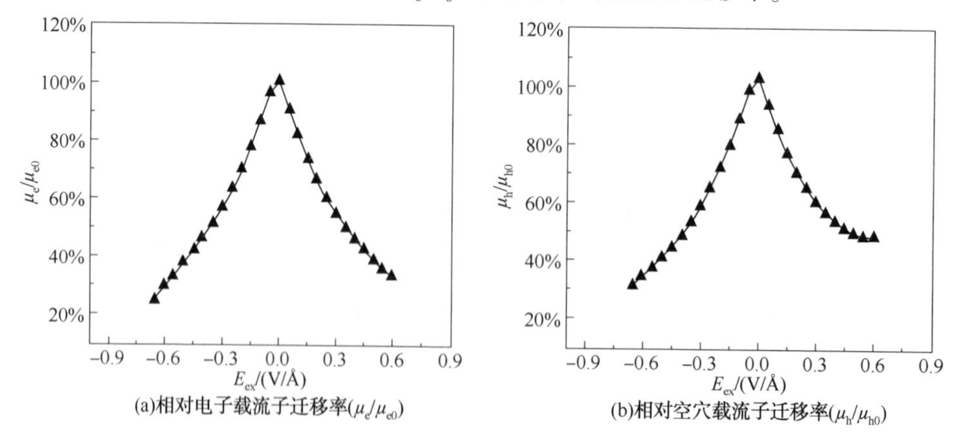


图 5-27　不同外电场强度下 B-2 构型的 $C_6H_4F_2$/锡烯体系的

（a）相对电子载流子迁移率（$\mu_e/\mu_{e0}$）和（b）相对空穴载流子迁移率（$\mu_h/\mu_{h0}$）

## 5.6 本章小结

本章主要采用基于密度泛函理论并考虑范德华力修正的第一性原理方法研究了外电场与有机分子苯($C_6H_6$)、六氟苯($C_6F_6$)和对二氟苯($C_6H_4F_2$)吸附对锡烯的原子结构和电学性质的协同调控作用，研究结果表明：

(1) 考虑了有机分子吸附在锡烯上不同的吸附位点，并且对于每个吸附位点还考虑了不同的分子取向，$C_6H_6$/锡烯与$C_6F_6$/锡烯体系均考虑了8种吸附构型，$C_6H_4F_2$/锡烯体系考虑了11种吸附构型。$C_6H_6$/锡烯体系中最稳定的构型为B-2($E_{ad}$=0.619eV)，$C_6F_6$/锡烯体系中最稳定的构型为T-4($E_{ad}$=0.516eV)，$C_6H_4F_2$/锡烯体系中最稳定的构型为B-2($E_{ad}$=0.550eV)；$C_6H_6$比$C_6F_6$和$C_6H_4F_2$分子更容易吸附在锡烯上，且$C_6H_4F_2$与锡烯结合仍比$C_6F_6$与锡烯之间的结合强。

(2) 由于有机分子吸附与锡烯之间存在电荷转移在有机分子/锡烯体系中引起的内电场，破坏了有机分子/锡烯中锡烯的两个亚晶格的对称性，在$k$点打开锡烯的带隙，均未破坏锡烯狄带隙的拉克锥结构。有机分子吸附均打开锡烯的直接带隙，其中B-2构型的$C_6H_6$/锡烯体系打开的直接带隙最大(39.5meV)、其次是T-4构型的$C_6F_6$/锡烯体系(18.9meV)，B-2构型的$C_6H_4F_2$/锡烯体系打开的直接带隙最小(14.5meV)。

(3) 在垂直外电场作用下，随着电场强度的增大，有机分子吸附的锡烯直接带隙可实现线性调谐，并且几乎不受电场方向影响。在外加负电场下，B-2构型的$C_6H_6$/锡烯体系，T-4构型的$C_6F_6$/锡烯体系和B-2构型的$C_6H_4F_2$/锡烯体系最大分别打开414.4meV、587.2meV和490.2meV直接带隙；在外加负电场下，它们最大分别打开420.1meV、505.9meV和468.7meV直接带隙。

(4) 在施加外电场的情况下，吸附小有机分子的锡烯可以保持较高的载流子迁移率。在外加负电场下，当有机分子/锡烯体系的直接带隙值达到最大值时，B-2构型的$C_6H_6$/锡烯体系、T-4构型的$C_6F_6$/锡烯体系和B-2构型的$C_6H_4F_2$/锡烯体系的电子迁移率$\mu_e$(空穴迁移率$\mu_h$)分别保留了理想锡烯的$\mu_{e0}$($\mu_{h0}$)的27%(30%)、33%(30%)和25%(32%)；在外加正电场情况下，当有机分子/锡烯体系的直接带隙值达到最大值时，B-2构型的$C_6H_6$/锡烯体系、T-4构型的$C_6F_6$/锡烯体系和B-2构型的$C_6H_4F_2$/锡烯体系的$\mu_e$($\mu_h$)分别保留了理想锡烯的$\mu_{e0}$($\mu_{h0}$)的25%(38%)、37%(34%)和33%(47%)。

鉴于实验技术的飞速发展，希望这种用于调整锡烯的电子特性的有效途径可以促进二维锡烯基纳米材料在场效应管和其他纳米电子学器件中的应用。

# 6 锡烯作为潜在高灵敏度传感器件探测有毒有机小分子

近年来，类石墨烯材料在传感器和电子器件等领域的研究取得了一定的进步。本章采用第一性原理计算方法系统地研究了有机分子在锡烯传感器上的结构构型、吸附能和电荷转移。研究发现了苯胺($C_6H_7N$)和氯苯($C_6H_5Cl$)作为电荷受体，以较大的吸附能化学吸附在锡烯上，可形成最稳定的锡烯/有机分子体系。此外，在外电场作用下，锡烯/有机分子体系的吸附能、电荷转移和带隙变化较大，说明外部因素对锡烯的灵敏度有巨大影响。该研究结果为锡烯在高灵敏度传感器器件中的应用提供了理论依据。

## 6.1 引言

苯胺($C_6H_7N$)易溶于水，对环境和人类健康有毒性作用。氯苯($C_6H_5Cl$)广泛存在于大气、水、土壤和沉积物中，由于其持久性、生物累积性和毒性，对人类健康和牲畜有害。鉴于 $C_6H_7N$ 和 $C_6H_5Cl$ 对人类健康和环境的影响，有必要寻找一种能够检测和吸附有毒分子的先进传感器材料。

## 6.2 模拟计算细节及相关公式说明

### 6.2.1 模拟方法和计算参数

本章使用 Materials Studio 软件的基于密度泛函理论(DFT)的 DMol3 模块研究了外电场作用下有机分子吸附对锡烯原子结构和电学性质的影响，相关交换函数使用广义梯度近似(GGA)中的 Perdew-Burke-Ernzerhof(PBE)方法。采用全电子效应的核处理方法和双数字极化的基本设置进行了几何优化和电学性质的计算。相应 $k$ 点采用 17×17×1。原始锡烯采用 2×2 超晶胞，并在 $z$ 轴方向上用 15Å 真空层进行分离，避免层间相互作用。在结构优化和性质计算的过程中，能量收敛公差为 $1.0\times10^{-5}$Ha，最大力收敛公差为 0.002Ha/Å，最大位移收敛公差为 0.005Å。本章采用 DFT-D(D 表示色散)方法来研究有机分子与锡烯之间的范德华相互作用。DFT-D 方法已经广泛地用于存在范德华力作用的表面吸附小分子的纳米薄膜体系的理论研究中。采用基于 DFT 的 CASTEP 模块进行了声子色散计算。使用 Forcite 模块进行了分子动力学(MD)模拟。

### 6.2.2 相关公式说明

本章采用的公式同 5.2 节中涉及的公式及判据相同。

## 6.3 外电场下锡烯吸附 $C_6H_7N$

当 $C_6H_7N$ 吸附在锡烯表面形成 $C_6H_7N$/锡烯体系，本项研究考虑了四种不同的吸附位点，如图 6-1 所示。

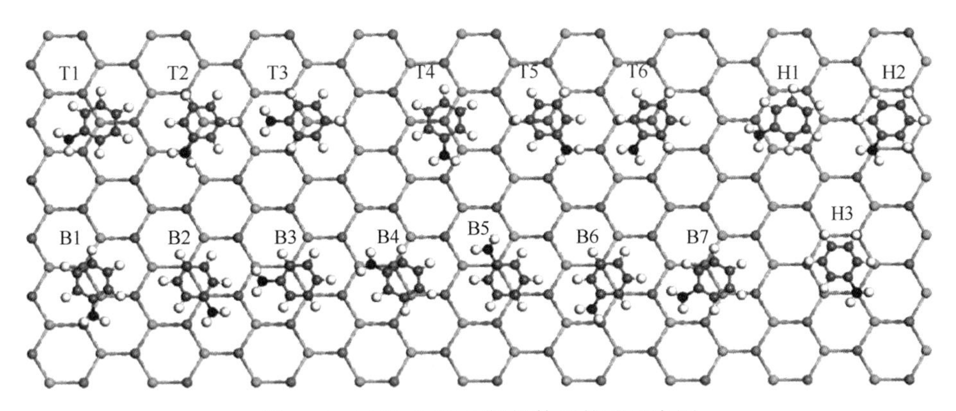


图 6-1 16 种 $C_6H_7N$/锡烯体系构型示意图

### 6.3.1 $C_6H_7N$/锡烯体系的结构模型

依据公式(5-1)，计算 $C_6H_7N$/锡烯体系的吸附能 $E_{ad}$，发现了 B-5 $C_6H_7N$/锡烯体系是最稳定的结构，如图 6-2(a)所示。该体系吸附能高于 $C_6H_6$ 和 $C_6H_5OH$ 在锡烯上的吸附。大的吸附能表示 $C_6H_7N$ 分子与锡烯之间存在化学键。如表 6-1 所示，B-5 $C_6H_7N$/锡烯体系的吸附距离 $D$ 最小，翘曲高度 $d$ 最大，高于原始锡烯。为了评估 OM/锡烯体系的结构稳定性，进行了声子色散谱和 MD 模拟，发现了 B-5 $C_6H_7N$/锡烯体系的光学和声学分支分离良好，声子谱没有虚频。研究结果表明，B-5 $C_6H_7N$/锡烯体系具有热稳定性。

Hirshfeld 电荷分析显示 B-5 $C_6H_7N$/锡烯体系电荷转移量最大，其中 $C_6H_7N$ 分子得到电子 0.097e，锡烯上层 $Sn_{L1}$ 原子失去电子 0.045e，下层 $Sn_{L2}$ 原子失去电子 0.052e，这表明了 $C_6H_7N$ 的吸附打破了锡烯两个亚晶格的对称性，导致了锡烯的电荷再分配。

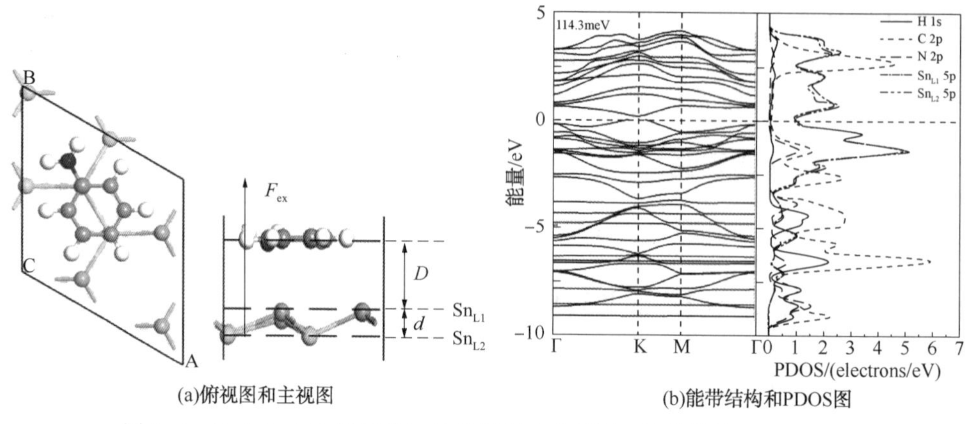


图 6-2　B-5 $C_6H_7N$/锡烯体系的俯视图和主视图、能带结构和 PDOS 图

**表 6-1　$C_6H_7N$/锡烯体系的 16 种吸附构型中 $C_6H_7N$ 分子与锡烯层间的吸附能($E_{ad}$)、吸附距离($D$)、翘曲高度($d$)以及 $C_6H_7N$ 分子转移电子的电荷量($Q$)**

| 项目 | T1 | T2 | T3 | T4 | T5 | T6 | H1 | H2 | H3 | B1 | B2 | B3 | B4 | B5 | B6 | B7 |
|---|---|---|---|---|---|---|---|---|---|---|---|---|---|---|---|---|
| $E_{ad}$/eV | 0.90 | 0.86 | 0.91 | 0.78 | 0.67 | 0.92 | 0.89 | 0.80 | 0.82 | 0.90 | 0.92 | 0.91 | 0.92 | 0.93 | 0.90 | 0.90 |
| $D$/Å | 2.12 | 2.70 | 2.27 | 2.70 | 1.93 | 2.17 | 2.24 | 2.06 | 2.26 | 2.25 | 2.16 | 2.31 | 2.17 | 1.97 | 2.14 | 2.20 |
| $d$/Å | 1.37 | 1.20 | 1.28 | 1.14 | 1.42 | 1.25 | 1.27 | 1.35 | 1.21 | 1.35 | 1.28 | 1.33 | 1.32 | 1.45 | 1.40 | 1.40 |
| $Q$/e | 0.052 | 0.063 | −0.051 | −0.028 | 0.028 | −0.095 | 0.051 | 0.069 | 0.074 | 0.043 | −0.067 | −0.062 | −0.074 | −0.097 | 0.041 | −0.077 |

图 6-2(b) 给出 B-5 $C_6H_7N$/锡烯体系的电子能带结构图和部分态密度(PDOS)图。锡烯是一种零带隙材料，在费米能级上具有线性带色散，狄拉克锥位于 $k$ 点。在 B-5 $C_6H_7N$/锡烯体系中，出现了 114.3meV 的直接带隙，价带顶(VBM)和导带底(CBM)仍然位于布里渊区 $k$ 点。B-5 $C_6H_7N$/锡烯体系 HSE06 计算直接带隙为 163.0meV。然而，通过 HSE06 和 PBE 计算观察到费米能级 $k$ 点附近的带结构为直接带隙。因此，采用 PBE 泛函来计算 OM/锡烯体系的电子性质。

## 6.3.2　外电场作用下 $C_6H_7N$/锡烯体系

对 B-5 $C_6H_7N$/锡烯体系施加电场，电场方向在图 6-2(a)中给出，随着外电场强度 $F_{ex}$的增加，该体系的吸附能逐渐减小，如图 6-3(a)所示。当 $F_{ex}$达到 0.50V/Å 或−0.50V/Å 时，吸附能分别下降到 0.11eV 或 0.04eV。然而，随着 $F_{ex}$的进一步增加，$C_6H_7N$ 从锡烯表面解吸。$C_6H_7N$、$Sn_{L1}$和 $Sn_{L2}$原子之间的电荷转移 $q$ 与 $F_{ex}$的函数关系如图 6-3(b)所示。当 $F_{ex}$为 0.25～0.50V/Å 时，$C_6H_7N$ 分子为供体分子；当 $F_{ex}$为−0.50～0.25V/Å 时，$C_6H_7N$ 为受体分子。这是因为 $S_{nL1}$和 $S_{nL2}$原子感受到的不同库仑场导致锡烯的两个亚晶格不再等价。此外，$C_6H_7N$ 与锡烯之间的电荷转移引起传感材料电阻的变化，可以用作化学电阻。

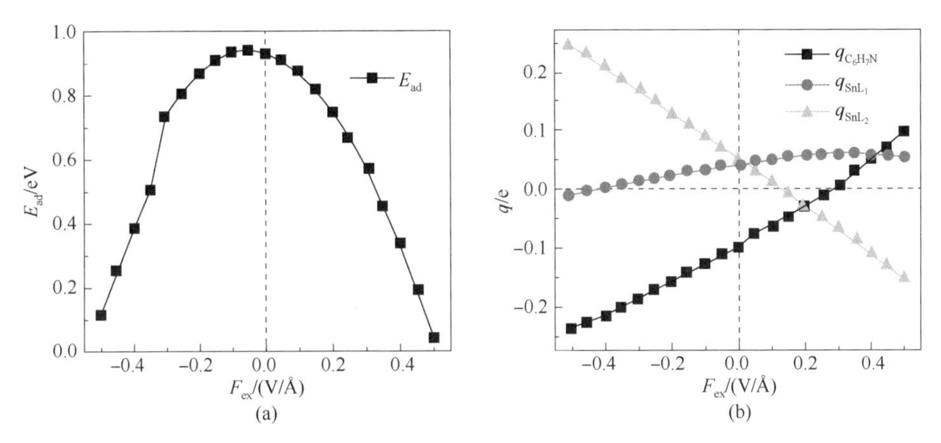


图 6-3　B-5 $C_6H_7N$/锡烯体系的吸附能(a)，
电荷转移 $q$(b)随外电场强度 $F_{ex}$变化示意图

B-5 $C_6H_7N$/锡烯体系的带隙 $E_g$伴随外电场强度 $F_{ex}$变化趋势如图 6-4 所示。值得注意的是，B-5 $C_6$H7N/锡烯体系的直接带隙随 $F_{ex}$线性上升，而系统的 VBM 和 CBM 主要由 $Sn_{L1}$5p 和 $Sn_{L2}$ 5p 轨道决定。如图 6-4 所示，选择了 $F_{ex}$=0. 45V/Å 时 B-5 $C_6H_7N$/锡烯体系的能带结构和 PDOS 来说明正电场下能带结构和 PDOS 的特征，直接带隙达到最大值约 338. 2meV，而 VBM 和 CBM 仍由 $Sn_{L1}$ 5p 和 $Sn_{L2}$ 5p 轨道决定。当 $F_{ex}$进一步增强时，直接带隙可以转化为间接带隙。在负电场作用下，B-5 $C_6H_7N$/锡烯体系的直接带隙随着 $F_{ex}$的增加而减少，在 $F_{ex}$ = -0. 15V/Å 时下降到最低值约 61. 5meV。由此可见，$C_6H_7N$ 与锡烯之间电荷转移 $Q$ 引起的内电场方向与外电场方向相反，导致复合电场强度最低。根据 $k$ 点的双带模型，带隙与复合电场的强度成正比。$F_{ex}$进一步升高时，B-5 $C_6H_7N$/锡烯体系的带隙逐渐变宽，并转化为间接带隙。在 $F_{ex}$=-0. 45V/Å 时，B-5 $C_6H_7N$/锡烯体系可以打开约 227. 5meV 的间接带隙。通过分析 B-5 $C_6H_7N$/锡烯体系的 PDOS，当 $F_{ex}$从-0. 20V/Å 变化到-0. 45V/Å 时，N 2p 和 C 2p 轨道向更高能量移动，对于 $F_{ex}$=-0. 45V/Å 的 B-5 $C_6H_7N$/锡烯体系，VBM 主要由 N 2p、C 2p、$Sn_{L1}$ 5p 和 $Sn_{L2}$ 5p 轨道决定，而 CBM 依然主要由 $Sn_{L1}$ 5p 和 $Sn_{L2}$ 5p 轨道决定。因此，正电场的施加有利于线性调整直接带隙，并在很大程度上维持 B-5 $C_6H_7N$/锡烯体系的狄拉克锥结构。

为了研究有机分子对锡烯载流子迁移率的影响，采用公式(5-6)计算了电子($m_e$)和空穴($m_h$)有效质量，用公式(5-7)计算了电子($\mu_e$)和空穴($\mu_h$)载流子迁移率。假设散射时间 $\tau$ 与原始锡烯相同。该系统无电场时的 $\mu_e$和 $\mu_h$分别为原始锡烯的 0. 60 倍和 0. 59 倍。$F_{ex}$=0. 45V/Å 下的载流子迁移率 $\mu_e$和 $\mu_h$分别为原始锡烯无电场时的 0. 29 倍和 0. 28 倍。因此，B-5 $C_6H_7N$/锡烯体系在正电场作用下可以保持一定程度的载流子迁移率。

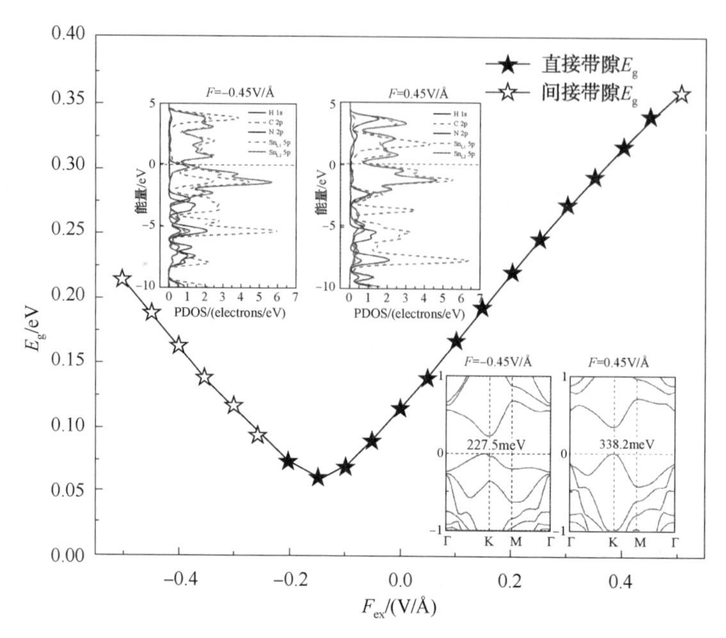


图 6-4 B-5 $C_6H_7N$/锡烯体系带隙 $E_g$ 随外电场强度 $F_{ex}$ 变化的示意图

注：插图分别显示了 $F_{ex}$ = 0.45V/Å 和 $F_{ex}$ = −0.45V/Å 处的能带结构和 PDOS

## 6.4 外电场下锡烯吸附 $C_6H_5Cl$

### 6.4.1 $C_6H_5Cl$/锡烯体系的结构模型

当 $C_6H_5Cl$ 吸附在锡烯上时，考虑了与 $C_6H_7N$/锡烯体系类似的 16 种 $C_6H_5Cl$/锡烯体系的构型。根据表 6-2 所示的 $E_{ad}$，B-2 $C_6H_5Cl$/锡烯体系是最稳定的结构，如图 6-5(a)。虽然 B-2 $C_6H_5Cl$/锡烯体系的吸附能低于 B-5 $C_6H_7N$/锡烯体系，但高于 $C_6H_6$ 和 $C_6H_5OH$ 在锡烯上的吸附。B-2 $C_6H_5Cl$/锡烯体系的声子能带结构和相对能量证实了该体系具有良好的热力学稳定性。

如表 6-2 所示，B-2 $C_6H_5Cl$/锡烯体系的吸附距离 $D$ 较小，锡烯的翘曲高度 $d$ 较大。$C_6H_5Cl$ 分子得到电子的电荷量为 0.042e，而锡烯中上层 $Sn_{L1}$ 原子失去电子的电荷量为 0.044e，下层 $Sn_{L2}$ 原子得到电子的电荷量为 0.002e。如图 6-5(b) 所示，B-2 $C_6H_5Cl$/锡烯体系的直接带隙约为 5.0meV。B-2 $C_6H_5Cl$/锡烯体系的 HSE06 计算带隙为 12.0meV。此外，位于 $k$ 点的 VBM 和 CBM 主要由 $Sn_{L1}$ 5p 和 $Sn_{L2}$ 5p 轨道决定。因此，$C_6H_5Cl$ 分子的表面吸附可以打破锡烯亚晶格的对称性，打开带隙，保持整个体系的狄拉克锥特性。

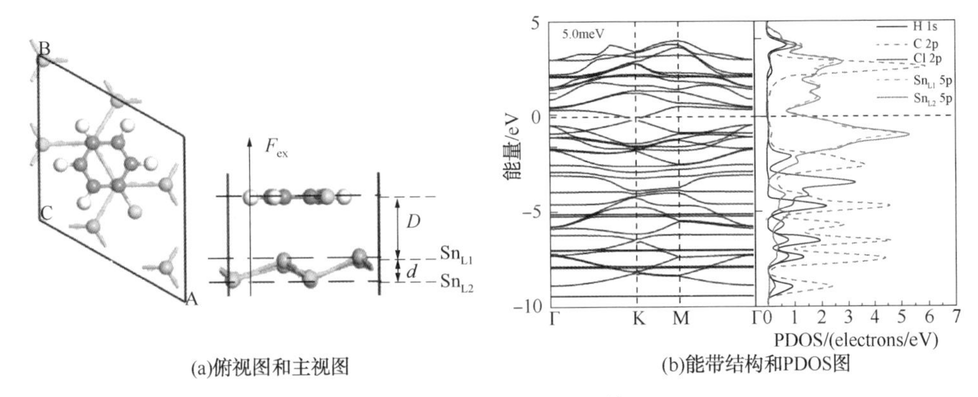


(a)俯视图和主视图

(b)能带结构和PDOS图

图 6-5　B-2 $C_6H_5Cl$/锡烯体系

**表 6-2　$C_6H_5Cl$/锡烯体系的 16 种吸附构型中 $C_6H_5Cl$ 分子与锡烯层间的吸附能($E_{ad}$)、吸附距离($D$)、翘曲高度($d$)以及 $C_6H_7N$ 分子转移电荷量($Q$)**

| 项目 | T1 | T2 | T3 | T4 | T5 | T6 | H1 | H2 | H3 | B1 | B2 | B3 | B4 | B5 | B6 | B7 |
|---|---|---|---|---|---|---|---|---|---|---|---|---|---|---|---|---|
| $E_{ad}$/eV | 0.63 | 0.60 | 0.64 | 0.61 | 0.63 | 0.64 | 0.54 | 0.56 | 0.53 | 0.65 | 0.68 | 0.64 | 0.63 | 0.66 | 0.65 | 0.65 |
| $D$/Å | 2.83 | 3.09 | 3.13 | 2.96 | 2.98 | 2.96 | 3.20 | 3.26 | 3.24 | 2.78 | 2.89 | 2.88 | 2.88 | 2.65 | 2.55 | 2.73 |
| $d$/Å | 1.09 | 1.04 | 1.03 | 0.99 | 1.01 | 1.03 | 1.02 | 1.01 | 1.02 | 1.15 | 1.10 | 1.04 | 1.12 | 1.15 | 1.22 | 1.19 |
| $Q$/e | -0.053 | -0.032 | -0.039 | -0.051 | -0.045 | -0.056 | -0.039 | -0.041 | -0.032 | -0.036 | -0.042 | -0.042 | -0.050 | -0.069 | -0.045 | -0.052 |

## 6.4.2　外电场作用下 $C_6H_5Cl$/锡烯体系

对于外电场下的 B-2 $C_6H_5Cl$/锡烯体系，吸附能 $E_{ad}$ 随 $F_{ex}$ 增加逐渐降低，如图 6-6(a)所示。当 $F_{ex}$ 达到 0.45V/Å 和 -0.45V/Å 时，$E_{ad}$ 可以分别下降到 0.08eV 和 0.04eV。随着 $F_{ex}$ 增加，$C_6H_5Cl$ 分子可以从锡烯表面解吸。在解吸和吸附过程中，$C_6H_5Cl$ 和锡烯之间的电荷转移 $Q$ 引起传感材料电阻的变化，表明锡烯可以被用作化学电阻。$C_6H_5Cl$、$Sn_{L1}$ 和 $Sn_{L2}$ 原子之间的电荷转移 $q$ 与 $F_{ex}$ 的函数关系图在图 6-6(b)中给出。当 $F_{ex}$ 为-0.45~0.15V/Å 时 $C_6H_5Cl$ 为受体分子，而 $F_{ex}$ 范围为 0.15~0.45V/Å 时 $C_6H_5Cl$ 为供体分子。更有趣的是，绝对值 $|\Delta q|$ 在外电场作用下表现出近似线性的增加，这是由于 $Sn_{L1}$ 和 $Sn_{L2}$ 原子感受到的库仑场不同，破坏了锡烯亚晶格的平衡性。

图 6-7 表明 B-2 $C_6H_5Cl$/锡烯体系的直接带隙随 $F_{ex}$ 的增加而呈线性增加。结果可以通过公式 $E_g = eF_c d$ 来解释，其中 $F_c$ 为复合电场强度(内电场 $F_{in}$ 和外电场 $F_{ex}$)，$d$ 为翘曲高度。$C_6H_5Cl$/锡烯体系中锡烯的 $d$ 值受 $F_{ex}$ 的影响较大。根据 $F_{in} = 2Q/[\varepsilon_0 \alpha^2 \sin(\pi/3)]$，$F_{in}$ 与有机分子与锡烯之间的 $Q$ 成正比。需要注意的是，复合电场的方向与外电场的方向基本相同，并且复合电场 $F_c$ 随着 $F_{ex}$ 的增加而增加。因此，B-2 $C_6H_5Cl$/锡烯体系的带隙仅仅与外电场强度有关，几乎与方向

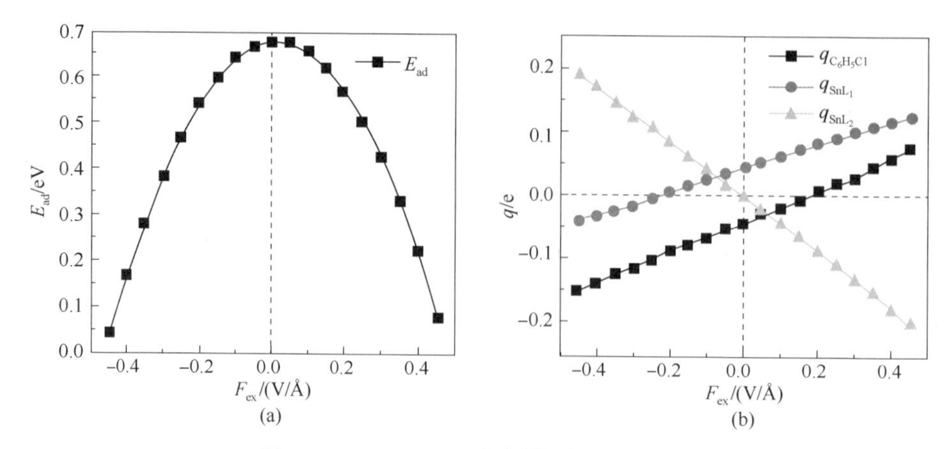


图 6-6 B-2 $C_6H_5Cl$/锡烯体系的(a)$E_{ad}$和

(b)$C_6H_5Cl$、$Sn_{L1}$和$Sn_{L2}$原子之间$q$作为$F_{ex}$的函数图

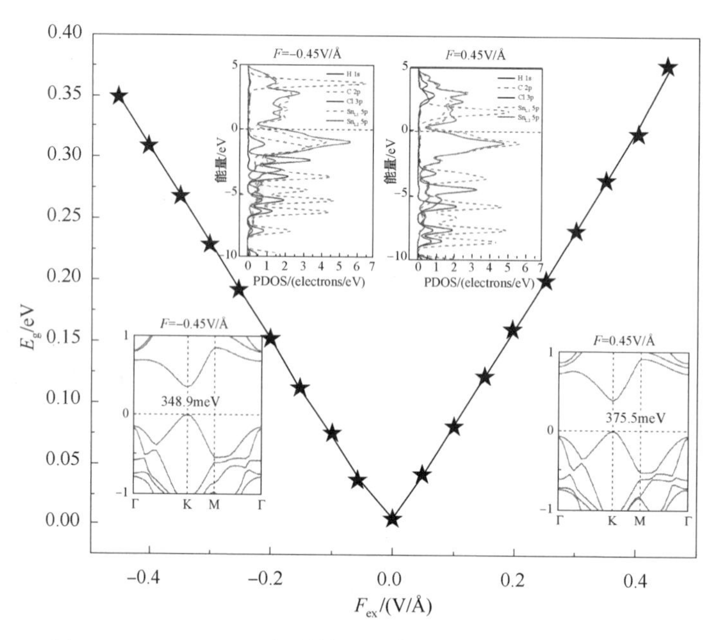


图 6-7 B-2 $C_6H_5Cl$/锡烯体系的带隙$E_g$随$F_{ex}$变化的函数图

插图分别显示了在$F_{ex}$=0.45V/Å和$F_{ex}$=−0.45V/Å处的能带结构和PDOS

无关。在$F_{ex}$=0.45V/Å和$F_{ex}$=−0.45V/Å时，体系的直接带隙分别增加到375.5meV和348.9meV。在正电场强度下，虽然C 2p轨道缓慢向较低能量下降，但VBM和CBM主要由$Sn_{L1}$ 5p和$Sn_{L2}$ 5p轨道决定。在负场作用下，C 2p轨道逐渐向更高的能量移动，但VBM和CBM仍然由$Sn_{L1}$ 5p和$Sn_{L2}$ 5p轨道决定。带隙的近似线性变化表明，外电场对调节B-2 $C_6H_5Cl$/锡烯体系的电子性质起着重要作用。

计算得到了 $C_6H_5Cl$/锡烯体系中 $\mu_e$ 和 $\mu_h$ 分别为原始锡烯的 1.04 倍和 1.05 倍。在外电场作用下，B-2 $C_6H_5Cl$/锡烯体系的 $\mu_e$ 和 $\mu_h$ 分别降低到原始锡烯的 0.43 倍和 0.49 倍，表明载流子迁移率得到了很大的保持。因此，通过评价电导率的变化，可以很容易地实现在外电场作用下有机分子在锡烯表面解吸和吸附过程，表明锡烯是高灵敏度传感器器件的极好候选材料。

## 6.5 本章小结

本章采用基于密度泛函理论的第一性原理模拟计算方法，研究了苯胺($C_6H_7N$)和氯苯($C_6H_5Cl$)两种有机分子对有无外电场作用下锡烯原子结构和电学性质的影响。研究结果表明：

(1) $C_6H_7N$/锡烯和 $C_6H_5Cl$/锡烯体系均建立了十六种不同的结构。通过计算吸附能确定出了最稳定的体系分别为 B-5 $C_6H_7N$/锡烯体系(0.93eV)和 B-2 $C_6H_5Cl$/锡烯体系(0.68eV)，吸附能值较大说明 $C_6H_7N$ 和 $C_6H_5Cl$ 分子在锡烯上化学吸附。其中 $C_6H_7N$ 分子得到电子 0.097e，$C_6H_5Cl$ 分子得到电子 0.042e。此外，$C_6H_7N$ 和 $C_6H_5Cl$ 两种有机分子与锡烯之间的相互作用打破了锡烯亚晶格的对称性，导致锡烯分别打开了约 114.3meV 和 5.0meV 的直接带隙，同时保持了一定程度的狄拉克锥结构。

(2) 在外加电场的作用下，随着正负外电场强度 $F_{ex}$ 的增加，B-5 $C_6H_7N$/锡烯体系和 B-2 $C_6H_5Cl$/锡烯体系的吸附能会逐渐减小，当 $F_{ex}$ 达到大于 0.50V/Å 或 -0.50V/Å 时，$C_6H_7N$ 分子从锡烯表面解吸；$F_{ex}$ 达到大于 0.45V/Å 和 -0.45V/Å 时，$C_6H_5Cl$ 分子可以从锡烯表面解吸。外加电场作用下 B-5 $C_6H_7N$/锡烯体系和 B-2 $C_6H_5Cl$/锡烯体系打开的最大直接带隙分别为 338.2meV 和 375.5meV，此结果证实了外加电场可以调控锡烯的直接带隙，这是由于外加电场的作用下内电场和锡烯电荷分布不均等因素导致有机分子/锡烯体系直接带隙可以呈现近似线性调控趋势。

(3) 无外电场作用下，B-5 $C_6H_7N$/锡烯体系的电子和空穴载流子迁移率 $\mu_e$ 和 $\mu_h$ 分别约为理想锡烯的 0.60 倍和 0.59 倍；B-2 $C_6H_5Cl$/锡烯体系的 $\mu_e$ 和 $\mu_h$ 分别约为理想锡烯的 1.04 倍和 1.05 倍。在外加电场作用下，当两种有机分子/锡烯体系打开的直接带隙值达到最大时，B-5 $C_6H_7N$/锡烯体系的 $\mu_e$ 和 $\mu_h$ 分别为理想锡烯无电场时的 0.29 倍和 0.28 倍；B-2 $C_6H_5Cl$/锡烯体系的 $\mu_e$ 和 $\mu_h$ 分别降低到理想锡烯的 0.43 倍和 0.49 倍。因此，外加电场的作用能够使两种最稳定的有机分子/锡烯体系的载流子迁移率得到一定程度的保持。

综上所述，在外电场作用下，有机分子/锡烯体系的吸附能、电荷转移和带隙变化较大，说明外部因素对锡烯的影响非常优先。该研究结果为锡烯在高灵敏度传感器器件中的应用提供了理论依据。

# 电场调控类石墨烯范德华异质薄膜带隙的第一性原理研究

近年来，由于石墨具有独特的原子结构、电学及磁学等特性，激发了广大学者对由Ⅳ、Ⅲ-Ⅴ或Ⅱ-Ⅵ族组成二维半导体纳米材料研究的新热潮，例如，Si、SiC、BN、GaN 和 ZnO 纳米薄膜。而 SiC 作为第三代半导体典型代表，它具备优异的材料物理特性，这为进一步提升电力电子器件的性能提供了更大的空间。其中，相比于 Si 和 GaN 等二维材料，单层 SiC 薄膜具有较大的平面刚度。单层 SiC 薄膜具有蜂窝状类石墨结构，并在实验中被成功制备出来。不同于近零带隙的石墨材料，单层 SiC 薄膜的带隙约为 2.55eV。

## 7.1 引言

最近，异质结构引起了广泛研究。例如，石墨沉积在六方结构的 BN 薄膜所形成的石墨烯/BN 多层膜具有很多优于石墨烯的重要性质，并打开了石墨烯的带隙。最近，已有文献表明通过合理的衬底设计，异质结构可有效调控能带结构。在硅烯与表面修饰的硅烷形成的异质薄膜以及在硅烯/$MoS_2$异质薄膜中，界面微弱的相互作用很大程度上影响其原子结构与电子结构，并打开了硅烯的带隙。此外，当硅烯沉积在 GaS 薄膜时，其带隙还可以通过应变或外电场来进行有效调控。在 $MoS_2$与表面修饰的 AlN 纳米薄膜形成的异质薄膜中，研究发现 AlN 衬底的表面结构以及堆垛类型也决定了其电学和磁学性质，可实现单层 $MoS_2$薄膜由 n 型半导体转变为 p 型半导体甚至为金属，并伴随着由无磁性转变为磁性材料。由此，提出将表面氢化的 BN 纳米薄膜(HBNH)作为单层 SiC 纳米薄膜的一种新型衬底，这将形成 SiC/HBNH 异质薄膜结构。然而，表面修饰和电场对 SiC/HBNH 异质薄膜电学性质的调控机理的研究还很少。

## 7.2 模拟计算细节

在本章中，采用基于密度泛函理论的第一性原理并考虑原子间范德华力相互作用(DFT-D)，运用 DMol3 模块研究电场对 SiC/HBNH 异质薄膜的原子结构和电学性质的影响。相关交换函数使用广义梯度近似(GGA)中Perdew-Burke-Ernzerhof(PBE)方法。核处理方法使用的是全电子效应。基本设置使用双数字极化。DFT-D方法已经广泛地用于存在范德华力相互作用的异质薄膜(如$MoS_2$/石墨烯、双层h-BN/石墨烯、硅烯/硅烷、石墨烯/InSeInS和$In_2SeS/g-C_3N_4$)以及纳米薄膜的表面小分子吸附体系的理论研究中。SiC/HBNH异质薄膜采用2×2的超晶胞，其真空为15Å来避免相邻晶胞间的相互作用。所有原子都完全弛豫。核处理方法使用的是全电子效应。此外，基本设置使用双数字极化。异质薄膜性质计算中$k$点设置使用17×17×1。模拟计算中使用了拖尾效应，拖尾值为0.001Ha(1Ha=27.2114eV)。能量收敛公差、最大力收敛公差和最大位移收敛公差分别为$1.0\times10^{-5}$Ha、0.002Ha/Å和0.005Å。

范德华力在物质中是普遍存在的，尤其是在本书中研究的SiC/HBNH异质薄膜体系，单层没有表面修饰的SiC纳米薄膜与单层完全表面修饰的HBNH纳米薄膜之间没有形成化学键合作用，范德华力更是不可忽略的。然而，在密度泛函理论中普遍使用的GGA或者LDA相关交换函数都不能够准确地描述这种长程作用力。本书中所使用的DMol3模块包含了色散修正方法。很多研究结果表明相比于不带色散修正的密度泛函理论方法，带色散修正的方法在描述结构和计算多形体的能量方面都发生了显著的提高。在Grimme方案中采用DFT-D(D代表色散)方法研究电场对SiC/HBNH异质薄膜的原子结构和电学性质的影响。DFT-D方法已经广泛地用于存在范德华力作用的异质薄膜(如$MoS_2$/石墨烯、双层h-BN/石墨烯、硅烯/硅烷、石墨烯/InSeInS和$In_2SeS/g-C_3N_4$)以及纳米薄膜的表面小分子吸附体系的理论研究中。

本章将研究SiC/HBNH异质薄膜的原子结构以及电学性质，通过对异质薄膜的能带结构、电子态密度以及电荷密度的分析，研究SiC/HBNH异质薄膜的稳定性、成键性和电子结构性质，并探讨电场对稳定的SiC/HBNH异质薄膜带隙的调控规律。该研究结果有助于了解SiC纳米材料在特殊环境下的物理特性，并对其在新型电子纳米器件领域中的应用具有重要的指导意义。

## 7.3 单层SiC纳米薄膜和完全氢化的HBNH薄膜

SiC/HBNH异质薄膜是由单层SiC纳米薄膜沉积在单层完全氢化的HBNH薄膜上形成的。如图7-1(a)所示，没有表面修饰的单层SiC纳米薄膜的原子结构为类石墨平面结构，其晶格常数为3.064Å，Si—C键的键长为1.769Å，带隙值为2.55eV；如图7-1(b)所示，单层完全氢化的HBNH薄膜的晶格常数为2.997Å，B—N键的键长为1.800Å，B—H键的键长为1.198Å，N—H键的键长为1.034Å，翘曲高度为0.497Å，带隙值为4.84eV。注意：单层SiC纳米薄膜与单层完全氢化的 HBNH 薄膜具有相似的晶体结构，并且晶格常数相差很小(晶格错配度约为 2.2%)，这意味着它们之间可以形成共格界面。

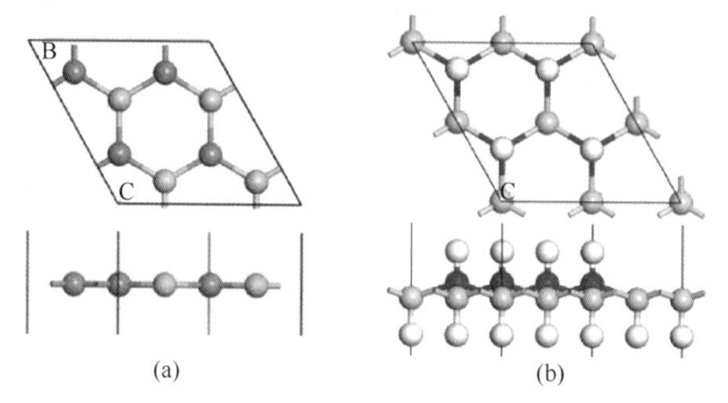

图 7-1 (a)单层 SiC 纳米薄膜与(b)单层完全氢化的 HBNH 薄膜的原子结构模

## 7.4 不同堆垛方式的异质薄膜模型的优化

将采用 AA(图 7-2)和 AB(图 7-3)两种堆垛类型来研究 SiC/HBNH 异质薄膜，其中每种堆垛类型分别包含 4 种不同的堆垛方式。对于 AA 堆垛类型的 SiC/HBNH 异质薄膜，上层的 SiC 薄膜中 Si 或 C 原子分别位于下层 HBNH 薄膜中 B 或 N 原子的正上方；对于 AB 堆垛类型的 SiC/HBNH 异质薄膜，上层的 SiC 薄膜中只有一种原子位于下层 HBNH 薄膜中 B 或 N 原子的正上方，而另一种原子位于下层 HBNH 薄膜六方结构的中心位置。

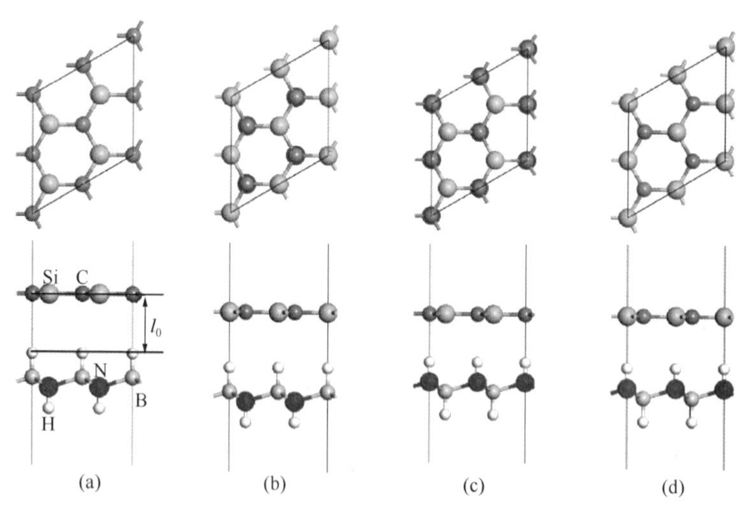

图 7-2 SiC/HBNH 异质薄膜采用 AA 堆垛方式时的俯视图(上层)和主视图(下层)

(a)AA-1；(b)AA-2；(c)AA-3；(d)AA-4

主视图中上层和下层分别表示单层 SiC 和 HBNH 纳米薄膜

研究发现，在每种堆垛类型中，SiC/HBNH 异质薄膜的能量依赖于界面之间的距离 $l$。在 AA 堆垛类型的异质薄膜中，AA-3-SiC/HBNH 结构的能量分别比 AA-1、AA-2 和 AA-4 结构的能量低 267meV、200meV 和 157meV，相对应的 AA-3-SiC/HBNH 结构中界面的距离 $l$ 最小，该四种不同堆垛方式的 SiC/HBNH 异质薄膜中界面之间的距离 $l$ 的顺序为 $l_{AA-3}$(2.537Å)<$l_{AA-4}$(2.686Å)<$l_{AA-2}$(2.797Å)<$l_{AA-1}$(2.938Å)。而在 AB 堆垛类型的异质薄膜中，AB-1-SiC/HBNH 结构的能量最低，其原子结构最稳定，相对应的该结构中 $l$ 最小，该四种不同堆垛方式的结构中界面之间的距离 $l$ 的顺序为 $l_{AB-1}$(2.407Å)<$l_{AB-2}$(2.441Å)<$l_{AB-2}$(2.566Å)<$l_{AB-3}$(2.576Å)。值得注意的是，每种堆垛方式的 SiC/HBNH 异质薄膜中 SiC 始终保持类石墨烯的平面状结构。

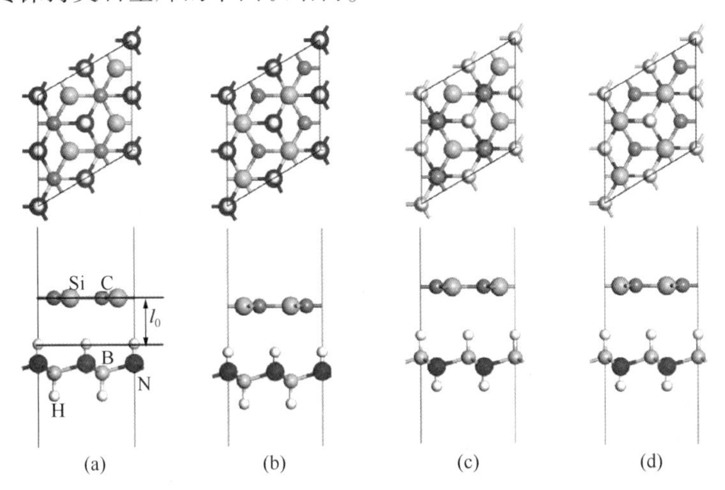


图 7-3　SiC/HBNH 异质薄膜采用 AB 堆垛方式时的俯视图(上层)和主视图(下层)
(a)AB-1；(b)AB-2；(c)AB-3；(d)AB-4
主视图中上层和下层分别表示单层 SiC 和 HBNH 纳米薄膜

为了确定 SiC/HBNH 异质薄膜的结构稳定性，定义了 SiC/HBNH 异质薄膜的形成能 $E_f$，公式采用 $E_f = E_{SiC/HBNH} - E_{SiC} - E_{HBNH}$，其中 $E_{SiC/HBNH}$ 为异质薄膜 SiC/HBNH 的能量，$E_{SiC}$ 为单层 SiC 纳米薄膜的能量，$E_{HBNH}$ 为单层 HBNH 纳米薄膜的能量。根据这个公式，异质薄膜的形成能 $E_f$ 数值越负，该堆垛方式的异质薄膜结构越稳定。采用密度泛函理论 DFT-D 计算得到 AA-3-SiC/HBNH 和 AB-1-SiC/HBNH 结构的形成能 $E_f$ 分别为-0.602eV 和-0.590eV，表明这两种 SiC/HBNH 异质薄膜结构在热力学上是稳定的结构。

## 7.5　不同堆垛方式的异质薄膜的电学性质

单层 SiC 纳米薄膜和表面完全氢化的 BN 薄膜都是没有磁性的半导体材料，

其带隙分别为 2.55eV 和 3.33eV。为了探索界面的相互作用，计算了不同堆垛类型中较稳定的两种堆垛方式 AA-3-SiC/HBNH 和 AB-1-SiC/HBNH 异质薄膜的能带结构，如图 7-4(a)和 7-4(e)所示，这两种异质薄膜的价带顶(VBM)和导带底(CBM)均位于 $\Gamma$ 点，呈现出直接带隙半导体特性，其带隙值分别为 2.59eV 和 2.80eV，这表明异质薄膜的带隙依赖于界面的堆垛类型。图 7-4(b)和 7-4(f)分别给出了 AA-3-SiC/HBNH 和 AB-1-SiC/HBNH 异质薄膜的部分态密度图，研究发现，两种异质薄膜的 CBM 主要是由 SiC 纳米薄膜中 C 2p 和 Si 3p 轨道来决定的，而 VBM 主要由 HBNH 纳米薄膜中 B 2p、N 2p、$H_B$ 1s 和 $H_N$ 1s 轨道来决定的。

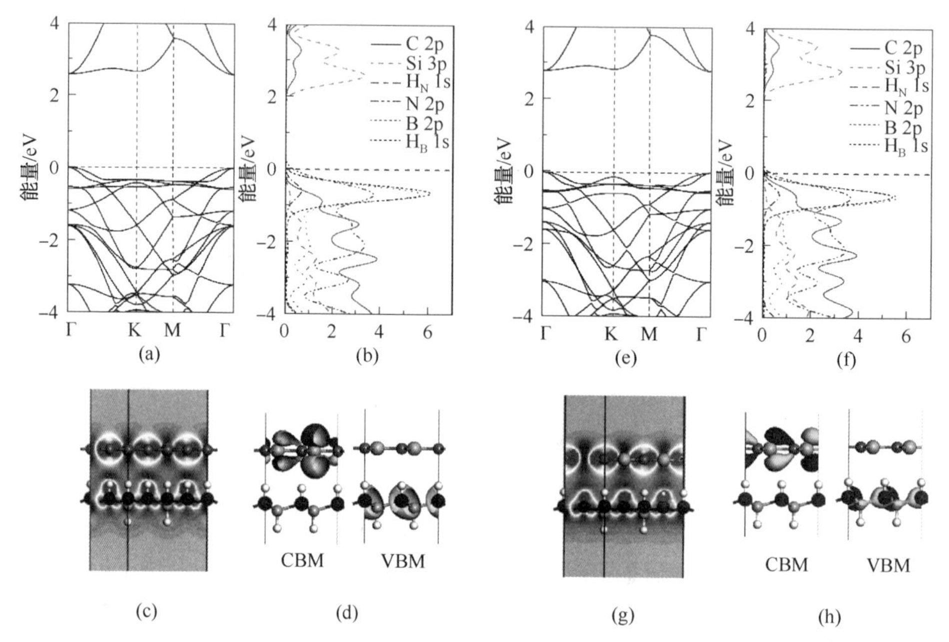


图 7-4 (a)~(d)AA-3-SiC/HBNH 和(e)-(h)AB-1-SiC/HBNH 异质薄膜的能带结构图、部分态密度图、差分电荷密度图和电荷密度分布图

注：(a)和(e)图中费米面能级为 0

为了更深入的探讨该现象，界面之间的电荷转移可以通过图 7-4(c)和图 7-4(g)中绘制的差分电荷密度图来进一步分析，很明显，电子主要聚集在 C 和 N 原子周围，而电子损失区域主要出现在 Si 和 B 原子周围。值得注意的是，SiC 薄膜中 Si 和 C 原子与界面处的吸附在 N 表面上的 $H_N$ 原子之间没有形成强烈的化学键，这表明 AA-3-SiC/HBNH 和 AB-1-SiC/HBNH 异质薄膜中 SiC 与 HBNH 薄膜之间只存在范德华力相互作用。通过 Hirshfeld 电荷分析来详细研究 SiC 与衬底之间的电荷转移机制。Hirshfeld 布居分析表明，在单层 SiC 纳米薄膜中，每个 Si 原子失去了 0.336e，而每个 C 原子得到了 0.336e。在 AA-3-SiC/HBNH 异质薄膜中，Si 原子均匀地失去了 0.373e，而 C 原子均匀地得到了 0.341e，1×1 的 SiC 单

元晶胞可向 HBNH 薄膜转移 32e；在 AB-1-SiC/HBNH 异质薄膜中，Si 原子均匀地失去了 0.368e，而 C 原子均匀地得到了 0.343e，SiC 单元晶胞可向 HBNH 薄膜转移 25e。界面之间的电荷转移量再次表明 SiC 与 HBNH 纳米薄膜之间范德华力相互作用，并且电荷转移量越大，SiC/HBNH 异质薄膜越稳定，这也可能是调控 SiC/HBNH 异质薄膜带隙的一种重要原因。事实上，SiC 中两个子晶格 C 和 Si 原子周围的电势在这些异质薄膜中不再相等。正电荷在 SiC 层中累积，而负电荷在 HBNH 层中累积，从而形成从 SiC 到 HBNH 的内电场 $F_{int}$。异质薄膜的内部电荷漂移会受到 $F_{int}$的强烈激发，最终与扩散力达到平衡。

通过电荷密度分布图分析，如图 7-4(d)和图 7-4(h)所示，再次证实了 AA-3-SiC/HBNH 和 AB-1-SiC/HBNH 异质薄膜的导带底(CBM)主要是 SiC 层来决定的，而价带顶(VBM)主要由 HBNH 层来决定的，这意味着 SiC/HBNH 异质薄膜可为电子和空穴分别提供不同的载流子输运通道，从而有效地改善了电子和空穴载流子输运机制，同时也可提高纳米器件的稳定性。这种使用构型控制技术使电子和空穴载流子分离相当于纵向的 p-n 结，不需要特意在单一的半导体纳米结构中进行掺杂杂质，省去了 p-n 掺杂处理程序，可使得其制造过程简化。

## 7.6 电场调控异质薄膜的电学性质

对于二维半导体纳米薄膜，外电场 $F_{ext}$可有效调控异质薄膜的能带结构，可以应用于纳米电子器件。期望外电场可以有效调节 SiC/HBNH 异质薄膜的能带结构。为了验证该设想，对 AA-3-SiC/HBNH 和 AB-1-SiC/HBNH 施加垂直异质薄膜的外电场 $F_{ext}$，并且正电场方向定义为从 HBNH 层(底部)到 SiC 层(上部)，如图 7-5 所示，研究发现，对于 AA-3-SiC/HBNH 和 AB-1-SiC/HBNH 异质薄膜，伴随电场强度 $F_{ext}$的增加，直接带隙呈现近似线性降低趋势，当电场强度 $F_{ext}$ = 0.50V/Å 时，其直接带隙分别降低到 1.36eV 和 1.49eV；进一步增加电场时，这两种异质薄膜转变为间接带隙半导体，并且带隙持续单调降低；当外电场强度 $F_{ext}$=0.95V/Å 时，该异质薄膜进一步可转变为导体。

为了揭示外电场强度 $F_{ext}$对异质薄膜带隙的调控机理，详细研究了不同电场强度下异质薄膜的能带结构和部分态密度变化规律。以 AA-3-SiC/HBNH 和 AB-1-SiC/HBNH 异质薄膜分别在外电场强度 $F_{ext}$=0.50V/Å 和 $F_{ext}$=0.90V/Å 下能带结构和部分态密度图(如图 7-6 所示)为例进行说明分析。当电场强度 $0 \leqslant F_{ext} \leqslant$ 0.50V/Å 时，能带结构分析可以发现，SiC/HBNH 异质薄膜均为直接带隙半导体，其 CBM 和 VBM 均位于布里渊区 $\Gamma$ 点。部分态密度图分析可以发现，SiC/HBNH 异质薄膜的 CBM 依然主要由 SiC 层中 C 2p 和 Si 3p 轨道来决定的，VBM 主要由 HBNH 层中 B 2p、N 2p、$H_N$ 1s 和 $H_B$ 1s 轨道来决定的。这些结果表明，

SiC/HBNH 异质薄膜在合适的外电场强度 $F_{ext}$ 下保持了固有的 II 型能带排列。值得注意的是，随着外电场 $F_{ext}$ 的增加，决定 CBM 的 C 2p 和 Si 3p 轨道逐渐向能量更低方向移动，这可能是导致异质薄膜带隙单调减小的原因。

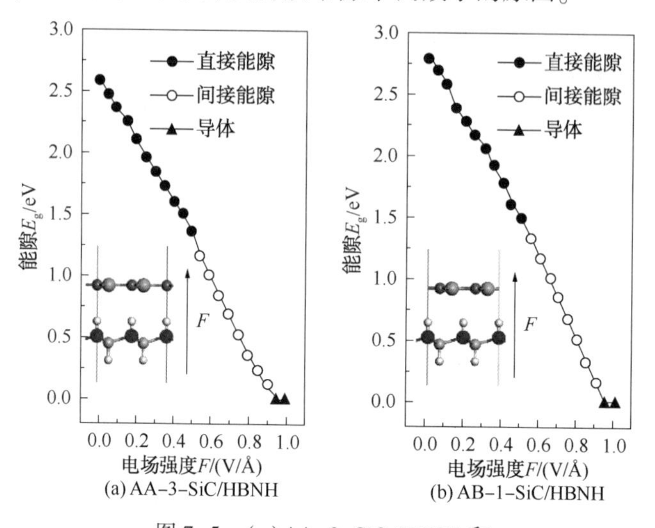


图 7-5 (a) AA-3-SiC/HBNH 和 (b) AB-1-SiC/HBNH 异质薄膜带隙 $E_g$ 依赖于电场强度 $F_{ext}$ 的变化规律图

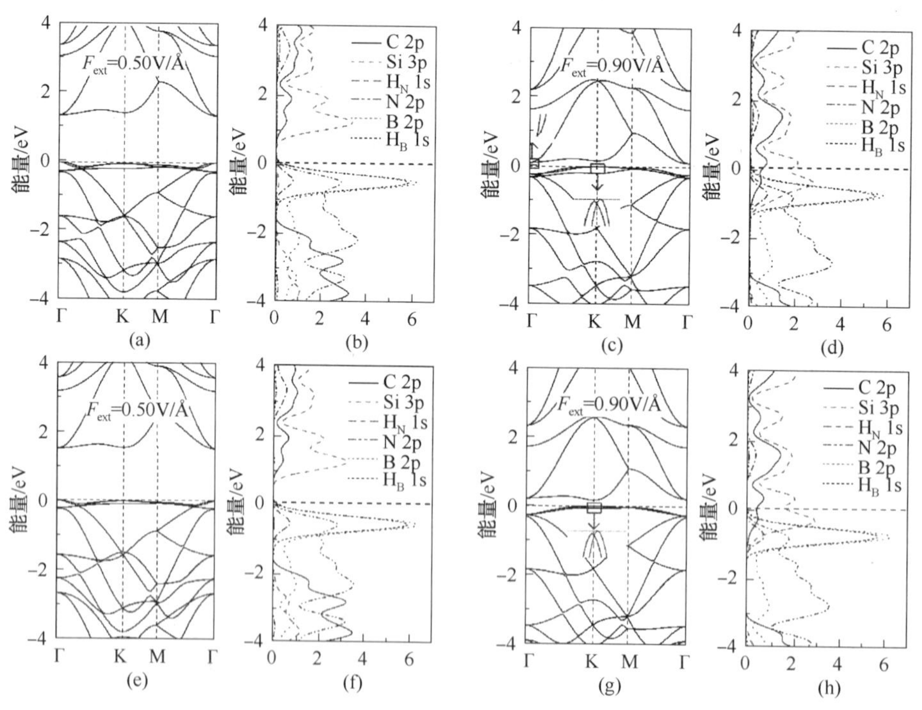


图 7-6 (a)～(d) AA-3-SiC/HBNH 和 (e)～(h) AB-1-SiC/HBNH 异质薄膜分别在电场强度 $F_{ext}$ = 0.50V/Å 和 $F_{ext}$ = 0.90V/Å 下能带结构图和部分态密度图

此外，通过电荷密度分布图分析来进一步讨论 AA-3-SiC/HBNH 和 AB-1-SiC/HBNH 异质薄膜载流子的输运情况。以这两种异质薄膜在外电场强度 $F_{ext}$ = 0.50V/Å 下的电荷密度分布图为例进行展示，如图 7-7 所示。研究发现，SiC 和 HBNH 纳米薄膜分别为电子和空穴提供不同的载流子输运通道，此时电子(空穴)跃迁过程是逐渐从 HBNH(SiC)移动到 SiC(HBNH)，这削弱了内电场 $F_{int}$的影响。随后，SiC(HBNH)的准费米能级开始下降(上升)，准费米能级的相对分离导致了更窄的带隙和更宽的能带偏移，当施加与 $F_{int}$ 方向相反的正向 $F_{ext}$时，SiC/HBNH 异质薄膜带隙随着 $F_{ext}$的增强而单调减小。值得注意的是，在正电场下更有效的光生载流子分离的性质使得异质结构适用于新型电子纳米器件。外电场 $F_{ext}$的进一步增加导致 AA-3-SiC/HBNH 和 AB-1-SiC/HBNH 异质薄膜的间接带隙持续单调减小。以图 5-5(c)~(d)和图 5-5(g)~(h)给出的 AA-3-SiC/HBNH 和(e)-(h)AB-1-SiC/HBNH 异质薄膜在电场强度 $F_{ext}$ = 0.90V/Å 下能带结构图和部分态密度图为例进行说明。研究发现，当电场强度 $0.50<F_{ext}\leqslant 0.90$V/Å 时，SiC/HBNH 异质薄膜的 CBM 和 VBM 不在布里渊区同一点上，展示出间接带隙，并且 CBM 主要由 SiC 层中 C 2p 和 Si 3p 轨道来决定的，而 VBM 主要由 HBNH 层中 B 2p、N 2p、$H_N$ 1s 和 $H_B$ 1s 轨道来决定的，部分由 C 2p 和 Si 3p 轨道来决定的，此时光生载流子分离特性明显削弱。继续增加外电场强度，SiC/HBNH 异质薄膜最终导致金属转变。

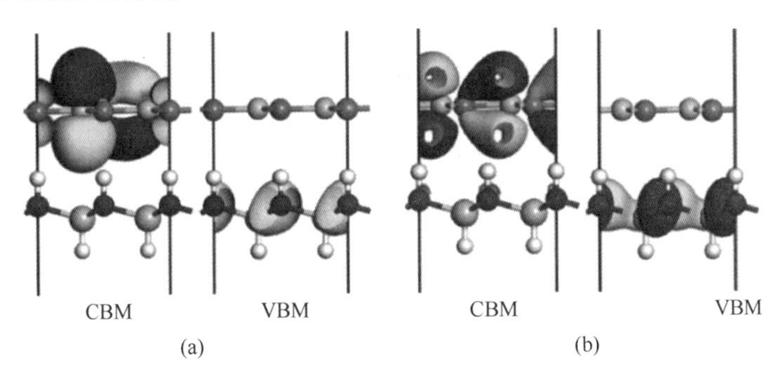


图 7-7　(a)AA-3-SiC/HBNH 和(b)AB-1-SiC/HBNH 异质薄膜分别在电场强度 $F_{ext}$ = 0.50V/Å 下电荷密度分布图

最后，对异质薄膜在外电场作用下电荷分布情况进行深入分析。图 7-8 给出 AA-3-SiC/HBNH 和 AB-1-SiC/HBNH 异质薄膜在电场作用下电荷转移变化趋势以及差分电荷密度图。Hirshfeld 电荷转移分析发现，伴随电场强度 $F_{ext}$的增加，Si 原子和吸附在 N 表面上的 $H_N$原子失去电子的电荷量逐渐增加，吸附在 N 表面上的 $H_N$原子得到电子的电荷量也逐渐增加，而其他原子的电荷转移量相对较小。通过差分电荷密度图分析可以发现，在不同外电场强度作用下，SiC 层和 HBNH 层之间的相互作用始终为范德华力相互作用，并没有形成化学键。值得注意的是，SiC 层与 HBNH 层之间的电荷转移量随着电场强度 $F_{ext}$ 的增加而增多。同时，界面之间的距离 $l$ 在电场的作用下也将缩短。这都说明了电场促使异质薄膜之间的范德华力相互作用增强。由此，电场促使 SiC/HBNH 异质薄膜从直接半导体转变间接半导体，甚至转变为导体。

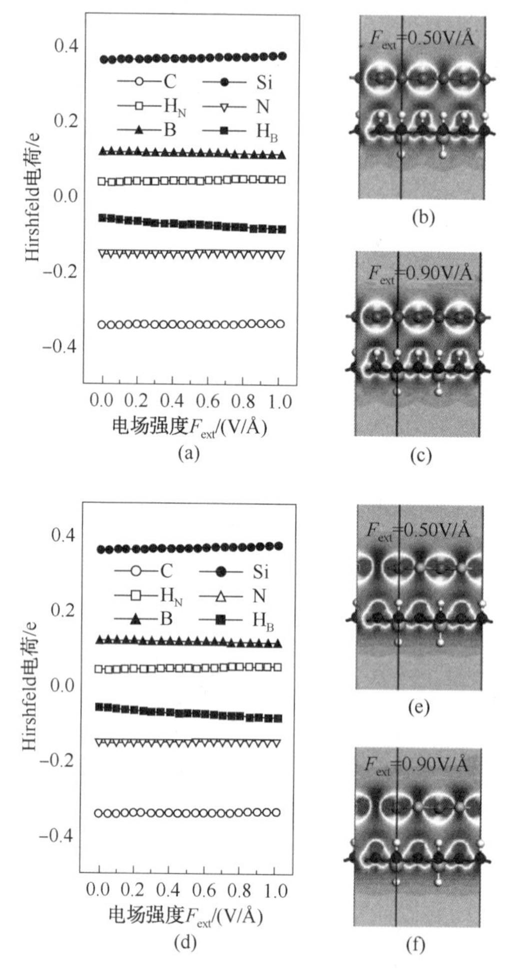


图 7-8 (a)~(c)AA-3-SiC/HBNH 和(d)~(f)AB-1-SiC/HBNH 异质薄膜在外电场强度 $F_{ext}$ 下原子 Hirshfeld 电荷量变化规律图和差分电荷密度图

## 7.7 本章小结

采用基于密度泛函理论并考虑原子间范德华力相互作用的第一性原理，系统研究了堆垛类型和电场对 SiC/HBNH 异质薄膜原子结构和电学性质的调控作用。

(1) 当堆垛类型相同时，Si 和 C 原子相对 HBNH 薄膜的位置将决定其结构稳定性。堆垛类型不同可有效调节 SiC/HBNH 异质薄膜的带隙，这是由异质薄膜间的相互作用决定的。SiC/HBNH 异质薄膜可为电子和空穴分别提供不同的载流子输运通道，从而有效地改善了电子和空穴载流子输运机制。

（2）当施加垂直异质薄膜的外电场时，两种稳定的异质薄膜结构将会由直接带隙转变为间接带隙，甚至转变为导体，这主要是由电场增强异质薄膜相互作用引起的，从而导致内部电子结构发生变化。

该研究结果证实了堆垛类型和电场可有效调节 SiC/HBNH 异质薄膜的电学性质，为其在新型电子纳米器件中的应用提供了重要的理论指导。

# 8 锡烯/$XS_2$异质结构体系的电学性质

在寻找有前途的材料的过程中，层状过渡金属双卤代化合物(TMDs)一直是二维材料的重要成员，特别是 $XS_2$和 $XSe_2$(X=Mo、W)，具有许多突出的物理性质。低维 $MoS_2$和 $WS_2$有望在纳米技术中得到重要的应用。本章中，选择了 $XS_2$衬底和和 $XSe_2$(X=Mo、W)，即 $MoS_2$、$WS_2$、$MoSe_2$和 $WSe_2$四种衬底。这四种衬底与锡烯相结合，形成锡烯/$XS_2$和 $XSe_2$(X=Mo、W)异质结构体系。主要通过分析外场(外加电场和外部应变)下锡烯/$XS_2$和锡烯/$XSe_2$异质结构体系的结合能、电荷转移、能带结构和部分态密度等，以研究 $XS_2$衬底对锡烯体系的原子结构和电学性质的影响，阐明在外加电场和外部应变作用下，锡烯/$XS_2$和锡烯/$XSe_2$异质结构体系直接带隙和载流子迁移率的变化趋势。

## 8.1 引言

类石墨烯材料的表面活性非常强，并且很容易被功能化，衬底的存在可以增加其结构稳定性。目前，大多数类石墨烯材料的制备主要集中在金属基底上，而与衬底之间强烈的相互作用会破坏硅烯的狄拉克锥结构，从而大大降低了类石墨烯载流子迁移率。因此，亟需找到一种合适的非金属衬底，与类石墨烯组成稳定的异质结构体系，并保留其狄拉克特性。此外，在狄拉克点处打开大量可调谐的带隙是电子应用的迫切需求。

Gao 等采用带有范德华修正的密度泛函理论，系统地研究了硅烯/$MoS_2$异质结构的几何性质和电子性质，结果表明硅烯/$MoS_2$异质分子层可成为逻辑电路和光子器件的候选材料。Zhu 等采用第一性原理研究了硅烯在半导体 $WS_{e2}$衬底上的稳定性和电子性质，结果表明，硅烯与 $WSe_2$衬底之间较强的相互作用破坏了硅烯/$WSe_2$异质结构体系的狄拉克锥结构。已有研究表明硅烷衬底可以调控硅烯的原子结构和电子性质，发现由于相对较弱的层间相互作用，可以使硅烯/硅烷异质体系的能带结构狄拉克锥结构基本保持不变，并且载流子的有效质量几乎不受衬底的影响。

Mojumde 等采用第一性原理的计算，研究了四种高对称构型的锗烯/AlP 范德华异质结构的几何构型和电子性质，发现这四种异质结构均打开了锗烯的带隙（200~460meV），包括直接带隙和间接带隙；考虑自旋轨道耦合后，锗烯/AlP 范德华异质结构的带隙减小了 20~90meV；应变和外电场可以对异质结构的电子结构有明显的调控作用，并具有较高的载流子迁移率。Pang 等利用范德华修正的第一性原理计算，研究了应变条件下 $MoS_2$ 衬底对锗烯电子和光学性质的影响，发现锗烯/$MoS_2$ 体系打开一个 62meV 的微小带隙的同时狄拉克锥保存良好。Fan 等利用第一性原理计算，发现二维层状材料硒化铟（InSe）纳米薄膜可以作为硅烯和锗烯的合适衬底，形成的稳定硅烯/InSe 和锗烯/InSe 异质结构可以打开一定程度的带隙，同时很好地保持狄拉克锥结构。

这些研究结果证实了合适的衬底可以有效调控类石墨烯的电学性质，促使其成为场效应晶体管、应变传感器、纳米电子学和自旋电子器件的潜在候选者。

## 8.2 模拟计算细节及相关公式说明

### 8.2.1 模拟方法和计算参数

本章采用范德华修正的情况下进行基于密度泛函理论（DFT）的自旋极化计算，应用 Materials Studio 中的 DMol3 模块，研究了外加电场和外部应变的作用下衬底（$XS_2$ 和 $XSe_2$）调控锡烯的原子结构和电学性质。相关交换函数使用广义梯度近似（GGA）中的 Perdew-Burke-Ernzerhof（PBE）方法。采用全电子效应核处理方法和双数字极化基组。众所周知，标准的 PBE 泛函不能很好地优化层间或原子间弱相互作用。本章采用 DFT-D（D 代表色散）方法，研究了 $XS_2$ 和 $XSe_2$（X＝Mo、W）衬底与锡烯之间的相互作用。构建了 2×2 锡烯和 3×3 衬底（$XS_2$ 和 $XSe_2$）的超晶胞，真空层为 15Å，以避免相邻两个膜之间的相互作用。对应 $k$ 点为 17×17×1。能量收敛容度、最大力收敛容度和最大位移收敛容度分别为 $1.0\times10^{-5}$ Ha、0.002Ha/Å 和 0.005Å。

### 8.2.2 相关公式说明

为了研究最稳定的构型，通过公式（8-1）计算锡烯/衬底体系的结合能 $E_b$。

$$E_b = E_{锡烯/衬底} - E_{锡烯} - E_{衬底} \tag{8-1}$$

其中，$E_b$ 表示锡烯/$XS_2$ 或 $XSe_2$（X＝Mo、W）衬底异质结构体系的结合能；$E_{锡烯/衬底}$ 表示锡烯/衬底异质结构体系的总能量；$E_{锡烯}$ 表示独立的锡烯（衬底支撑的锡烯）的能量；$E_{衬底}$ 表示每个 $MoS_2$、$WS_2$、$MoSe_2$ 或 $WSe_2$ 衬底的能量。根据公式（8-1），当结合能 $E_b$ 的绝对值越大，表明锡烯和衬底之间结合越强。

通过公式（5-6）计算体系的电子有效质量 $m_e$ 和空穴有效质量 $m_h$。采用公式

(5-7)计算电子和空穴两种载流子的迁移率 $\mu_e$ 和 $\mu_h$，以此来研究在衬底/锡烯的异质结构系统中锡烯保持着相对较高的载流子迁移率。

其中，$\hbar$表示普朗克常数，$k$ 表示波矢量，$E(k)$表示色散关系和 $\tau$ 表示散射时间。

应变可以根据公式(8-2)进行计算，

$$\varepsilon=(a-a_0)/a_0 \tag{8-2}$$

其中，$a_0$为最稳定的锡烯/衬底异质结构体系的晶格常数，$a$ 为锡烯/衬底异质结构体系施加拉应变或压应变的晶格常数。

## 8.3 锡烯/$MoS_2$ 异质结构体系

$MoS_2$是一种二维半导体材料，具有六角形原子排列的层状石墨烯结构。本章中计算得到 $MoS_2$的晶格常数为 3.199Å，锡烯的晶格常数为 4.643Å，这与其他报道的理论值基本吻合。3×3 的 $MoS_2$衬底和 2×2 的锡烯超晶胞之间的晶格错配度只有 0.3%，因此很容易形成锡烯/$MoS_2$异质结构体系。每个锡烯/$MoS_2$异质结构体系的晶胞有 8 个 Sn 原子、9 个 Mo 原子和 18 个 S 原子。本章考虑了五种锡烯/$XS_2$异质结构体系的构型，如图 8-1 所示，其中 $MoS_2$衬底的中心 Mo 原子和 S 原子分别位于 Sn 原子形成的六边形中心的下方(Sn-$MoS_2$-C-Mo、Sn-$MoS_2$-C-S)、Mo 原子与 S 原子形成的六边形位于 Sn 原子形成的六边形正下方(Sn-$MoS_2$-H)、Mo 原子和 S 原子分别位于锡烯上层原子正下方(Sn-$MoS_2$-T-Mo、Sn-$MoS_2$-T-S)。

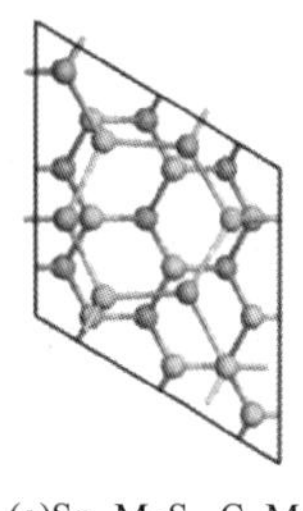
(a)Sn-$MoS_2$-C-Mo

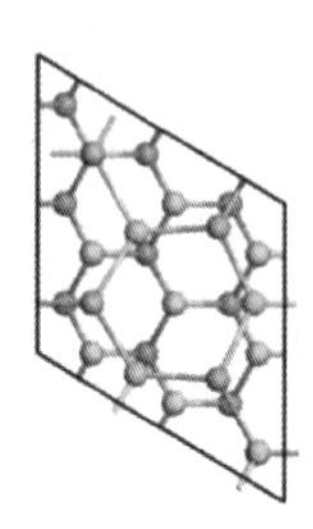
(b)Sn-$MoS_2$-C-S

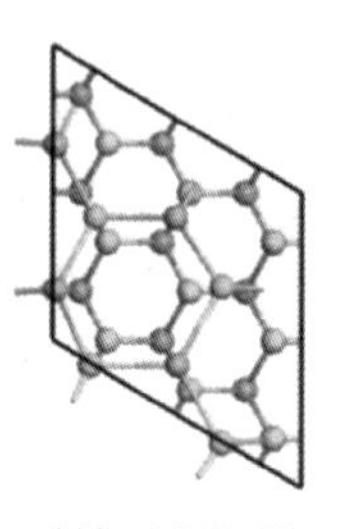
(c)Sn-$MoS_2$-H

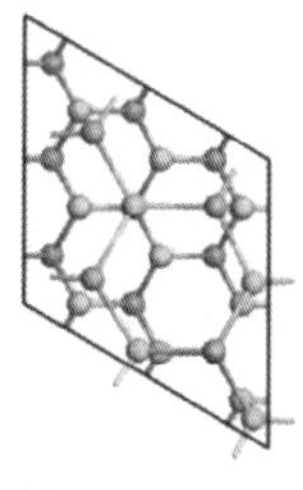
(d)Sn-$MoS_2$-T-Mo

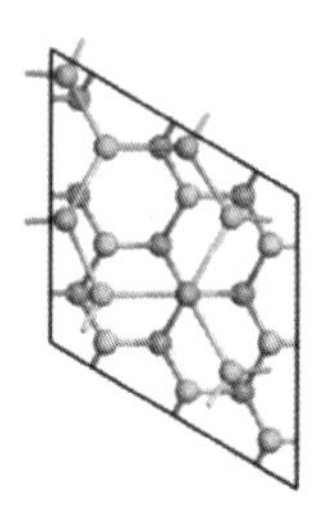
(e)Sn-$MoS_2$-T-S

图 8-1　五种锡烯/$MoS_2$体系构型示意图

由表 8-1 可知，五种锡烯/$MoS_2$异质结构体系之间的结合能差很小，说明锡烯/$MoS_2$异质结构体系对堆垛方式不太敏感。优化的 Sn-$MoS_2$-H 构型锡烯/$MoS_2$体系的结构将会趋向于 Sn-$MoS_2$-C-S 构型的锡烯/$MoS_2$体系，因此该结构并不稳定。选取了结构相对稳定的 Sn-$MoS_2$-C-Mo 构型的锡烯/$MoS_2$体系进行原子结构和电学性质研究。如表 8-1 所示，根据公式(8-1)计算锡烯/$MoS_2$异质结构体系的五种结构的结合能 $E_b$得知，最稳定的构型是 Sn-$MoS_2$-C-Mo 构型的锡烯/$MoS_2$体系，它的结合能为-0.597eV，其 Mo 原子在原子组成的六边形中心，对称中心与锡烯的对称中心平行。同时，在锡烯/$MoS_2$异质结构体系中，计算得出 $MoS_2$衬底与锡烯的层间距为 2.81Å，锡烯的最大翘曲高度为 1.29Å。计算结果表明五种锡烯/$MoS_2$异质结构体系中，Sn-$MoS_2$-C-Mo 构型的锡烯/$MoS_2$体系之间的相互作用最强，再次证实 Sn-$MoS_2$-C-Mo 构型的锡烯/$MoS_2$体系为最稳定的构型，这与上述 $E_b$值得出的结论一致。Mulliken 电荷分析显示，Sn-$MoS_2$-C-Mo 构型锡烯/$MoS_2$体系中 $MoS_2$衬底得到电子 0.431e，锡烯上层 $Sn_{L1}$原子得到电子 0.576e，下层 $Sn_{L2}$原子失去电子 1.007e。由此可见，$MoS_2$衬底与锡烯之间的相互作用打破了锡烯两个亚晶格的对称性，导致了锡烯的电荷再分配。

**表 8-1　五种构型的锡烯/$MoS_2$体系中 $MoS_2$与锡烯的结合能 $E_b$、层间距离 $H$、翘曲高度 $d$ 以及 $MoS_2$衬底转移电荷量 $Q$**

| 项目 | Sn-$MoS_2$-C-Mo | Sn-$MoS_2$-C-S | Sn-$MoS_2$-H | Sn-$MoS_2$-T-Mo | Sn-$MoS_2$-T-S |
|---|---|---|---|---|---|
| $E_b$/eV | -0.597 | -0.592 | -0.596 | -0.596 | -0.592 |
| $H$/Å | 2.81 | 2.80 | 2.80 | 2.81 | 2.80 |
| $d$/Å | 1.29 | 1.06 | 1.29 | 1.29 | 1.05 |
| $Q$/e | -0.431 | -0.421 | -0.439 | -0.430 | -0.421 |

### 8.3.1　无外场下锡烯/$MoS_2$异质结构体系

理想锡烯和单独的 $MoS_2$半导体的能带结构图以及部分态密度(PDOS)图在图 8-2 中给出。众所周知，锡烯是一种零带隙材料，在费米能级上具有线性带色散，狄拉克锥位于 $k$ 点，如图 8-2(a)所示。图 8-2(b)中理想锡烯的 PDOS 表明在 $k$ 点附近的能带主要由 Sn 5p 轨道贡献。$MoS_2$单层具有 987.7meV 的直接带隙，在图 8-2(c)中给出。单独 $MoS_2$衬底的 PDOS 图在图 8-2(d)中给出，分析可知，在费米面附近，其价带顶(VBM)和导带底(CBM)均由 Mo 4d 轨道决定。

图 8-3(a)给出了 Sn-$MoS_2$-C-Mo 构型的锡烯/$MoS_2$体系的原子结构图。图 8-3(b)给出了该体系的电子能带结构图和部分态密度(PDOS)图。通过分析能带结构图可知，Sn-$MoS_2$-C-Mo 构型的锡烯/$MoS_2$体系具有 28.3meV 的直接带隙，VBM 和导带底 CBM 仍然位于布里渊区 $k$ 点。与图 8-2(b)和图 8-2(d)相比较，通过分析 PDOS 图可知，锡烯与 $MoS_2$衬底存在一定的相互作用。Sn-$MoS_2$-C-Mo 构型的锡烯/$MoS_2$体系中的 Mo 4d、$S_{L1}$ 3p、$S_{L2}$ 3p、$Sn_{L1}$ 5p 和 $Sn_{L2}$ 5p 轨道在费米面附近耦合作用最为强烈，且 VBM 和 CBM 由 $Sn_{L1}$ 5p 和 $Sn_{L2}$5p 轨道决定。由此可见，$MoS_2$衬底的作用使锡烯在打开了一个直接带隙的同时还保留了狄拉克锥的能带结构。

为了证实 Sn-$MoS_2$-C-Mo 构型的锡烯/$MoS_2$体系载流子迁移率的保持情况，根据公式(5-6)和公式(5-7)，计算得到 Sn-$MoS_2$-C-Mo 构型的锡烯/$MoS_2$体系

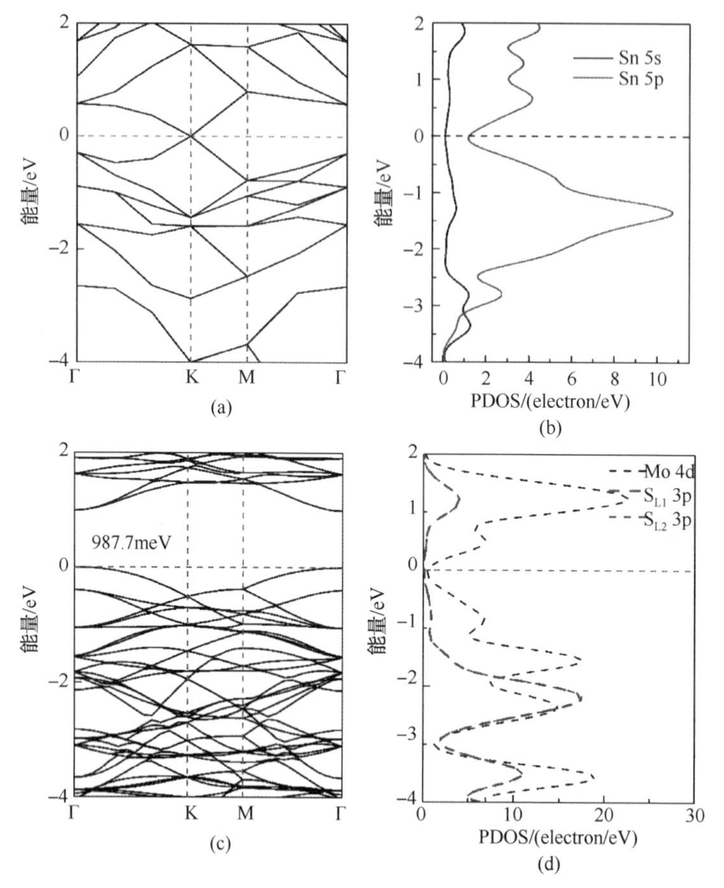


图 8-2　锡烯的(a)能带结构图，(b)PDOS 图；

$MoS_2$衬底的(c)能带结构图，(d)PDOS 图

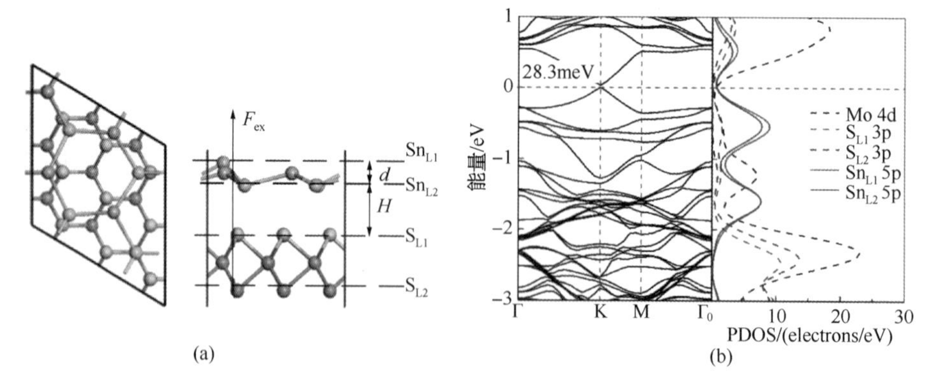


图 8-3　Sn-$MoS_2$-C-Mo 构型的锡烯/$MoS_2$体系的

(a)俯视和侧视图，(b)能带结构图和 PDOS 图

中电子和空穴载流子有效质量 $m_e$ 和 $m_h$ 分别是理想锡烯的 0.05 倍和 0.06 倍，电子和空穴载流子迁移率 $\mu_e$ 和 $\mu_h$ 分别为理想锡烯的 19.10 倍和 17.46 倍。因此，$MoS_2$ 衬底与锡烯之间的相互作用不仅保留了 Sn-$MoS_2$-C-Mo 构型的锡烯/$MoS_2$ 体系的狄拉克锥结构，还提高了该体系的载流子迁移率。

## 8.3.2 外加电场下锡烯/$MoS_2$ 异质结构体系

为了研究外加电场对锡烯/$MoS_2$ 异质结构体系电学性质的影响，对 Sn-$MoS_2$-C-Mo 构型的锡烯/$MoS_2$ 体系施加电场，电场方向在图 8-3(a) 中给出。该体系的直接带隙 $E_g$ 伴随着外加电场强度 $F_{ex}$ 的变化趋势如图 8-4 所示。值得注意的是，在外加正电场作用下，Sn-$MoS_2$-C-Mo 构型的锡烯/$MoS_2$ 体系的直接带隙随着 $F_{ex}$ 的增加先减小，在 $F_{ex}$ = 0.025V/Å 时下降到最小值约 18.0meV。由此可见，$MoS_2$ 与锡烯之间电荷转移 $Q$ 引起的内电场方向与外加电场方向相反，导致复合电场强度最低。根据 $k$ 点的双带模型，带隙与复合电场的强度成正比。$F_{ex}$ 进一步升高时，Sn-$MoS_2$-C-Mo 构型的锡烯/$MoS_2$ 体系的直接带隙开始线性增加，当 $F_{ex}$ = 0.150V/Å 时，体系的直接带隙值达到最大约 230.3meV，如图 8-4 插图所示，此时 VBM 和 CBM 仍然位于布里渊区 $k$ 点处。同时，分析 Sn-$MoS_2$-C-Mo 构型的锡烯/$MoS_2$ 体系的 PDOS 图可知，当该体系可打开的直接带隙值达到最大时，尽管系统的 Mo 4d、$S_{L1}$ 3p 和 $S_{L2}$ 3p 轨道向更高能量移动，VBM 和 CBM 仍然主要由 $Sn_{L1}$ 5p 和 $Sn_{L2}$ 5p 轨道决定。$F_{ex}$ 进一步增强时，直接带隙可以转化为间接带隙。在外加负电场作用下，Sn-$MoS_2$-C-Mo 构型的锡烯/$MoS_2$ 体系的直接带隙随着 $F_{ex}$

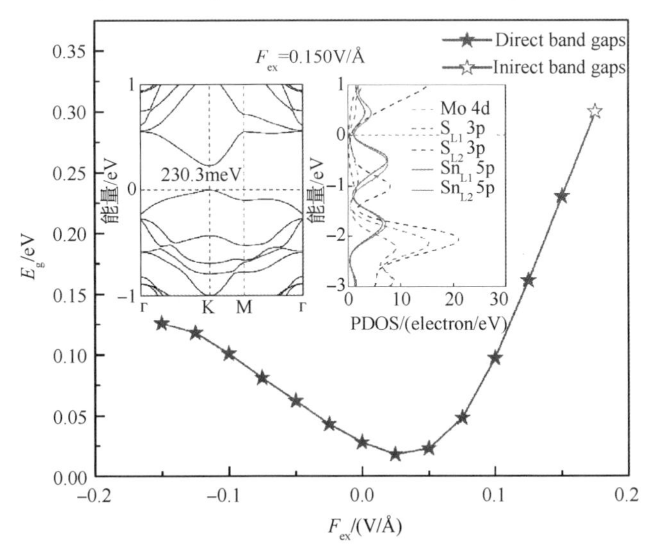


图 8-4 Sn-$MoS_2$-C-Mo 构型的锡烯/$MoS_2$ 体系的带隙 $E_g$ 随 $F_{ex}$ 变化的函数图

插图分别显示了在 $F_{ex}$ = 0.150V/Å 处该体系的能带结构图和 PDOS 图

的增加近似线性增加，在 $F_{ex}$=-0.150V/Å 时，该体系在外加负电场作用下能够打开的直接带隙值达到最大。$F_{ex}$进一步升高时，Sn-$MoS_2$-C-Mo 构型的锡烯/$MoS_2$体系的带隙逐渐变宽，并转化为间接带隙。因此，外加电场有利于线性调整 Sn-$MoS_2$-C-Mo 构型的锡烯/$MoS_2$体系的直接带隙，并保持了一定程度上的狄拉克锥的能带结构特点。

进一步分析 Sn-$MoS_2$-C-Mo 构型的锡烯/$MoS_2$体系在外加电场作用下的电荷转移情况，如图 8-5 所示，可以看出在外加电场作用下，$MoS_2$始终为受体物质。外加正电场作用下，随着电场强度的增加，$MoS_2$衬底获得的电子逐渐增多，锡烯中上层 $Sn_{L1}$原子获得的电子缓慢增加，而锡烯中下层 $Sn_{L2}$原子失去的电子逐渐增多。在外加负电场作用下，随着电场强度的增加，$MoS_2$衬底和锡烯中上层 $Sn_{L1}$原子得到的电子逐渐减小，当 $F_{ex}$=-0.125V/Å 时，锡烯中上层 $Sn_{L1}$原子得到的电子最少约为 0.060e。当 $F_{ex}$进一步增加时，锡烯中上层 $Sn_{L1}$原子开始失去电子。同时，锡烯中下层 $Sn_{L2}$原子失去的电子随着外加负电场强度的增加而减小。

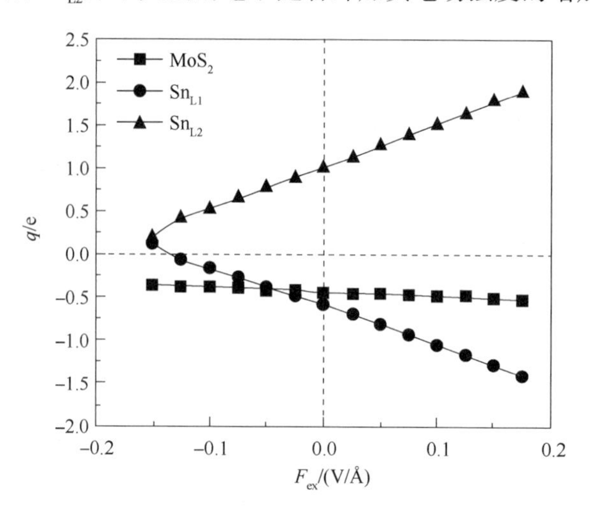


图 8-5 Sn-$MoS_2$-C-Mo 构型的锡烯/$MoS_2$体系中 $MoS_2$、$Sn_{L1}$和 $Sn_{L2}$原子之间电荷转移量 $q$ 作为 $F_{ex}$的函数图

值得注意的是，当 $F_{ex}$=0V/Å 时，锡烯整体处于失去电荷状态，而 $MoS_2$衬底得到较大的电荷量。由此，锡烯与 $MoS_2$衬底之间的相互作用可能促使锡烯/$MoS_2$异质结构体系产生的内电场，方向为从锡烯指向 $MoS_2$衬底。所以，没有外加电场作用下，Sn-$MoS_2$-C-Mo 构型的锡烯/$MoS_2$体系可以打开 28.3meV 的直接带隙。在外加正电场作用下，由于锡烯整体始终是失去电荷，而 $MoS_2$衬底始终得到电荷。锡烯/$MoS_2$异质结构体系内电场方向与外加正电场方向相反，而与外加负电场方向相同。当 $F_{ex}$=0.025V/Å 时，外加正电场和体系内电场协同作用导致该体系的直接带隙有一个稍微减小的趋势，随后，随着外加电场强度 $F_{ex}$

的增大该体系的直接带隙会线性增大。由此可知，外加电场打破了 Sn-$MoS_2$-C-Mo 构型的锡烯/$MoS_2$体系中锡烯亚晶格之间的电荷分布平衡，从而增大了体系的带隙，且外加电场方向越正，锡烯亚晶格之间电荷差异越大，因此，外加正电场作用对 Sn-$MoS_2$-C-Mo 构型的锡烯/$MoS_2$体系的直接带隙的调控效果更佳。

为了证实 Sn-$MoS_2$-C-Mo 构型的锡烯/$MoS_2$体系在外加电场的作用下保留了较高的载流子迁移率，本节中，计算了正负外加电场下作用下整个体系分别打开的直接带隙最大时的载流子迁移率，即 $F_{ex}=0.150$V/Å 时，计算得到 Sn-$MoS_2$-C-Mo 构型的锡烯/$MoS_2$体系中 $m_e$和 $m_h$分别是理想锡烯无外场时的 0.16 倍和 0.35 倍，载流子迁移率 $\mu_e$和 $\mu_h$分别为理想锡烯无外场时的 6.17 倍和 2.83 倍。$F_{ex}=-0.150$V/Å 时，计算得到 Sn-$MoS_2$-C-Mo 构型的锡烯/$MoS_2$体系中 $m_e$和 $m_h$均约为理想锡烯无外场时的 0.09 倍，载流子迁移率 $\mu_e$和 $\mu_h$分别为理想锡烯无外场时的 11.36 倍和 10.69 倍。因此，Sn-$MoS_2$-C-Mo 构型的锡烯/$MoS_2$体系在外加电场作用下可以保持一定程度的载流子迁移率。

### 8.3.3 外部应变下锡烯/$MoS_2$异质结构体系

Sn-$MoS_2$-C-Mo 构型的锡烯/$MoS_2$体系的带隙 $E_g$伴随应变 $\varepsilon$ 的变化趋势如图 8-6 所示。可以看出，随着拉应变的增加，Sn-$MoS_2$-C-Mo 构型的锡烯/$MoS_2$体系打开的直接带隙先是线性降低，当 $\varepsilon=2\%$时直接带隙值达到最低约 4.6meV，这是因为当对 Sn-$MoS_2$-C-Mo 构型的锡烯/$MoS_2$体系施加拉应变时，该体系的晶格参数增大，导致锡烯的 Sn—Sn 键合长度增大，但翘曲高度降低，导致锡烯与 $MoS_2$之间的相互作用减弱，从而导致带隙减小。当拉应变继续逐渐增加，该体系的直接带隙开始近似线性增加，当拉应变增加到 $\varepsilon>4\%$时，该系统中的直接带隙则转变为间接带隙。但是，伴随着压应变的增加，Sn-$MoS_2$-C-Mo 构型的锡烯/$MoS_2$体系可打开的直接带隙线性增加，当压应变 $\varepsilon=-3\%$时，该体系可打开的直接带隙值达到最大约 63.2meV，如图 8-6 所示，此时 VBM 和 CBM 依然位于布里渊区 $k$ 点处，且狄拉克锥结构得到了很大程度的保持。分析 PDOS 图可知，当 Sn-$MoS_2$-C-Mo 构型的锡烯/$MoS_2$体系可打开的直接带隙达到最大时，系统的 VBM 和 CBM 由 Mo 4d、$Sn_{L1}$ 5p 和 $Sn_{L2}$ 5p 轨道共同决定，表明了此时 $MoS_2$衬底与锡烯之间具有很强烈的相互作用，同时在费米面处，Mo 原子、S 原子和 Sn 原子的耦合作用最强。研究结果表明当对 Sn-$MoS_2$-C-Mo 构型的锡烯/$MoS_2$体系施加压应变时，尽管 Sn—Sn 键合长度变短，但翘曲高度增加，导致锡烯与 $MoS_2$之间的相互作用增强，从而导致带隙增大。因此，Sn-$MoS_2$-C-Mo 构型的锡烯/$MoS_2$体系的直接带隙更有利于在压应变作用下线性调控，并在很大程度上维持该体系的狄拉克锥结构和载流子迁移率。

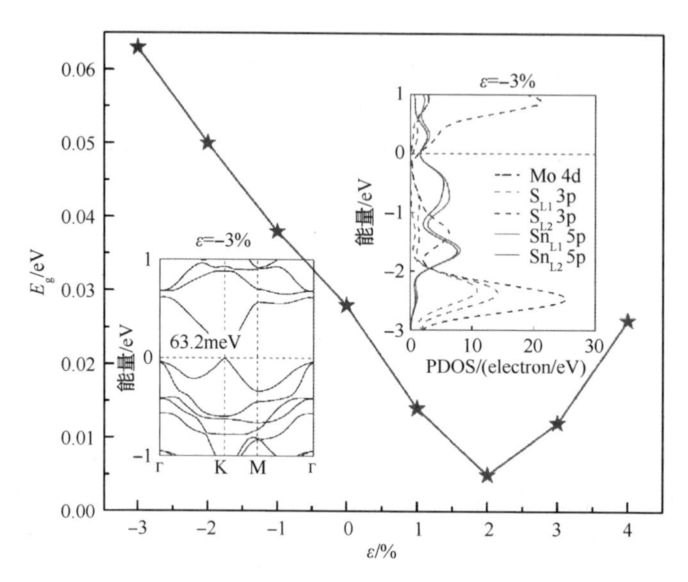


图 8-6　Sn-$MoS_2$-C-Mo 构型的锡烯/$MoS_2$体系的带隙 $E_g$随外部应变 $\varepsilon$ 变化的函数图

注：插图分别显示了在 $\varepsilon$=-3%处该体系的能带结构图和 PDOS 图

图 8-7 给出 Sn-$MoS_2$-C-Mo 构型的锡烯/$MoS_2$体系在应变作用下的电荷转移情况，可以看出在外部应变的作用下，$MoS_2$始终为受体物质。随着拉应变的增加，$MoS_2$衬底所获得的电子也会逐步增加，而锡烯中上层 $Sn_{L1}$原子得到的电子逐渐减少，锡烯中下层 $Sn_{L2}$原子失去的电子逐渐减少，促使锡烯的电荷分布不均匀性在逐渐减小，但 $MoS_2$得到的电子数量在逐渐增加，这促使了该体系在拉应变作用下直接带隙值先降低后增加。然而，随着压应变的增加，$MoS_2$衬底得到的电子会小幅度地减少，而锡烯中上层 $Sn_{L1}$原子得到的电子逐渐上升，锡烯中下层 $Sn_{L2}$原子所失去的电子也逐步升高，促使锡烯的电荷分布不均匀性在逐渐增强。由此，在压应变作用，Sn-$MoS_2$-C-Mo 构型的锡烯/$MoS_2$体系的直接带隙呈现线性增加趋势。

由此可知，在 Sn-$MoS_2$-C-Mo 构型的锡烯/$MoS_2$体系中，随着压应变的增强，尽管锡烯失去的电荷量会略微减小，但是锡烯亚晶格之间的电荷分布不均更加显著，而拉应变的增强，则会使锡烯失去的电荷量增大，但是降低了锡烯亚晶格间的电荷分布不均。此外，因锡烯与 $MoS_2$衬底之间的交互作用而产生的内电场会对 Sn-$MoS_2$-C-Mo 构型的锡烯/$MoS_2$体系的电荷量和带隙产生影响。所以在多方面因素的影响下，该体系的直接带隙在拉应变下会先呈现一个减小后增大的趋势。施加压应变会导致 Sn-$MoS_2$-C-Mo 构型的锡烯/$MoS_2$体系直接带隙 $E_g$的增大，而拉应变的施加则使直接带隙始终小于原始值。此结果再次证实了 Sn-$MoS_2$-C-Mo 构型的锡烯/$MoS_2$体系的直接带隙更有利于在压应变作用下线性调控，并在很大程度上维持了该体系的狄拉克锥结构。该研究结果表明外部应变的作用对锡烯/$MoS_2$异质结构体系的电子性质具有显著的影响。

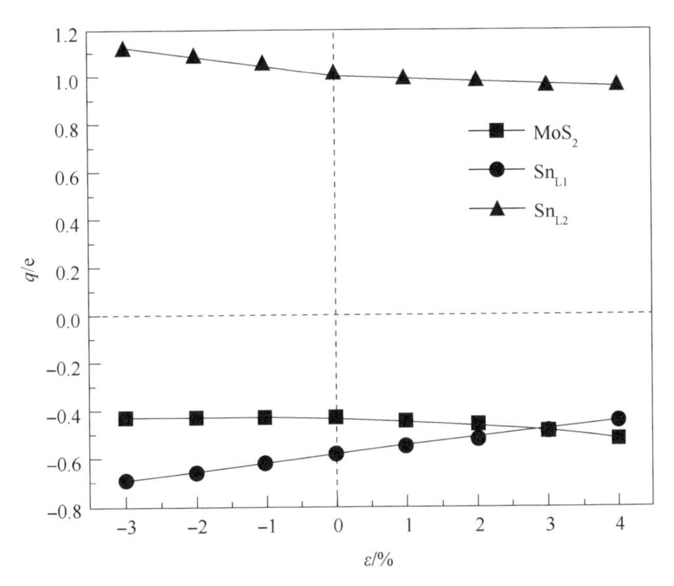


图 8-7　$Sn-MoS_2-C-Mo$ 构型的锡烯/$MoS_2$体系中，
$MoS_2$、$Sn_{L1}$和 $Sn_{L2}$原子之间 $q$ 作为应变 $\varepsilon$ 的函数图

此外，当 $\varepsilon=4\%$时，计算得到 $Sn-MoS_2-C-Mo$ 构型的锡烯/$MoS_2$体系中，$m_e$和 $m_h$分别是理想锡烯无外场时的 0.06 倍和 0.07 倍，载流子迁移率 $\mu_e$和 $\mu_h$分别为理想锡烯无外场时的 14.40 倍和 18.52 倍。$\varepsilon=-3\%$时，计算得到 $Sn-MoS_2-C-Mo$ 构型的锡烯/$MoS_2$体系中 $m_e$和 $m_h$分别为理想锡烯无外场时的 0.06 倍和 0.07 倍，载流子迁移率 $\mu_e$和 $\mu_h$分别为理想锡烯无外场时的 17.11 倍和 15.22 倍。由此可见，无论是施加拉应变还是压应变，$Sn-MoS_2-C-Mo$ 构型的锡烯/$MoS_2$体系的载流子迁移率都能够得到很大程度的保持。

## 8.4　锡烯/$WS_2$ 异质结构体系

单分子层 $WS_2$的晶格参数计算结果为 3.227Å，此结果与 Muoi 等报道结果一致。考虑到最大限度地减小堆积层之间的晶格失配，本节建立了 2×2 的锡烯超晶胞和 3×3 的 $WS_2$超晶胞，因此，它们之间有非常小的晶格失配，约为 0.3%，这表明锡烯单层与 $WS_2$单层可以很容易形成锡烯/$WS_2$异质结构体系。与锡烯/$MoS_2$体系异质结构相似，五种不同构型的锡烯/$WS_2$异质结构体系结构示意图如图 8-8 所示。

由表 8-2 可知，模拟计算出的五种锡烯/$WS_2$异质结构体系的结合能。结果表明 $Sn-WS_2-C-W$ 构型的锡烯/$WS_2$体系为五种不同体系中最稳定的结构，其结合能为-0.505eV，比其他四种锡烯/$WS_2$异质结构体系的结合能大了 0.005～

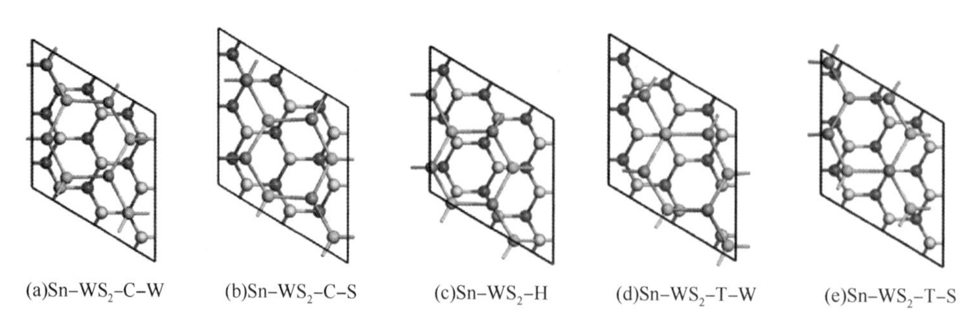


图 8-8　五种锡烯/$WS_2$体系构型的示意图

0.016eV。该体系的 W 原子在锡烯环中心，对称中心与锡烯的对称中心平行。同时，计算得出 $WS_2$衬底与锡烯层间距为 2.87Å，与 $WS_2$衬底作用后，锡烯的最大翘曲高度为 1.20Å，此研究结果表明，这五种锡烯/$WS_2$体系构型中，Sn-$WS_2$-C-W 构型的锡烯/$WS_2$体系之间的相互作用最强，这与上述 $E_b$值得出的结论一致。通过 Mulliken 电荷分析得知，Sn-$WS_2$-C-W 构型的锡烯/$WS_2$体系中 $WS_2$衬底得到电子 0.395e，锡烯上层 $Sn_{L1}$原子得到电子 0.538e，下层 $Sn_{L2}$原子失去电子 0.933e，这说明了 $WS_2$衬底与锡烯之间的相互作用打破了锡烯两个亚晶格之间的对称性，使锡烯两个亚晶格之间的电荷分布不再平衡。

**表 8-2　锡烯/$WS_2$体系的五种构型中 $WS_2$与锡烯的结合能 $E_b$、层间距离 $H$、翘曲高度 $d$ 以及 $WS_2$衬底转移电荷量 $Q$**

| 项目 | Sn-$WS_2$-C-W | Sn-$WS_2$-C-S | Sn-$WS_2$-H | Sn-$WS_2$-T-W | Sn-$WS_2$-T-S |
|---|---|---|---|---|---|
| $E_b$/eV | -0.505 | -0.499 | -0.489 | -0.499 | -0.500 |
| $H$/Å | 2.87 | 2.87 | 2.95 | 2.88 | 2.87 |
| $d$/Å | 1.20 | 0.99 | 0.96 | 1.19 | 0.98 |
| $Q$/e | -0.395 | -0.383 | -0.367 | -0.394 | -0.382 |

## 8.4.1　无外场下锡烯/$WS_2$异质结构体系

图 8-9 给出单独的 $WS_2$衬底的能带结构图和 PDOS 图。与锡烯不同的是，$WS_2$衬底具有 1321.6meV 的直接带隙，因此表现出半导体特性[图 8-9(a)]，这与 Li 等报道的计算结果相一致。分析图 8-9(b) PDOS 图可知，对于 $WS_2$薄膜，VBM 和 CBM 均由 W 5d 轨道决定。

图 8-10 给出 Sn-$WS_2$-C-W 构型的锡烯/$WS_2$体系的原子结构图、电子能带结构图和 PDOS 图。通过图 8-10(b) 中的能带结构图可以看出，Sn-$WS_2$-C-W 构型的锡烯/$WS_2$体系打开了 27.9meV 的直接带隙，同时，整个体系的狄拉克锥结构依然保存良好。分析图 8-10(b) 中的 PDOS 图可知，Sn-$WS_2$-C-W 构型的

锡烯/$WS_2$体系的 VBM 和 CBM 由 $Sn_{L1}$ 5p 和 $Sn_{L2}$ 5p 轨道决定，且费米面附近 $WS_2$ 衬底与锡烯相互作用最为强烈。

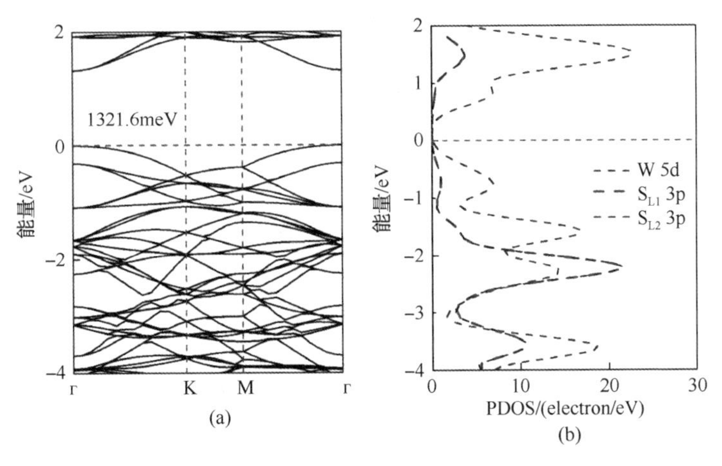


图 8-9　$WS_2$衬底的(a)能带结构图和(b)PDOS 图

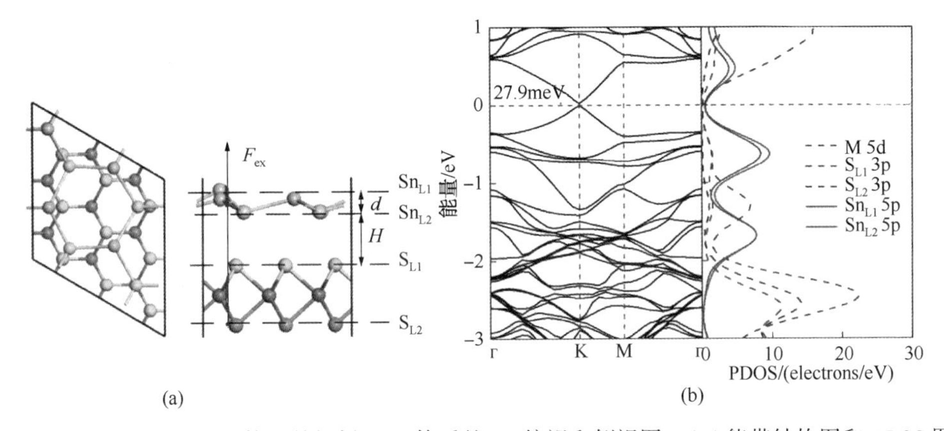


图 8-10　Sn-$WS_2$-C-W 构型的锡烯/$WS_2$体系的(a)俯视和侧视图，(b)能带结构图和 PDOS 图

根据公式(5-6)和公式(5-7)计算得到 Sn-$WS_2$-C-W 构型的锡烯/$WS_2$体系中 $m_e$和 $m_h$均分别约为理想锡烯的 0.05 倍，其$\mu_e$和$\mu_h$分别为理想锡烯的 20.77 和 19.25 倍。所以，$WS_2$衬底与锡烯的相互作用使 Sn-$WS_2$-C-W 构型的锡烯/$WS_2$体系打开了一个直接带隙，同时还保留了良好的狄拉克锥结构和较高的载流子迁移率。这些结果非常清楚地表明，锡烯与 $WS_2$衬底之间的相互作用对锡烯的电学性质有一定的影响。非零带隙的出现意味着 $WS_2$半导体材料也可能是锡基电子器件衬底的合适选择。

## 8.4.2　外加电场下锡烯/$WS_2$异质结构体系

本书研究了外加电场下 Sn-$WS_2$-C-W 构型的锡烯/$WS_2$体系的直接带隙 $E_g$伴

随着外加电场强度 $F_{ex}$ 的变化趋势如图 8-11 所示，电场方向在图 8-10(a)中给出。由此发现，在外加正电场的作用下，Sn-$WS_2$-C-W 构型的锡烯/$WS_2$体系的直接带隙随 $F_{ex}$ 的增加呈现近似线性增加，当 $F_{ex}$ = 0. 175V/Å 时，整个体系的直接带隙值达到最大约 298. 2meV，$F_{ex}$ 进一步增强时，该体系的直接带隙转化为间接带隙。在外加负电场作用下，Sn-$WS_2$-C-W 构型的锡烯/$WS_2$体系的直接带隙依然随着 $F_{ex}$ 的增加而增加，当 $F_{ex}$ 增加到大于-0. 100V/Å 时，直接带隙的布里渊区位置将会发生变化，而直接带隙值基本没有变化。由此，Sn-$WS_2$-C-W 构型的锡烯/$WS_2$体系的直接带隙在外加正电场下具有非常优异的调控作用。

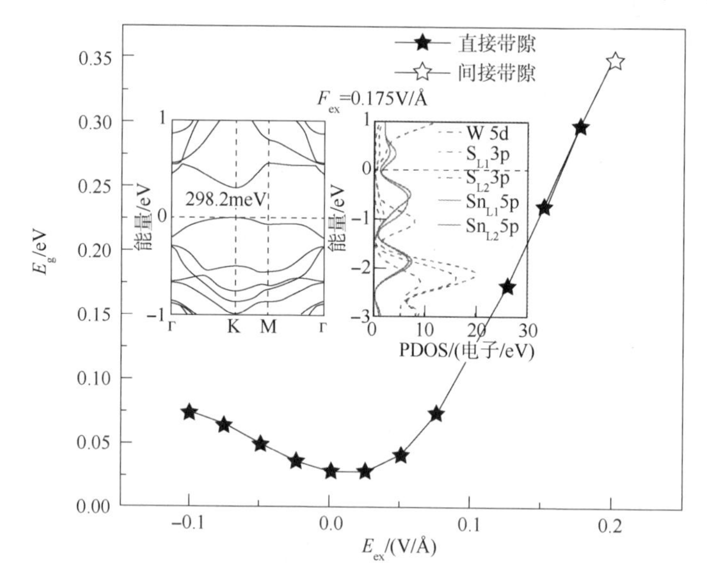


图 8-11　Sn-$WS_2$-C-W 构型的锡烯/$WS_2$体系的带隙 $E_g$ 随 $F_{ex}$ 变化的函数图
插图分别显示了在 $F_{ex}$ = 0. 175V/Å 处该体系的能带结构图和 PDOS 图

以 $F_{ex}$ = 0. 175V/Å 时 Sn-$WS_2$-C-W 构型的锡烯/$WS_2$体系的能带结构图和 PDOS 图来说明外加电场对该体系电学性质的影响，如图 8-11 中插图所示。通过能带结构图可以看出，电场的施加更大程度地打开了 Sn-$WS_2$-C-W 构型的锡烯/$WS_2$体系的直接带隙，同时 VBM 和 CBM 依然位于布里渊区 $k$ 点处。在电场作用下，该体系打开的直接带隙值达到最大时的 PDOS 图与无外场时体系的 PDOS 图相比，尽管 W 5d、$S_{L1}$ 3p 和 $S_{L2}$ 3p 轨道向更高能量移动，但是体系的价带顶和导带底仍然由 $Sn_{L1}$5p 和 $Sn_{L2}$ 5p 轨道决定，并且 $Sn_{L1}$5p 和 $Sn_{L2}$ 5p 轨道并不完全重合。由此可知，外加电场有利于线性调控 Sn-$WS_2$-C-W 构型的锡烯/$WS_2$体系的直接带隙，并且外加正电场的作用对该体系的直接带隙的线性调控效果更佳，同时还能保持一定程度的狄拉克锥结构。

接下来分析 Sn-$WS_2$-C-W 构型的锡烯/$WS_2$体系在外加电场作用下的电荷转

移情况，如图 8-12 所示，可以看出，在外加电场的作用下，$WS_2$始终为受体物质。在外加正电场作用下，随着电场强度的增加，$WS_2$衬底和锡烯中上层 $Sn_{L1}$原子获得的电子逐步增加，而锡烯中下层 $S_{nL2}$原子失去的电子也逐步增加。在外加负电场作用下，由于电场强度的增加，$WS_2$衬底和锡烯中上层 $Sn_{L1}$原子得到的电子逐步减小，同时，锡烯中下层 $Sn_{L2}$原子失去的电子随着外加负电场强度的增加而减少。

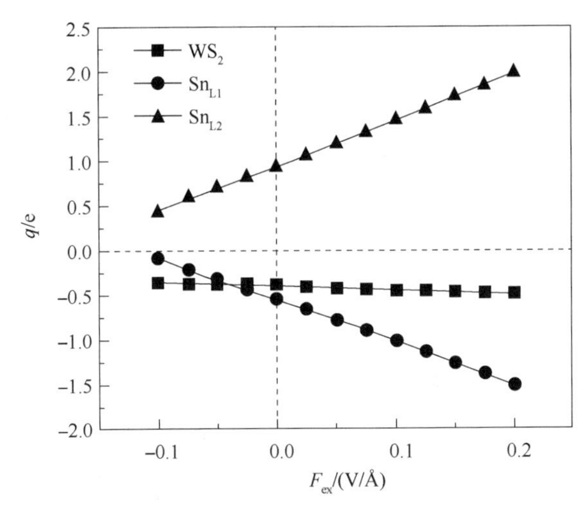


图 8-12　Sn-$WS_2$-C-W 构型锡烯/$WS_2$体系中 $WS_2$、$Sn_{L1}$和 $Sn_{L2}$原子之间 $q$ 作为 $F_{ex}$的函数图

由此可知，外加电场打破了 Sn-$WS_2$-C-W 锡烯/$WS_2$体系中锡烯亚晶格之间的电荷分布平衡，且外加电场方向越正，锡烯亚晶格之间电荷差异越大。因此，正外加电场的作用会更大程度地打开 Sn-$WS_2$-C-W 锡烯/$WS_2$体系的直接带隙。此外，锡烯与 $WS_2$衬底之间的电荷转移也会产生内电场。由此可见，外加电场和内电场协同作用造成了以上外加电场下该体系的直接带隙 $E_g$伴随着外加电场强度 $F_{ex}$的变化趋势。

为了证实 Sn-$WS_2$-C-W 构型的锡烯/$WS_2$体系载流子迁移率的保持情况，根据公式(5-6)和公式(5-7)分别计算了在正负外加电场强度下，该直接带隙值打开最大时体系的有效质量和载流子迁移率。即当 $F_{ex}$=0. 175V/Å 时，计算得到 Sn-$WS_2$-C-W 构型的锡烯/$WS_2$体系中电子和空穴有效质量 $m_e$和 $m_h$分别是理想锡烯无外场时的 0. 23 倍和 0. 81 倍，电子和空穴载流子迁移率$\mu_e$和$\mu_h$分别为理想锡烯无外场时的 4. 41 倍和 1. 23 倍。$F_{ex}$=−0. 100V/Å 时，计算得到 Sn-$WS_2$-C-W 构型的锡烯/$WS_2$体系中电子和空穴有效质量 $m_e$和 $m_h$均约为理想锡烯无外场时的 0. 07 倍，电子和空穴载流子迁移率 $\mu_e$和 $\mu_h$分别为理想锡烯无外场时的 14. 11 倍和 15. 31 倍。因此，对于 Sn-$WS_2$-C-W 构型的锡烯/$WS_2$体系，在外加电场作用下，其电子和空穴载流子迁移率得到了一定的提高。

### 8.4.3 外部应变下锡烯/$WS_2$异质结构体系

如图 8-13 所示，分析可知，施加应变后，Sn-$WS_2$-C-W 构型的锡烯/$WS_2$体系的 VBM 和 CBM 依然在布里渊区 $k$ 点处，同时保留了良好狄拉克锥结构。通过分析 PDOS 图可知，尽管该体系中 W 5d、$S_{L1}$ 3p 和 $S_{L2}$ 3p 轨道向较低能量移动，但是 VBM 和 CBM 依然由 $Sn_{L1}$ 5p 和 $Sn_{L2}$ 5p 轨道决定。继续增加压应变，直接带隙转化为间接带隙。由此可见，压应变的施加更有利于线性调节 Sn-$WS_2$-C-W 构型的锡烯/$WS_2$体系的直接带隙，在狄拉克锥结构保持良好的同时还保留了一定程度的载流子迁移率。

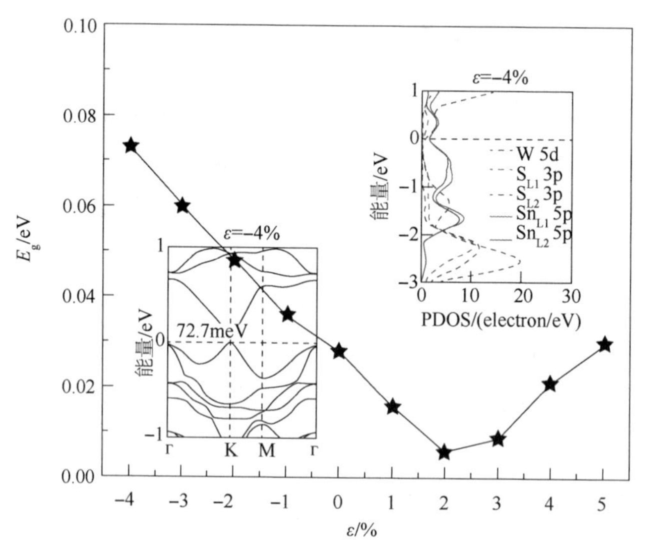


图 8-13　Sn-$WS_2$-C-W 构型的锡烯/$WS_2$体系的带隙 $E_g$随应变 $\varepsilon$ 变化的函数图

注：插图分别显示了在 $\varepsilon=-4\%$处该体系的能带结构图和 PDOS 图

进一步分析 Sn-$WS_2$-C-W 构型的锡烯/$WS_2$体系在应变作用下的电荷转移情况，如图 8-14 所示，应变作用下，$WS_2$始终为受体物质。随着拉应变的增加，$WS_2$衬底得到的电子逐渐增多，而锡烯中上层 $Sn_{L1}$ 原子获得的电子逐步降低，锡烯中下层 $Sn_{L2}$原子所失去的电子也逐步降低。然而，随着压应变的增加，$WS_2$衬底得到的电子小幅度增多，而锡烯中上层 $Sn_{L1}$ 原子获得的电子逐渐增多，下层 $Sn_{L2}$原子所失去的电子会逐渐增多。

最后计算 Sn-$WS_2$-C-W 构型的锡烯/$WS_2$体系在应变作用下，其载流子迁移率的变化趋势。当外部应变 $\varepsilon=5\%$时，Sn-$WS_2$-C-W 构型的锡烯/$WS_2$体系中 $m_e$和 $m_h$分别是理想锡烯的无外场时的 0.07 倍和 0.06 倍，载流子迁移率 $\mu_e$和 $\mu_h$分别为理想锡烯无外场时的 15.52 倍和 15.15 倍。$\varepsilon=-4\%$时，计算得到 Sn-$WS_2$-C-W 构型的锡烯/$WS_2$体系中 $m_e$和 $m_h$分别为理想锡烯无外场时的 0.05 倍和 0.06

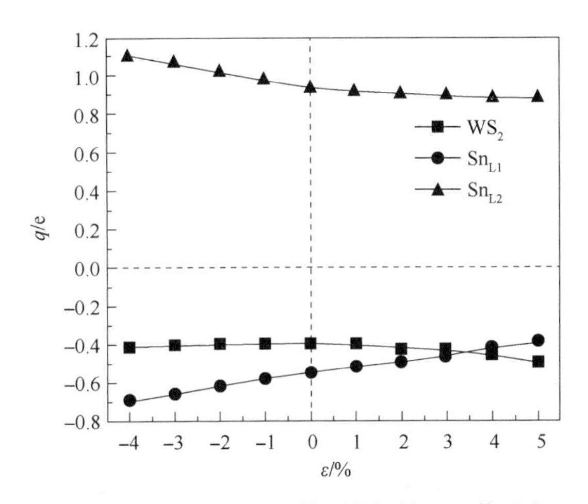


图 8-14　Sn-$WS_2$-C-W 构型的锡烯/$WS_2$体系中

$WS_2$、$Sn_{L1}$和 $Sn_{L2}$原子之间 $q$ 作为应变 $\varepsilon$ 的函数图

倍，载流子迁移率$\mu_e$和$\mu_h$分别为理想锡烯无外场时的 17.92 倍和 15.95 倍。因此，Sn-$WS_2$-C-W 锡烯/$WS_2$体系在拉伸和压应变的作用下皆可以一定程度上增大载流子迁移率。

## 8.5　锡烯/$MoSe_2$ 异质结构体系

单层 $MoSe_2$ 是一种类似于 $MoS_2$ 的半导体材料，计算得到其晶格常数为 3.343Å，与 Li 等报道的结果相近。本节中锡烯/$MoSe_2$异质结构体系中的 2×2 的锡烯超晶胞和 3×3 的 $MoSe_2$超晶胞之间的晶格错配度为 8.0%，说明锡烯与 $MoS_2$ 衬底的结合比较容易。本节锡烯/$XSe_2$异质结构体系的建模思路与锡烯/$XS_2$异质结构体系相似，五种锡烯/$MoSe_2$构型分别为 Sn-$MoSe_2$-C-Mo、Sn-$MoSe_2$-C-Se、Sn-$MoSe_2$-H、Sn-$MoSe_2$-T-Mo 和 Sn-$MoSe_2$-T-Se，均在图 8-15 中给出。

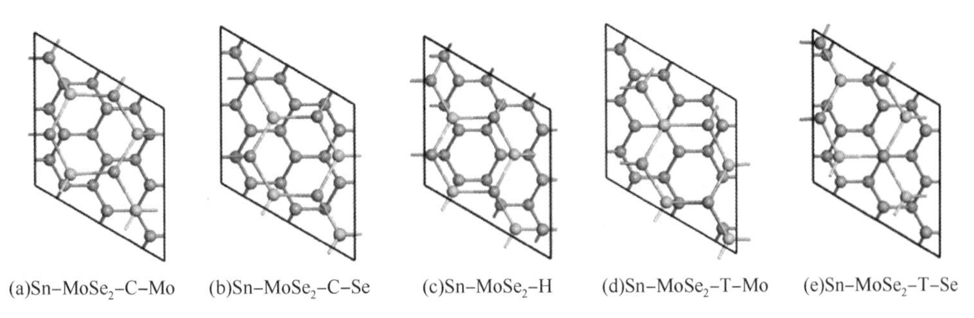

(a)Sn-$MoSe_2$-C-Mo　(b)Sn-$MoSe_2$-C-Se　(c)Sn-$MoSe_2$-H　(d)Sn-$MoSe_2$-T-Mo　(e)Sn-$MoSe_2$-T-Se

图 8-15　五种锡烯/$MoSe_2$体系构型示意图

计算了五种锡烯/$MoSe_2$异质结构体系的结合能 $E_b$，在表 8-3 中给出，结果表明 Sn-$MoSe_2$-C-Mo 构型的锡烯/$MoSe_2$体系最稳定，该体系的结合能为 -0.338eV，比其他四种锡烯/$MoSe_2$异质结构体系的结合能大了 0.012~0.323eV。该体系的 Mo 原子在 Sn 原子组成的六边形环中心，对称中心与锡烯的对称中心平行。如表 8-3 所示，计算得出 $MoSe_2$衬底与锡烯之间的层间距为 2.92Å，同时，Sn-$MoSe_2$-C-Mo 构型的锡烯/$MoSe_2$体系的翘曲高度较大，约为 1.19Å。Mulliken 电荷分析显示，Sn-$MoSe_2$-C-Mo 构型的锡烯/$MoSe_2$体系中 $MoSe_2$衬底得到的电子约为 0.226e，锡烯上层 $Sn_{L1}$原子得到的电子约 0.496e，下层 $Sn_{L2}$原子失去电子约为 0.722e。研究结果表明 $MoSe_2$衬底与锡烯之间的相互作用使锡烯两个亚晶格的对称性被打破，从而导致了锡烯上下层的电荷分布不再平衡。

**表 8-3 锡烯/$MoSe_2$体系的五种构型中 $MoSe_2$与锡烯的结合能 $E_b$、层间距离 $H$、翘曲高度 $d$ 以及 $MoSe_2$衬底转移电荷量 $Q$**

| 项目 | Sn-$MoSe_2$-C-Mo | Sn-$MoSe_2$-C-Se | Sn-$MoSe_2$-H | Sn-$MoSe_2$-T-Mo | Sn-$MoSe_2$-T-Se |
|---|---|---|---|---|---|
| $E_b$/eV | -0.338 | -0.322 | -0.326 | -0.019 | -0.015 |
| $H$/Å | 2.92 | 2.98 | 2.93 | 2.90 | 2.91 |
| $d$/Å | 1.19 | 0.89 | 0.91 | 1.21 | 0.98 |
| $Q$/e | -0.226 | -0.210 | -0.216 | -0.226 | -0.215 |

## 8.5.1 无外场下锡烯/$MoSe_2$异质结构体系

单独的 $MoSe_2$衬底的能带结构图和 PDOS 图在图 8-16 给出。分析图 8-16(a) 可知，$MoSe_2$衬底的直接带隙为 1447.0meV，表现出半导体特性，此结果类似于 Li 等报道的 $MoSe_2$衬底的带隙值。分析图 8-16(b) $MoSe_2$衬底的 PDOS 图可知，其 VBM 和 CBM 均由 Mo 4d 轨道决定。

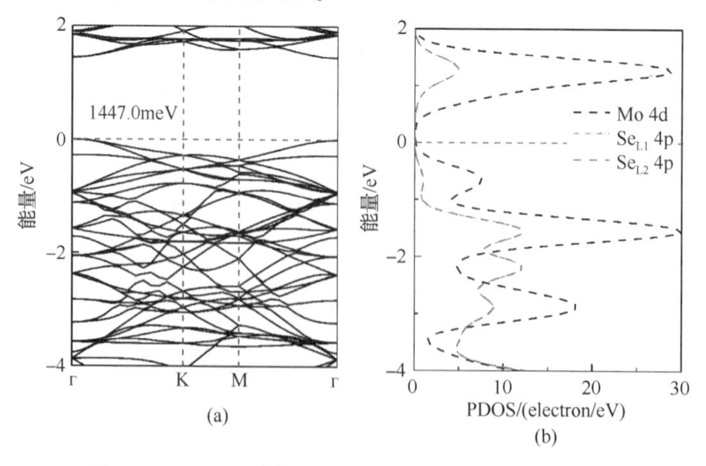


图 8-16 $MoSe_2$衬底的(a)能带结构图，(b)PDOS 图

图 8-17 给出 Sn-$MoSe_2$-C-Mo 构型的锡烯/$MoSe_2$体系的原子结构图、电子能带结构图和部分态密度(PDOS)图。能带结构图中可以看出，该体系打开了 16.9meV 的直接带隙，此时它的狄拉克锥结构依然保存良好。同时，分析 PDOS 图可知，尽管 Sn-$MoSe_2$-C-Mo 构型的锡烯/$MoSe_2$体系在费米面附近的 Mo5d、$Se_{L1}$ 4p、$Se_{L2}$ 4p、$Sn_{L1}$ 5p 和 $Sn_{L2}$ 5p 轨道具有一定的相互作用，但是该体系的 VBM 和 CBM 均由 $Sn_{L1}$ 5p 和 $Sn_{L2}$ 5p 轨道决定。由此可见，锡烯与 $MoSe_2$衬底的相互作用不仅打开了 Sn-$MoSe_2$-C-Mo 构型的锡烯/$MoSe_2$体系的带隙，同时还保留了较高的狄拉克锥结构。根据公式(5-6)和公式(5-7)计算得到 Sn-$MoSe_2$-C-Mo 锡烯/$MoSe_2$体系中 $m_e$和 $m_h$分别约为理想锡烯的 0.05 倍和 0.06 倍，其$\mu_e$和$\mu_h$分别为理想锡烯的 19.30 倍和 17.00 倍。因此，$MoSe_2$衬底与锡烯之间的相互作用促使 Sn-$MoSe_2$-C-Mo 构型的锡烯/$MoSe_2$体系具有较高的载流子迁移率。

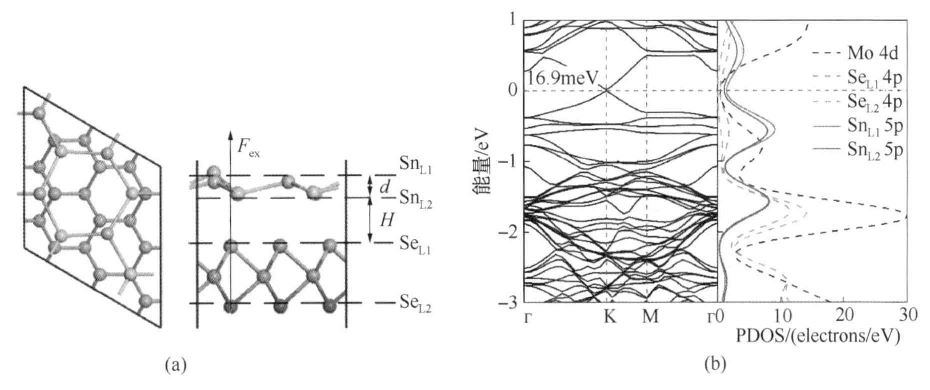


图 8-17 Sn-$MoSe_2$-C-Mo 构型的锡烯/$MoSe_2$体系的

(a)俯视和侧视图，(b)能带结构图和 PDOS 图

## 8.5.2 外加电场下锡烯/$MoSe_2$异质结构体系

图 8-18 给出 Sn-$MoSe_2$-C-Mo 构型的锡烯/$MoSe_2$体系的带隙 $E_g$伴随着外加电场强度 $F_{ex}$的变化趋势。值得注意的是，在外加正电场作用下，Sn-$MoSe_2$-C-Mo 构型的锡烯/$MoSe_2$体系的直接带隙先减小，在 $F_{ex}$=0.025V/Å 时下降到最小值约 10.0meV。与 Sn-$MoS_2$-C-Mo 构型的锡烯/$MoS_2$体系同理，此时 $MoSe_2$衬底与锡烯之间电荷转移 $Q$ 引起的内电场方向与外加电场方向相反，导致复合电场强度最低。根据 $k$ 点的双带模型，带隙与复合电场的强度成正比。$F_{ex}$进一步升高时，Sn-$MoSe_2$-C-Mo 构型的锡烯/$MoSe_2$体系的直接带隙线性增大，当 $F_{ex}$=0.125V/Å 时，该体系的直接带隙值达到最大，约 214.3meV，其能带结构图如图 4-4 中插图所示。同时，分析 PDOS 图得知，与无外场情况下 Sn-$MoSe_2$-C-Mo 构型的锡烯/$MoSe_2$体系相比，Mo 4d、$Se_{L1}$ 4p 和 $Se_{L2}$4p 轨道向更高能量移动，同时 VBM

和 CBM 依然由 $Sn_{L1}$ 5p 和 $Sn_{L2}$ 5p 轨道决定，并且在费米面处的 Mo5d、$Se_{L1}$ 4p、$Se_{L2}$ 4p、$Sn_{L1}$ 5p 和 $Sn_{L2}$ 5p 轨道的耦合作用依然较为强烈。当 $F_{ex}$ 进一步增强，Sn-$MoSe_2$-C-Mo 构型的锡烯/$MoSe_2$体系的直接带隙转化为间接带隙。在外加负电场作用下，Sn-$MoSe_2$-C-Mo 构型的锡烯/$MoSe_2$体系的直接带隙随着 $F_{ex}$ 增加整体近似线性增加，当 $F_{ex}$ 增加到大于-0.100 V/Å 时，直接带隙转化为间接带隙。

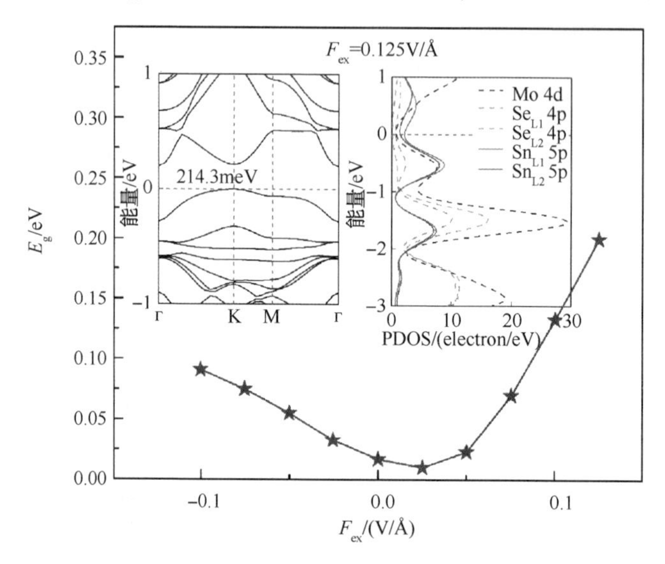


图 8-18 Sn-$MoSe_2$-C-Mo 构型的锡烯/$MoSe_2$体系的带隙 $E_g$随 $F_{ex}$变化的函数图
插图分别显示了在 $F_{ex}$=0.125V/Å 处该体系的能带结构图和 PDOS 图

Sn-$MoSe_2$-C-Mo 构型的锡烯/$MoSe_2$体系在外加电场作用下电荷转移情况在图 8-19 中给出，值得注意的是，在外加电场作用下，$MoSe_2$衬底会始终为受体物质。在外加正电场作用下，随着电场强度的增加，$MoSe_2$和锡烯中上层 $Sn_{L1}$原子得到的电子数量逐步增加，而锡烯中下层 $Sn_{L2}$原子失去的电子数量也逐步增加。在外加负电场作用下，随着电场强度的增加，$MoSe_2$衬底和锡烯中上层 $Sn_{L1}$原子所获得的电子逐步减少，同时，锡烯中下层 $Sn_{L2}$原子所失去的电子逐步减少。外加电场促使 Sn-$MoSe_2$-C-Mo 构型的锡烯/$MoSe_2$体系中锡烯亚晶格之间的电荷分布并不均衡，且外加电场方向越正，锡烯亚晶格之间电荷差异越大。

此外，锡烯与 $MoSe_2$衬底之间的内电场方向与外加正电场方向相反。内电场与外加电场的协同作用导致 Sn-$MoSe_2$-C-Mo 构型的锡烯/$MoSe_2$体系的直接带隙会先略微减小后再随着外加电场强度 $F_{ex}$的增大而线性增大。综上所述，外加电场打破了 Sn-$MoSe_2$-C-Mo 构型的锡烯/$MoSe_2$体系中锡烯亚晶格之间的电荷分布平衡，从而增大了体系的带隙，且外加电场方向越正，锡烯亚晶格之间电荷差异越大。因此，外加正电场作用对 Sn-$MoSe_2$-C-Mo 构型的锡烯/$MoSe_2$体系的直接带隙的调控效果更佳。

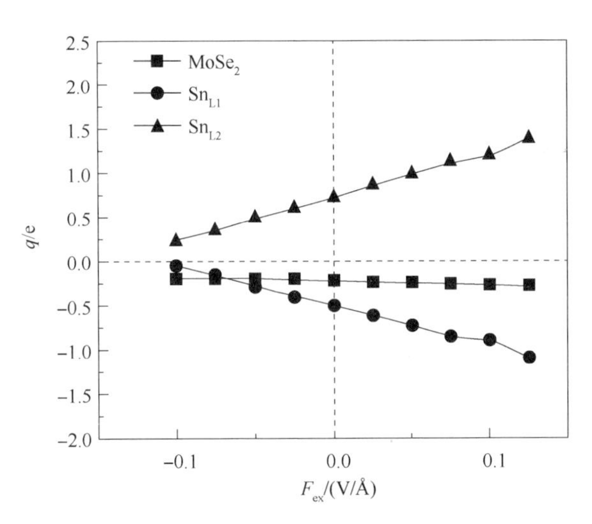


图 8-19　Sn-MoSe$_2$-C-Mo 构型的锡烯/MoSe$_2$体系中 MoSe$_2$、Sn$_{L1}$和 Sn$_{L2}$原子之间 $q$ 作为 $F_{ex}$的函数图

通过计算外加电场强度下 Sn-MoSe$_2$-C-Mo 构型的锡烯/MoSe$_2$体系的有效质量和载流子迁移率得知，当 $F_{ex}$=0.125V/Å 时，电子和空穴有效质量 $m_e$和 $m_h$分别是理想锡烯无外场时的 0.18 倍和 0.76 倍，电子和空穴迁移率$\mu_e$和$\mu_h$分别为理想锡烯无外场时的 5.56 倍和 1.31 倍。$F_{ex}$=-0.100V/Å 时，计算得到 Sn-MoSe$_2$-C-Mo 构型的锡烯/MoSe$_2$体系中 $m_e$和 $m_h$分别为理想锡烯无外场时的 0.08 倍和 0.10 倍，载流子迁移率$\mu_e$和$\mu_h$分别为理想锡烯无外场时的 11.78 倍和 9.95 倍。所以，Sn-MoSe$_2$-C-Mo 构型的锡烯/MoSe$_2$体系在外加电场作用下可以保持很大程度的载流子迁移率。

## 8.5.3　外部应变下锡烯/MoSe$_2$异质结构体系

对 Sn-MoSe$_2$-C-Mo 构型的锡烯/MoSe$_2$体系施加了-6%～+5%的外部应变来阐明应变对锡烯/MoSe$_2$异质结构体系的影响。其带隙 $E_g$随着外部应变 $\varepsilon$ 的变化趋势在图 8-20 中给出。可以看出，随着拉应变的增加，体系打开的直接带隙先线性降低，当 $\varepsilon$=1%时直接带隙值可达到最低约 4.6meV，当拉应变进一步增加，Sn-MoSe$_2$-C-Mo 构型的锡烯/MoSe$_2$体系的直接带隙开始近似线性增加，继续增加拉应变到 $\varepsilon$ 大于 5%时，直接带隙转化为间接带隙。然而，随着压应变的增加，Sn-MoSe$_2$-C-Mo 构型的锡烯/MoSe$_2$体系可打开的直接带隙近似线性增加，当压应变达到 $\varepsilon$=-6%时，该体系可打开的直接带隙值达到最大值，约为 88.1meV，继续增加压应变，直接带隙转化为间接带隙。当整个体系的直接带隙达到最大时，其能带结构图如图 4-6 中插图所示。分析 Sn-MoSe$_2$-C-Mo 构型的锡烯/MoSe$_2$体系的 PDOS 图可知，该体系的 VBM 和 CBM 依然由 Sn$_{L1}$ 5p 和 Sn$_{L2}$ 5p 轨道决定。由此可见，压应变的施加更有利于 Sn-$MoSe_2$-C-Mo 构型的锡烯/$MoSe_2$体系直接带隙的线性调控，同时还能使该体系的狄拉克锥结构和载流子迁移率得到一定程度的保持。

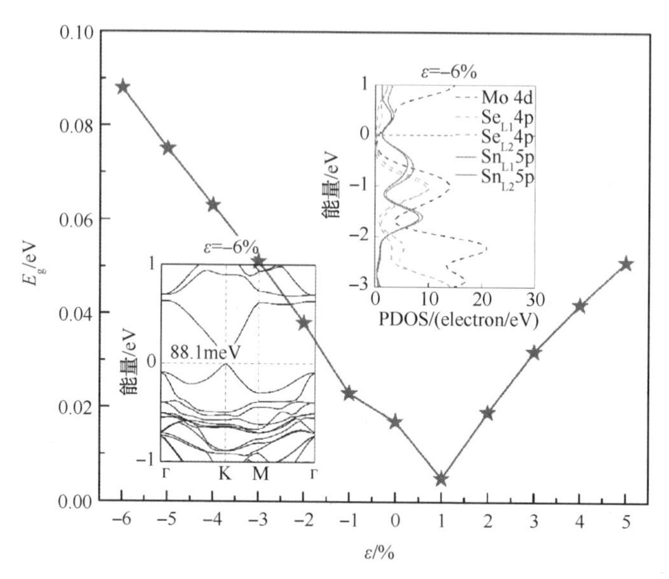


图 8-20　Sn-$MoSe_2$-C-Mo 构型的锡烯/$MoSe_2$体系带隙 $E_g$随应变 $\varepsilon$ 变化的函数图
插图分别显示了在 $\varepsilon$=−6%处该体系的能带结构图和 PDOS 图

Sn-$MoSe_2$-C-Mo 构型的锡烯/$MoSe_2$体系在应变作用下电荷转移情况由图 8-21 中给出，可以看出，在应变作用下，$MoSe_2$始终为受体物质。由于拉应变的增加，$MoSe_2$衬底所获得的电子逐渐增多，而锡烯中上层 $Sn_{L1}$原子获得的电子逐步降低，锡烯中下层 $Sn_{L2}$原子所失去的电子逐步降低。在压应变作用下，由于压应变的增加，$MoSe_2$衬底得到的电子小幅度减少，但锡烯中上层 $Sn_{L1}$ 原子得到的电子却逐步增加，锡烯中下层 $Sn_{L2}$原子所失去的电子则逐步增加。因此，压应变的施加会使锡烯总体失去的电荷量小幅度减小，但锡烯亚晶格之间的电荷差异会越来越大；而拉应变的施加则使锡烯总体失去的电荷量增加，同时缩小了锡烯亚晶格间的电荷差异。由于 Sn-$MoSe_2$-C-Mo 构型的锡烯/$MoSe_2$体系之间的内电场与外部应变的协同作用，导致该体系的直接带隙在拉应变作用下先呈现出一个线性减小的趋势。结合以上结论，压应变的施加更有利于增加 Sn-$MoSe_2$-C-Mo 构型的锡烯/$MoSe_2$体系的直接带隙。

拉应变 $\varepsilon$=5%时，计算得到 Sn-$MoSe_2$-C-Mo 构型的锡烯/$MoSe_2$体系中 $m_e$和 $m_h$分别是理想锡烯无外场时的 0.09 倍和 0.12 倍，载流子迁移率 $\mu_e$和 $\mu_h$分别为理想锡烯无外场时的 10.87 倍和 8.23 倍。$\varepsilon$=−6%时，计算得到 Sn-$MoSe_2$-C-Mo 构型的锡烯/$MoSe_2$体系中 $m_e$和 $m_h$分别为理想锡烯无外场时的 0.06 倍和 0.07 倍，

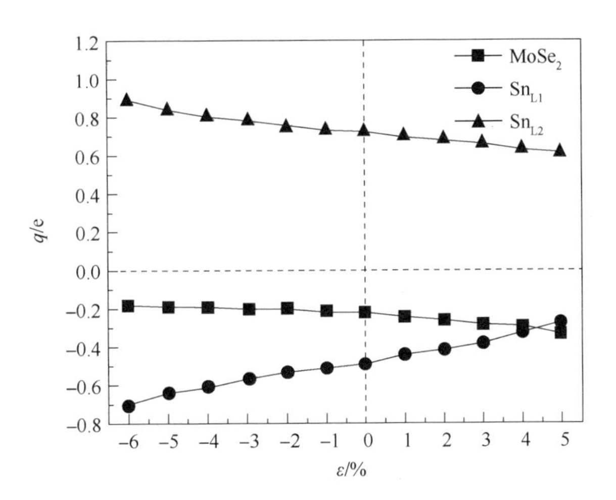


图 8-21　Sn-$MoSe_2$-C-Mo 构型的锡烯/$MoSe_2$体系中 $MoSe_2$、$Sn_{L1}$和 $Sn_{L2}$原子之间 $q$ 作为应变 $\varepsilon$ 的函数图

载流子迁移率$\mu_e$和$\mu_h$分别为理想锡烯无外场时的 16.88 倍和 14.47 倍。因此，无论给 Sn-$MoSe_2$-C-Mo 构型的锡烯/$MoSe_2$体系施加拉应变还是压应变，该体系的载流子迁移率皆可得到不同程度的提升。

## 8.6　锡烯/$WSe_2$异质结构体系

本节计算得到 $WSe_2$衬底的晶格常数为 3.310Å，因此采用了 2×2 锡烯超晶胞和 3×3$WSe_2$超晶胞来构成锡烯/$WSe_2$异质结构体系，其中锡烯与 $WSe_2$衬底的晶格错配度为 7.0%。建立了五种构型分别为 Sn-$WSe_2$-C-W、Sn-$WSe_2$-C-Se、Sn-$WSe_2$-H、Sn-$WSe_2$-T-W 和 Sn-$WSe_2$-T-Se，在图 8-22 中给出。

由于优化后的 Sn-$WSe_2$-H 构型的锡烯/$WSe_2$体系的结构表现出趋向于 Sn-$WSe_2$-C-Se 构型的锡烯/$WSe_2$体系，所以该结构并不不稳定。如表 8-4 所示，通过模拟计算比较五种锡烯/$WSe_2$异质结构体系的结合能 $E_b$得知，最稳定的结构为 Sn-$WSe_2$-C-W 构型的锡烯/$WSe_2$体系，该体系的结合能为-0.305eV，其 W 原子在 Sn 原子组成的六边形环中心，对称中心与锡烯的对称中心平行。同时，如表 8-4 所示，计算得出 Sn-$WSe_2$-C-W 构型的锡烯/$WSe_2$体系的层间距 $H$ 在五种锡烯/$WSe_2$异质结构中最小，约为 2.96Å，锡烯的翘曲高度 $d$ 在五种构型中最大，约为 1.16Å，结果表明该体系中锡烯与 $WSe_2$衬底的相互作用相对强烈。该计算结果再次证实了 Sn-$WSe_2$-C-W 构型的锡烯/$WSe_2$体系在五种结构中最稳定。Mulliken 电荷分析显示 Sn-$WSe_2$-C-W 构型的锡烯/$WSe_2$体系中 $WSe_2$衬底得到电子 0.199e，锡烯上层 $Sn_{L1}$原子得到电子 0.484e，下层 $Sn_{L2}$原子失去电子 0.683e。

由此可见，$WSe_2$衬底的作用使锡烯两个亚晶格的对称性被打破，导致了锡烯上下层的电荷分布不平衡。

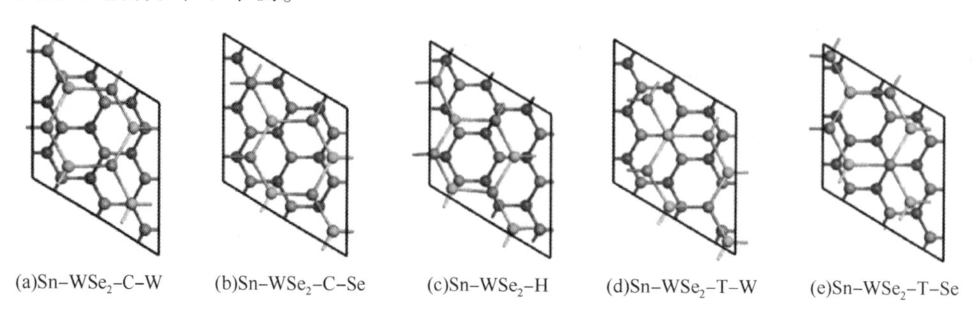


图 8-22　五种锡烯/$WSe_2$体系构型示意图

**表 8-4　锡烯/$WSe_2$体系的五种构型中 $WSe_2$与锡烯的结合能 $E_b$、层间距离 $H$、翘曲高度 $d$ 以及 $WSe_2$衬底转移电荷量 $Q$**

| 项目 | Sn-$WSe_2$-C-W | Sn-$WSe_2$-C-Se | Sn-$WSe_2$-H | Sn-$WSe_2$-T-W | Sn-$WSe_2$-T-Se |
|---|---|---|---|---|---|
| $E_b$/eV | -0. 305 | -0. 301 | -0. 303 | -0. 140 | -0. 145 |
| $H$/Å | 2. 96 | 3. 03 | 2. 99 | 2. 97 | 3. 02 |
| $d$/Å | 1. 16 | 0. 87 | 1. 11 | 1. 13 | 0. 87 |
| $Q$/e | -0. 199 | -0. 191 | -0. 190 | -0. 202 | -0. 204 |

## 8. 6. 1　无外场下锡烯/$WSe_2$异质结构体系

图 8-23 给出单独的 $WSe_2$衬底的能带结构图和 PDOS 图。根据图 8-23(a)可知，$WSe_2$衬底具有 1576. 2meV 的直接带隙，因此表现出半导体的性质。通过分析图 8-23(b)中 $WSe_2$衬底的 PDOS 图可知，费米面附近的 VBM 和 CBM 均由 W5d 轨道起决定性作用。

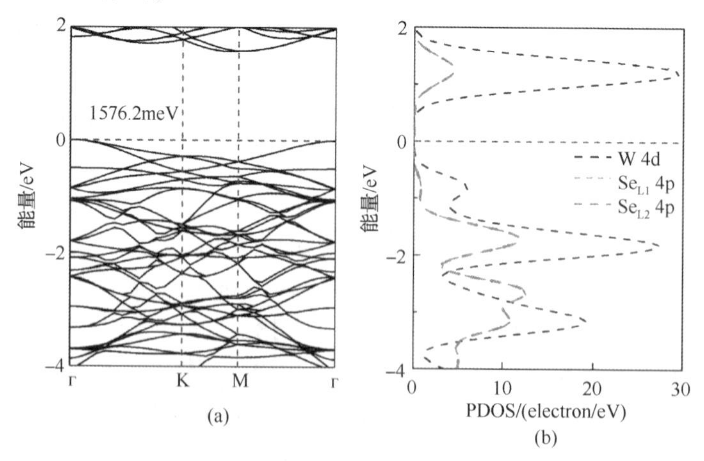


图 8-23　$MoSe_2$衬底的(a)能带结构图，(b)PDOS 图

图 8-24 给出 Sn-$WSe_2$-C-W 构型的锡烯/$WSe_2$体系的原子结构图、电子能带结构图和部分态密度(PDOS)图。可以看到，Sn-$WSe_2$-C-W 构型的锡烯/$WSe_2$体系打开了 24.4meV 的直接带隙，分析 PDOS 图可知，该体系费米面处的 W5d、$Se_{L1}$ 4p、$Se_{L2}$ 4p、$Sn_{L1}$ 5p 和 $Sn_{L2}$ 5p 轨道具有一定的相互作用，且整个体系的 VBM 和 CBM 主要由 $Sn_{L1}$ 5p 和 $Sn_{L2}$ 5p 轨道决定，这说明该体系在打开带隙的同时还保持了一定程度的狄拉克锥结构。根据公式(5-6)和公式(5-7)计算得到 Sn-$WSe_2$-C-W 构型的锡烯/$WSe_2$体系中 $m_e$和 $m_h$分别约为理想锡烯的 0.05 倍和 0.06 倍，其$\mu_e$和$\mu_h$分别为理想锡烯的 20.47 倍和 18.16 倍。由此可见，$WSe_2$衬底层和锡烯之间的相互作用打开了锡烯/$WSe_2$体系的带隙，同时还使锡烯的载流子迁移率得到了一定程度的提升。

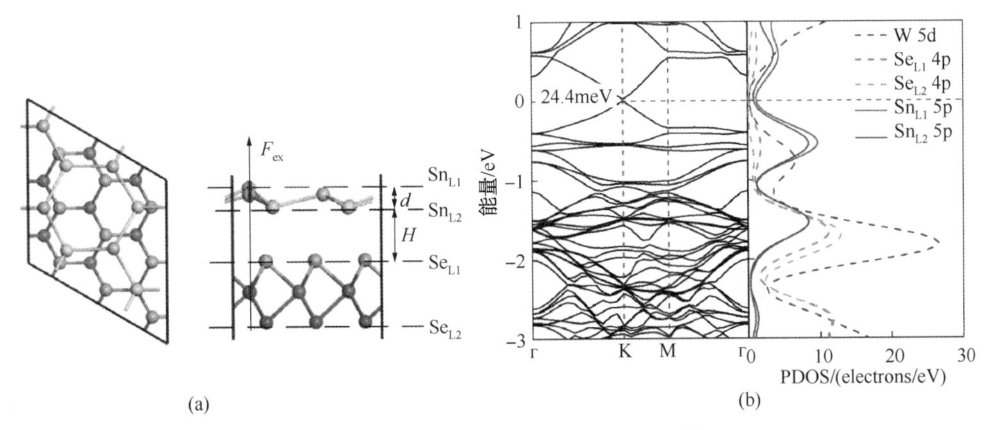


图 8-24 Sn-$WSe_2$-C-W 构型的锡烯/$WSe_2$体系的
(a)俯视图和侧视图，(b)能带结构图和 PDOS 图

## 8.6.2 外加电场下锡烯/$WSe_2$异质结构体系

Sn-$WSe_2$-C-W 构型的锡烯/$WSe_2$体系的带隙 $E_g$伴随着外加电场强度 $F_{ex}$的变化趋势，如图 8-25 所示。值得注意的是，在外加正电场作用下，Sn-$WSe_2$-C-W 构型的锡烯/$WSe_2$体系的直接带隙近似线性增加，当 $F_{ex}$ = 0.125V/Å 时，整个体系的直接带隙值达到最大，约 221.3meV，其能带结构如图 8-25 中插图所示，此时该体系的 VBM 和 CBM 依然位于布里渊区 $k$ 点处，同时其狄拉克锥结构得到了一定程度的保持。分析 PDOS 可知，W 5d、$Se_{L1}$ 4p 和 $Se_{L2}$ 4p 轨道稍向更高能量移动，VBM 和 CBM 主要是由 W 5d、$Sn_{L1}$ 5p 和 $Sn_{L2}$ 5p 轨道共同决定。$F_{ex}$进一步增强时，该体系将由直接带隙转化为间接带隙。在外加负电场作用下，Sn-$WSe_2$-C-W 构型的锡烯/$WSe_2$体系的直接带隙随着 $F_{ex}$的增加而增加，当外加负电场强度超过 0.075V/Å 时，该体系将具有一定的间接带隙。

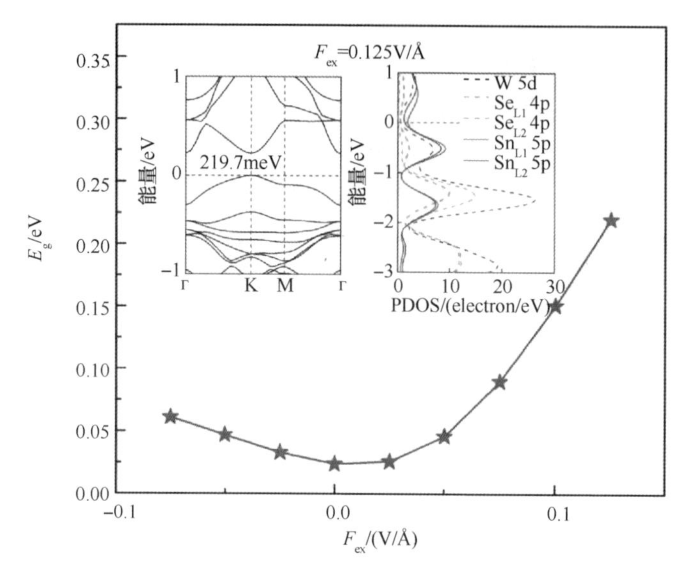


图 8-25 Sn-$WSe_2$-C-W 构型的锡烯/$WSe_2$体系的带隙 $E_g$随 $F_{ex}$变化的函数图

插图分别显示了在 $F_{ex}$=0. 125V/Å 处该体系的能带结构图和 PDOS 图

图 8-26 中描绘了 Sn-$WSe_2$-C-W 构型的锡烯/$WSe_2$体系在外加电场作用下的电荷转移情况。经过分析后认为，在外加电场作用下，$WSe_2$始终为受体物质。在外加正电场作用下，随着电场强度的增加，$WSe_2$得到的电子极小幅度地增多，同时锡烯中上层 $Sn_{L1}$原子获得的电子逐步增加，而锡烯中下层 $Sn_{L2}$原子失去的电子则逐步增多。在外加负电场作用下，随着电场强度的增加，$WSe_2$衬底得到的

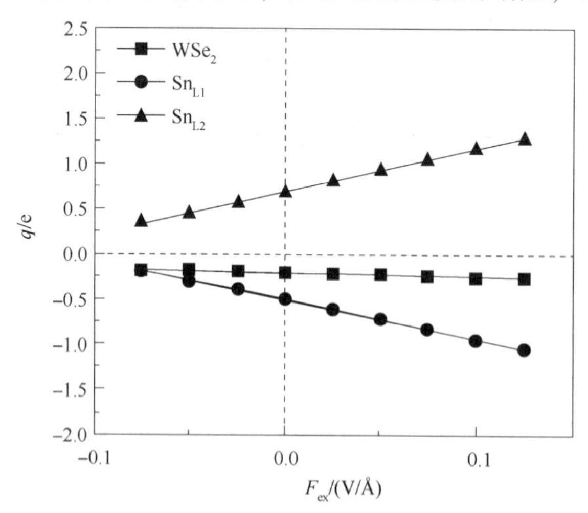


图 8-26 Sn-$WSe_2$-C-W 构型的锡烯/$WSe_2$体系中

$WSe_2$、$Sn_{L1}$和 $Sn_{L2}$原子之间 $q$ 作为 $F_{ex}$的函数图

电子极小幅度得减少，而锡烯中上层 $Sn_{L1}$原子获得的电子则逐步减小，同时，锡烯中下层 $Sn_{L2}$原子所失去的电子也逐步减少。由此可知，在 Sn-$WSe_2$-C-W 构型的锡烯/$WSe_2$体打开直接带隙的电场强度范围内，外加电场方向越正，整个体系中锡烯亚晶格之间的电荷差异就愈明显，从而导致 Sn-$WSe_2$-C-W 构型的锡烯/$WSe_2$体系在外加正电场的作用下打开直接带隙的范围更大。此外，与锡烯/$XS_2$异质结构体系同理，该体系的内电场及外加电场协同作用导致了外加电场下该体系的直接带隙 $E_g$伴随着外加电场强度 $F_{ex}$的变化趋势。

计算了外加电场强度下 Sn-$WSe_2$-C-W 构型的锡烯/$WSe_2$体系的有效质量和载流子迁移率，分析结果可知，当 $F_{ex}=0.125$V/Å 时，$m_e$和 $m_h$分别是理想锡烯无外场时的 0.14 倍和 0.33 倍，载流子迁移率$\mu_e$和$\mu_h$分别为理想锡烯无外场时的 7.02 倍和 3.05 倍。当 $F_{ex}=-0.200$V/Å 时，计算得到该体系中 $m_e$和 $m_h$分别为理想锡烯无外场时的 0.16 倍和 0.19 倍，载流子迁移率$\mu_e$和$\mu_h$分别为理想锡烯无外场时的 6.25 倍和 5.36 倍。因此外加电场促使 Sn-$WSe_2$-C-W 构型的锡烯/$WSe_2$体系的载流子迁移率得到一定程度的提高。

### 8.6.3 外部应变下锡烯/$WSe_2$异质结构体系

Sn-$WSe_2$-C-W 构型的锡烯/$WSe_2$体系的带隙 $E_g$伴随着应变 $\varepsilon$ 的变化趋势如图 8-27 所示。值得注意的是，随着拉应变的增加，Sn-$WSe_2$-C-W 构型的锡烯/$WSe_2$体系打开的直接带隙先线性降低，当$\varepsilon=2\%$时直接带隙值达到了最小，约为 4.4meV；当拉应变进一步增大，Sn-$WSe_2$-C-W 锡烯/$WSe_2$体系的直接带隙开始

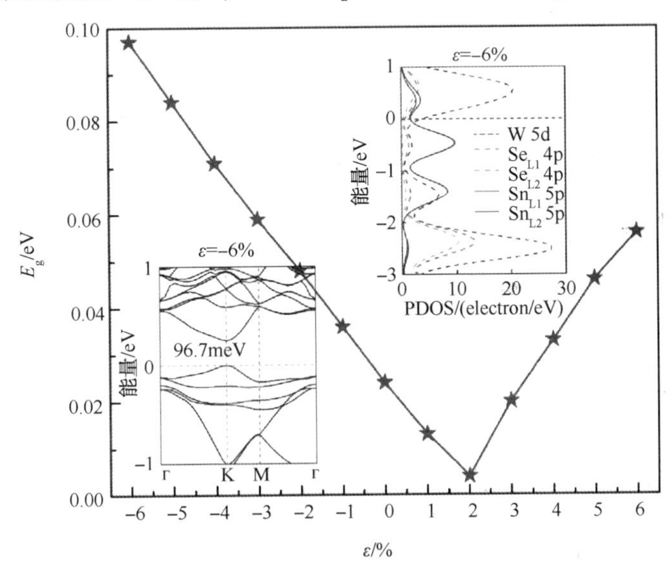


图 8-27 Sn-$WSe_2$-C-W 构型的锡烯/$WSe_2$体系的带隙 $E_g$随应变 $\varepsilon$ 变化的函数图

注：插图分别显示了在 $\varepsilon=-6\%$处该体系的能带结构图和 PDOS 图

近似线性增加，当拉应变进一步增大到 $\varepsilon>6\%$时，该体系的直接带隙转化为间接带隙。但是，由于压应变的增大，Sn-$WSe_2$-C-W 构型的锡烯/$WSe_2$体系所能打开的直接带隙近似为线性地增大，当压应变达到最大，即 $\varepsilon=-6\%$时，体系可打开的直接带隙值达到最大，约为 96.7meV。继续增加压应变，该体系的直接带隙转化为间接带隙。图 8-27 的插图给出了应变作用下 Sn-$WSe_2$-C-W 构型的锡烯/$WSe_2$体系打开的直接带隙值达到最大时的能带结构图和 PDOS 图，分析能带结构图可以看出，此时其 VBM 和 CBM 依然位于布里渊区的 $k$ 点处，同时还保持了一定程度的狄拉克锥结构。分析 PDOS 图可知，与无外场下 Sn-$WSe_2$-C-W 构型的锡烯/$WSe_2$体系的 PDOS 图相比，W 5d、$Se_{L1}$ 4p 和 $Se_{L2}$ 4p 轨道向更低能量移动，且费米面附近的 VBM 和 CBM 主要由 W 5d、$Sn_{L1}$ 5p 和 $Sn_{L2}$ 5p 轨道共同决定。由此可见，Sn-$WSe_2$-C-W 构型的锡烯/$WSe_2$体系的直接带隙在压应变作用下可以更有效的调节，同时该体系还能保持一定程度的狄拉克锥结构和载流子迁移率。

图 8-28 给出 Sn-$WSe_2$-C-W 构型的锡烯/$WSe_2$体系在应变作用下的电荷转移情况。值得注意的是，在应变作用下，$WSe_2$始终为受体物质。在拉应变作用下，$WSe_2$衬底获得的电子随着拉应变的增加逐步增多，而锡烯中上层 $Sn_{L1}$原子获得的电子随着拉应变的增大逐步减少，锡烯中下层 $Sn_{L2}$原子所失去的电子则随着拉应变的增加逐步减小。但是，由于压应变的增大，$WSe_2$衬底得到的电子小幅度减少，而锡烯中上层 $Sn_{L1}$原子获得的电子则逐步增加，锡烯中下层 $Sn_{L2}$原子所失去的电子则也会逐步增加。根据图 8-28，在压应变作用下，Sn-$WSe_2$-C-W 构型的锡烯/$WSe_2$体系中锡烯失去的电荷量略有减小，而锡烯亚晶格之间的电荷差

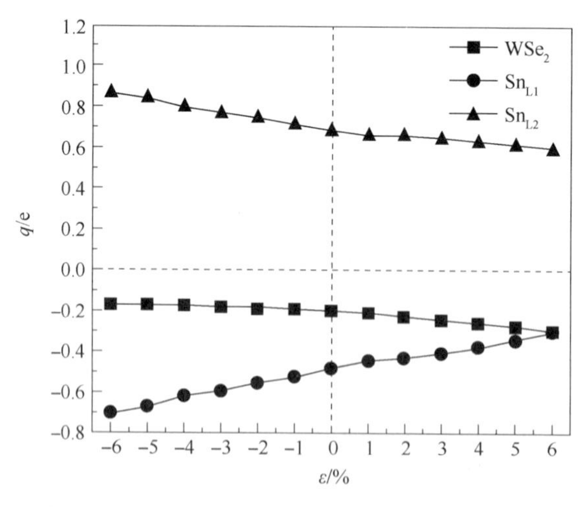


图 8-28 Sn-$WSe_2$-C-W 构型的锡烯/$WSe_2$体系中 $WSe_2$、$Sn_{L1}$和 $Sn_{L2}$原子之间 $q$ 作为应变 $\varepsilon$ 的函数图

异会越来越显著，而拉应变的施加则使锡烯失去的电荷量增加，同时锡烯亚晶格之间的电荷差异会缩小。所以，该结论阐明了施加压应变更有利于线性调节 Sn-$WSe_2$-C-W 构型的锡烯/$WSe_2$体系的直接带隙的原因。

此外，与 Sn-$MoSe_2$-C-Mo 构型的锡烯/$MoSe_2$体系同理，$WSe_2$衬底具有不均匀性，锡烯与 $WSe_2$衬底相互作用产生的内电场，外部应变的协同作用造成了该体系的直接带隙在外部应变的作用下的变化趋势。

通过计算在应变作用下 Sn-$WSe_2$-C-W 构型的锡烯/$WSe_2$体系的有效质量和载流子迁移率可知，当 $\varepsilon=6\%$时，计算得到该体系中 $m_e$和 $m_h$分别是理想锡烯无外场时的 0.08 倍和 0.10 倍，载流子迁移率 $\mu_e$和 $\mu_h$分别为理想锡烯无外场时的 12.48 倍和 10.08 倍。当 $\varepsilon=-6\%$时，计算得到 Sn-$WSe_2$-C-W 构型的锡烯/$WSe_2$体系中 $m_e$和 $m_h$分别为理想锡烯无外场时的 0.06 倍和 0.07 倍，载流子迁移率 $\mu_e$和 $\mu_h$分别为理想锡烯无外场时的 17.66 倍和 15.29 倍。因此，应变的施加导致 Sn-$WSe_2$-C-W 构型的锡烯/$WSe_2$体系的载流子迁移率得到了提升。

## 8.7 本章小结

本章采用基于密度泛函理论的第一性原理模拟计算方法，研究了 $XS_2$和 $XSe_2$（X=Mo、W）四种衬底对外场（外加电场和外部应变）作用下锡烯原子结构和电学性质的影响。研究结果表明：

（1）$XS_2$和 $XSe_2$（X = Mo、W）四种衬底与锡烯相互作用，分别形成锡烯/$MoS_2$、锡烯/$WS_2$、锡烯/$MoSe_2$和锡烯/$WSe_2$异质结构体系。每种体系均建立了五种不同的构型。通过计算结合能，确定了相对最稳定的体系分别为 Sn-$MoS_2$-C-Mo 构型的锡烯/$MoS_2$体系、Sn-$WS_2$-C-W 构型的锡烯/$WS_2$体系、Sn-$MoSe_2$-C-Mo 构型的锡烯/$MoSe_2$体系和 Sn-$WSe_2$-C-W 构型的锡烯/$WSe_2$体系。发现了 $MoS_2$、$WS_2$、$MoSe_2$和 $WSe_2$衬底均为电荷受体。$MoS_2$、$WS_2$、$MoSe_2$和 $WSe_2$衬底与锡烯之间的相互作用打破了锡烯亚晶格的对称性，促使锡烯分别打开了约 28.3meV、27.9meV、16.9meV 和 24.4meV 的直接带隙，同时保持了一定程度的狄拉克锥结构。

（2）外加电场作用下最稳定的锡烯/$MoS_2$、锡烯/$WS_2$、锡烯/$MoSe_2$和锡烯/$WSe_2$体系打开的最大直接带隙分别约为 230.3meV、298.2meV、214.3meV 和 219.7meV；外部应变作用下，上述四种最稳定的体系打开的最大直接带隙分别约为 63.2meV、72.7meV、88.1meV 和 96.7meV。这证实了外加电场和外部应变可以调控锡烯的带隙，且外加正电场和压应变的作用分别更有利于调控锡烯/$XS_2$和锡烯/$XSe_2$异质结构体系的直接带隙。这是由于外加电场和外部应变的作用下内电场和锡烯电荷分布不均等因素导致锡烯/衬底异质结构体系直接带隙可以呈现近似线性调控趋势。

(3) 无外场作用下，最稳定的锡烯/$MoS_2$、锡烯/$WS_2$、锡烯/$MoSe_2$和锡烯/$WSe_2$体系电子和空穴载流子迁移率$\mu_e$和$\mu_h$分别约为理想锡烯的19.00~20.50倍和17.50~18.50倍；当四种锡烯/衬底体系打开的直接带隙值达到最大时，在外加电场作用下锡烯/衬底体系$\mu_e$和$\mu_h$分别约为理想锡烯的6.00~7.00倍和2.50~3.00倍；外部应变作用下锡烯/衬底体系$\mu_e$和$\mu_h$分别约为理想锡烯的17.00~17.50倍和15.00~16.00倍。因此，外加电场和外部应变的作用能够使四种最稳定的锡烯/衬底体系的载流子迁移率得到不同程度的提升。

# 9 有机分子吸附和衬底调控锗烯的电子结构研究

锗基集成电子学的发展潜力源于其极高的载流子迁移率以及与现有的硅基和锗基半导体工业的兼容性，而锗烯微小带隙能带特点极大程度地阻碍其应用。因此，在不降低载流子迁移率的情况下，打开一个相当大的带隙是其应用于逻辑电路中首先要解决的问题。本书采用范德华力修正的密度泛函理论计算方法，研究了电场作用下有机分子吸附和衬底对锗烯原子结构和电学性质的影响。研究结果表明，有机分子吸附和衬底通过弱相互作用破坏了锗烯亚晶格的对称性，从而在狄拉克点上打开了相当大的带隙。苯/锗烯和六氟苯/锗烯体系均在 $k$ 点打开了带隙。当使用表面完全氢化的锗烯（锗烷 HGeH）衬底时，苯/锗烯/HGeH 和六氟苯/锗烯/HGeH 体系的带隙可进一步变宽，带隙值分别为 0.152eV 和 0.105eV。在外电场作用下，上述锗烯体系可实现大范围的近似线性可调谐带隙。更重要的是，载流子迁移率在很大程度上得以保留。该项研究提出了一种有效的可调控锗烯带隙的设计方法，为锗烯在场效应管和其他纳米电子学器件中的应用提供了重要的理论指导。

本章主要是讨论有机分子（苯和六氟苯）吸附的锗烯体系在电场作用下的原子结构、电学性质和载流子迁移率，并阐明了有机分子打开锗烯带隙的内在机理，揭示了有机分子/锗烯体系带隙在外电场作用下呈现线性增加趋势的影响机理，并进一步研究了有机分子/锗烯体系可保留较大载流子迁移率的原因。此外，本章还探讨了表面有机分子吸附和衬底协同调控外电场作用下锗烯体系的电学性质，阐明了该体系直接带隙的变化规律。

## 9.1 引言

锗烯是由锗原子组成的具有类似石墨烯结构的二维材料，与组成石墨烯的 $sp^2$杂化的碳原子不同，锗原子在能量上更倾向于 $sp^3$杂化。2014 年，在 Pt(111) 金属表面通过超高真空表面物理气相可控生长锗原子法首次制备出单原子层锗烯，随后在 Au(111)、Al(111)、Cu(111) 等表面上也成功制备了锗烯。锗烯具有诸多优异的性质和潜在的应用，如高的载流子迁移率、量子自旋霍尔效应和优异的抗拉伸特性等，这使得锗烯在半导体电子器件、传感器等方面具有重要的应用潜力。特别是锗烯易于在现有的硅基和锗基电子工业中集成，这也是促使人们广泛关注锗烯的另一个重要因素。由于场效应晶体管中的开关电流比在很大程度上取决于沟道材料的带隙，而锗烯的微小带隙特点，造成场效应晶体管无法有效的关闭，因此，要实现锗烯在在逻辑电路中应用，必须在锗烯材料中打开一个合适的带隙。对于场效应晶体管的室温运行，需要高达 10~100 的开关电流比，相对应的带隙应大于 100meV。

目前，表面共价功能化、缺陷等方法可打开类石墨烯材料的带隙，但是损伤了载流子迁移率。对于高性能的锗烯基场效应晶体管来说，目前需要解决的问题是在不降低电子性质的前提下打开较大的带隙。最近，研究表明表面物理吸附有机分子可以打开类石墨烯材料的带隙并保持载流子迁移率。Wang 等研究了几种有机小分子吸附对锗烯电学性质的影响，研究发现由于有机分子破坏了锗烯亚晶格的对称性，有效地打开了锗烯的带隙(3.9~81.9meV)，并且保持了较小的有效质量和较高的载流子迁移率的狄拉克锥特性。然而，对于场效应晶体管的室温运行，只有几十 meV 的带隙是远不够的。

二维半导体纳米材料的带隙也可以通过施加外电场来进行调节。已有研究表明，FGaNH 纳米薄膜(GaN 表面镓原子进行氟化而氮原子进行氢化)的带隙在正电场作用下会显著地拓宽，而在负电场下则迅速减小。双层石墨烯带隙随着外加电场强度(0~0.3V/Å)的增强而增大，可连续调谐到 250meV。锗烯和硅烯的带隙均伴随着外加垂直电场强度(0~1.03V/Å)的增强呈现出线性增大趋势，其带隙可以分别达到 0.012eV 和 0.016eV。锗烯表面吸附甲烷和氨气后形成的甲烷/锗烯体系和氨气/锗烯体系分别在外电场强度为 0~0.7V/Å 和 0~0.6V/Å 的范围内可以实现大范围的线性可调谐带隙(0~69.39meV 和 37.66~134.17meV)，更重要的是，带隙的大小只随着外电场强度发生变化，而与电场方向几乎无关，而且临界电场会导致带隙重新打开和关闭。

此外，二维半导体纳米材料的能带结构可通过异质结构来进行调控。Zhang 等研究发现 GaAs/Ge/GaAs 量子阱由于 As-Ge 界面的电荷转移不同于 Ge-Ga 界面的电荷转移，产生了强电场，由此不仅降低了 Ge 的带隙，而且诱导强烈的自旋轨道相互作用，发生拓扑绝缘体转变。对于锗烯/GaAs 体系，锗烯可在 As-中断和 Ga-中断的 GaAs(111)表面稳定存在，并呈现蜂窝状六角几何构型，然而锗烯与 GaAs 衬底间存在共价键作用，破坏了锗烯的狄拉克锥电子性质，而采用氢插层可恢复锗烯狄拉克电子性质的方法。近年来，大量的实验和理论研究都表明，弱相互作用不仅可以形成相对稳定的二维异质结构，而且可以有效调节材料的电子性质。例如锗烯的带隙可进一步通过其与衬底的相互作用来调节，同时保留狄拉克锥特性。然而，衬底通常只对锗烯底层配对，因此打开带隙的程度受到限制。如果有机分子沉积在上表面，层间可以转移更多的电荷，由此，界面偶极子可以进一步增强，这将打开更大的带隙。Gao 等研究发现有机分子物理吸附以及硅烷衬底共同作用可有效拓宽硅烯的带隙，并且载流子迁移率也得到了很好的保留。Zhou 等研究发现四硫富瓦烯(TTF)/锗烯/$MoS_2$带隙在正电场作用下呈现近似线性递增趋势，而带隙在负电场作用下呈现近似线性递减趋势。这些研究为调整锗烯的电子特性提供了有效的设计思路。

综合以上因素，采用第一性原理方法研究有机分子和衬底在电场作用下调控锗烯电子性质的影响规律。在本章中，首先调查了有机分子(苯和六氟苯)吸附的锗烯体系在电场作用下的原子结构以及电学性质，接下来选择锗烷(HGeH)作为衬底，研究了有机分子吸附和衬底对锗烯电学性质的耦合作用，最后探讨了外电场作用下有机分子/锗烯/衬底体系的电学性质变化趋势。

## 9.2 模拟计算细节

本章采用基于密度泛函理论 DMol3 模块研究了外电场作用下有机分子吸附和衬底对锗烯原子结构和电学性质的影响。相关交换函数使用广义梯度近似(GGA)中的 Perdew-Burke-Ernzerhof(PBE)方法。核处理方法使用的是全电子效应，基本设置使用 DNP。由于标准的 PBE 泛函不能很好地描述层间或原子间弱相互作用，本章采用 DFT-D(D 表示色散)方法来研究有机分子和衬底与锗烯之间的相互作用。DFT-D 方法已经广泛地用于存在范德华力作用的异质薄膜以及表面吸附小分子的纳米薄膜体系的理论研究中。本章中锗烯采用 $2\times2$ 的超晶胞，其真空为 15Å 来避免相邻晶胞之间的相互作用，所有原子均完全弛豫。在结构优化与性质计算中，$k$ 点设置为 $17\times17\times1$，能量收敛公差为 $1.0\times10^{-5}$Ha，最大力收敛公差为 0.002Ha/Å，最大位移收敛公差为 0.005Å。

## 9.3 有机分子/锗烯体系

在本章中，所选择吸附的有机分子为苯($C_6H_6$)和六氟苯($C_6F_6$)。由于锗烯原子结构特点，它通常有四种典型的吸附位置，即空心位、Ge—Ge 键中心处、锗烯中上层 Ge 原子的上方和下层 Ge 原子的上方。此外，考虑到有机分子取向及其高对称几何结构，本章从理论上针对在锗烯表面吸附有机分子形成的苯/锗烯体系和六氟苯/锗烯体系构建了八种有机分子吸附构型，如图 9-1 所示。

T-1 构型和 T-3 构型的有机分子/锗烯体系中 C—C 键均垂直于 Ge—Ge 键，并且有机分子中心分别位于锗烯上层 Ge 原子和下层 Ge 原子的上方；T-2 构型和 T-4 构型的有机分子/锗烯体系中 C—H(F)键可平行于 Ge—Ge 键，且有机分子

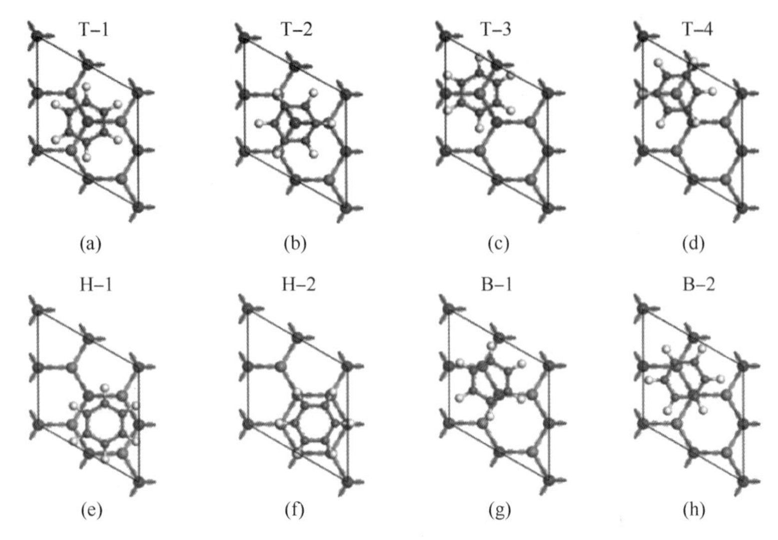

图 9-1　有机分子吸附在 2×2 锗烯超晶胞表面的八种吸附构型示意图

中心分别位于锗烯上层 Ge 原子和下层 Ge 原子的上方；H-1 构型的有机分子/锗烯体系中 C—H(F)键可垂直于 Ge—Ge 键，且有机分子中心分别位于锗烯中 Ge 原子形成的六边形的中心；H-2 构型的有机分子/锗烯体系中 C—H(F)键可平行于 Ge—Ge 键，且有机分子中心分别位于锗烯中 Ge 原子形成的六边形的中心；B-1 构型的有机分子/锗烯体系中 C—C 键垂直于 Ge—Ge 键，且 C—C 键中心可分别位于锗烯上层 Ge 原子和下层 Ge 原子的上方；B-2 构型的有机分子/锗烯体系中 C—H(F)键平行于 Ge—Ge 键，且 C—C 键中心可分别位于锗烯上层 Ge 原子和下层 Ge 原子的上方。有机分子/锗烯体系通过吸附能计算结果来确定实验上可行的有机分子吸附构型，并获得最稳定有机分子/锗烯体系的原子结构。这种建模思路及方法已应用于硅烯表面吸附 TTF 分子体系和锗烯表面吸附四氰基苯分子(TCNB)体系中。

## 9.3.1　苯/锗烯体系

### 9.3.1.1　没有外电场下苯/锗烯体系

表 9-1 给出了苯/锗烯体系的吸附能 $E_{ad}$、吸附距离 $H$、翘曲高度 $d$ 和带隙 $E_g$。通过比较不同苯/锗烯体系的吸附能，可以判定苯/锗烯体系的最稳定的构型为 T-1，其原子结构如图 9-2(a)所示。有趣的是，T-1 构型的苯/锗烯体系的吸附能 $E_{ad}$约为 0.676eV，比其他构型体系的吸附能大 0.014～0.154eV；锗烯吸附苯的吸附能均比锗烯吸附乙炔(0.160eV)、乙醇(0.406eV)、甲醇(0.325eV)、甲烷(0.114eV)以及氨分子(0.444eV)大，这说明苯更容易吸附在锗烯表面上。

表 9-1 苯/锗烯体系八种高对称吸附构型的吸附能 $E_{ad}$、吸附距离 $H$、翘曲高度 $d$ 和带隙 $E_g$

| 八种构型 | | T-1 | T-2 | T-3 | T-4 | H-1 | H-2 | B-1 | B-2 |
|---|---|---|---|---|---|---|---|---|---|
| 苯/锗烯 | $E_{ad}$/eV | 0.676 | 0.662 | 0.605 | 0.617 | 0.525 | 0.522 | 0.640 | 0.638 |
| | $H$/Å | 3.060 | 3.063 | 3.146 | 3.090 | 3.352 | 3.445 | 2.977 | 3.060 |
| | $d$/Å | 0.804 | 0.795 | 0.741 | 0.739 | 0.720 | 0.720 | 0.793 | 0.783 |
| | $E_g$/eV | 0.036 | 0.035 | 0.041 | 0.039 | 0.009 | 0.010 | 0.044 | 0.044 |

定义吸附距离 $H$ 为体系结构优化后有机分子与锗烯上层 $Ge_{L1}$ 原子之间的最小距离。苯/锗烯体系中苯吸附距离 $H$ 为 2.970~3.445Å；此外，苯分子吸附会导致锗烯发生一定的变形，T-1 构型的苯/锗烯体系中锗烯翘曲高度 $d$ 为 0.804Å，说明结构变形越大，吸附能越大，结构也最稳定。与原始锗烯的翘曲高度 $d$ (0.694Å) 相比，苯吸附后导致锗烯结构变形较大。苯/锗烯体系的吸附能和吸附距离都表明了苯分子和锗烯之间没有形成化学键，只是产生弱的层间交互作用。由此，不同的吸附构型的苯/锗烯体系的原子结构和电学性质是相似的。本节中，只研究了最稳定的 T-1 构型的苯/锗烯体系在外电场作用下的原子结构和电学性质。

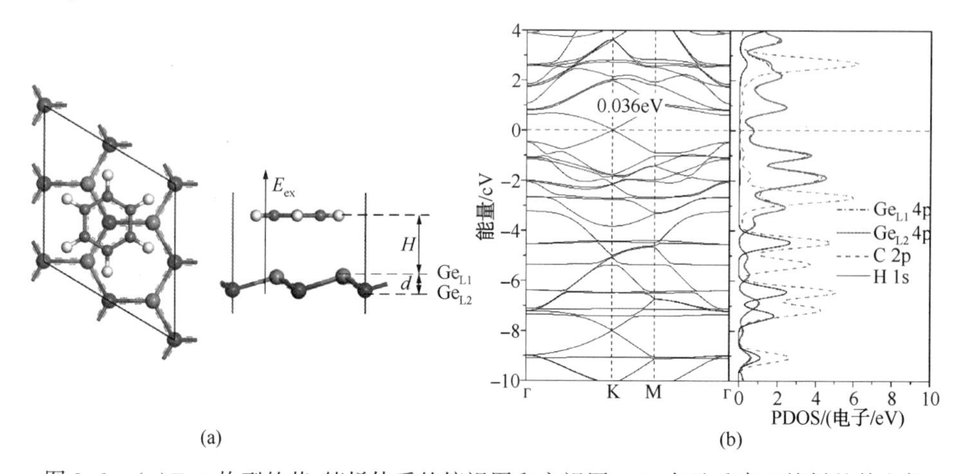


图 9-2 (a) T-1 构型的苯/锗烯体系的俯视图和主视图，$E_{ex}$ 表示垂直于锗烯的外电场强度，从锗原子指向有机分子方向的电场为正电场，反之为负电场；(b) T-1 构型的苯/锗烯体系的能带结构图和部分态密度(PDOS)图

为了研究苯分子对锗烯电学性质的影响，计算了苯/锗烯体系的能带结构。独立的锗烯是具有微小带隙特点。如图 9-2(b) 所示，当锗烯表面吸附苯分子狄拉克点周围的能带结构几乎不受影响，$k$ 点附近的线性色散仍然存在，这表明在吸附苯分子后，载流子的迁移率可以很大程度上保持。由于苯分子和锗烯之间弱的相互作用，可以粗略地将能带结构看成是锗烯和苯分子的简单结合，并且可以

观察到 T-1 构型的苯/锗烯体系打开了约 0.036eV 的直接带隙，其他构型的苯/锗烯体系打开带隙的情况如表 3-1 所示。该打开带隙现象类似于 TTF/硅烯所观察的现象。图 9-2(b) 给出了 T-1 构型的苯/锗烯体系的部分态密度(PDOS)图。研究结果表明，苯/锗烯体系的价带顶和导带底均主要由 $Ge_{L1}$ 4p 轨道和 $Ge_{L2}$ 4p 轨道决定的，并且苯与锗烯之间存在弱的交互作用。

对于原始的锗烯，电子迁移率 $\mu_e$ 和空穴迁移率 $\mu_h$ 分别为 $6.24\times10^5 cm^2 \cdot V^{-1}s^{-1}$ 和 $6.54\times10^5 cm^2 \cdot V^{-1}s^{-1}$。假设苯/锗烯体系散射时间 $\tau$ 与原始锗烯相同。根据公式(5-6)和公式(5-7)，计算得到苯/锗烯体系中电子有效质量 $m_e$ 和空穴有效质量 $m_h$ 分别是原始锗烯的 3.49 倍和 3.41 倍，$\mu_e$ 和 $\mu_h$ 分别为 $1.79\times10^5 cm^2 \cdot V^{-1}s^{-1}$ 和 $1.92\times10^5 cm^2 \cdot V^{-1}s^{-1}$。计算结果再次表明，表面吸附苯的锗烯体系保留了较高的载流子迁移率。

为了定量分析苯分子和锗烯之间的电荷转移量，采用 Mulliken 布居分析，T-1 构型的苯/锗烯体系中 $C_6H_6$ 分子向锗烯转移了 0.029e，这表明苯分子是一个供体分子，并且在锗烯亚晶格中上层 Ge 原子失去了 0.177e，而下层 Ge 原子得到了 0.206e，该研究结果表明苯分子吸附打破了锗烯中上层 Ge 原子和下层 Ge 原子之间的电荷分布平衡，从而锗烯中 A 和 B 亚晶格周围的电子密度分布不均匀，最终导致两个亚晶格之间不再等效。因此，根据紧束缚模型，$k$ 点处的带隙可被打开。

#### 9.3.1.2 外电场下苯/锗烯体系

对稳定的 T-1 构型的苯/锗烯体系施加外电场 $E_{ex}$(电场方向如图 9-2 所示)，研究了外电场对表面吸附苯分子的锗烯体系的电学性质的影响。图 9-3 给出了 T-1 构型的苯/锗烯体系的带隙 $E_g$ 随外电场强度变化规律图。可以清楚地观察到，带隙 $E_g$ 均伴随着负电场或正电场强度 $E_{ex}$ 的增大可呈现出近似线性增加趋势。值得注意的是，表面吸附有苯分子的锗烯带隙的大小主要与外电场的强弱有关，几乎与外电场方向无关。对于 T-1 构型的苯/锗烯体系，在负电场作用下，当 $E_{ex}$ 达到-0.90V/Å 时，带隙值可增加到 0.680eV；在正电场作用下，当 $E_{ex}$ 达到 0.80V/Å 时，带隙值可达到 0.593eV。当负电场或正电场的强度再增加时，T-1 构型的苯/锗烯体系的直接带隙均将会转变为间接带隙，甚至从半导体转变为导体特性。值得注意的是，原始锗烯的带隙 $E_g$ 在外电场作用下呈现线性增加趋势，当外电场强度 $E_{ex}$ 达到 1.03V/Å 时，锗烯可打开约为 0.12eV 的带隙，而苯/锗烯体系在低于此电场强度情况下可打开约 0.680eV 的直接带隙，这表明在外电场作用下表面吸附苯有机分子可有效拓宽锗烯的带隙。

进一步分析 T-1 构型的苯/锗烯体系在外电场作用下的电荷转移情况，如图 9-4 所示。在负电场作用下，苯分子为受体分子，当外电场强度 $E_{ex}$ 达到一定值时，锗烯中下层 $Ge_{L2}$ 原子失去的电子逐渐增加，而有机分子苯以及锗烯中上层

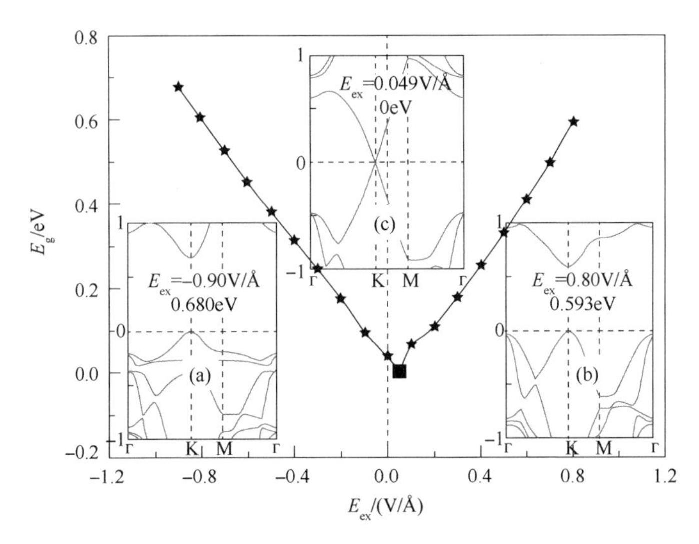


图 9-3 T-1 构型的苯/锗烯体系的带隙 $E_g$ 随外电场强度 $E_{ex}$ 的变化图
插图(a)和(b)显示了苯/锗烯体系在负电场和正电场作用下具有最大带隙时的能带结构，插图(c)显示了苯/锗烯体系在临界外电场下具有零带隙时的能带结构图

$Ge_{L1}$原子得到的电子逐渐增加；在正电场作用下，苯分子为供体分子，有机分子以及锗烯中上层 $Ge_{L1}$原子失去的电子会逐渐增加，而锗烯中下层 $Ge_{L2}$原子得到的电子也将会逐渐增加。由此可知，尽管外电场作用导致有机分子以及锗烯内部之间电荷转移方向不同，但是伴随着 $E_{ex}$ 的不断增强，它们之间的电荷转移量 $Q$ 都逐渐增加，导致锗烯亚晶格之间的电荷分布不均更加显著，从而促使 T-1 构型的苯/锗烯体系在外电场作用下可打开更大的带隙。

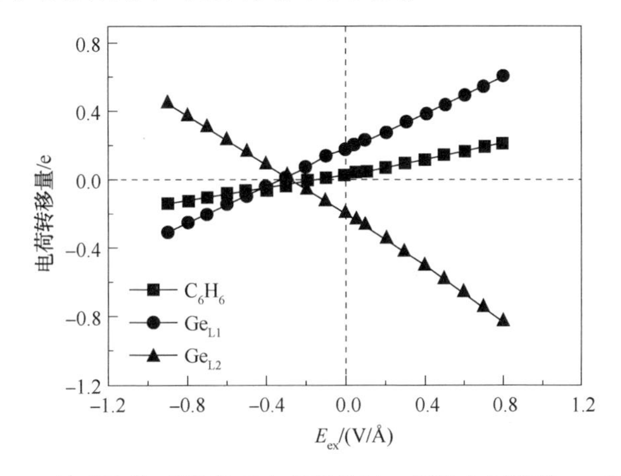


图 9-4 T-1 构型的苯/锗烯体系电荷转移量 $Q$ 随外电场强度 $E_{ex}$ 变化关系图

依据公式(5-4)，当电场强度 $E=0$ 时，带隙为零。然而，在外电场强度 $E_{ex}$ 为零时，苯/锗烯体系带隙 $E_g$ 为 0.036eV。因此，公式(5-4)和公式(5-5)中的电场强度 $E$ 应该为复合电场强度，包括内电场 $E_{in}$ 和外电场 $E_{ex}$。由于表面吸附的有机分子和锗烯之间存在电荷转移，可以采用电容器模型来进行讨论。有机分子吸附诱导的内电场 $E_{in}$ 与有机分子电荷转移量 $Q$ 成正比，可以通过公式 $E_{in}=2Q/[\varepsilon_0 a^2 \sin(\pi/3)]$ 计算，其中 $Q$ 表示转移电荷量、$\varepsilon_0$ 表示真空电容率、$a$ 表示锗烯晶格常数。图 9-5 给出了不同外电场强度 $E_{ex}$ 下 T-1 构型的苯/锗烯体系内电场强度 $E_{in}$。研究发现，当外电场强度 $E_{ex}$ 为零时，苯/锗烯体系内电场 $E_{in}$ 约为-0.046V/Å。为了验证此理论，详细模拟计算了苯/锗烯体系在外加负电场(-0.1~0V/Å)和外加正电场(0~0.1V/Å)下的电学性质，如图 9-3 所示，发现苯/锗烯体系在外加正电场(0.049V/Å)作用下其带隙为零。

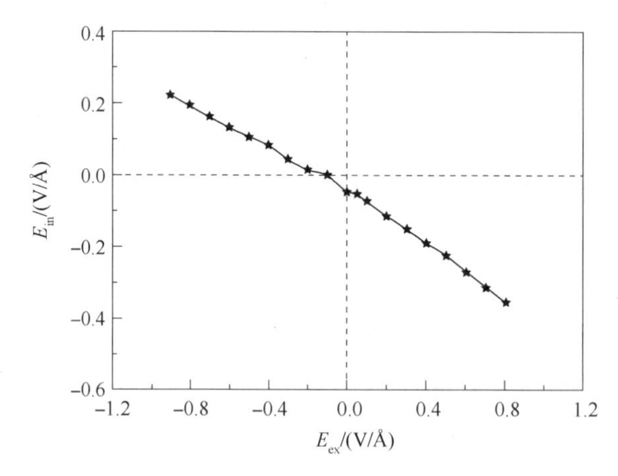


图 9-5　T-1 构型的苯/锗烯体系的内电场强度 $E_{in}$ 与外电场强度 $E_{ex}$ 变化关系图

如图 9-5 所示，在外电场作用下，伴随负电场强度的增加，苯分子为受体分子，电子从锗烯转移到有机分子，内电场 $E_{in}$ 方向由锗烯指向有机分子；而随着正电场强度的增加，苯分子为供体分子，电子从苯分子转移到锗烯，导致内电场方向从苯分子指向锗烯。尽管内电场方向始终与外电场方向相反，并且 $E_{in}$ 随着 $E_{ex}$ 增加也逐渐增大，但是在稍大外电场强度 $E_{ex}$ 作用下，$E_{in}$ 绝对值小于 $E_{ex}$ 绝对值，由此复合电场强度 $E$ 将会与外电场方向一致，并随着外电场强度 $E_{ex}$ 增加而增大。而苯分子/锗烯体系中锗烯的翘曲高度 $d$ 受外电场强度 $E_{ex}$ 的影响变化不大。该研究结果清晰地解释苯/锗烯体系的带隙 $E_g$ 随外电场强度 $E_{ex}$ 呈现近似线性增加趋势的原因。

## 9.3.2　六氟苯/锗烯体系

### 9.3.2.1　六氟苯/锗烯体系

依据公式(5-1)计算八种六氟苯/锗烯体系的吸附能。表 9-2 分别给出了八种六氟苯/锗烯体系的吸附能 $E_{ad}$、吸附距离 $H$、翘曲高度 $d$ 和带隙 $E_g$。依据八种六氟苯/锗烯体系的吸附能，可判定其最稳定的构型为 T-4。其原子结构示意图如 9-6(a) 所示。六氟苯/锗烯体系中六氟苯吸附距离 $H$ 为 3.070~3.160Å。T-4 构型的六氟苯/锗烯体系的吸附能 $E_{ad}$ 约为 0.656eV，比其他构型体系的吸附能大 0.009~0.135eV。同时，与苯/锗烯体系相比，T-1 构型的苯/锗烯体系比 T-4 构型的六氟苯/锗烯体系的吸附能大 0.020eV，这说明苯比六氟苯更容易吸附在锗烯表面上。然而，T-4 构型的六氟苯/锗烯体系虽然比其他几种构型的吸附能都大，但锗烯的翘曲高度($d$=0.763Å)却不是最大的。与原始锗烯的翘曲高度 $d$(0.694Å)相比，苯吸附后导致锗烯结构变形较大($d$=0.804Å)，这再次说明了苯对锗烯的吸附作用比六氟苯的吸附作用强。六氟苯/锗烯体系的吸附能和吸附距离也表明了六氟苯分子和锗烯之间并没有形成化学键，只是产生弱的层间交互作用。

**表 9-2　六氟苯/锗烯体系的八种高对称吸附构型的吸附能 $E_{ad}$、吸附距离 $H$、翘曲高度 $d$ 和带隙 $E_g$**

| 八种构型 | | T-1 | T-2 | T-3 | T-4 | H-1 | H-2 | B-1 | B-2 |
|---|---|---|---|---|---|---|---|---|---|
| 六氟苯/锗烯 | $E_{ad}$/eV | 0.593 | 0.588 | 0.589 | 0.656 | 0.521 | 0.569 | 0.647 | 0.631 |
| | $H$/Å | 3.005 | 3.160 | 3.02 | 2.970 | 3.114 | 3.141 | 2.982 | 3.054 |
| | $d$/Å | 0.780 | 0.786 | 0.732 | 0.763 | 0.765 | 0.781 | 0.762 | 0.776 |
| | $E_g$/eV | 0.014 | 0.022 | 0.039 | 0.005 | 0.006 | 0.018 | 0.016 | 0.035 |

如图 9-6(b) 所示，与锗烯吸附苯分子相同，当锗烯表面吸附六氟苯分子后，狄拉克点周围的能带结构几乎也不受影响，$k$ 点附近的线性色散依然存在，说明锗烯吸附六氟苯分子后载流子的迁移率仍然可以很大程度上保持。并且可以观察到 T-4 构型的六氟苯/锗烯体系打开了约 0.005eV 的直接带隙。其他构型六氟苯/锗烯体系打开带隙的情况如表 9-2 所示。图 9-6(b) 给出了 T-4 构型的六氟苯/锗烯体系的部分态密度(PDOS)图。类似于苯/锗烯体系，六氟苯/锗烯体系的价带顶和导带底也主要由 $Ge_{L1}$ 4p 轨道和 $Ge_{L2}$ 4p 轨道决定的，并且六氟苯与锗烯之间也存在弱的交互作用。

通过公式(5-6)计算电子有效质量 $m_e$ 和空穴有效质量 $m_h$，采用公式(5-7)计算电子和空穴两种载流子的迁移率 $\mu_e$ 和 $\mu_h$。六氟苯/锗烯体系的 $m_e$ 和 $m_h$ 分别是原始锗烯的 3.21 倍和 3.13 倍，$\mu_e$ 和 $\mu_h$ 分别为 $1.94\times10^5 cm^2 \cdot V^{-1}s^{-1}$ 和 $2.09\times10^5 cm^2 \cdot V^{-1}s^{-1}$。计算结果表明，表面吸附六氟苯的锗烯体系保留了较高的载流子迁移率。

Mulliken 布居分析表明，T-4 构型的六氟苯/锗烯体系中 $C_6F_6$ 分子得到了 0.007e，说明六氟苯分子是一种受体分子，锗烯亚晶格中上层 Ge 原子失去了 0.305e，而下层 Ge 原子得到了 0.298e。该研究结果表明，六氟苯分子吸附打破

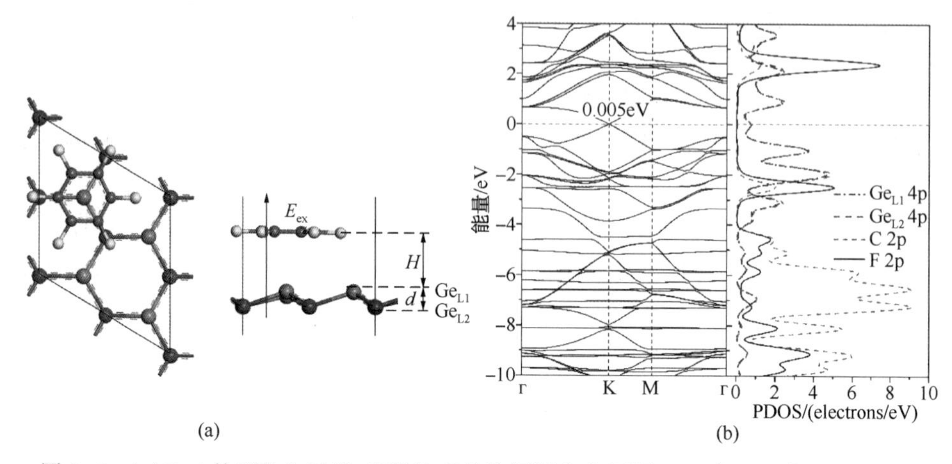


图 9-6 (a)T-4 构型的六氟苯/锗烯体系的俯视图和主视图，$E_{ex}$表示垂直于锗烯的外电场强度，从锗原子指向有机分子方向的电场为正电场，反之为负电场；(b)T-4 构型的六氟苯/锗烯体系的能带结构图和部分态密度图

了锗烯中上层 Ge 原子和下层 Ge 原子之间的电荷分布平衡，从而锗烯中 A 和 B 亚晶格周围的电子密度分布不均匀，最终导致两个亚晶格之间不再等效，从而打开锗烯带隙。

#### 9.3.2.2 外电场下六氟苯/锗烯体系

对六氟苯/锗烯体系的最稳定构型(T-4 构型)施加外电场 $E_{ex}$，其电场方向如图 9-6 所示的，研究外电场对六氟苯/锗烯体系的原子结构和电学性质影响。图 9-7 给出六氟苯/锗烯体系的带隙 $E_g$随外电场强度变化的趋势图。随着负电场和正电场强度 $E_{ex}$的增大，六氟苯/锗烯体系的带隙 $E_g$呈现出近似线性增加趋势。在负电场作用下，当 $E_{ex}$达到-1.00V/Å 时，六氟苯/锗烯体系的直接带隙值可增加到 0.521eV，而苯/锗烯体系可以在负电场 $E_{ex}$达到-0.90V/Å 时，直接带隙可达到 0.680eV；在正电场作用下，当 $E_{ex}$达到 0.80V/Å 时，六氟苯/锗烯体系的直接带隙值可达到 0.505eV，在相同电场情况下，苯/锗烯体系的直接带隙可以达到 0.593eV。显而易见，苯/锗烯体系可以实现更大范围的近似线性可调谐带隙。伴随着负电场或正电场的强度增加时，T-4 构型的六氟苯/锗烯体系与 T-1 构型的苯/锗烯体系的直接带隙均会逐渐减小，进而转变为间接带隙半导体，最终转变为导体。与外电场作用下的原始锗烯相比，虽然六氟苯/锗烯体系在电场强度低于 1.03V/Å 时打开 0.521eV 的直接带隙，有效拓宽了锗烯的带隙，但苯/锗烯体系可以打开更大的直接带隙(0.680eV)，比六氟苯/锗烯体系大了 0.159eV，并且电场强度 $E_{ex}$仅为-0.90V/Å，这表明外电场作用下吸附苯分子比吸附六氟苯分子可以更显著地拓宽锗烯的带隙。重要的是，外电场强度的强弱依然是影响锗烯带隙大小的主要原因，而外电场的方向对锗烯带隙影响较小。

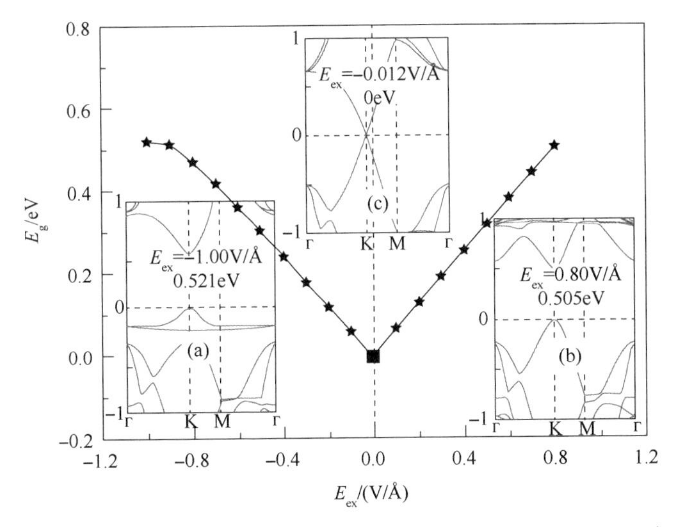


图 9-7　T-4 构型的六氟苯/锗烯体系的带隙 $E_g$ 随外电场强度 $E_{ex}$ 的变化图
插图(a)和(b)分别显示了六氟苯/锗烯在负电场和正电场作用下具有最大带隙时的能带结构，插图(c)显示了六氟苯/锗烯体系在临界外电场下具有零带隙时的能带结构图

图 9-8 为 T-4 构型的六氟苯/锗烯体系在外电场作用下的电荷转移情况。在负电场作用下，六氟苯分子为受体分子，当外电场强度 $E_{ex}$ 达到一定值时，锗烯中下层 $Ge_{L2}$ 原子失去的电子逐渐增加，六氟苯分子以及锗烯中上层 $Ge_{L1}$ 原子得到的电子逐渐增加；在正电场作用下，六氟苯为供体分子，六氟苯分子以及锗烯中上层 $Ge_{L1}$ 原子失去的电子会逐渐增加，而锗烯中下层 $Ge_{L2}$ 原子得到的电子也将会逐渐增加。伴随着 $E_{ex}$ 的不断增强，它们之间的电荷转移量 $Q$ 都逐渐增加，导致锗烯亚晶格之间的电荷分布不均更加显著，从而促使 T-4 构型的六氟苯/锗烯体系在外电场作用下可打开更大的带隙，这一现象类似于苯/锗烯体系。

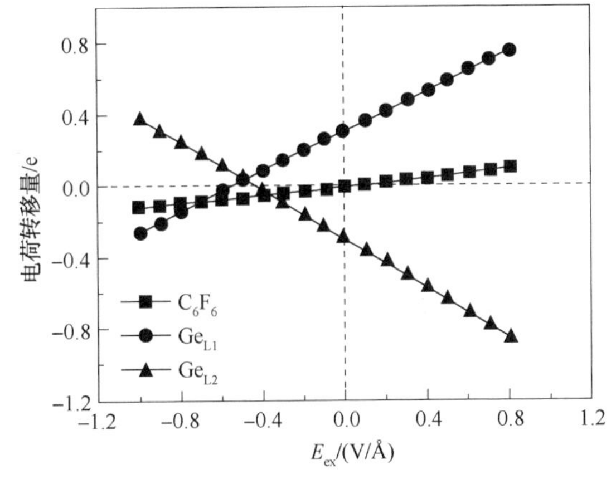


图 9-8　T-4 构型的六氟苯/锗烯体系电荷转移量 $Q$ 随外电场强度 $E_{ex}$ 变化关系图

图9-9给出了不同外电场强度 $E_{ex}$ 下T-4构型的六氟苯/锗烯体系内电场强度 $E_{in}$。研究发现，当外电场强度 $E_{ex}$ 为零时，六氟苯/锗烯体系的内电场 $E_{in}$ 分别约为0.011V/Å。为了验证此理论，详细模拟计算了六氟苯/锗烯体系在外加负电场(-0.1~0V/Å)和外加正电场(0~0.1V/Å)下的电学性质。如图9-9所示，发现苯六氟苯/锗烯体系在外加负电场(-0.012V/Å)作用下其带隙为零。在外电场作用下，伴随负电场强度的增加，六氟苯分子为受体分子，电子从锗烯转移到有六氟苯分子，内电场 $E_{in}$ 方向由锗烯指向六氟苯分子；而随着正电场强度的增加，六氟苯分子为供体分子，电子从六氟苯分子转移到锗烯，导致内电场方向从六氟苯分子指向锗烯。如图9-9所示，尽管内电场方向始终与外电场方向相反，并且 $E_{in}$ 随着 $E_{ex}$ 增加也逐渐增大，但是在稍大外电场强度 $E_{ex}$ 作用下，$E_{in}$ 绝对值小于 $E_{ex}$ 绝对值，由此复合电场强度 $E$ 将会与外电场方向一致，并随着外电场强度 $E_{ex}$ 增加而增大。而六氟苯/锗烯体系中锗烯的翘曲高度 $d$ 受外电场强度 $E_{ex}$ 的影响变化不大。该研究结果清晰地解释了六氟苯/锗烯体系的带隙 $E_g$ 随外电场强度 $E_{ex}$ 呈现近似线性增加趋势的原因。

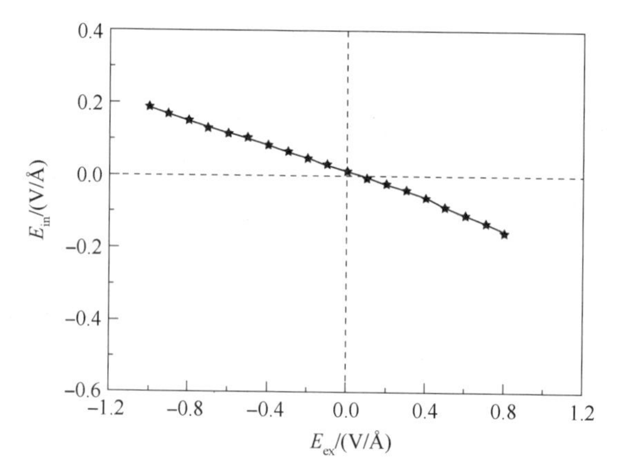


图9-9　T-4构型的六氟苯/锗烯体系的内电场强度 $E_{in}$ 与外电场强度 $E_{ex}$ 变化关系图

# 9.4　有机分子/锗烯/锗烷体系

本节在有机分子/锗烯模型基础上，进一步采用表面完全氢化的锗烯(锗烷HGeH)作为衬底，研究了在电场作用下有机分子(苯和六氟苯)吸附和锗烷衬底的协同作用对锗烯的原子结构、电学性质和载流子迁移率的影响，解释了有机分子和衬底打开锗烯内在机理，讨论了有机分子/锗烯/锗烷体系带隙在外加负电场作用下呈现线性增加趋势的影响机理，并进一步探讨了有机分子/锗烯/锗烷体系可保留较大载流子率的原因。

### 9.4.1 苯/锗烯/锗烷体系

锗烷($GeH_4$)为无色、剧毒、可自燃、非腐蚀性气体；热稳定性较差，大约在280℃就能检测到$GeH_4$分解为锗和氢，在350℃下$GeH_4$几乎全部分解成单质锗和氢气；$GeH_4$的自催化性很强，一旦分解形成了金属覆盖膜，就会急剧分解，故其分解爆炸危险性很高。$GeH_4$作为高纯单质锗的重要原材料，主要应用于电子器件及太阳能电池领域等。另一种锗烷(HGeH)为表面完全氢化的锗烯，具有类似石墨烷的结构，是一种新型二维材料，并且可以通过表面共价功能化来调节其直接带隙。HGeH在室温下具有18000$cm^2 \cdot V^{-1}s^{-1}$的高迁移率、非零带隙以及稳定性等优点，促使其在电子和光电子器件等领域，特别是场效应晶体管方面，具有重要的应用前景。

在本节中，选择HGeH作为衬底材料来研究有机分子和衬底对锗烯原子结构和电学性质的影响，主要有以下两个方面的原因。一方面，HGeH是一种类似于锗烯晶体结构的二维半导体材料，其晶格常数为4.05Å，而锗烯的晶格常数为4.02Å，它们之间的晶格错配度只有0.75%，比锗烯与GaAs衬底、锗烯与InSe衬底的错配度(1.30%和2.00%)更小，这更容易形成匹配的异质结构。将锗烯与HGeH衬底的结合能$E_c$定义为$E_c = E_{锗烯/HGeH} - E_{f-锗烯} - E_{HGeH}$，其中$E_{锗烯/HGeH}$表示锗烯/HGeH体系的总能量，$E_{f-锗烯}$表示原始锗烯的能量，$E_{HGeH}$表示HGeH衬底的能量。研究发现单元超晶胞锗烯与HGeH衬底的结合能$E_c$为-0.292eV，这表明锗烯与HGeH衬底之间存在一定的交互作用力，这有利于形成锗烯/HGeH异质结构。另一方面，研究学者发现锗烯与GaAs衬底间存在共价键作用，破坏了锗烯的狄拉克锥电学性质，而锗烯和HGeH之间不存在共价键作用，而是通过弱的相互作用形成稳定的双层异质结构。HGeH衬底仅破坏了锗烯亚晶格的对称性，从而促使锗烯在狄拉克点上打开了带隙，并且很好地保留了锗烯的高载流子迁移率。计算得到的锗烯/HGeH体系的载流子迁移率($1.56\times10^5 cm^2 \cdot V^{-1}s^{-1}$)略大于锗烯/InSe体系的载流子迁移率($1.42\times10^5 cm^2 \cdot V^{-1}s^{-1}$)。由于不同堆垛模式的锗烯/HGeH体系原子结构和电学性质相似，本节在最稳定的锗烯/HGeH体系原子结构基础上研究有机分子和衬底对外电场下锗烯电学性质的调控作用。

#### 9.4.1.1 没有外电场下苯/锗烯/锗烷体系

图9-10(a)给出了苯/锗烯/HGeH体系最稳定的原子结构，苯最稳定的吸附位置依然为T-1构型(图9-1)。根据公式(5-1)可得出，苯/锗烯/HGeH体系的吸附能为$E_{ad}=0.708$eV，比苯/锗烯体系吸附能(0.676eV)大0.032eV。相比苯/锗烯体系，苯/锗烯/HGeH体系中苯分子的吸附距离$H$缩短到2.989Å，锗烯和HGeH间的最小层间距$D$为1.525Å，锗烯的翘曲高度$d$增大到0.886Å。这一现象说明了苯/锗烯/HGeH体系的吸附能越大，锗烯的结构变形越大。

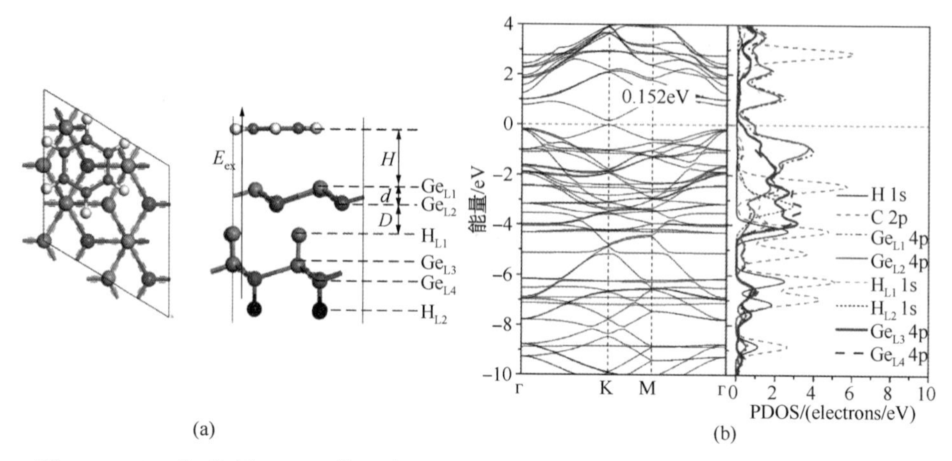


图 9-10 (a)苯/锗烯/HGeH 体系俯视图和主视图，$E_{ex}$表示垂直于锗烯的外电场，从HGeH 指向有机分子方向的电场为正电场，反之为负电场；(b)苯/锗烯/HGeH 体系的能带结构图和部分态密度(PDOS)图

进一步采用 Mulliken 布局分析，在苯/锗烯/HGeH 体系中，$C_6H_6$分子失去 0.035e，锗烯中下层 $Ge_{L2}$原子失去 0.338e，上层 $Ge_{L1}$原子得到 0.409e，HGeH 衬底失去 0.036e。苯分子以及 HGeH 衬底导致锗烯中两个亚晶格之间电荷分布不均更加剧烈。该电荷转移现象很好地解释了苯分子/锗烯/HGeH 体系中带隙增大的原因。

图 9-10(b)给出了苯/锗烯/HGeH 体系的能带结构和部分态密度图。由于锗烯与 HGeH 衬底的交互作用，这进一步影响了 $k$ 点周围的抛物线色散关系，苯/锗烯/HGeH 体系的直接带隙增加到 0.152eV。该直接带隙增大的现象是主要是由衬底和吸附的苯分子共同影响的。部分态密度图分析发现，尽管苯分子和衬底对锗烯的电子结构有一定的影响，但是苯/锗烯/HGeH 体系中费米面附近的导带底和价带顶均主要由 $Ge_{L1}$ 4p 轨道和 $Ge_{L2}$ 4p 轨道决定。通过公式(3-2)和公式(3-3)计算得出苯/锗烯/HGeH 体系中电子迁移率$\mu_e$和空穴迁移率$\mu_h$分别为 $1.36\times10^5 cm^2 \cdot V^{-1}s^{-1}$和 $1.31\times10^5 cm^2 \cdot V^{-1}s^{-1}$。该研究结果表明在锗烷(HGeH)衬底和苯分子共同作用下锗烯依然可以在很大程度保持载流子的迁移率。

**9.4.1.2 外电场下苯/锗烯/锗烷体系**

对苯/锗烯/HGeH 体系的稳定结构施加垂直电场(电场方向如图 9-10 所示)，研究电场对苯/锗烯/HGeH 体系电学性质的影响。图 9-11 给出了苯/锗烯/HGeH 体系带隙 $E_g$随外加电场强度 $E_{ex}$的变化趋势。研究结果表明，在负电场作用下，苯/锗烯/HGeH 体系的直接带隙 $E_g$伴随着外电场强度 $E_{ex}$增加而增加，当 $E_{ex}$为 -0.35V/Å 时，直接带隙 $E_g$达到最大值(0.463eV)，而外加负电场强度继续增大时，该体系最终会转变为导体。值得注意的是，苯/锗烯/HGeH 体系在较小外加正电场强度(0.1V/Å)下由从直接带隙半导体转变为导体。该现象说明了苯/锗烯/HGeH 体系带隙不仅与外电场强度有关，也与外电场方向有关。

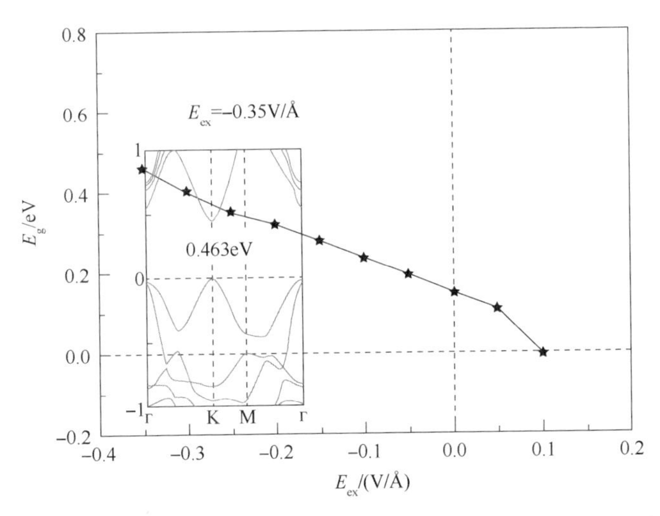


图 9-11　苯/锗烯/HGeH 体系和的带隙 $E_g$ 随外电场强度 $E_{ex}$ 的变化关系图

插图显示了苯/锗烯/HGeH 体系具有最大带隙时的能带结构

图 9-12 给出了苯/锗烯/HGeH 体系在外电场作用下的电荷转移情况。研究结果表明，在外电场作用下，苯/锗烯/HGeH 体系表现出从 HGeH 到锗烯的电荷转移现象。对于外加负电场作用下苯/锗烯/HGeH 体系，尽管苯分子在外电场强度 $E_{ex}$ 为−0.2～0V/Å 时为供体分子，电子从苯分子转移给锗烯/HGeH 体系，可能抵消苯/锗烯/HGeH 的界面偶极子，但是 HGeH 转移给锗烯的电荷量远远大于苯与锗烯之间的电荷转移量，诱发外加负电场作用下锗烯中上层 $Ge_{L1}$ 原子得到电子和下层 $Ge_{L2}$ 原子失去电子的电荷量均单调线性增加，这加剧了锗烯亚晶格间的

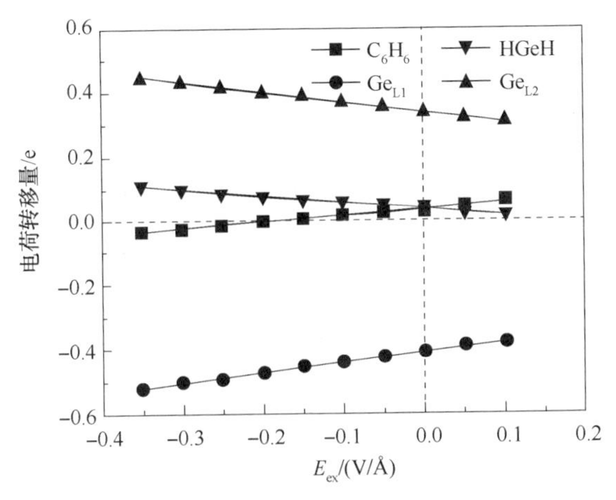


图 9-12　苯/锗烯/HGeH 体系的电荷转移量 $Q$ 随外电场强度 $E_{ex}$ 变化关系图

电荷分布不均现象，进一步增大了苯/锗烯/HGeH 体系的带隙 $E_g$。该现象实际上是 HGeH 衬底、表面吸附的苯分子和电场的协同效应。相反，在外加正电场作用下，苯/锗烯/HGeH 体系中苯分子和 HGeH 均向锗烯转移电子，削弱了有机分子/锗烯/HGeH 的界面偶极子，从而使体系带隙 $E_g$ 随正电场强度 $E_{ex}$ 的增加而减小，最终苯/锗烯/HGeH 体系在 0.1V/Å 下关闭带隙。

## 9.4.2 六氟苯/锗烯/锗烷体系

### 9.4.2.1 没有外电场下六氟苯/锗烯/锗烷体系

如图 9-13(a)所示，六氟苯/锗烯/HGeH 体系最稳定的结构仍然为 T-4 构型。根据公式(5-1)计算得出六氟苯/锗烯/HGeH 体系的吸附能 $E_{ad}$ 增大为 0.706eV，比六氟苯/锗烯体系的吸附(0.656eV)能大 0.050eV，相应的吸附距离 $H$ 减小到 2.959Å，锗烯和 HGeH 间的最小层间距 $D$ 为 1.650Å，锗烯的翘曲高度 $d$ 增大到 0.777Å。与苯/锗烯/HGeH 体系相同，六氟苯/锗烯/HGeH 体系的吸附能越大，锗烯的结构变形越大。

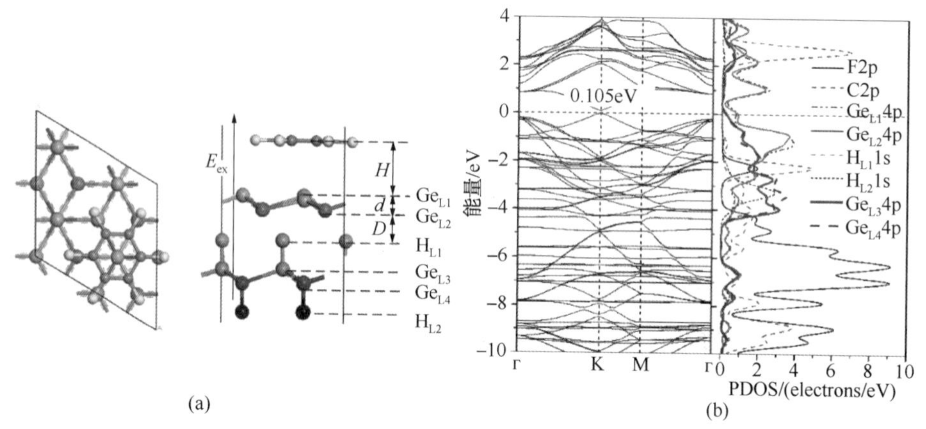


图 9-13 (a)六氟苯/锗烯/HGeH 体系俯视图和主视图，$E_{ex}$ 表示垂直于锗烯的外电场，从 HGeH 指向有机分子方向的电场为正电场，反之为负电场；(b)六氟苯/锗烯/HGeH 体系的能带结构图和部分态密度图

图 9-13(b)给出了六氟苯/锗烯/HGeH 体系的能带结构和部分态密度图。由于 $k$ 点周围的抛物线色散关系受到锗烯与 HGeH 衬底之间相互作用的影响，六氟苯/锗烯/HGeH 体系的直接带隙增加到 0.105eV，比六氟苯/锗烯体系的带隙(0.005eV)大 0.100eV。与苯/锗烯/HGeH 体系带隙增大的原因相同，六氟苯分子和衬底的共同作用导致了直接带隙的增大，通过部分态密度图分析发现，六氟苯/锗烯/HGeH 体系中费米面附近的导带底和价带顶依然主要由 $Ge_{L2}$ 4p 轨道和 $Ge_{L1}$ 4p 轨道决定。通过公式(3-2)和公式(3-3)计算得出六氟苯/锗烯/HGeH 体系中电子迁移率 $\mu_e$ 和空穴迁移率 $\mu_h$ 分别为 $1.53\times10^5 cm^2 \cdot V^{-1}s^{-1}$ 和 $1.51\times10^5 cm^2 \cdot V^{-1}s^{-1}$，与

苯/锗烯/HGeH 体系中的电子迁移率 $\mu_e$($1.36\times10^5cm^2\cdot V^{-1}s^{-1}$)和空穴迁移率 $\mu_h$($1.31\times10^5cm^2\cdot V^{-1}s^{-1}$)相比，说明 HGeH 衬底和六氟苯分子的共同作用比 HGeH 衬底和苯分子的共同作用可以更大程度上保留载流子的迁移率。

Mulliken 布局分析结果表明，在六氟苯/锗烯/HGeH 体系中，$C_6F_6$分子得到 0.006e，锗烯中下层 $Ge_{L2}$原子失去 0.209e，上层 $Ge_{L1}$原子得到 0.242e，HGeH 衬底得到 0.039e。电荷的转移现象解释了六氟苯/锗烯/HGeH 体系中带隙增大的原因。

#### 9.4.2.2 外电场下六氟苯/锗烯/锗烷体系

如图 9-14 给出的六氟苯/锗烯/HGeH 体系的带隙 $E_g$随外电场强度 $E_{ex}$的变化关系图(电场方向如图 9-13 所示)。在负电场作用下，六氟苯/锗烯/HGeH 体系的直接带隙 $E_g$伴随外电场强度 $E_{ex}$的增加近似线性增大，当 $E_{ex}$为-0.35V/Å 时，六氟苯/锗烯/HGeH 体系的带隙 $E_g$达到最大值(0.358eV)，比苯/锗烯/HGeH 体系在该电场强度下打开的带隙(0.463eV)小 0.105eV。六氟苯/锗烯/HGeH 体系和苯/锗烯/HGeH 体系随着外加负电场强度的增大时，两种体系均会转变为导体；在正电场作用下，六氟苯/锗烯/HGeH 体系和苯/锗烯/HGeH 体系均在较小外加正电场强度(0.1V/Å)下由直接带隙半导体转变为导体。进一步说明了有机分子/锗烯/HGeH 体系的带隙不仅与外电场强度有关，也与外电场方向有关。

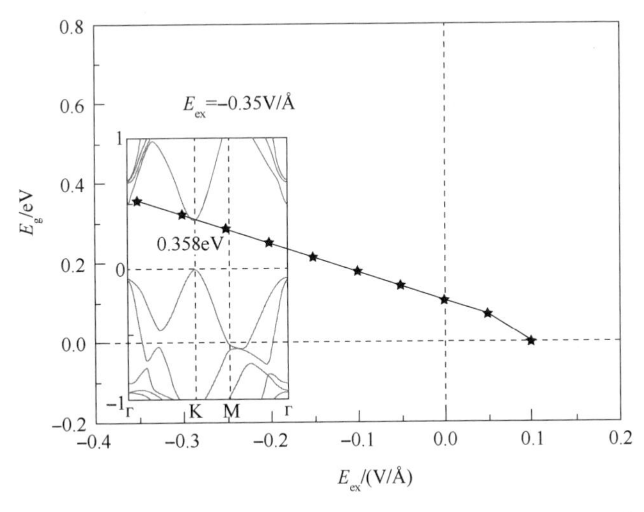


图 9-14 六氟苯/锗烯/HGeH 体系的带隙 $E_g$随外电场强度 $E_{ex}$的变化关系图

插图显示了六氟苯/锗烯/HGeH 体系具有最大带隙时的能带结构

如图 9-15 所示为六氟苯/锗烯/HGeH 体系的电荷转移量 $Q$ 随外电场强度 $E_{ex}$ 变化关系图。与苯/锗烯/HGeH 体系相同，外电场诱发了电荷从 HGeH 转移到锗烯。在负电场作用下，六氟苯分子始终为受体分子，它从锗烯中获取电子，这进一步增加了界面偶极子，并且随着负电场强度的增加，锗烯中上层 $Ge_{L1}$原子和下

层 $Ge_{L2}$原子间的电荷分布不均加剧，最终促使六氟苯/锗烯/HGeH 体系的带隙 $E_g$ 进一步拓宽。值得注意的是，在相同的负电场强度下，苯/锗烯/HGeH 体系中锗烯亚晶格间电荷分布不均比六氟苯/锗烯/HGeH 体系的情况更为强烈，导致苯/锗烯/HGeH 体系直接带隙(0.463eV)比六氟苯/锗烯/HGeH 体系打开的直接带隙(0.358eV)大 0.105eV。在外加正电场作用下，六氟苯/锗烯/HGeH 体系与苯/锗烯/HGeH 体系中有机分子和 HGeH 均向锗烯转移电子，导致有机分子/锗烯/HGeH 体系的界面偶极子减弱，使得两种体系的带隙均伴随着正电场强度 $E_{ex}$ 的增加而减小，最终在 0.1V/Å 下关闭带隙。

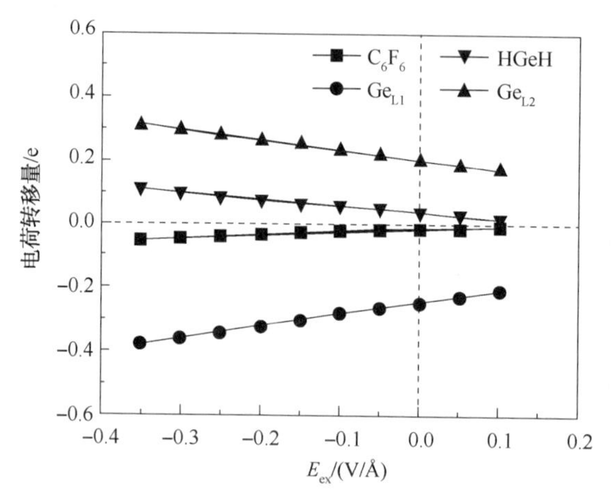


图 9-15　六氟苯/锗烯/HGeH 体系的
电荷转移量 $Q$ 随外电场强度 $E_{ex}$ 变化关系图

## 9.5　本章小结

在本章中，通过 Material Studio 软件，采用基于密度泛函理论 DMol3 模块，研究了苯分子和六氟苯分子吸附对锗烯的原子结构和电学性质的影响效果。研究结果如下：

（1）相比于原始锗烯 0.004eV 的带隙，最稳定的 T-1 构型的苯/锗烯体系和 T-4 构型的六氟苯/锗烯体系分别打开了约 0.036eV 和 0.005eV 的直接带隙。表面吸附苯或六氟苯的锗烯体系保留了较高的载流子迁移率。有机分子吸附打破了锗烯中 Ge 原子之间的电荷分布平衡，从而导致两个亚晶格之间不再等效。因此，锗烯在 $k$ 点处打开带隙。

（2）外电场作用下，苯/锗烯体系和六氟苯/锗烯体系的直接带隙值可以分别达到 0.680eV 和 0.521eV，证实了施加外电场可以调节锗烯直接带隙。通过内电场和外电场的关系清楚地解释了苯/锗烯体系和六氟苯/锗烯体系的带隙 $E_g$ 随外

电场强度 $E_{ex}$ 呈现近似线性增加趋势的原因。

（3）在有机分子/锗烯体系的基础上，苯/锗烯/HGeH 体系和六氟苯/锗烯/HGeH 体系的直接带隙分别增加到 0.152eV 和 0.105eV，这主要是由衬底和吸附的有机分子共同影响的。锗烷（HGeH）衬底和有机分子共同作用促使锗烯依然可以在很大程度保持载流子的迁移率。有机分子以及 HGeH 衬底导致锗烯中两个亚晶格之间电荷分布不均更加剧烈。该电荷转移现象很好地解释了有机分子/锗烯/HGeH 体系中带隙增大的原因。

（4）在外电场作用下，苯/锗烯/HGeH 体系和六氟苯/锗烯/HGeH 体系的直接带隙 $E_g$ 最大值分别为 0.463eV 和 0.358eV。有机分子/锗烯/HGeH 体系带隙不仅与外电场方向有关，而且在一定的外电场强度作用下，由于有机分子和 HGeH 衬底的电荷转移量增加以及体系内电场等因素，导致有机分子/锗烯体系以及有机分子/锗烯/HGeH 体系的带隙可伴随外电场强度的增加呈现近似线性增大趋势。

这些研究结果为调控锗烯电学性质提供了有效的设计方法，为锗烯应用在场效应管和其他纳米电子学器件中的应用提供有力的理论支持。

# 参 考 文 献


[1] Rosini M, Magri R, Surface effects on the atomic and electronic structure of unpassivated GaAs nanowires[J]. ACS Nano, 2010, 4: 6021-6031.

[2] Dong L, Yadav S K, Ramprasad R, et al. Band gap tuning in GaN through equibiaxial in-plane strains[J]. Applied Physics Letters, 2010, 96: 202106.

[3] Fang D Q, Rosa A L, Frauenheim T, et al. Band gap engineering of GaN nanowires by surface functionalization[J]. Applied Physics Letters, 2009, 94: 073116.

[4] Adelmann C, Sarigiannidou E, Jalabert D, et al. Growth and optical properties of GaN/AlN quantum wells[J]. Applied Physics Letters, 2003, 82: 4154.

[5] Chen C H, Yeh C M, Hwang J, et al. Band gap shift in the GaN/AlN multilayers on the mesh-patterned Si(111)[J]. Applied Physics Letters, 2006, 88: 161912.

[6] Chen Q, Hu H, Chen X, et al. Tailoring band gap in GaN sheet by chemical modification and electric field: Ab initio calculations[J]. Applied Physics Letters, 2011, 98: 053102.

[7] Bie Y-Q, Liao Z-M, Zhang H-Z, et al. Self-Powered, Ultrafast, Visible-Blind UV Detection and Optical Logical Operation based on ZnO/GaN Nanoscale p-n Junctions[J]. Advanced Materials, 2011, 23: 649-653.

[8] Ahmad I, Kasisomayajula V, Holtz M, et al. Self-heating study of an AlGaN/GaN-based heterostructure field-effect transistor using ultraviolet micro-Raman scattering[J]. Applied Physics Letters, 2005, 86: 173503.

[9] Ahn J, Mastro M A, Hite J, et al. Violet electroluminescence from p-GaN thin film/n-GaN nanowire homojunction[J]. Applied Physics Letters, 2010, 96: 132105.

[10] An S J, Yi G-C. Near ultraviolet light emitting diode composed of n-GaN/ZnO coaxial nanorod heterostructures on a p-GaN layer[J]. Applied Physics Letters, 2007, 91: 123109.

[11] Aryal K, Pantha B N, Li J, et al. Hydrogen generation by solar water splitting using p-InGaN photoelectrochemical cells[J]. Applied Physics Letters, 2010, 96: 052110.

[12] Bastek B, August O, Hempel T, et al. Direct microscopic correlation of crystal orientation and luminescence in spontaneously formed nonpolar and semipolar GaN growth domains[J]. Applied Physics Letters, 2010, 96: 172102.

[13] Cao X A, Yang Y, Electroluminescence observation of nanoscale phase separation in quaternary AlInGaN light-emitting diodes[J]. Applied Physics Letters, 2010, 96: 151109.

[14] Chang K-H, Sheu J-K, Lee M-L, et al. Inverted Al0. 25Ga0. 75N/GaN ultraviolet p-i-n photodiodes formed on p-GaN template layer grown by metalorganic vapor phase epitaxy[J]. Applied Physics Letters, 2010, 97: 013502.

[15] Chang Y L, Wang J L, Li F, et al. High efficiency green, yellow, and amber emission from InGaN/GaN dot-in-a-wire heterostructures on Si(111)[J]. Applied Physics Letters, 2010, 96: 013106.

[16] Chen C-C, Shih M H, Yang Y-C, et al. Ultraviolet GaN-based microdisk laser withAlN/AlGaN distributed Bragg reflector[J]. Applied Physics Letters, 2010, 96: 151115.

[17] Jani O, Ferguson I, Honsberg C, et al. Design and characterization of GaN/InGaN solar cells [J]. Applied Physics Letters, 2007, 91: 132117.

[18] Ling S-C, Lu T-C, Chang S-P, et al. Low efficiency droop in blue-green m-plane InGaN/GaN light emitting diodes[J]. Applied Physics Letters, 2010, 96: 231101.

[19] Chen P-T, Sun C-L, Hayashi M, First-principles calculations of hydrogen generation due to water splitting on polar GaN surfaces[J]. The Journal of Physical Chemistry C, 2010, 114: 18228-18232.

[20] Hirai T, Maeda K, Yoshida M, et al. Origin of visible light absorption in GaN-Rich ($Ga_{1-x}Zn_x$)($N_{1-x}O_x$) photocatalysts [J]. The Journal of Physical Chemistry C, 2007, 111: 18853-18855.

[21] Jiang Q, Zhu Y F, Zhao M, Recent patents on Cu/low-k dielectrics interconnects in integrated circuits[J]. Recent Patents on Nanotechnology, 2007, 1: 193-209.

[22] Pyun J W, Baek W-C, Zhang L, et al. Electromigration behavior of 60 nm dual damascene Cu interconnects[J]. Journal of Applied Physics, 2007, 102: 093516.

[23] Tan C M, Roy A. Electromigration in ULSI interconnects [J]. Materials Science and Engineering: R: Reports, 2007, 58: 1-75.

[24] Maroudas D. Surface morphological response of crystalline solids to mechanical stresses and electric fields[J]. Surface Science Reports, 2011, 66: 299-346.

[25] Kim J-R, So H M, Park J W, et al. Electrical transport properties of individual gallium nitride nanowires synthesized by chemical-vapor-deposition [J]. Applied Physics Letters, 2002, 80: 3548.

[26] Nakamura S. The roles of structural imperfections in InGaN-based blue light-emitting diodes and laser diodes[J]. Science, 1998, 281: 956-961.

[27] Liu B, Bando Y, Tang C, et al. Needlelike bicrystalline GaN nanowires with excellent field emission properties[J]. The Journal of Physical Chemistry B, 2005, 109: 17082-17085.

[28] Terentjevs A, Catellani A, Prendergast D, et al. Importance of on-site corrections to the electronic and structural properties of InN in crystalline solid, nonpolar surface, and nanowire forms[J]. Physical Review B, 2010, 82: 165307.

[29] Dhara S, Datta A, Wu C T, et al. Hexagonal-to-cubic phase transformation in GaN nanowires by Ga+implantation[J]. Applied Physics Letters, 2004, 84: 5473.

[30] Simpkins B S, Ericson L M, Stroud R M, et al. Gallium-based catalysts for growth of GaN nanowires[J]. Journal of Crystal Growth, 2006, 290: 115-120.

[31] Xu B-S, Zhai L-Y, Liang J, et al. Synthesis and characterization of high purity GaN nanowires[J]. Journal of Crystal Growth, 2006, 291: 34-39.

[32] Kipshidze G, Yavich B, Chandolu A, et al. Controlled growth of GaN nanowires by pulsed metalorganic chemical vapor deposition[J]. Applied Physics Letters, 2005, 86: 033104.

[33] Peng H Y, Wang N, Zhou X T, et al. Control of growth orientation of GaN nanowires[J]. Chemical Physics Letters, 2002, 359: 241-245.

[34] Kuykendall T, Pauzauskie P J, Zhang Y, et al. Crystallographic alignment of high-density

gallium nitride nanowire arrays[J]. Nature Materials, 2004, 3: 524-528.

[35] Duan X, Lieber C M. Laser-assisted catalytic growth of single crystal GaN nanowires[J]. Journal of the American Chemical Society, 2000, 122: 188-189.

[36] Huang Y, Duan X, Cui Y, et al. Gallium nitride nanowire nanodevices[J]. Nano Letters, 2002, 2: 101-104.

[37] Abe R, Higashi M, Domen K. Facile fabrication of an efficient oxynitride TaON photoanode for overall water splitting into H2 and O2 under visible light irradiation[J]. Journal of the American Chemical Society, 2010, 132: 11828-11829.

[38] Kuykendall T, Pauzauskie P, Lee S, et al. Metalorganic chemical vapor deposition route to GaN nanowires with triangular cross sections[J]. Nano Letters, 2003, 3: 1063-1066.

[39] Stach E A, Pauzauskie P J, Kuykendall T, et al. Watching GaN nanowires grow[J]. Nano Letters, 2003, 3: 867-869.

[40] Ha B, Seo S H, Cho J H, et al. Optical and field emission properties of thin single-crystalline GaN nanowires[J]. The Journal of Physical Chemistry B, 2005, 109: 11095-11099.

[41] Cheng G, Kolmakov A, Zhang Y, et al. Current rectification in a single GaN nanowire with a well-defined p-n junction[J]. Applied Physics Letters, 2003, 83: 1578.

[42] Han D S, Park J, Rhie K W, et al. Ferromagnetic Mn-doped GaN nanowires[J]. Applied Physics Letters, 2005, 86: 032506.

[43] King P D C, Veal T D, Mcconville C F, et al. Valence band density of states of zinc-blende and wurtzite InN from x-ray photoemission spectroscopy and first-principles calculations[J]. Physical Review B, 2008, 77: 115213.

[44] Paszkowicz W, čern R, Krukowski S, Rietveld refinement for indium nitride in the 105-295 K range[J]. Powder Diffraction, 2003, 18: 114-121.

[45] Stoica T, Meijers R J, Calarco R, et al. Photoluminescence and intrinsic properties of MBE-grown InN nanowires[J]. Nano Letters, 2006, 6: 1541-1547.

[46] Werner F, Limbach F, Carsten M, et al. Electrical conductivity of InN nanowires and the influence of the native indium oxide formed at their surface[J]. Nano Letters, 2009, 9: 1567-1571.

[47] Koley G, Cai Z, Quddus E B, et al. Growth direction modulation and diameter-dependent mobility in InN nanowires[J]. Nanotechnology, 2011, 22: 295701.

[48] Cusc R. Probing the electron density in undoped, Si-doped, and Mg-doped InN nanowires by means of Raman scattering[J]. Applied Physics Letters, 2010, 97: 221906.

[49] Chang C Y, Chi G C, Wang W M, et al. Electrical transport properties of single GaN and InN nanowires[J]. Journal of Electronic Materials, 2006, 35: 738-743.

[50] Lin H M, Chen Y L, Yang J, et al. Synthesis and characterization of core-shell GaP@ GaN and GaN@ GaP nanowires[J]. Nano Letters, 2003, 3: 537-541.

[51] Lin W, Benjamin D, Li S, et al. Band engineering in strained GaN/ultrathin InN/GaN quantum wells[J]. Crystal Growth & Design, 2009, 9: 1698-1701.

[52] Yoshikawa A, Che S B, Yamaguchi W, et al. Proposal and achievement of novel structure

InN/GaN multiple quantum wells consisting of 1 ML and fractional monolayer InN wells inserted in GaN matrix[J]. Applied Physics Letters, 2007, 90: 073101.
[53] Kwon S Y, Baik S I, Kim Y W, et al. Room temperature near-ultraviolet emission from In-rich InGaN/GaN multiple quantum wells[J]. Applied Physics Letters, 2005, 86: 192105.
[54] Kong B H, Kim D C, Cho H K, et al. Blue and green emission using In(Ga)N/GaN quantum wells with InN well layers grown by metalorganic chemical vapor deposition[J]. Journal of Crystal Growth, 2007, 299: 282-287.
[55] Lin W, Li S, Kang J, Near-ultraviolet light emitting diodes using strained ultrathin InN/GaN quantum well grown by metal organic vapor phase epitaxy[J]. Applied Physics Letters, 2010, 96: 101115.
[56] Kadir A, Gokhale M R, Bhattacharya A, et al. Movpe growth and characterization of InN/GaN single and multi-quantum well structures[J]. Journal of Crystal Growth, 2008, 311: 95-98.
[57] Chang W H, Ke W C, Yu S H, et al. Effects of growth temperature on InN/GaN nanodots grown by metal organic chemical vapor deposition[J]. Journal of Applied Physics, 2008, 103: 104306.
[58] King P D C, Veal T D, Kendrick C E, et al. InN/GaN valence band offset: High-resolution x-ray photoemission spectroscopy measurements[J]. Physical Review B, 2008, 78: 033308.
[59] Neufeld C J, Toledo N G, Cruz S C, et al. High quantum efficiency InGaN/GaN solar cells with 2. 95 eV band gap[J]. Applied Physics Letters, 2008, 93: 143502.
[60] Kim Y H, Park H J, Kim K, et al. Strain distribution and interface modulation of highly lattice-mismatched InN/GaN heterostructure nanowires[J]. Applied Physics Letters, 2009, 95: 033112.
[61] Pan H, Feng Y P, Semiconductor nanowires and nanotubes: effects of size and surface-to-volume ratio[J]. ACS Nano, 2008, 2: 2410-2414.
[62] Guo C-S, Luo L-B, Yuan G-D, et al. Surface passivation and transfer doping of Silicon nanowires[J]. Angewandte Chemie International Edition, 2009, 48: 9896-9900.
[63] Read A J, Needs R J, Nash K J, et al. First-principles calculations of the electronic properties of silicon quantum wires[J]. Physical Review Letters, 1992, 69: 1232.
[64] Aradi B, Ramos L E, De K P, et al. Theoretical study of the chemical gap tuning in silicon nanowires[J]. Physical Review B, 2007, 76: 035305.
[65] Nolan M, O'callaghan S, Fagas G, et al. Silicon nanowire band gap modification[J]. Nano Letters, 2006, 7: 34-38.
[66] Zhang R Q, Liu X M, Wen Z, et al. Prediction of silicon nanowires as photocatalysts for water splitting: band structures calculated using density functional theory[J]. The Journal of Physical Chemistry C, 2011, 115: 3425-3428.
[67] Leu P W, Shan B, Cho K, Surface chemical control of the electronic structure of silicon nanowires: Density functional calculations[J]. Physical Review B, 2006, 73: 195320.
[68] Huang S-P, Xu H, Bello I, et al. Tuning electronic structures of ZnO nanowires by surface functionalization: a first-principles study[J]. The Journal of Physical Chemistry C, 2010,

114: 8861–8866.

[69] Shalish I, Temkin H, Narayanamurti V, Size–dependent surface luminescence in ZnO nanowires [J]. Physical Review B, 2004, 69: 245401.

[70] Chang P–C, Chien C–J, Stichtenoth D, et al. Finite size effect in ZnO nanowires[J]. Applied Physics Letters, 2007, 90: 113101.

[71] Carter D J, Gale J D, Delley B, et al. Geometry and diameter dependence of the electronic and physical properties of GaN nanowires from first principles[J]. Physical Review B, 2008, 77: 115349.

[72] Algra R E, Verheijen M A, Borgstrom M T, et al. Twinning superlattices in indium phosphide nanowires[J]. Nature, 2008, 456: 369–372.

[73] Leao C R, Fazzio A, Da Silva A J R, Confinement and surface effects in B and P doping of silicon nanowires[J]. Nano Letters, 2008, 8: 1866–1871.

[74] Deepak F L, Vanitha P V, Govindaraj A, et al. Photoluminescence spectra and ferromagnetic properties of GaMnN nanowires[J]. Chemical Physics Letters, 2003, 374: 314–318.

[75] Liu B, Bando Y, Tang C, et al. Synthesis and magnetic study for $Ga_{-x}Mn_xN$ whiskers[J]. Chemical Physics Letters, 2005, 405: 127–130.

[76] Chen X, Modification of the electronic properties of GaN nanowires by Mn doping[J]. Applied Physics Letters, 2007, 91: 082109.

[77] Wang Q, Sun Q, Jena P, et al. Ferromagnetic GaN–Cr Nanowires[J]. Nano Letters, 2005, 5: 1587–1590.

[78] Chun J, Kim D. Growth and structural characterization of ferromagnetic Cr–doped GaN nanowires [J]. Physica Status Solidi (a), 2011, 208: 691–694.

[79] Seong H K, Kim J Y, Kim J J, et al. Room–temperature ferromagnetism in Cu doped GaN nanowires[J]. Nano Letters, 2007, 7: 3366–3371.

[80] Shi F, Zhang D, Xue C, Effect of ammoniating temperature on microstructure and optical properties of one–dimensional GaN nanowires doped with magnesium[J]. Journal of Alloys and Compounds, 2011, 509: 1294–1300.

[81] Delley B, Steigmeier E F. Size dependence of band gaps in silicon nanostructures[J]. Applied Physics Letters, 1995, 67: 2370.

[82] Li M, Li J C, Size effects on the band–gap of semiconductor compounds[J]. Materials Letters, 2006, 60: 2526–2529.

[83] Yang C C, Li S. Size, dimensionality, and constituent stoichiometry dependence of bandgap energies in semiconductor quantum dots and wires[J]. The Journal of Physical Chemistry C, 2008, 112: 2851–2856.

[84] Ma D D D, Lee C S, Au F C K, et al. Small–Diameter Silicon Nanowire Surfaces[J]. Science, 2003, 299: 1874–1877.

[85] Ng M F, Zhou L, Yang S W, et al. Theoretical investigation of silicon nanowires: Methodology, geometry, surface modification, and electrical conductivity using a multiscale approach[J]. Physical Review B, 2007, 76: 155435.

[86] Bruno M, Palummo M, Marini A, et al. From Si nanowires to porous silicon: The role of excitonic effects[J]. Physical Review Letters, 2007, 98: 036807.

[87] Zhao X, Wei C M, Yang L, et al. Quantum confinement and electronic properties of silicon nanowires[J]. Physical Review Letters, 2004, 92: 236805.

[88] Saitta A M, Buda F, Fiumara G, et al. Ab initio molecular-dynamics study of electronic and optical properties of silicon quantum wires: Orientational effects [J]. Physical Review B, 1996, 53: 1446.

[89] Scheel H, Reich S, Thomsen C, Electronic band structure of high-index silicon nanowires[J]. Physica Status Solidi (b), 2005, 242: 2474-2479.

[90] Rurali R, Aradi B, Frauenheim T, et al. Accurate single-particle determination of the band gap in silicon nanowires[J]. Physical Review B, 2007, 76: 113303.

[91] Yan J A, Yang L, Chou M Y, Size and orientation dependence in the electronic properties of silicon nanowires[J]. Physical Review B, 2007, 76: 115319.

[92] Sorokin P B, Avramov P V, Kvashnin A G, et al. Density functional study of <110>-oriented thin silicon nanowires[J]. Physical Review B, 2008, 77: 235417.

[93] Wu Z, Neaton J B, Grossman J C, Quantum confinement and electronic properties of tapered silicon nanowires[J]. Physical Review Letters, 2008, 100: 246804.

[94] Kang M S, Sahu A, Norris D J, et al. Size-dependent electrical transport in CdSe nanocrystal thin films[J]. Nano Letters, 2010, 10: 3727-3732.

[95] Tsai M H, Jhang Z F, Jiang J Y, et al. Electrostatic and structural properties of GaN nanorods/nanowires from first principles[J]. Applied Physics Letters, 2006, 89: 203101.

[96] Gulans A, Tale I. Ab initio calculation of wurtzite-type GaN nanowires[J]. Physica Status Solidi (c), 2007, 4: 1197-1200.

[97] Lyons D M, Ryan K M, Morris M A, et al. Tailoring the optical properties of silicon nanowire arrays through strain[J]. Nano Letters, 2002, 2: 811-816.

[98] Audoit G, Mhuircheartaigh E N, Lipson S M, et al. Strain induced photolumine-scence from silicon and germanium nanowire arrays [J]. Journal of Materials Chemistry, 2005, 15: 4809-4815.

[99] Li S, Jiang Q, Yang G W, Uniaxial strain modulated band gap of ZnO nanostructures[J]. Applied Physics Letters, 2010, 96: 213101.

[100] Xiang H J, Wei S-H, Da Silva J L F, et al. Strain relaxation and band-gap tunability in ternary $In_xGa_{1-x}N$ nanowires[J]. Physical Review B, 2008, 78: 193301.

[101] Yadav S K, Sadowski T, Ramprasad R, Density functional theory study of ZnX (X=O, S, Se, Te) under uniaxial strain[J]. Physical Review B, 2010, 81: 144120.

[102] Hong K-H, Kim J, Lee S-H, et al. Strain-driven electronic band structure modulation of Si nanowires[J]. Nano Letters, 2008, 8: 1335-1340.

[103] Wu Z, Neaton J B, Grossman J C, Charge separation via strain in silicon nanowires[J]. Nano Letters, 2009, 9: 2418-2422.

[104] Yang S Y, Prendergast D, Neaton J B. Strain-induced band gap modification in coherent

core/shell nanostructures[J]. Nano Letters, 2010, 10: 3156-3162.

[105] Sadowski T, Ramprasad R, Core/shell CdSe/CdTe heterostructure nanowires under axial strain [J]. The Journal of Physical Chemistry C, 2010, 114: 1773-1781.

[106] Peng X, Logan P. Electronic properties of strained Si/Ge core-shell nanowires[J]. Applied Physics Letters, 2010, 96: 143119.

[107] Huang S, Yang L. Strain engineering of band offsets in Si/Ge core-shell nano-wires[J]. Applied Physics Letters, 2011, 98: 093114.

[108] Li S, Li J L, Jiang Q, Yang G W. Electrical field induced direct-to-indirect bandgap transition in ZnO nanowires[J]. Journal of Applied Physics, 2010, 108: 024302.

[109] Zhang X W. Semiconductor-metal transition in InSb nanowires and nanofilms under external electric field[J]. Applied Physics Letters, 2006, 89: 172113.

[110] Zhang R Q, Zheng W T, Jiang Q. External electric field modulated electronic and structural properties of <111> Si nanowires[J]. The Journal of Physical Chemistry C, 2009, 113: 10384-10389.

[111] Zhang R Q. Tunable optical and electronic properties of Si nanowires by electric bias[J]. Journal of Applied Physics, 2011, 109: 083106.

[112] Wu F, Kan E, Wu X. Site-selected doping in silicon nanowires by an external electric field [J]. Nanoscale, 2011, 3: 3620-3622.

[113] Zwanenburg F A, Van Der Mast D W, Heersche H B, et al. Electric field control of magnetoresistance in InP Nanowires with ferromagnetic contacts[J]. Nano Letters, 2009, 9: 2704-2709.

[114] Zhang X. High and electric field tunable Curie temperature in diluted magnetic semiconductor nanowires and nanoslabs[J]. Applied Physics Letters, 2007, 90: 253110.

[115] Zhu J, Cui Y. Photovoltaics: More solar cells for less[J]. Nature Materials, 2010, 9: 183-184.

[116] Lewis N S. Toward cost-effective solar energy use[J]. Science, 2007, 315: 798-801.

[117] Nozik A J. Exciton multiplication and relaxation dynamics in quantum dots: Applications to ultrahigh-efficiency solar photon conversion[J]. Inorganic Chemistry, 2005, 44: 6893-6899.

[118] Barth S, Hernandez-ramirez F, Holmes J D, et al. Synthesis and applications of one-dimensional semiconductors[J]. Progress in Materials Science, 2010, 55: 563-627.

[119] Tsakalakos L, Balch J, Fronheiser J, et al. Silicon nanowire solar cells[J]. Applied Physics Letters, 2007, 91: 233117.

[120] Peng K, Xu Y, Wu Y, et al. Aligned single-crystalline Si nanowire arrays for photovoltaic applications[J]. Small, 2005, 1: 1062-1067.

[121] Peng K, Wang X, Lee S T, Silicon nanowire array photoelectrochemical solar cells[J]. Applied Physics Letters, 2008, 92: 163103.

[122] Stelzner T, Pietsch M, Andrä G, et al. Silicon nanowire-based solar cells[J]. Nanotechnology, 2008, 19: 295203.

[123] Kelzenberg M D, Boettcher S W, Petykiewicz J A, et al. Enhanced absorption and carrier collection in Si wire arrays for photovoltaic applications[J]. Nature Materials, 2010, 9: 239-244.

[124] Garnett E, Yang P, Light trapping in silicon nanowire solar cells[J]. Nano Letters, 2010, 10: 1082-1087.

[125] Tian B, Zheng X, Kempa T J, et al. Coaxial silicon nanowires as solar cells and nanoelectronic power sources[J]. Nature, 2007, 449: 885-889.

[126] Kelzenberg M D, Turner-Evans D B, Kayes B M, et al. Photovoltaic Measure-ments in Single-Nanowire Silicon Solar Cells[J]. Nano Letters, 2008, 8: 710-714.

[127] Garnett E C, Yang P, Silicon nanowire radial p-n junction solar cells[J]. Journal of the American Chemical Society, 2008, 130: 9224-9225.

[128] Lu S, Lingley Z, Asano T, et al. Photocurrent induced by nonradiative energy transfer from nanocrystal quantum dots to adjacent silicon nanowire conducting channels: Toward a new solar cell paradigm[J]. Nano Letters, 2009, 9: 4548-4552.

[129] Sivakov V, Andr G, Gawlik A, et al. Silicon nanowire-based solar cells on glass: Synthesis, optical properties, and cell parameters[J]. Nano Letters, 2009, 9: 1549-1554.

[130] Zhang Y, Sturge M D, Kash K, et al. Temperature dependence of luminescence efficiency, exciton transfer, and exciton localization in GaAs/$Al_xGa_{1-x}$As quantum wires and quantum dots [J]. Physical Review B, 1995, 51: 13303.

[131] Yablonovitch E, Inhibited spontaneous emission in solid-state physics and electronics[J]. Physical Review Letters, 1987, 58: 2059.

[132] Kumar S, Jones M, Lo S, et al. Nanorod heterostructures showing photoinduced charge separation [J]. Small, 2007, 3: 1633-1639.

[133] Franceschetti A, Wang L W, Bester G, et al. Confinement-induced versus correlation-induced electron localization and wave function entanglement in semiconductor nano dumbbells [J]. Nano Letters, 2006, 6: 1069-1074.

[134] Piryatinski A, Ivanov S A, Tretiak S, et al. Effect of quantum and dielectric confinement on the exciton-exciton interaction energy in type Ⅱ core/shell semiconductor nanocrystals[J]. Nano Letters, 2007, 7: 108-115.

[135] Scholes G D. Insights into excitons confined to nanoscale systems: Electron-hole interaction, binding energy, and photodissociation[J]. ACS Nano, 2008, 2: 523-537.

[136] Adachi M, Murata Y, Takao J, et al. Highly efficient dye-sensitized solar cells with a titania thin-film electrode composed of a network structure of single-crystal-like $TiO_2$ nanowires made by the "Oriented Attachment" mechanism[J]. Journal of the American Chemical Society, 2004, 126: 14943-14949.

[137] Kang Y, Park N-G, Kim D, Hybrid solar cells with vertically aligned CdTe nanorods and a conjugated polymer[J]. Applied Physics Letters, 2005, 86: 113101.

[138] Law M, Greene L E, Johnson J C, et al. Nanowire dye-sensitized solar cells[J]. Nature Materials, 2005, 4: 455-459.

[139] Zhang Y, Wang, Mascarenhas A. "Quantum Coaxial Cables" for solar energy harvesting[J]. Nano Letters, 2007, 7: 1264-1269.

[140] Schrier J, Demchenko D O, Wang, et al. Optical properties of ZnO/ZnS and ZnO/ZnTe heterostructures for photovoltaic applications[J]. Nano Letters, 2007, 7: 2377-2382.

[141] Wang K, Chen J, Zhou W, et al. Direct growth of highly mismatched type Ⅱ ZnO/ZnSe core/shell nanowire arrays on transparent conducting oxide substrates for solar cell applications [J]. Advanced Materials, 2008, 20: 3248-3253.

[142] Ivanov S A, Piryatinski A, Nanda J, et al. Type-Ⅱ core/shell CdS/ZnSe nanocrystals: synthesis, electronic structures, and spectroscopic properties[J]. Journal of the American Chemical Society, 2007, 129: 11708-11719.

[143] Dong Y, Tian B, Kempa T J, et al. Coaxial group Ⅲ-nitride nanowire photovoltaics[J]. Nano Letters, 2009, 9: 2183-2187.

[144] Zou Z, Ye J, Sayama K, et al. Direct splitting of water under visible light irradiation with an oxide semiconductor photocatalyst[J]. Nature, 2001, 414: 625-627.

[145] Maeda K, Teramura K, Lu D, et al. Photocatalyst releasing hydrogen from water[J]. Nature, 2006, 440: 295-295.

[146] Kudo A, Miseki Y, Heterogeneous photocatalyst materials for water splitting[J]. Chemical Society Reviews, 2009, 38: 253-278.

[147] Yang X, Wolcott A, Wang G, et al. Nitrogen-doped ZnO nanowire arrays for photoelectrochemical water splitting[J]. Nano Letters, 2009, 9: 2331-2336.

[148] Silva C U G, Bouizi Y S, Forne's V, et al. Layered double hydroxides as highly efficient photocatalysts for visible light oxygen generation from water[J]. Journal of the American Chemical Society, 2009, 131: 13833-13839.

[149] Maeda K, Domen K, Solid solution of GaN and ZnO as a stable photocatalyst for overall water splitting under visible light[J]. Chemistry of Materials, 2009, 22: 612-623.

[150] Liu M, De Leon Snapp N, Park H, Water photolysis with a cross-linked titanium dioxide nanowire anode[J]. Chemical Science, 2011, 2: 80-87.

[151] Wang G, Yang X, Qian F, et al. Double-sided CdS and CdSe quantum dot co-sensitized ZnO nanowire arrays for photoelectrochemical hydrogen generation[J]. Nano Letters, 2010, 10: 1088-1092.

[152] Wu N, Wang J, Tafen D N, et al. Shape-enhanced photocatalytic activity of single-crystalline anatase $TiO_2$(101) nanobelts[J]. Journal of the American Chemical Society, 2010, 132: 6679-6685.

[153] Hochbaum A I, Yang P, Semiconductor nanowires for energy conversion[J]. Chemical Reviews, 2009, 110: 527-546.

[154] Ding Q-P, Yuan Y-P, Xiong X, et al. Enhanced photocatalytic water splitting properties of $KNbO_3$ nanowires synthesized through hydrothermal method[J]. The Journal of Physical Chemistry C, 2008, 112: 18846-18848.

[155] Luo W, Liu B, Li Z, et al. Stable response to visible light of InGaN photoelec-trodes[J].

Applied Physics Letters, 2008, 92: 262110.

[156] Jung H S, Hong Y J, Li Y, et al. Photocatalysis using GaN nanowires[J]. ACS Nano, 2008, 2: 637-642.

[157] Maeda K, Takata T, Hara M, et al. GaN: ZnO Solid solution as a photocatalyst for visible-light-driven overall water splitting[J]. Journal of the American Chemical Society, 2005, 127: 8286-8287.

[158] Maeda K, Teramura K, Takata T, et al. Overall water splitting on $(Ga_{1-x}Zn_x)(N_{1-x}O_x)$ solid solution photocatalyst: Relationship between physical properties and photocatalytic activity[J]. The Journal of Physical Chemistry B, 2005, 109: 20504-20510.

[159] Di Valentin C, Electronic structure of $(Ga_{1-x}Zn_x)N_{1-x}O_x$ photocatalyst for water splitting by hybrid Hartree-Fock density functional theory methods[J]. The Journal of Physical Chemistry C, 2010, 114: 7054-7062.

[160] Deutsch T G, Koval C A, Turner J A, III-V nitride epilayers for photoelectro-chemical water splitting: GaPN and GaAsPN [J]. The Journal of Physical Chemistry B, 2006, 110: 25297-25307.

[161] Moses P G, Van De Walle C G, Band bowing and band alignment in InGaN alloys[J]. Applied Physics Letters, 2010, 96: 021908.

[162] Shen X, Small Y A, Wang J, A et al. Photocatalytic water oxidation at the GaN $(10\bar{1}0)$-water interface[J]. The Journal of Physical Chemistry C, 2010, 114: 13695-13704.

[163] Wang D, Pierre A, Kibria M G, et al. Wafer-level photocatalytic water splitting on GaN nanowire arrays grown by molecular beam epitaxy[J]. Nano Letters, 2011, 11: 2353-2357.

[164] Wang Q, Sun Q, Jena P, Ferromagnetism in Mn-doped GaN nanowires[J]. Physical Review Letters, 2005, 95: 167202.

[165] Xiang H J, Wei S H. Enhanced ferromagnetic stability in Cu doped passivated GaN nanowires [J]. Nano Letters, 2008, 8: 1825-1829.

[166] Fu H K, Cheng C L, Wang C H, et al. Selective angle electroluminescence of light-emitting diodes based on nanostructured ZnO/GaN heterojunctions[J]. Advanced Functional Materials, 2009, 19: 3471-3475.

[167] Wolfgang A. Future semiconductor material requirements and innovations as projected in the ITRS 2005 roadmap[J]. Materials Science and Engineering: B, 2006, 134: 104-108.

[168] Delley B. An all-electron numerical method for solving the local density functional for polyatomic molecules[J]. The Journal of Chemical Physics, 1990, 92: 508-517.

[169] Delley B. From molecules to solids with the $DMol^3$ approach[J]. The Journal of Chemical Physics, 2000, 113: 7756-7764.

[170] Payne M C, Teter M P, Allan D C, et al. Iterative minimization techniques for ab initio total-energy calculations: molecular dynamics and conjugate gradients[J]. Reviews of Modern Physics, 1992, 64: 1045.

[171] Perdew J P, Wang Y. Accurate and simple analytic representation of the electron-gas correlation energy[J]. Physical Review B, 1992, 45: 13244.

[172] Wilson E B, Decius J C, Cross P C. Molecular vibrations[J]. American Journal of Physics, 1955, 23: 550.

[173] Hammer B, Hansen L B, Oslash, et al. Improved adsorption energetics within density-functional theory using revised Perdew-Burke-Ernzerhof functionals[J]. Physical Review B, 1999, 59: 7413.

[174] Boese A D, Handy N C. A new parametrization of exchange-correlation generalized gradient approximation functionals[J]. The Journal of Chemical Physics, 2001, 114: 5497-5503.

[175] Becke A D. A multicenter numerical integration scheme for polyatomic molecules[J]. The Journal of Chemical Physics, 1988, 88: 2547-2553.

[176] Lee C, Yang W, Parr R G. Development of the Colle-Salvetti correlation-energy formula into a functional of the electron density[J]. Physical Review B, 1988, 37: 785.

[177] Tsuneda T, Suzumura T, Hirao K. A new one-parameter progressive Colle-Salvetti-type correlation functional[J]. The Journal of Chemical Physics, 1999, 110: 10664-10678.

[178] Dolg M, Wedig U, Stoll H, et al. Energy-adjustedab initio pseudopotentials for the first row transition elements[J]. The Journal of Chemical Physics, 1987, 86: 866-872.

[179] Delley B, Hardness conserving semilocal pseudopotentials[J]. Physical Review B, 2002, 66: 155125.

[180] Ceperley D M, Alder B J. Ground state of the electron gas by a stochastic method[J]. Physical Review Letters, 1980, 45: 566.

[181] Perdew J P, Zunger A. Self-interaction correction to density-functional approximations for many-electron systems[J]. Physical Review B, 1981, 23: 5048.

[182] Perdew J P, Chevary J A, Vosko S H, et al. Atoms, molecules, solids, and surfaces: Applications of the generalized gradient approximation for exchange and correlation[J]. Physical Review B, 1992, 46: 6671.

[183] Wu Z, Cohen R E. More accurate generalized gradient approximation for solids[J]. Physical Review B, 2006, 73: 235116.

[184] Perdew J P, Ruzsinszky A, Csonka G, et al. Restoring the density-gradient expansion for exchange in solids and surfaces[J]. Physical Review Letters, 2008, 100: 136406.

[185] Vanderbilt D. Soft self-consistent pseudopotentials in a generalized eigenvalue formalism[J]. Physical Review B, 1990, 41: 7892.

[186] Hamann D R, Schlüter M, Chiang C. Norm-conserving pseudopotentials[J]. Physical Review Letters, 1979, 43: 1494.

[187] Ramer N J, Rappe A M. Virtual-crystal approximation that works: Locating a compositional phase boundary in $Pb(Zr_{1-x}Ti_x)O_3$[J]. Physical Review B, 2000, 62: R743.

[188] Kresse G G, Furthmüller J J. Efficient iterative schemes for ab initio total-energy calculations using a plane-wave basis set[J]. Physical Review B, 1996, 54: 11169.

[189] Hedin L, New method for calculating the one-particle green's function with application to the electron-gas problem[J]. Physical Review, 1965, 139: A796.

[190] Hybertsen M S, Louie S G, Electron correlation in semiconductors and insulators: Band gaps

and quasiparticle energies[J]. Physical Review B, 1986, 34: 5390.
[191] Onida G, Reining L, Rubio A, Electronic excitations: density-functional versus many-body Green's-function approaches[J]. Reviews of Modern Physics, 2002, 74: 601.
[192] Rinke P, et al., Combining GW calculations with exact-exchange density-functional theory: an analysis of valence-band photoemission for compound semiconductors[J]. New Journal of Physics, 2005, 7: 126.
[193] Stampfl C, Van De Walle C G, Density-functional calculations for Ⅲ-V nitrides using the local-density approximation and the generalized gradient approximation[J]. Physical Review B, 1999, 59: 5521.
[194] Rinke P, Scheffler M, Qteish A, et al. Band gap and band parameters of InN and GaN from quasiparticle energy calculations based on exact-exchange density-functional theory[J]. Applied Physics Letters, 2006, 89: 161919.
[195] Svane A, Christensen N E, Gorczyca I, et al. Quasiparticle self-consistent GW theory of Ⅲ-V nitride semiconductors: Bands, gap bowing, and effective masses[J]. Physical Review B, 2010, 82: 115102.
[196] Leszczynski M, Lattice parameters of gallium nitride[J]. Applied Physics Letters, 1996, 69: 73.
[197] Zoroddu A, Bernardini F, Ruggerone P, et al. First-principles prediction of structure, energetics, formation enthalpy, elastic constants, polarization, and piezoelectric constants of AlN, GaN, and InN: Comparison of local and gradient-corrected density-functional theory [J]. Physical Review B, 2001, 64: 045208.
[198] Specht P, Ho J C, Xu X, et al. Band transitions in wurtzite GaN and InN determined by valence electron energy loss spectroscopy[J]. Solid State Communications, 2005, 135: 340-344.
[199] Perdew J P, Levy M. Physical content of the exact Kohn-Sham orbital energies: band gaps and derivative discontinuities[J]. Physical Review Letters, 1983, 51: 1884.
[200] Lannoo M, Schlüter M, Sham L J. Calculation of the Kohn-Sham potential and its discontinuity for a model-semiconductor[J]. Physical Review B, 1985, 32: 3890.
[201] Amato M, Ossicini S, Rurali R, Band-offset driven efficiency of the doping of SiGe core-shell nanowires[J]. Nano Letters, 2011, 11: 594-598.
[202] Degoli E, Guerra R, Iori F, et al. Ab-initio calculations of luminescence and optical gain properties in silicon nanostructures[J]. Comptes Rendus Physique, 2009, 10: 575-586.
[203] Niquet Y M, Lherbier A, Quang N H, et al. Electronic structure of semiconductor nanowires [J]. Physical Review B, 2006, 73: 165319.
[204] Echenique P M, Berndt R, Chulkov E V, et al. Decay of electronic excitations at metal surfaces[J]. Surface Science Reports, 2004, 52: 219-317.
[205] Lauhon L J, Gudiksen M S, Wang D, et al. Epitaxial core-shell and core-multishell nanowire heterostructures[J]. Nature, 2002, 420: 57-61.
[206] Nduwimana A, Musin R N, Smith A M, et al. Spatial carrier confinement in core-shell and

multishell banowire heterostructures[J]. Nano Letters, 2008, 8: 3341-3344.

[207] Steiner D, Dorfs D, Banin U, et al. Determination of band offsets in heterostructured colloidal nanorods using scanning tunneling spectroscopy[J]. Nano Letters, 2008, 8: 2954-2958.

[208] Pistol M E, Pryor C E. Band structure of core-shell semiconductor nanowires[J]. Physical Review B, 2008, 78: 115319.

[209] Xiang J, Lu W, Hu Y, et al. Ge/Si nanowire heterostructures as high-performance field-effect transistors[J]. Nature, 2006, 441: 489-493.

[210] Chang Y M, Liou S C, Chen C H, et al. The electrostatic coupling of longitudinal optical phonon and plasmon in wurtzite InN thin films [J]. Applied Physics Letters, 2010, 96: 041908.

[211] Qian F, Li Y, Gradečak S, et al. Gallium nitride-based nanowire radial heterostructures for nanophotonics[J]. Nano Letters, 2004, 4: 1975-1979.

[212] Qian F, Gradečak S, Li Y, et al. Core/multishell nanowire heterostructures as multicolor, high-efficiency light-emitting diodes[J]. Nano Letters, 2005, 5: 2287-2291.

[213] Li Y, Qian F, Xiang J, et al. Nanowire electronic and optoelectronic devices[J]. Materials Today, 2006, 9: 18-27.

[214] Delimitis A, Komninou P, Dimitrakopulos G P, et al. Strain distribution of thin InN epilayers grown on (0001) GaN templates by molecular beam epitaxy[J]. Applied Physics Letters, 2007, 90: 061920.

[215] Wang K, Lian C, Su N, et al. Conduction band offset at the InN/GaN heterojunction[J]. Applied Physics Letters, 2007, 91: 232117.

[216] Pek Z R, Malcoıĝlu O B, Raty J Y. First-principles design of efficient solar cells using two-dimensional arrays of core-shell and layered SiGe nanowires[J]. Physical Review B, 2011, 83: 035317.

[217] Yang L, Musin R N, Wang X Q, et al. Quantum confinement effect in Si/Ge core-shell nanowires: First-principles calculations[J]. Physical Review B, 2008, 77: 195325.

[218] Balet L P, Ivanov S A, Piryatinski A, et al., Inverted core/shell nanocrystals continuously tunable between type-Ⅰ and type-Ⅱ localization regimes[J]. Nano Letters, 2004, 4: 1485-1488.

[219] Shu H, Chen X, Zhou X, et al. Spatial confinement of carriers and tunable band structures in InAs/InP-core-shell nanowires[J]. Chemical Physics Letters, 2010, 495: 261-265.

[220] Xie Z, Markus T Z, Gotesman G, et al. How isolated are the electronic states of the core in core/shell nanoparticles? [J]. ACS Nano, 2011, 5: 863-869.

[221] Carter D J, Puckeridge M, Delley B, et al. Quantum confinement effects in gallium nitride nanostructures: ab initio investigations[J]. Nanotechnology, 2009, 20: 425401.

[222] Luo Y, Wang L-W, Electronic structures of the CdSe/CdS core-shell nanorods[J]. ACS Nano, 2010, 4: 91-98.

[223] Huang X, Lindgren E, Chelikowsky J R. Surface passivation method for semiconductor nanostructures[J]. Physical Review B, 2005, 71: 165328.

[224] Janotti A, Segev D, Walle C G V D. Effects of cation d states on the structural and electronic properties of Ⅲ-nitride and Ⅱ-oxide wide-band-gap semiconductors[J]. Physical Review B, 2006, 74: 045202.

[225] Musin R N, Wang X Q. Quantum size effect in core-shell structured silicon-germanium nanowires[J]. Physical Review B, 2006, 74: 165308.

[226] Wei S-H, Zunger A. Valence band splittings and band offsets of AlN, GaN, and InN[J]. Applied Physics Letters, 1996, 69: 2719.

[227] Skld N, Karlsson LS, Larsson M W, et al. Growth and optical properties of strained GaAs-$Ga_xIn_{1-x}P$ core-shell nanowires[J]. Nano Letters, 2005, 5: 1943-1947.

[228] Wang Z, Fan Y, Zhao M, Natural charge spatial separation and quantum confinement of ZnO/GaN-core/shell nanowires[J]. Journal of Applied Physics, 2010, 108: 123707.

[229] Goebl J A, Black R W, Puthussery J, et al. Solution-based Ⅱ-Ⅵ core/shell nanowire heterostructures[J]. Journal of the American Chemical Society, 2008, 130: 14822-14833.

[230] Yang M, Shi J J, Zhang M. Electronic structures and optical properties of Ga-rich InxGa1-xN nanotubes[J]. The Journal of Physical Chemistry C, 2010, 114: 21943-21947.

[231] Wu C L, Lee H M, Kuo C T, et al. Cross-sectional scanning photoelectron microscopy and spectroscopy of wurtzite InN/GaN heterojunction: Measurement of "intrinsic" band lineup[J]. Applied Physics Letters, 2008, 92: 162106.

[232] Xiao M X, Zhao M, Jiang Q. Intrinsic and external strains modulated electronic properties of GaN/InN core/shell nanowires[J]. Journal of Applied Physics, 2011, 110: 054308.

[233] Xiao M X, Zhao M, Jiang Q. Effects of surface modifications on band gaps and electronic states of GaN/InN core/shell nanowires [J]. Chemical Physics Letters, 2011, 512: 251-254.

[234] 肖美霞. GaN/InN 核壳纳米线和 Cu 互连线在外场下的表/界面效应[D]. 吉林大学, 2011.

[235] Xiao M X, Yao T Z, Ao Z M, et al. Tuning electronic and magnetic properties of GaN nanosheets by surface modifications and nanosheet thickness[J]. Physical Chemistry Chemical Physics, 2015, 17: 8692-8698.

[236] 肖美霞, 辛海涛, 姚婷珍. 表面修饰和电场对氮化镓薄膜电学性质的调控机理研究[J]. 科技资讯, 2016, 5: 23-25.

[237] 肖美霞, 梁尤平, 陈玉琴, 等. 应变对两层半氢化氮化镓薄膜电磁学性质的调控机理研究[J]. 物理学报, 2016, 65(2): 023101.

[238] Xiao M X, Ao Z M, Xu T H, et al. Strain modulating half-metallicity of semifluorinated GaN nanosheets[J]. Chemical Physics Letters, 2016, 653: 42-46.

[239] Xiao M X, Song H Y, Ao Z M, et al. Electric field modulated half-metallicity of semichlorinated GaN nanosheets[J]. Solid State Communications, 2016, 245: 5-10.

[240] 陈程程, 刘立英, 王如志, 等. 不同基底的 GaN 纳米薄膜制备及其场发射增强研究[J]. 物理学报, 2013, 62(17): 463-469.

[241] Ren F, Liu B, Chen Z, et al. Van der Waals epitaxy of nearly single-crystalline nitride films

on amorphous graphene-glass wafer[J]. Science Advances, 2021, 7(31): DOI: 10. 1126/sciadv. abf5011.

[242] Delley, B. Ground-State Enthalpies: Evaluation of Electronic Structure Approaches with Emphasis on the Density Functional Method[J]. Journal of Physical Chemistry A, 2006, 110: 13632-13639.

[243] Zhang Y, Tan Y W, Stormer H L, et al. Experimental observation of the quantum Hall effect and Berry's phase in graphene[J]. Nature, 2005, 438: 201-204.

[244] Barnard A S. Using theory and modelling to investigate shape at the nanoscale[J]. Journal of Materials Chemistry, 2006, 16: 813-815.

[245] Lopez-Bezanilla A, Ganesh P, Kent P C, et al. Spin-resolved self-doping tunes the intrinsic half metallicity of AlN nanoribbons[J]. Nano Research, 2014, 7: 63-70.

[246] Zhu Y F, Dai Q Q, Zhao M, et al. Physicochemical insight into gap openings in graphene [J]. Scientific Reports, 2013, 3(3): 1524.

[247] Tanskanen J T, Linnolahti M, Karttunen A J, et al. hydrogenated monolayer sheets of group 13-15 binary compounds: structural and electronic characteristics[J]. The Journal of Physical Chemistry C, 2008, 113: 229-234.

[248] Topsakal M, Aktürk E, Ciraci S, et al. First-Principles Study of Twoand One-Dimensional Honeycomb Structures of Boron Nitride[J]. Physics Review B, 2009, 79: 115442.

[249] Mun W K, Alay-e-Abbas S M, Shaukat A, et al. First-principles investigation of the size-dependent structural stability and electronic properties of O-vacancies at the ZnO polar and non-polar surfaces[J]. Journal of Applied Physics, 2013, 113: 014304.

[250] Goldberger J, He R R, Zhang Y F, et al. Single-crystal gallium nitride nanotubes[J]. Nature, 2003, 422: 599-602.

[251] Bae S Y, Seo H W, Park J, et al. Synthesis and structure of gallium nitride nanobelts[J]. Chemical Physics Letters, 2002, 365: 525-529.

[252] Li Y, Xing Z, Ru H, et al. Synthesis of single crystalline GaN nanoribbons on sapphire (0001) substrates[J]. Solid State Communications, 2004, 130(11): 769-772.

[253] Xiang X, Cao C, Huang F, et al. Synthesis and characterization of crystalline gallium nitride nanoribbon rings[J]. Journal of Crystal Growth, 2004, 263: 25-29.

[254] Ao Z M, Li S, Jiang Q. Correlation of the applied electrical field and CO adsorption/desorption behavior on Al-doped graphene[J]. Solid State Communications, 2010, 150: 680-683.

[255] Jaiswal M, Yi Xuan Lim C H, Bao Q, et al. Controlled hydrogenation of graphene sheets and nanoribbons[J]. ACS Nano, 2011, 5: 888-896.

[256] Gao W, Mueller J E, Anton J, et al. Nickel cluster growth on defect sites of graphene: A computational study[J]. Angewandte Chemie International Edition, 2013, 52: 14237-14241.

[257] Ao Z M, Peeters F M. Electric field activated hydrogen dissociative adsorption to bitrogen-doped graphene[J]. Journal of Physical Chemistry C, 2010, 114: 14503-14509.

[258] Chen Q, Wang J, Zhu L, et al. Fluorination induced half metallicity in two-dimensional few zinc oxide layers[J]. Journal of Chemical Physics, 2010, 132: 204703.
[259] Zhang X, Zhang J, Zhao J, et al. Half-metallic ferromagnetism in synthetic $Co_9Se_8$ nanosheets with atomic thickness[J]. Journal of the American Chemical Society, 2012, 134: 11908-11911.
[260] Zhu Y, Zhao N, Lian J, et al. New mechanism for autocatalytic decomposition of $H_2CO_3$ in the vapor Phase[J]. Journal of Physical Chemistry A, 2014, 118: 2385-2390.
[261] Heyd J, Scuseria G E, Ernzerhof M. Hybrid functionals based on a screened Coulomb potential[J]. The Journal of Chemical Physics, 2003, 118(18): 8207-8215.
[262] Liu W, Carrasco J, Santra B, et al. Benzene adsorbed on metals: Concerted effect of covalency and van der Waals bonding[J]. Physical Review B, 2012, 86: 245405.
[263] Ma Y, Dai Y, Guo M, et al. Strain-induced magnetic transitions in half-fluorinated single layers of BN, GaN and graphene[J]. Nanoscale, 2011, 3: 2301-2306.
[264] 刘宇安，庄奕琪，杜磊，等. 量子点红外探测器的噪声表征[J]. 物理学报，2013，62：140703.
[265] Zhang D Y, Zheng X H, Li X F, et al. High concentration InGaN/GaN Multi-quantum well solar cells with a peak open-circuit voltage of 2.45 V[J]. Chinese Physics Letters, 2012, 29: 068801.
[266] Bae S Y, Seo H W, Park J, et al. Triangular gallium nitride nanorods[J]. Applied Physics Letters, 2003, 82: 4564.
[267] 郭瑞花，卢太平，贾志刚，等. 许并社界面形核时间对 GaN 薄膜晶体质量的影响[J]. 物理学报，2015，64，127305.
[268] ŞAhin H, Cahangirov S, Topsakal M, et al. Monolayer honeycomb structures of group-Ⅳ elements and Ⅲ-Ⅴ binary compounds: first-principles calculations[J]. Physical Review B, 2009, 80(15): 155453.
[269] Gao N, Zheng W T, Jiang Q. Density functional theory calculations for two-dimensional silicene with halogen functionalization[J]. Physical Chemistry Chemical Physics, 2012, 14: 257-261.
[270] 吴木生，徐波，刘刚，等. 应变对单层二硫化钼能带影响的第一性原理研究[J]. 物理学报，2012，61：227102.
[271] Monkhorst H J, Pack J D. Special points for Brillouin-zone integrations[J]. Physical Review B, 1976, 13: 5188.
[272] Li S, Wu Y, Liu W, et al. Control of band structure of van der waals heterostructures: silicene on ultrathin silicon nanosheets[J]. Chemical Physics Letters, 2014, 609: 161-166.
[273] Xie X, Ao Z, Su D, et al. $MoS_2$/Graphene composite anodes with enhanced performance for sodium-ion batteries: The role of the two-dimensional heterointerface[J]. Advanced Functional Materials, 2015, 25(9): 1393-1403.
[274] Prinz G A. Magnetoelectronics[J]. Science, 1998, 282 (5394): 1660-1663.
[275] Wang S, Li J X, Du Y L, et al. First-principles study on structural, electronic and elastic

properties of graphene-like hexagonal $Ti_2C$ monolayer[J]. Computational Materials Science, 2014, 83(2): 290-293.

[276] Zhang C W, Yan S S. First-principles study of ferromagnetism in two-dimensional silicene with hydrogenation[J]. Journal of Physical Chemistry C, 2012, 116(6): 4163-4166.

[277] Li S, Wu Y F, Tu Y, et al, Defects in silicene: vacancy clusters, extended line defects and di-adatoms[J]. Scientific Reports, 2015, 5: 7881.

[278] Zhang C W, Zheng F B. First-principles prediction on electronic and magnetic properties of hydrogenated AlN nanosheets[J]. Journal of Computational Chemistry, 2011, 32(14): 3122-3128.

[279] Zhang W X, Li T, Gong S B, et al. Tuning the electronic and magnetic properties of graphene-like AlN nanosheets by surface functionalization and thickness[J]. Physical Chemistry Chemical Physics, 2015, 17: 10919-10924.

[280] Ma Y D, Dai Y, Guo M, et al. Magnetic properties of the semifluorinated and semihydrogenated 2D sheets of group-Ⅳ and Ⅲ-Ⅴ binary compounds[J]. Applied Surface Science, 2011, 257: 7845-7850.

[281] Liu Q H, Li L Z, Li Y F, et al. Tuning Electronic structure of bilayer $MoS_2$ by vertical electric field: A first-principles investigation[J]. Journal of Physical Chemistry C, 2012, 116(43): 21556.

[282] Xiao J, Long M, Li X, et al. Effects of van der Waals interaction and electric field on the electronic structure of bilayer $MoS_2$[J]. Journal of Physics Condensed Matter, 2014, 26(40): 405302.

[283] Li W, Wang T, Dai X, et al. Bandgap engineering of different stacking $WS_2$ bilayer under an external electric field[J]. Solid State Communications, 2016, 225: 32-37.

[284] Wang M, Song S X, Zhao H X, et al. Electronic and optical properties of surface-functionalized armchair graphene nanoribbons[J]. RSC Advances, 2016, 23974.

[285] Li S, Li J L, Jiang Q, et al. Electrical field induced direct-to-indirect bandgap transition in ZnO nanowires[J]. Journal of Applied Physics, 2010, 108: 024302.

[286] He C, Zhang W, Effect of Electric Field on Electronic Properties of Nanogenerators Based on ZnO Nanowires[J]. Nanoscience and Nanotechnology Letters, 2013, 5: 286.

[287] Dolui K, Pemmaraju C D, Sanvito S. Electric field effects on armchair $MoS_2$ nanoribbons[J]. ACS Nano, 2012, 6(6): 4823-4834.

[288] Hu T, Zhou J, Dong J, et al. Electronic and magnetic properties of armchair $MoS_2$ nanoribbons under both external strain and electric field, studied by first principles calculations[J]. Journal of Applied Physics. 2014, 116: 064301.

[289] Tang Q, Bao J, Li Y, Zhou Z, et al. Tuning band gaps of BN nanosheets and nanoribbons via interfacial dihalogen bonding and external electric field[J]. Nanoscale, 2014, 6: 8624-8634.

[290] Gao N, Li J C, Jiang Q. Tunable band gaps in silicene-$MoS_2$ heterobilayers[J]. Physical Chemistry Chemical Physics, 2014, 16(23): 11673-11678.

[291] Zhou J, Wu M M, Zhou X, et al. Tuning electronic and magnetic properties of graphene by surface modification[J]. Applied Physics Letters, 2009, 95(10): 103108.

[292] Wu W, Ao Z, Wang T, et al. Electric field induced hydrogenation of silicone[J]. Physical Chemistry Chemical Physics, 2014, 16: 16588.

[293] Samarakoon D K, Wang X Q, Tunable band gap in hydrogenated bilayer graphene[J]. ACS Nano, 2010, 4(7): 4126-4130.

[294] Son Y W, Cohen M L, Louie S G, Half-metallic graphene nanoribbons[J]. Nature, 2006, 444: 347-349.

[295] Morkoc H, Strite S, Gao G B, et al. Large-band-gap SiC, III-V nitride, and II-VI ZnSe-based semiconductor device technologies[J]. Journal of Applied Physics, 1994, 76(3): 1363-1398.

[296] Li S S, Zhang C W, Zhang R W, et al. First-principles study of AlN nanosheets with chlorination[J]. RSC Advance, 2014, 4: 7500.

[297] Grimme S. Semiempirical GGA-type density functional constructed with a long-range dispersion correction[J]. Journal of Computational Chemistry, 2006, 27(15): 1787-1799.

[298] Perdew J P, Burke K, Ernzerhof M. Generalized gradient approximation made simple[J]. Physical Review Letters, 1998, 77(18): 3865-3868.

[299] Koelling D D, Harmon B N. A technique for relativistic spin-polarised calculations[J]. Journal of Physics C: Solid State Physics, 1977, 10(16): 3107-3114.

[300] Freeman C L, Claeyssens F, Allan N L, et al. Graphitic nanofilms as precursors to wurtzite films: Theory[J]. Physical Review Letters, 2006, 96: 066102.

[301] Kan E J, Li Z Y, Yang J L, et al. Will zigzag graphene nanoribbon turn to half metal under electric field? [J]. Applied Physics Letters, 2007, 91: 243116.

[302] Kou L Z, Tang C, Zhang Y, et al. Tuning magnetism and electronic phase transitions by strain and electric field in zigzag $MoS_2$ nanoribbons[J]. Journal of Physical Chemistry Letters, 2012, 3(20): 2934-2941.

[303] Tang Q, Cui Y, Li Y F, et al. How do surface and edge effects alter the electronic properties of GaN nanoribbons[J]. Journal of Physical Chemistry C, 2011, 115: 1724-1731.

[304] 董海明. 掺杂石墨烯系统电场调控的非线性太赫兹光学特性研究[J]. 物理学报, 2013, 62(23): 237804.

[305] Li Y F, Che Z F. Tuning electronic properties of Germanane layers by external electric field and biaxial tensile strain: a computational study[J]. Journal of Physical Chemistry C, 2014, 118: 1148-1154.

[306] Zhou J, Wang Q, Sun Q, et al. Ferromagnetism in semihydrogenated graphene sheet[J]. Nano Letters, 2009, 9(11): 3867-3870.

[307] Dai Q Q, Zhu Y F, Jiang Q. Stability, electronic and magnetic properties of embedded triangular graphene nanoflakes [J]. Physical Chemistry Chemical Physics, 2012, 14: 1253-1261.

[308] Zhou J, Wang Q, Sun Q, et al. Electronic and magnetic properties of a BN sheet decorated

with hydrogen and fluorine[J]. Physical Review B, 2010, 81: 085442.

[309] Xiao W Z, Wang L L, Xu L, et al. Ferromagnetic and metallic properties of the semi-hydrogenated GaN sheet[J]. Physica Status Solidi B, 2011, 248(6): 1442.

[310] Wang Y, Ding Y, Ni J, et al. Electronic structures of fully fluorinated and semifluorinated zinc oxide sheets[J]. Applied Physics Letters, 2010, 96(21): R829.

[311] Lu N, Guo H, Li L, et al. $MoS_2/MX_2$ heterobilayers: bandgap engineering via tensile strain or external electrical field[J]. Nanoscale, 2014, 6: 2879-2886.

[312] Ouyang F, Yang Z, Ni X, et al. Hydrogenation-induced edge magnetization in armchair $MoS_2$ nanoribbon and electric field effects[J]. Applied Physics Letters, 2014, 104: 071901.

[313] Nigam S, Gupta S K, Majumder C, et al. Modulation of band gap by an applied electric field in silicene-based hetero-bilayers[J]. Physical Chemistry Chemical Physics, 2015, 17: 11324-11328.

[314] Heyd J, Scuseria G E. Efficient hybrid density functional calculations in solids: assessment of the Heyd-Scuseria-Ernzerhof screened Coulomb hybrid functional[J]. The Journal of Chemical Physics, 2004, 121: 1187-1192.

[315] Stephens P J, Devlin F J, Chabalowski C F, et al. Ab initio calculation of vibrational absorption and circular dichroism spectra using density functional force fields[J]. The Journal of Physical Chemistry, 1994, 98: 11623-11627.

[316] Becke A D, Density-functional thermochemistry. Ⅲ. The role of exact exchange[J]. Journal of Chemical Physics, 1993, 98(7): 5648-5652.

[317] Li H, Dai J, Li J, et al. Electronic structures and magnetic properties of GaN sheets and nanoribbons[J]. Journal of Physical Chemistry C, 2010, 114(26): 11390-11394.

[318] Tang Q, Li Y F, Zhou Z, et al. Tuning electronic and magnetic properties of wurtzite ZnO nanosheets by surface hydrogenation[J]. ACS Applied Materials & Interfaces, 2010, 2(8): 2442-2447.

[319] Chen X F, Lian J S, Jiang Q. Band-gap modulation in hydrogenated graphene/boron nitride heterostructures: The role of heterogeneous interface[J]. Physical Review B, 2012, 86: 125437.

[320] Guo Z X, Oshiyama A. Structural tristability and deep Dirac states in bilayer silicene on Ag (111) surfaces[J]. Physical Review B, 2014, 89: 155418.

[321] Ruitenbeek J V. Dispersion forces unveiled[J]. Nature Materials, 2012, 11: 834-835.

[322] Liu W, Filimonov S N, Carrasco J, et al. Molecular switches from benzene derivatives adsorbed on metal surfaces[J]. Nature Communications, 2013, 4: 2569.

[323] Yildirim H, Greber T, Kara A, et al. Trends in adsorption characteristics of benzene on transition metal surfaces: Role of surface chemistry and van der Waals interactions[J]. Journal of Physical Chemistry C, 2013, 117(40): 20572-20583.

[324] Gao W, Tkatchenko A. Sliding mechanisms in multilayered hexagonal boron nitride and graphene: The effects of directionality, thickness, and sliding constraints[J]. Physical Review Letters, 2015, 114: 096101.

[325] Zhu Z, Zhang Z, Wang D, et al. Magnetic structure and magnetic transport characteristics of nanostructures based on armchair - edged graphene nanoribbons [J]. Journal of Materials Chemistry C, 2015, 3(37): 9657-9663.

[326] Liu L Z, Wu X L , Liu X X, et al. Electronic structure and magnetism in g-$C_4N_3$ controlled by strain engineering[J]. Applied Physics Letters, 2015, 106: 132406.

[327] Li H, Hu H, Bao C, et al. Tensile strain induced half-metallicity in graphene-like carbon nitride[J]. Physical Chemistry Chemical Physics, 2015, 17(8): 6028-6035.

[328] Dai Q Q, Zhu Y F, Jiang Q. Electronic and magnetic engineering in zigzag graphene nanoribbons having a topological line defect at different positions with or without strain [J]. Journal of Physical Chemistry C, 2013, 117(9): 4791-4799.

[329] Conley H J, Wang B, Ziegler J I, et al. Bandgap engineering of strained monolayer and bilayer $MoS_2$[J]. Nano Letters, 2013, 13(8): 3626.

[330] Kou L, Tang C, Guo W, et al. Tunable magnetism in strained graphene with topological line defect[J]. ACS Nano, 2011, 5(2): 1012.

[331] Ma Y, Dai Y, Guo M, et al. Evidence of the existence of magnetism in pristine VX monolayers (X=S, Se) and their strain-induced tunable magnetic properties[J]. ACS Nano, 2012, 6 (2): 1695-1701.

[332] Jing Z, Chen K Q, Chang Q S. Electronic structures and transport properties of fluorinated boron nitride nanoribbons [J]. Physical Chemistry Chemical Physics, 2012, 14 (22): 8032-8037.

[333] Zhang Y, Wu S Q, Wen Y H, et al. Surface-passivation-induced metallic and magnetic properties of ZnO graphitic sheet[J]. Applied Physics Letters, 2010, 96(22): 223113.

[334] Kohn W, Sham L J, Self-consistent equations including exchange and correlation effects[J]. Physical Review, 1965, 140: A1133.

[335] Hohenberg P, Kohn W. Inhomogeneous electron gas[J]. Physical Review, 1964, 136: B864.

[336] Wolf S A. Spintronics: A spin-based electronics vision for the future[J]. Science, 2001, 294(5546): 1488-1495.

[337] Delley, DMol B. A standard tool for density functional calculations: Review and advances[J]. Theoretical and Computational Chemistry, 1995: 221-254.

[338] He C, Zhang W X, Li T, et al. Tunable electronic and magnetic properties of monolayer $MoS_2$ on decorated AlN nanosheets: a van der Waals density functional study [J]. Physical Chemistry Chemical Physics, 2015, 17: 23207.

[339] Xiang H J, et al. Are fluorinated boron nitride nanotubes n-type semiconductors? [J]. Applied Physics Letters, 2005, 87(24): 243113.

[340] Kukushkin S, Osipov A V, Redkov A V, et al. A new method for synthesis of epitaxial films of silicon carbide on sapphire substrates ($\alpha-Al_2O_3$) [J]. Reviews on Advanced Materials Science, 2018, 51(13): 82-96.

[341] Xiao M X, Shao X, Song H Y, et al. Tunable band gaps and high carrier mobilities in stanene by small organic molecule adsorption under external electric fields [J]. Physical

Chemistry Chemical Physics, 2021, 23: 16023-16032.
[342] 邵晓. 表面改性对电场下锡烯电学性质的影响[D]. 西安石油大学, 2022.
[343] Novoselov K S, Geim A K, Morozov S V, et al. Electric field effect in atomically thin carbon films[J]. Materials and Methods, 2004, 306(5696): 666-669.
[344] Liu J, Rinzler A G, Dai H, et al. Fullerene pipes[J]. Science, 1998, 280(5367): 1253-1256.
[345] Charlier J C, Blase X, Roche S. Electronic and transport properties of nanotubes[J]. Reviews of Modern Physics, 2007, 79(2): 677.
[346] Neto A H C, Guinea F, Peres N M, et al. The electronic properties of graphene[J]. Reviews of Modern Physics, 2009, 81(1): 109-162.
[347] 徐秀娟, 秦金贵, 李振. 石墨烯研究进展[J]. 化学进展, 2009, 21(12): 2559.
[348] Verma A, Parashar A. Molecular dynamics based simulations to study the fracture strength of monolayer graphene oxide[J]. Nanotechnology, 2018, 29(11): 115706.
[349] Banerjee S, Sardar M, Gayathri N, et al. Enhanced conductivity in graphene layers and at their edges[J]. Applied Physics Letters, 2006, 88(6): 062111.
[350] Li G, Xia Y, Tian Y, et al. Recent developments on graphene-based electrochemical sensors toward nitrite[J]. Journal of the Electrochemical Society, 2019, 166(12): B881.
[351] Zhang Y, Weng W, Yang J, et al. Lithium-ion battery fiber constructed by diverse-dimensional carbon nanomaterials[J]. Journal of Materials Science, 2019, 54(1): 582-591.
[352] 何延如, 田小让, 赵冠超, et al. 石墨烯薄膜的制备方法及应用研究进展[J]. 材料导报, 2020, 34(5): 5048-5060.
[353] Aufray B, Kara A, Vizzini S, et al. Graphene-like silicon nanoribbons on Ag(110): A possible formation of silicene[J]. Applied Physics Letters, 2010, 96(18): 183102.
[354] Lalmi B, Oughaddou H, Enriquez H, et al. Epitaxial growth of a silicene sheet[J]. Applied Physics Letters, 2010, 97(22): 223109.
[355] Kara A, Léandri C, Dúvila M, et al. Physics of silicene stripes[J]. Journal of Superconductivity and Novel Magnetism, 2009, 22(3): 259-263.
[356] Cahangirov S, Topsakal M, Aktürk E, et al. Two-and one-dimensional honeycomb structures of silicon and germanium[J]. Physical Review Letters, 2009, 102(23): 236804.
[357] Ding Y, Wang Y. Density functional theory study of the silicene-like SiX and $XSi_3$(X=B, C, N, Al, P) honeycomb lattices: the various buckled structures and versatile electronic properties[J]. The Journal of Physical Chemistry C, 2013, 117(35): 18266-18278.
[358] Cherukara M J, Narayanan B, Kinaci A, et al. Ab initio-based bond order potential to investigate low thermal conductivity of stanene nanostructures[J]. The Journal of Physical Chemistry Letters, 2016, 7(19): 3752-3759.
[359] Jiang L, Marconcini P, Hossian M S, et al. A tight binding and $\vec{k} \cdot \vec{p}$ study of monolayer stanene[J]. Scientific Reports, 2017, 7(1): 1-14.
[360] Matthes L, Pulci O, Bechstedt F. Massive Dirac quasiparticles in the optical absorbance of graphene, silicene, germanene, and tinene[J]. Journal of Physics: Condensed Matter,

2013, 25(39): 395305.

[361] Zhu F-F, Chen W-J, Xu Y, et al. Epitaxial growth of two-dimensional stanene[J]. Nature Materials, 2015, 14(10): 1020-1025.

[362] Ozcelik V O, Ciraci S. Local reconstructions of silicene induced by adatoms[J]. The Journal of Physical Chemistry C, 2013, 117(49): 26305-26315.

[363] Kaltsas D, Tsetseris L. Stability and electronic properties of ultrathin films of silicon and germanium[J]. Physical Chemistry Chemical Physics, 2013, 15(24): 9710-9715.

[364] Cahangirov S, Özçelik V O, Xian L, et al. Atomic structure of the 3×3 phase of silicene on Ag(111)[J]. Physical Review B, 2014, 90(3): 035448.

[365] Tang P, Chen P, Cao W, et al. Stable two-dimensional dumbbell stanene: A quantum spin Hall insulator[J]. Physical Review B, 2014, 90(12): 121408.

[366] Zhang H, Zhang J, Zhao B, et al. Quantum anomalous Hall effect in stable dumbbell stanene [J]. Applied Physics Letters, 2016, 108(8): 082104.

[367] Wang Y P, Ji W X, Zhang C W, et al. Large-gap quantum spin Hall state in functionalized dumbbell stanene[J]. Applied Physics Letters, 2016, 108(7): 073104.

[368] Liu C C, Feng W, Yao Y. Quantum spin Hall effect in silicene and two-dimensional germanium[J]. Physical Review Letters, 2011, 107(7): 076802.

[369] Zhang S, Hu Y, Hu Z, et al. Hydrogenated arsenenes as planar magnet and Dirac material [J]. Applied Physics Letters, 2015, 107(2): 022102.

[370] Zhang S, Zhou W, Ma Y, et al. Antimonene oxides: emerging tunable direct bandgap semiconductor and novel topological insulator[J]. Nano Letters, 2017, 17(6): 3434-3440.

[371] Li X, Li H, Zuo X, et al. Chemically functionalized penta-stanene monolayers for light harvesting with high carrier mobility[J]. The Journal of Physical Chemistry C, 2018, 122 (38): 21763-21769.

[372] 姚杰，赵爱迪，王兵. 二维拓扑材料的新进展——纯平锡烯中存在大的拓扑能隙[J]. 物理，2019，48(5)：316-318.

[373] Zhao H, Zhu P, Wang Q, et al. Electronic and topological properties of ultraflat stanene functionalized by hydrogen and halogen atoms[J]. Journal of Electronic Materials, 2021, 50 (6): 3334-3340.

[374] Garcia J C, De Lima D B, Assali L V, et al. Group IV graphene- and graphane-like nanosheets[J]. The Journal of Physical Chemistry C, 2011, 115(27): 13242-13246.

[375] Trivedi S, Srivastava A, Kurchania R. Silicene and germanene: a first principle study of electronic structure and effect of hydrogenation-passivation[J]. Journal of Computational and Theoretical Nanoscience, 2014, 11(3): 781-788.

[376] Li S S, Zhang C W. Tunable electronic structures and magnetic properties in two-dimensional stanene with hydrogenation[J]. Materials Chemistry and Physics, 2016, 173: 246-254.

[377] Saxena S, Chaudhary R P, Shukla S. Stanene: atomically thick free-standing layer of 2D hexagonal tin[J]. Scientific Reports, 2016, 6(1): 1-4.

[378] Cao H, Zhou Z, Zhou X, et al. Tunable electronic properties and optical properties of novel

stanene/ZnO heterostructure: First - principles calculation [J]. Computational Materials Science, 2017, 139: 179-184.
[379] Wu H, Li F. First-principles calculation on geometric, electronic and optical properties of fully fluorinated stanene: a large-gap quantum spin Hall insulator [J]. Chinese Physics Letters, 2016, 33(6): 067101.
[380] 舒华兵. 类石墨烯材料的电子结构和光学性质的理论研究[D]. 东南大学, 2016.
[381] Gao D, Shi S, Tao K, et al. Tunable ferromagnetic ordering in $MoS_2$ nanosheets with fluorine adsorption[J]. Nanoscale, 2015, 7(9): 4211-4216.
[382] Cheng Y, Zhu Z, Mi W, et al. Prediction of two-dimensional diluted magnetic semiconductors: doped monolayer $MoS_2$ systems[J]. Physical Review B, 2013, 87(10): 100401.
[383] 徐海桥. 硅烯单边吸附卤素原子的电子性质研究[D]. 湘潭大学, 2018.
[384] Krompiewski S. One edge magnetic configurations in graphene, stanene and phosphorene zigzag nanoribbons[J]. Journal of Magnetism and Magnetic Materials, 2021, 534: 168036.
[385] Lado J L, Fernández-Rossier J. Magnetic edge anisotropy in graphenelike honeycomb crystals [J]. Physical Review Letters, 2014, 113(2): 027203.
[386] Krompiewski S, Cuniberti G. Edge magnetism impact on electrical conductance and thermoelectric properties of graphenelike nanoribbons [J]. Physical Review B, 2017, 96 (15): 155447.
[387] Rachel S, Ezawa M. Giant magnetoresistance and perfect spin filter in silicene, germanene, and stanene[J]. Physical Review B, 2014, 89(19): 195303.
[388] Mogulkoc A, Modarresi M, Kandemir B, et al. Magnetotransport properties of corrugated stanene in the presence of electric modulation and tilted magnetic field[J]. Physica Status Solidi (b), 2016, 253(2): 300-307.
[389] Xiong W, Xia C, Du J, et al. Asymmetric hydrogenation-induced ferromagnetism in stanene nanoribbons considering electric field and strain effects [J]. Journal of Materials Science, 2018, 53(1): 657-666.
[390] 方艺梅. 新型二维材料结构设计及拓扑电子态和磁光效应的理论研究[D]. 厦门大学, 2019.
[391] Cao G, Zhang Y, Cao J. Strain and chemical function decoration induced quantum spin Hall effect in 2D silicene and Sn film[J]. Physics Letters A, 2015, 379(22-23): 1475-1479.
[392] Margine E, Giustino F. Two-gap superconductivity in heavily n-doped graphene: Ab initio Migdal-Eliashberg theory[J]. Physical Review B, 2014, 90(1): 014518.
[393] Si C, Liu Z, Duan W, et al. First-principles calculations on the effect of doping and biaxial tensile strain on electron-phonon coupling in graphene[J]. Physical Review Letters, 2013, 111(19): 196802.
[394] Shaidu Y, Akin-Ojo O. First principles predictions of superconductivity in doped stanene[J]. Computational Materials Science, 2016, 118: 11-15.
[395] Wang J, Xu Y, Zhang S C. Two-dimensional time-reversal-invariant topological superconductivity in a doped quantum spin-Hall insulator [J]. Physical Review B, 2014, 90

(5): 054503.
[396] 冯昕钰，樊国栋，刘超. 石墨烯薄膜的制备及其在电子材料中的应用[J]. 材料导报，2015，29(13)：44-48.
[397] 秦志辉. 类石墨烯锗烯研究进展[J]. 物理学报，2017，66(21)：217305.
[398] Barfuss A, Dudy L, Scholz M R, et al. Elemental topological insulator with tunable Fermi level: Strained α-Sn on InSb(001)[J]. Physical Review Letters, 2013, 111(15): 157205.
[399] Ohtsubo Y, Le Fèvre P, Bertran F, et al. Dirac cone with helical spin polarization in ultrathin α-Sn (001) films[J]. Physical Review Letters, 2013, 111(21): 216401.
[400] Gou J, Kong L, Li H, et al. Strain-induced band engineering in monolayer stanene on Sb (111)[J]. Physical Review Materials, 2017, 1(5): 054004.
[401] Zang Y, Jiang T, Gong Y, et al. Realizing an epitaxial decorated stanene with an insulating bandgap[J]. Advanced Functional Materials, 2018, 28(35): 1802723.
[402] Xu C Z, Chan Y H, Chen P, et al. Gapped electronic structure of epitaxial stanene on InSb (111)[J]. Physical Review B, 2018, 97(3): 035122.
[403] 张慧珍，李金涛，吕文刚，et al. 石墨烯纳米结构的制备及带隙调控研究[J]. 物理学报，2016，65(15)：157301.
[404] 焦小亮，张悦炜，何潺，et al. 石墨烯制备与带隙调控的研究进展[J]. 材料导报，2012，26(5)：12-17.
[405] Asadov M, Guseinova S, Lukichev V. Ab initio modeling of the electronic and energy structure and opening the band gap of a 4p - element - doped graphene monolayer [J]. Russian Microelectronics, 2020, 49(5): 314-323.
[406] Wang Y, Wang W, Zhu S, et al. Theoretical study of the structure and photoelectrical properties of tellurium (Te) doped graphene with the external electrical field[J]. Computational and Theoretical Chemistry, 2019, 1169: 112626.
[407] Vahabzadeh N, Alaei H R. Ab-initio study of electronic properties of Si(C) honeycomb structures[J]. Chinese Journal of Physics, 2019, 57: 479-489.
[408] Ren C C, Ji W X, Zhang C W, et al. The effects of biaxial strain and electric field on the electronic properties in stanene[J]. Materials Research Express, 2016, 3(10): 105008.
[409] Liu G, Luo W, Wang X, et al. Tuning the electronic properties of germanene by molecular adsorption and under an external electric field[J]. Journal of Materials Chemistry C, 2018, 6 (22): 5937-5948.
[410] Liang X Y, Ding N, Ng S P, et al. Adsorption of gas molecules on Ga-doped graphene and effect of applied electric field: A DFT study[J]. Applied Surface Science, 2017, 411: 11-17.
[411] Ayatollahi A, Roknabadi M R, Behdani M, et al. Adsorption characteristics of amino acids on graphene and germanene using dispersion-corrected density functional theory[J]. Physica E: Low-dimensional Systems and Nanostructures, 2021, 127: 114498.
[412] Li M, Bellus M Z, Dai J, et al. A type-I van der Waals heterobilayer of $WSe_2$/$MoTe_2$[J]. Nanotechnology, 2018, 29(33): 335203.

[413] Mojumder M R H, Islam M S, Park J. Germanene/2D-AlP van der Waals heterostructure: Tunable structural and electronic properties[J]. AIP Advances, 2021, 11(1): 015126.

[414] Gao N, Li J, Jiang Q. Bandgap opening in silicene: Effect of substrates[J]. Chemical Physics Letters, 2014, 592: 222-226.

[415] Pang K, Wei Y, Xu X, et al. Modulation of the electronic band structure of silicene by polar two-dimensional substrates[J]. Physical Chemistry Chemical Physics, 2020, 22(37): 21412-21420.

[416] Paier J, Marsman M, Hummer K, et al. Screened hybrid density functionals applied to solids [J]. The Journal of Chemical Physics, 2006, 124(15): 154709.

[417] Gao W, Chen Y, Li B, et al. Determining the adsorption energies of small molecules with the intrinsic properties of adsorbates and substrates[J]. Nature Communications, 2020, 11(1): 1-11.

[418] Su G, Yang S, Jiang Y, et al. Modeling chemical reactions on surfaces: The roles of chemical bonding and van der Waals interactions[J]. Progress in Surface Science, 2019, 94 (4): 100561.

[419] Shen T, Ren J C, Liu X, et al. Van der Waals stacking induced transition from Schottky to ohmic contacts: 2D metals on multilayer InSe[J]. Journal of the American Chemical Society, 2019, 141(7): 3110-3115.

[420] Li W, Jiang Q, Li D, et al. Density functional theory investigation on selective adsorption of VOCs on borophene[J]. Chinese Chemical Letters, 2021, 32(9): 2803-2806.

[421] Van Den Broek B, Houssa M, Scalise E, et al. Two-dimensional hexagonal tin: ab initio geometry, stability, electronic structure and functionalization[J]. 2D Materials, 2014, 1 (2): 021004.

[422] Liu C C, Jiang H, Yao Y. Low-energy effective Hamiltonian involving spin-orbit coupling in silicene and two-dimensional germanium and tin[J]. Physical Review B, 2011, 84 (19): 195430.

[423] Patnaik P. A comprehensive guide to the hazardous properties of chemical substances[M]. Place Published: John Wiley & Sons, 2007.

[424] Chen X, Tan C, Yang Q, et al. Ab initio study of the adsorption of small molecules on stanene[J]. The Journal of Physical Chemistry C, 2016, 120(26): 13987-13994.

[425] Preuss M, Schmidt W, Bechstedt F. Coulombic amino group-metal bonding: Adsorption of adenine on Cu (110)[J]. Physical Review Letters, 2005, 94(23): 236102.

[426] Henze S, Bauer O, Lee T L, et al. Vertical bonding distances of PTCDA on Au(111) and Ag(111): Relation to the bonding type[J]. Surface Science, 2007, 601(6): 1566-1573.

[427] Wang T, Zhu Y, Jiang Q. Towards single-gate field effect transistor utilizing dual-doped bilayer graphene[J]. Carbon, 2014, 77: 431-441.

[428] Quhe R, Fei R, Liu Q, et al. Tunable and sizable band gap in silicene by surface adsorption [J]. Scientific Reports, 2012, 2(1): 1-6.

[429] Samuels A J, Carey J D. Molecular doping and band-gap opening of bilayer graphene[J].

ACS Nano, 2013, 7(3): 2790-2799.

[430] Chen L, Wang L, Shuai Z, et al. Energy level alignment and charge carrier mobility in noncovalently functionalized graphene[J]. The Journal of Physical Chemistry Letters, 2013, 4 (13): 2158-2165.

[431] Kistanov A A. The first - principles study of the adsorption of $NH_3$, NO, and $NO_2$ gas molecules on InSe-like phosphorus carbide[J]. New Journal of Chemistry, 2020, 44(22): 9377-9381.

[432] Yan Z, Tao C, Bai Y, et al. Adsorption of nitrogen based gas molecules on noble metal functionalized carbon nitride nanosheets: A theoretical investigation[J]. Computational and Theoretical Chemistry, 2021, 1194: 112950.

[433] Meftakhutdinov R, Sibatov R, Kochaev A, et al. First-principles study of graphenylene/ $MoX_2$(X=S, Te, and Se) van der Waals heterostructures[J]. Physical Chemistry Chemical Physics, 2021, 23(26): 14315-14324.

[434] Kaloni T P, Tahir M, Schwingenschlögl U. Quasi free-standing silicene in a superlattice with hexagonal boron nitride[J]. Scientific Reports, 2013, 3(1): 1-4.

[435] Kaloni T P, Cheng Y, Schwingenschlögl U. Electronic structure of superlattices of graphene and hexagonal boron nitride[J]. Journal of Materials Chemistry, 2012, 22(3): 919-922.

[436] Dong Q, Yin X, Liu C. The effect of size and applied electric field on the spin switch in a two-electron graphene quantum dot and graphene qubit[J]. Physica E: Low-dimensional Systems and Nanostructures, 2021, 127: 114555.

[437] Xiao M X, Zhang B, H Y Song, et al. Effects of external electric field on adsorption behavior of organic molecules on stanene: Highly sensitive sensor devices [J]. Solid State Communications, 2021, 338: 114459.

[438] Ferreiro C, Villota N, Lombraña J, et al. Analysis of a hybrid suspended-supported photocatalytic reactor for the treatment of sastewater containing benzothiazole and aniline[J]. Water, 2019, 11(2).

[439] Lin H, Liu Y, Yin W, et al. The studies on the physical and dissociation properties of chlorobenzene under external electric fields [J]. Journal of Theoretical and Computational Chemistry, 2018

[440] Hao W, Lustig W P, Jing L. Sensing and capture of toxic and hazardous gases and vapors by metal-organic frameworks[J]. Chemical Society Reviews, 2018, 47.

[441] Bhuvaneswari R, Nagarajan V, Chandiramouli R. Arsenene nanoribbons for sensing $NH_3$ and $PH_3$ gas molecules-A first-principles perspective[J]. Applied Surface Science, 2019, 469: 173-180.

[442] Roondhe B, K P atel, PK Jha. Two-dimensional metal carbide comrade for tracing CO and $CO_2$[J]. Applied Surface Science, 2019, 496: 143685.

[443] Abbasi A. Modulation of the electronic properties of pristine and AlP - co doped stanene monolayers by the adsorption of $CH_2O$ and $CH_4$ molecules: A DFT study [J]. Materials Research Express, 2019, 6(7): 076410.

[444] Li T, He C, Zhang W. primitive and O functionalized graphyne-like BN sheet: candidates for $SO_2$ sensor with high sensitivity and selectivity at room temperature[J]. ACS Applied Electronic Materials, 2019, 1(1): 34-43.

[445] Alagdar M, Yosif B, Areed N F, et al. Improved the quality factor and sensitivity of a surface plasmon resonance sensor with transition metal dichalcogenides 2D nanomaterials[J]. Journal of Nanoparticle Research, 2020.

[446] Zhao C X, Zhang G X, Gao W, et al. Single metal atoms regulated flexibly by a 2D InSe substrate for $CO_2$ reduction electrocatalysts[J]. Journal of Materials Chemistry A, 2019, 7: 8210-8217.

[447] Liu G, Zhou J, Zhao W, et al. Single atom catalytic oxidation mechanism of formaldehyde on Al doped graphene at room temperature[J]. Chinese Chemical Letters, 2020, 31(7): 1966-1969.

[448] Li W, Jiang Q, Li D, et al. Density functional theory investigation on selective adsorption of VOCs on borophene[J]. Chinese Chemical Letters, 2021, 32(9).

[449] Gupta S K, Singh D, Rajput K, et al. Germanene: a new electronic gas sensing material[J]. Rsc Advances, 2016, 6: 102264-102271.

[450] Thaneshwor P, Kaloni G, Schreckenbach M, et al. Large enhancement and tunable band gap in silicene by small organic molecule adsorption[J]. The Journal of Physical Chemistry C, 2014, 118(40): 23361-23367.

[451] Prasongkit J, Amorim R G, Chakraborty S, et al. Highly Sensitive and Selective Gas Detection Based on Silicene[J]. Journal of Physical Chemistry C, 2015, 119(29): 648-652.

[452] Wang T, Zhao R, Zhao M, et al. Effects of applied strain and electric field on small-molecule sensing by stanene monolayers[J]. Journal of Materials Science, 2017, 52(9): 5083-5096.

[453] Nagarajan V, Chandiramouli R. Adsorption behavior of $NH_3$ and $NO_2$ molecules on stanene and stanane nanosheets-a density functional theory study[J]. Chemical Physics Letters, 2018, 695: 162-169.

[454] Abbasi A. Adsorption of phenol, hydrazine and thiophene on stanene monolayers: a computational investigation[J]. Synthetic Metals, 2019, 247: 26-36.

[455] Li Y, Yu C M. DFT study of the adsorption of $C_6H_6$ and $C_6H_5OH$ molecules on stanene nanosheets: Applications to sensor devices[J]. Physica E Low-dimensional Systems and Nanostructures, 2021, 127: 114533.

[456] Meng L, Wang Y, Zhang L, et al. Buckled silicene formation on Ir(111)[J]. Nano letters, 2013, 13(2): 685-690.

[457] Cai Y, Ke Q, Zhang G, et al. Energetics, Charge Transfer and Magnetism of Small Molecules Physisorbed on Phosphorene[J]. Journal of Physical Chemistry C, 2015, 119: 3102-3110.

[458] K Tadele, Zhang Q, Mohammed L. Molecular and dissociative adsorption of CO and SO on the surface of Ir(111)[J]. AIP Advances, 2020, 10(3): 035021.

[459] Guo J, Zhou Z, Li H, et al. Tuning Electronic Properties of Blue Phosphorene/Graphene-Like GaN van der Waals Heterostructures by Vertical External Electric Field[J]. Nanoscale Research Letters, 2019, 14(1).

[460] Chegel R, Behzad S. Optical, and Thermal Properties of two-dimensional Germanene via an external electric field[J]. Scientific Reports, 2020, 10(1).

[461] Ni Z, Liu Q, Tang K, et al. Tunable bandgap in silicene and germanene[J]. Nano Letters, 2012, 12(1): 113-118.

[462] Yan J A, Gao S P, Stein R, et al. Tuning the electronic structure of silicene and germanene by biaxial strain and electric field[J]. Physical Review B, 2015, 91(24): 245403.

[463] Fadaie M, Shahtahmassebi N, Roknabad M R. Effect of external electric field on the electronic structure and optical properties of stanene[J]. Optical & Quantum Electronics, 2016, 48(9): 440.

[464] Luo X G, Zurek E. Crystal Structures and Electronic Properties of Single-Layer, Few-Layer, and Multilayer GeH[J]. Journal of Physical Chemistry C, 2015, 11770.

[465] Gao W, Chen Y, Li B, et al. Determining the adsorption energies of small molecules with the intrinsic properties of adsorbates and substrates[J]. Nature Communications, 2020, 11(1).

[466] Clark S J, Segall M D, Pickard C J, et al. First principles methods using CASTEP: Zeitschrift für Kristallographie - crystalline materials [J]. Zeitschrift Für Kristallographie, 2005, 220(5/6/2005).

[467] Limpijumnong S, Lambrecht W. Total energy differences between SiC polytypes revisited[J]. Physical Review B, 1998, 57(19): 12017.

[468] Ding F, Rosen A, Bolton K. Size dependence of the coalescence and melting of iron clusters: A molecular-dynamics study[J]. Physical Review B, 2004, 70(7): 075416. 1-075416. 6.

[469] Lyu J K, Zhang S F, Zhang C W, et al. Stanene: A Promising Material for New Electronic and Spintronic Applications[J]. Annalen der Physik, 2019, 531(10): 1900017.

[470] Nair R R, Ren W, Jalil R, et al. Fluorographene: A two-dimensional counterpart of teflon [J]. Small, 2010, 6(24): 2877-2884.

[471] Zheng H, Li X B, Chen N K, et al. Monolayer II-VI semiconductors: A first-principles prediction[J]. Physical review, B. Condensed matter and materials physics, 2015, 92(11).

[472] Xu B, Yin J, Xia Y D, et al. Ferromagnetic and antiferromagnetic properties of the semihydrogenated SiC sheet[J]. Applied Physics Letters, 2010, 96(14): 183.

[473] Bekaroglu E, Topsakal M, Cahangirov S, et al. First-principles study of defects and adatoms in silicon carbide honeycomb structures[J]. Physical Review B, 2010, 81(7): 075433.

[474] Lin S S. Light-Emitting Two-Dimensional Ultrathin Silicon Carbide[J]. Journal of Physical Chemistry C, 2012, 116(6): 3951-3955.

[475] Zhang P, Hou X, He Y, et al. The effects of surface group functionalization and strain on the electronic structures of two-dimensional silicon carbide[J]. Chemical Physics Letters, 2015, 628: 60-65.

[476] Geim A K, Grigorieva I V. Van der Waals heterostructures[J]. Nature, 2013, 499(7459):

419-425.

[477] He C, Zhang X, Liu Z, et al. Recent progress in Ge and GeSn light emission on Si[J]. Acta Physica Sinica, 2015, 64(20): 206102.

[478] 何超，张旭，刘智，等. Si 基 IV 族异质结构发光器件的研究进展[J]. 物理学报，2015, 64(20): 206102.

[479] Katsnelson M I, Novoselov K S, Geim A K. Chiral tunnelling and the Klein paradox in graphene[J]. Nature Physics, 2006, 2(9): 620-625.

[480] Wang T H, Zhu Y F, Jiang Q. Bandgap opening of bilayer graphene by dual doping from organic molecule and substrate[J]. The Journal of Physical Chemistry C, 2013, 117(24): 12873-12881.

[481] Liu H, Gao J, Zhao J. Silicene on Substrates: A Way To Preserve or Tune Its Electronic Properties[J]. Journal of Physical Chemistry C, 2013, 117(20): 10353-10359.

[482] Ding Y, Wang Y. Electronic structures of silicene/GaS heterosheets[J]. Applied Physics Letters, 2013, 103(4): 043114.

[483] Chen Q L, Dai Z H, Liu Z Q, et al. First-principles study on the structure stability and doping performance of double layer h-BN/Graphene[J]. Acta Physica Sinica, 2016, 65(13): 136101.

[484] 陈庆玲，戴振宏，刘兆庆，等. 双层 h-BN/Graphene 结构稳定性及其掺杂特性的第一性原理研究[J]. 物理学报，2016, 13: 7.

[485] Gao N, Lu G Y, Wen Z, et al. Electronic structure of silicene: effects of the organic molecular adsorption and substrate[J]. Journal of Materials Chemistry C, 2017, 5(3): 627-633.

[486] He C, Han F S, Zhang J H, et al. The $In_2SeS/g-C_3N_4$ heterostructure: a new two-dimensional material for photocatalytic water splitting[J]. Journal of Materials Chemistry C, 2020, 8(20): 6923-6930.

[487] Rubio-Pereda P, Takeuchi N. Adsorption of organic molecules on the hydrogenated germanene: a DFT study[J]. The Journal of Physical Chemistry C, 2015, 119(50): 27995-28004.

[488] Jiang Z Y, Xu X H, Wu H S, et al. Studies on the geometric and electronic structures of SiC polytypes[J]. Acta Physica Sinica, 2002, 51(7): 1586-1590.

[489] 姜振益，许小红，武海顺，等. SiC 多型体几何结构与电子结构研究[J]. 物理学报，2002, 07: 1586-1590.

[490] Rivera P, Seyler K L, Yu H, et al. Valley-polarized exciton dynamics in a 2D semiconductor heterostructure[J]. Science, 2016, 351: 688.

[491] Wang Z, Zhang Y, Xing Wei X, et al. Band alignment control in a blue phosphorus/$C_2N$ van der Waals heterojunction using an electric field[J]. Physical Chemistry Chemical Physics, 2020, 22: 9647.

[492] 张冰. 外场下衬底调控锡烯的电子结构[D]. 西安石油大学，2022.

[493] 刘秀宏. 具有高载流子迁移率的二维半导体材料的设计与模拟[D]. 南京师范大学，2017.

[494] Schrier J, Mcclain J. Thermally-driven isotope separation across nanoporous graphene[J]. Chemical Physics Letters, 2012, 521: 118-124.

[495] Rezania H, Yarmohammadi M. The effects of impurity doping on the optical properties of biased bilayer graphene[J]. Optical Materials, 2016, 57: 8-13.

[496] Russo S, Craciun M F, Yamamoto M, et al. Double-gated graphene-based devices[J]. New Journal of Physics, 2009, 11(9): 095918.

[497] Castro E V, Novoselov K S, Morozov S V, et al. Electronic properties of a biased graphene bilayer[J]. Journal of Physics-condensed Matter, 2010, 22(17): 1060-1065.

[498] Novoselov K S, Falko V I, Colombo L, et al. A roadmap for graphene[J]. Nature, 2012, 490(7419): 192-200.

[499] Miller D L, Kubista K D, Rutter G M, et al. Structural analysis of multilayer graphene via atomic moire interferometry[J]. Physical review, 2010, 81(12): 125427.

[500] 蔡乐，王华平，于贵. 石墨烯带隙的调控及其研究进展[J]. 物理学进展，2016，36(1)：21-33.

[501] 徐小志，余佳晨，张智宏，等. 石墨烯打开带隙研究进展[J]. 科学通报，2017，62(20)：2220-2232.

[502] 陈辉，杜世萱，高鸿钧. 石墨烯纳米结构的原子级精准构造[J]. 物理，2021，50(5)：325-335.

[503] Dean C R, Young A F, Meric I, et al. Boron nitride substrates for high-quality graphene electronics[J]. Nature Nanotechnology, 2010, 5(10): 722-726.

[504] Xue J, Sanchez-Yamagishi J, Bulmash D, et al. STM spectroscopy of ultra-flat graphene on hexagonal boron nitride[J]. American Physical Society, 2011, 10(4): 282-285.

[505] Chen X, Meng R, Jiang J, et al. Electronic structure and optical properties of graphene/stanene heterobilayer[J]. Physical Chemistry Chemical Physics, 2016, 24(18): 16302-16309.

[506] 欧阳丹丹，胡立兵，王刚，等. 生物质衍生石墨烯和类石墨烯炭用于能源储存与转换的研究进展[J]. 新型炭材料，2021，36(2)：350-372.

[507] 王嘉瑶，史焕聪，蒋林华，等. 类石墨烯二维材料及光电器件应用研究进展[J]. 功能材料，2019，50(10)：11.

[508] Balendhran S, Walia S, Nili H, et al. Elemental analogues of graphene: silicene, germanene, stanene, and phosphorene[J]. Small, 2015, 11(6): 640-652.

[509] Zhu J, Schwingenschlögl U. Stability and electronic properties of silicene on $WSe_2$[J]. Journal of Materials Chemistry C, 2015, 3(16): 3946-3953.

[510] Li L Y, Zhao M W. Structures, energetics, and electronic properties of multifarious stacking patterns for high-buckled and low-buckled silicene on the $MoS_2$ substrate[J]. Journal of Physical Chemistry C, 2014, 118(33): 19129-19138.

[511] Chiappe D, Scalise E, Cinquanta E, et al. Two-dimensional Si nanosheets with local hexagonal structure on a $MoS_2$ Surface[J]. Advanced Materials, 2014, 26(13): 2096-2101.

[512] Zhang L, Bampoulis P, Rudenko A, et al. Structural and electronic properties of germanene

on $MoS_2$[J]. Physical Review Letters, 2016, 116(25): 256804.
[513] Zeyuan N, Emi M, Yasunobu A, et al. The electronic structure of quasi-free-standing germanene on monolayer MX (M=Ga, In; X=S, Se, Te)[J]. Physical Chemistry Chemical Physics, 2015, 17(29): 19039-19044.
[514] Zhu J, Schwingenschlgl U. Structural and electronic properties of silicene on $MgX_2$(X=Cl, Br, and I)[J]. ACS Applied Materials and Interfaces, 2014, 6(14): 11675-11681.
[515] 底琳佳，戴显英，苗东铭，等. 单轴应变锗带隙特性和电子有效质量计算[J]. 西安电子科技大学学报，2018，45(3)：6-12.
[516] 底琳佳，戴显英，宋建军，等. 基于锡组分和双轴张应力调控的临界带隙应变 $Ge_{1-x}Sn_x$ 能带特性与迁移率计算[J]. 物理学报，2018，67(2)：211-223.
[517] Qin R, Zhu W, Zhang Y, et al. Uniaxial strain-induced mechanical and electronic property modulation of silicene[J]. Nanoscale Research Letters, 2014, 9(1): 521-528.
[518] Qin R, Wang C H, Zhu W, et al. First-principles calculations of mechanical and electronic properties of silicene under strain[J]. AIP Advances, 2012, 2(2): 022159.
[519] Zhang L, Bampoulis P, Rudenko Q, et al. Erratum: structural and electronic properties of germanene on $MoS_2$[J]. Physical Review Letters, 2016, 117(5): 59902.
[520] Mortazavi B, Rahaman O, Makaremi M, et al. First-principles investigation of mechanical properties of silicene, germanene and stanene[J]. Physica E Low Dimensional Systems & Nanostructures, 2017, 87: 228-232.
[521] 芦鹏飞. 二维锡烯材料的若干进展[J]. 四川师范大学学报：自然科学版，2020，43(1)：1-20.
[522] Xu Y, Gan Z, Zhang S C. Enhanced thermoelectric performance and anomalous seebeck effects in topological insulators[J]. Physical Review Letters, 2014, 112(22): 226801.
[523] 奚晋扬，中村悠马，赵天琦，等. 石墨炔与锡烯层状体系的形变势和电声耦合及载流子传输理论研究[J]. 物理化学学报，2018，34(9)：961-976.
[524] Shim J, Kim H S, Shim Y S, et al. Extremely large gate modulation in vertical graphene/$WSe_2$ heterojunction barristor based on a novel transport mechanism[J]. Advanced Materials, 2016, 28(26): 5293-5299.
[525] Zhang X, Xie H, Hu M, et al. Thermal conductivity of silicene calculated using an optimized stillinger-weber potential[J]. Physical Review B, 2014, 89(5): 054310.
[526] Koppens F, Mueller T, Avouris P, et al. Photodetectors based on graphene, other two-dimensional materials and hybrid systems[J]. Nature Nanotechnology, 2014, 9(10): 780-793.
[527] 高海源. 硅和石墨烯材料纳机电系统的机电耦合特性研究[D]. 浙江大学. 2012.
[528] 胡超，梁苏岑. 一种锌掺杂类石墨烯催化剂及其制备方法和应用[P]. 中国：CN202010313813. 1. 20200818.
[529] Mahmood A, Rahman G. Structural and electronic properties of two-dimensional hydrogenated Xenes[J]. Journal of Physics: Condensed Matter, 2020, 32(20): 205501.
[530] Roome N J, Carey J D. Beyond graphene: Stable elemental monolayers of silicene and

germanene[J]. ACS Applied Materials and Interfaces, 2014, 6(10): 7743-7750.
[531] Lu Y H, Zhou D, Wang T, et al. Topological properties of atomic lead film with honeycomb structure[J]. Reports, 2016, 6: 21723-21730.
[532] Takeda K, Shiraishi K. Theoretical possibility of stage corrugation in Si and Ge analogs of graphite[J]. Physical Review B Condensed Matter, 1994, 50(20): 14916-14922.
[533] 李丽萍，李朔，张聪颖，张云光，等. 线缺陷对硅烯力学性能的影响[J]. 原子与分子物理学报，2021，38(2)：61-66.
[534] 曹妙聪，徐强. 硅烯电极材料的第一性原理计算[J]. 吉林大学学报：理学版，2020，58(3)：4.
[535] Fb A, Pg B, Op C. Beyond graphene: clean, hydrogenated and halogenated silicene, germanene, stanene, and plumbene[J]. Progress in Surface Science, 2021, 96(3): 100615.
[536] 杨孝昆，陈阿玲，易清风. 氮掺杂的类石墨烯纳米片的制备及其在锌-空气电池中的应用[J]. 无机化学学报，2021，37(1)：157-170.
[537] Brenny B, Polman A, Javier G. Femtosecond plasmon and photon wave packets excited by a high-energy electron on a metal or dielectric surface[J]. Physical review B, 2016, 94(15): 155412.
[538] 彭玉婷. 掺杂对若干类石墨烯材料纳米片电子结构的调制[D]. 河南师范大学，2016.
[539] 陈佳熠，陈启超，李政雄，等. 基于硅烯和磷烯的新型纳米电子器件[J]. 2022，37(6)：448-452.
[540] Zhao S J, Xue J M, Kang W, et al. Gas adsorption on $MoS_2$ monolayer from first-principles calculations[J]. Chemical Physics Letters, 2014, 595-596(3): 35-42.
[541] 孔龙娟，李晖. 衬底调制下的硼墨烯、硅烯、锗烯等单元素二维材料的原子与电子结构[J]. 化学进展，2017，29(4)：337-347.
[542] 王强，马锡英. 硅烯的研究进展[J]. 微纳电子技术，2014，51(10)：634-639.
[543] Kara A, Enriquez H, Seitsonen A P, et al. A review on silicene - new candidate for electronics[J]. Surface Science Reports, 2012, 67(1): 1-18.
[544] Fleurence A, Friedlein R, Ozaki T, et al. Experimental evidence for epitaxial silicene on diboride thin films[J]. Physical Review Letters, 2012, 108(24): 245501.
[545] Dávila M, Xian L, Cahangirov S, et al. Germanene: a novel two-dimensional germanium allotrope akin to graphene and silicene[J]. New Journal of Physics, 2014, 16(9): 3579-3587.
[546] Derivaz M, Dentel D, Stephan R, et al. Continuous germanene layer on Ag(111)[J]. Nano Letters, 2015, 15(4): 2510-2516.
[547] Pang Q, Xin H, Gao D L, et al. Strain effect on the electronic and optical properties of Germanene/$MoS_2$ heterobilayer[J]. Materials Today Communications, 2020, 26: 101845.
[548] Fan Y, Liu X B, Wang J, et al. Silicene and germanene on InSe substrates: structures and tunable electronic properties[J]. Physical Chemistry Chemical Physics, 2018, 20(16): 11369-11377.
[549] Aghaei S M, Monshi M M, Torres I, et al. Lithium-functionalized germanene: a promising

media for $CO_2$ capture[J]. 2018, 382(5-6): 334-338.

[550] 黄立，杜世萱，高鸿钧. 硅烯和锗烯的生长及其机制研究[J]. 物理，2018，47(3)：173-176.

[551] Prasongkit J, Amorim R G, Chakraborty S, et al. Highly sensitive and selective gas detection based on silicene[J]. Journal of Physical Chemistry C, 2015, 119(29): 648-652.

[552] Luan H X, Zhang C W, Zheng F B, et al. First-principles study of the electronic properties of B/N atom doped silicene nanoribbons[J]. The Journal of Physical Chemistry C, 2013, 117(26): 13620-13626.

[553] Li H, Tian G, He B, et al. Efficient band gap opening in single-layer stanene via patterned Ga-As codoping: Towards semiconducting nanoelectronic devices[J]. Synthetic Metals, 2020, 264: 116388.

[554] Xing D X, Ren C C, Zhang S F, et al. Tunable electronic and magnetic properties in stanene by 3d transition metal atoms absorption[J]. Superlattices and Microstructures, 2017, 103: 139-144.

[555] Kadioglu Y, Ersan F, Ethem A, et al. Adsorption of alkali and alkaline-earth metal atoms on stanene: a first-principles study[J]. Materials Chemistry and Physics, 2016, 180(1): 326-331.

[556] 李细莲. 硅烯材料上原子吸附的第一性原理研究[D]. 江西师范大学，2017.

[557] Xu Y, Yan B, Zhang H J, et al. Large-gap quantum spin hall insulators in tin films[J]. Physical Review Letters, 2013, 111(13): 136804.

[558] Liao M, Zang Y, Guan Z, et al. Superconductivity in few-layer stanene[J]. Nature Physics, 2018, 14: 344-348.

[559] Wu S C, Shan G, Yan B. Prediction of near-room-temperature quantum anomalous hall effect on honeycomb materials[J]. Physical Review Letters, 2014, 113(25): 256401.

[560] Liu C C, Jiang H, Yao Y. Low-energy effective hamiltonian involving spin-orbit coupling in silicene and two-dimensional germanium and tin[J]. Physical Review B, 2011, 84(19): 4193-4198.

[561] Zhao C, Jia J. Stanene: a good platform for topological insulator and topological superconductor[J]. Frontiers of Physics, 2020, 15(5): 53201-53216.

[562] Zhu F F, Chen W J, Xu Y, et al. Epitaxial growth of two-dimensional stanene[J]. Nature Materials, 2015, 14(10): 4384-4391.

[563] Osaka T, Omi H, Yamamoto K, et al. Surface phase transition and interface interaction in the α-Sn/InSb{111} system[J]. Physical Review B, 1994, 50(11): 7567-7572.

[564] Gao J, Zhang G, Zhang Y W. Exploring Ag(111) substrate for epitaxially growing monolayer stanene: a first-principles study[J]. Scientific Reports, 2016, 6(1): 29107.

[565] Maniraj M, Stadtmüller B, Jungkenn D, et al. A case study for the formation of stanene on a metal surface[J]. Communications Physics, 2019, 2(1): 12-21.

[566] Yuhara J, Fujii Y, Nishino K, et al. Large area planar stanene epitaxially grown on Ag(111)[J]. 2D Materials, 2018, 5(2): 025002.

[567] Song S R, Yang J H, Du S X, et al. Dirac states from orbitals in the buckled honeycomb structures: a tight-binding model and first-principles combined study[J]. Chinese physics B, 2018, 27(8): 087101.
[568] Molle A, Goldberger J, Houssa M, et al. Buckled two-dimensional Xene sheets[J]. Nature Materials, 2017, 16(2): 163-169.
[569] Deng J, Xia B, Ma X, et al. Epitaxial growth of ultraflat stanene with topological band inversion[J]. Nature materials, 2018, 17(12): 1081-1086.
[570] Zhang G F, Li Y, Wu C. The honeycomb lattice with multi-orbital structure: topological and quantum anomalous hall insulators with large gaps [J]. Physical Review B, 2014, 90 (7): 075114.
[571] 陈瑶瑶，武松浩，杨惠霞，等. 基于第四主族的类石墨烯二维材料最新进展：制备，性能和相关应用[J]. 真空科学与技术学报. 2021, 41(2): 107-125.
[572] Yu C H, Newton S Q, Miller D M, et al. Ab initio study of the nonequivalence of adsorption of d-and l-peptides on clay mineral surfaces [J]. Structural Chemistry, 2001, 12(5): 393-398.
[573] Lazar P, Karlicky F E, Jure Ka P, et al. Adsorption of small organic molecules on graphene [J]. Journal of the American Chemical Society, 2013, 135(16): 6372-6377.
[574] Shen L, Lan M, Zhang X, et al. The structures and diffusion behaviors of point defects and their influences on the electronic properties of 2D stanene[J]. Rsc Advances, 2017, 7(16): 9840-9846.
[575] Xiong W, Xia C, Wang T, et al. Tuning electronic structures of the stanene monolayer via defects and transition - metal - embedding: spin - orbit coupling [J]. Physical Chemistry Chemical Physics, 2016, 18: 28759-28766.
[576] Yang Y, Zhang H, Song L, et al. Adsorption of gas molecules on the defective stanene nanosheets with single vacancy: A DFT study [J]. Applied Surface Science, 2020, 512 (15): 145727.
[577] Garg P, Choudhuri I, Mahata A, et al. Band gap opening in stanene induced by patterned B-N doping[J]. Physical Chemistry Chemical Physics, 2016, 19(5): 3660-3669.
[578] Abbasi A. DFT study of the effects of Al P pair doping on the structural and electronic properties of stanene nanosheets [J]. Physica E: Low - dimensional Systems and Nanostructures, 2019, 108: 34-43.
[579] Garg P, Choudhuri I, Pathak B. Stanene based gas sensors: Effect of spin-orbit coupling [J]. Physical Chemistry Chemical Physics, 2017, 31325-31334.
[580] Zhou J, Liu D, Wu F, et al. A DFT study on the possibility of embedding a single Ti atom into the perfect stanene monolayer as a highly efficient gas sensor[J]. Theoretical Chemistry Accounts, 2020, 139(3): 46-52.
[581] Liang D, He H, Lu P, et al. Tunable band gaps in stanene/$MoS_2$ heterostructures [J]. Journal of Materials Science, 2017, 52(10): 5799-5806.
[582] 张丽莹. 锡烯在不同拓扑绝缘体衬底上的生长机理和电子结构特性的第一性原理计算研

究[D]. 郑州大学, 2019.

[583] Xu Y, Tang P, Zhang S C. Large-gap quantum spin Hall states in decorated stanene grown on a substrate[J]. Physical Review B, 2015, 92(8): 081112.

[584] Yun F F, Cortie D, Wang X. Tuning the electronic structure in stanene/graphene bilayers using strain and gas adsorption[J]. Physical Chemistry Chemical Physics, 2017, 19(37): 25574-25581.

[585] Di Sante D, Eck P, Bauernfeind M, et al. Towards topological quasifreestanding stanene via substrate engineering[J]. Physical review. B, Condensed Matter and Materials Physics, 2019, 99(3): 035145.

[586] Zhang R W, Zhang C W, Ji W X, et al. Ethynyl-functionalized stanene film: A promising candidate as large-gap quantum spin Hall insulator[J]. New Journal of Physics, 2015, 17(8): 083036.

[587] Fadaie M, Shahtahmassebi N, Roknabad M R. Effect of external electric field on the electronic structure and optical properties of stanene[J]. Optical and Quantum Electronics, 2016, 48(9): 440-452.

[588] Modarresi M, Kakoee A, Mogulkoc Y, et al. Effect of external strain on electronic structure of stanene[J]. Computational Materials Science, 2015, 101: 164-167.

[589] Mojumder S, Amin A A, Islam M. Mechanical properties of stanene under uniaxial and biaxial loading: A molecular dynamics study[J]. Journal of Applied Physics, 2015, 118(12): 183-192.

[590] Zhang R W, Zhang C W, Ji W X, et al. Room temperature quantum spin hall insulator in ethynyl-derivative functionalized stanene films[J]. Scientific Reports, 2016, 6: 18879.

[591] Lu P, Wu L, Yang C, et al. Quasiparticle and optical properties of strained stanene and stanine[J]. Scientific Reports, 2017, 7(1): 3912-3920.

[592] 钟佑明, 秦树人, 汤宝平. 关于 DFT 中的延拓原理及计算结果物理意义的一些讨论[J]. 振动与冲击, 2001, 20(4): 3.

[593] James D, Pack, Hendril J, et al. "Special points for Brillouin-zone integrations"-a reply[J]. Physical Review B, 1977, 16(4): 1748-1749.

[594] Mak K F, Lee C, Hone J, et al. Atomically thin $MoS_2$: a new direct-gap semiconductor[J]. 2010, 105(13): 136805-135810.

[595] Qian W, Wang P, Wu G Y, et al. First-principles study of the structural and electronic properties of $MoS_2$-$WS_2$ and $MoS_2$-$MoTe_2$ monolayer heterostructures[J]. Journal of Physics D: Applied Physics, 2013, 46(50): 505308.

[596] Muoi D, Hieu N N, Phung H T, et al. Electronic properties of $WS_2$ and $WSe_2$ monolayers with biaxial strain: A first-principles study[J]. Chemical Physics, 2019, 519(1): 69-73.

[597] Li S S, Zhang C W. First-principles study of graphene adsorbed on $WS_2$ monolayer[J]. Journal of Applied Physics, 2013, 114(18): 183709-183716.

[598] Xhla B, Xhc A, Chx A, et al. Strain-tunable electronic and optical properties of $Zr_2CO_2$ MXene and $MoSe_2$ van der Waals heterojunction: a first principles calculation[J]. Applied

Surface Science, 2021, 548: 149249.
[599] 肖美霞，冷浩，宋海洋，王磊，姚婷珍，何成. 物理学报，有机分子吸附和衬底调控锗烯的电子结构[J]. Acta Physica Sinica, 2021, 70(6): 063101.
[600] 冷浩. 基于结构设计的锗烯电学性质调控机理的模拟研究[D]. 西安石油大学，2021.
[601] Novoselov K S A, Geim A K, Morozov S V, et al. Two-Dimensional gas of massless dirac fermions in graphene[J]. Nature, 2005, 438(7065): 197-200.
[602] Dai B, Fu L, Zou Z, et al. Rational design of a binary metal alloy for chemical vapour deposition growth of uniform single-layer graphene[J]. Nature communications, 2011, 2(1): 1-6.
[603] Pan Y, Zhang H, Shi D, et al. Highly ordered, millimeter-scale, continuous, single-crystalline graphene monolayer formed on Ru (0001) [J]. Advanced Materials, 2009, 21(27): 2777-2780.
[604] Mu R, Fu Q, Jin L, et al. Visualizing chemical reactions confined under graphene[J]. Angewandte Chemie International Edition, 2012, 51(20): 4856-4859.
[605] Wu Z S, Feng X, Cheng H M. Recent advances in graphene-based planar micro-super-capacitors for on-chip energy storage[J]. National Science Review, 2014, 1(2): 277-292.
[606] Ju L, Velasco J, Huang E, et al. Photoinduced doping in heterostructures of graphene and boron nitride[J]. Nature Nanotechnology, 2014, 9(5): 348-352.
[607] Yao Y, Ye F, Qi X L, et al. Spin-orbit gap of graphene: first-principles calculations[J]. Physical Review B, 2007, 75(4): 041401.
[608] Xu M S, Liang T, Shi M, et al. Graphene-like two-dimensional materials[J]. Chemical Reviews, 2013, 113(5): 3766-3798.
[609] Guzmán-Verri G G, Voon L C L Y. Electronic structure of silicon-based nanostructures[J]. Physical Review B, 2007, 76(7): 075131.
[610] Lebègue S, Eriksson O. Electronic structure of two-dimensional crystals from ab initio theory[J]. Physical Review B, 2009, 79(11): 115409.
[611] Houssa M, Pourtois G, Afanas' Ev V V, et al. Electronic properties of two-dimensional hexagonal germanium[J]. Applied Physics Letters, 2010, 96(8): 082111.
[612] Houssa M, Pourtois G, Afanas' Ev V V, et al. Can silicon behave like graphene? A first-principles study[J]. Applied Physics Letters, 2010, 97(11): 112106.
[613] Tao L, Cinquanta E, Chiappe D, et al. Silicene field-effect transistors operating at room temperature[J]. Nature nanotechnology, 2015, 10(3): 227-231.
[614] Novoselov K S, Jiang Z, Zhang Y, et al. Room-temperature quantum hall effect in graphene[J]. Science, 2007, 315(5817): 1379.
[615] Lee C, Wei X, Kysar J W, et al. Measurement of the elastic properties and intrinsic strength of monolayer graphene[J]. Science, 2008, 321(5887): 385-388.
[616] Banszerus L, Schmitz M, Engels S, et al. Ultrahigh-mobility graphene devices from chemical vapor deposition on reusable copper[J]. Science Advances, 2015, 1(6): e1500222.
[617] Bhaviripudi S, Jia X, Dresselhaus M S, et al. Role of kinetic factors in chemical vapor

deposition synthesis of uniform large area graphene using copper catalyst[J]. Nano Letters, 2010, 10(10): 4128-4133.
[618] Li X S, Cai W W, An J H, et al. Large-area synthesis of high-quality and uniform graphene films on copper foils[J]. Science, 2009. 324: 1312-1314.
[619] Xu X, Zhang Z, Qiu L, et al. Ultrafast growth of single-crystal graphene assisted by a continuous oxygen supply[J]. Nat Nanotechnol, 2016, 11: 930-935.
[620] Schwierz F. Graphene transistors[J]. Nat Nanotechnol, 2010, 5: 487-496.
[621] Chen L, Liu C C, Feng B, et al. Evidence for Dirac fermions in a honeycomb lattice based on silicon[J]. Physical Review Letters, 2012, 109(5): 056804.
[622] Qi X L, Zhang S C. The quantum spin hall effect and topological insulators[J]. Physics Today, 2010, 63(1): 33-38.
[623] Shinde P P, Kumar V. Direct band gap opening in graphene by BN doping: ab initio calculations[J]. Physical Review B, 2011, 84(12): 125401.
[624] Denis P A. Band gap opening of monolayer and bilayer graphene doped with aluminium, silicon, phosphorus, and sulfur[J]. Chemical Physics Letters, 2010, 492(4-6): 251-257.
[625] Yang W J, Lee G, Kim J S, et al. Gap opening of graphene by dual $FeCl_3$-acceptor and K-donor doping[J]. The Journal of Physical Chemistry Letters, 2011, 2(20): 2577-2581.
[626] Sofo J O, Chaudhari A S, Barber G D. Graphane: a two-dimensional hydrocarbon[J]. Physical Review B, 2007, 75(15): 153401.
[627] Balog R, Jørgensen B, Nilsson L, et al. Bandgap opening in graphene induced by patterned hydrogen adsorption[J]. Nature Materials, 2010, 9(4): 315-319.
[628] Lin C, Feng Y, Xiao Y, et al. Direct observation of ordered configurations of hydrogen adatoms on graphene[J]. Nano Lett, 2015, 15(2): 903-908.
[629] 张灿鹏，邵志刚. $CO_2$和CO分子在五边形石墨烯表面的吸附行为[J]. 华南师范大学学报：自然科学版，2019，51(1)：11-15.
[630] Wang Y P, Ji W X, Zhang C W, et al. Enhanced band gap opening in germanene by organic molecule adsorption[J]. Materials Chemistry & Physics, 2016: 379-384.
[631] Martinazzo R, Casolo S, Tantardini G F. Symmetry-induced band-gap opening in graphene superlattices[J]. Physical Review B, 2010, 81(24): 245420.
[632] Lee S H, Chung H J, Heo J, et al. Band gap opening by two-dimensional manifestation of peierls instability in graphene[J]. ACS Nano, 2011, 5(4): 2964-2969.
[633] Son Y W, Cohen M L, Louie S G. Energy gaps in graphene nanoribbons[J]. Physical Review Letters, 2006, 97(21): 216803.
[634] Szafranek B N, Schall D, Otto M, et al. Electrical observation of a tunable band gap in bilayer graphene nanoribbons at room temperature[J]. Applied Physics Letters, 2010, 96(11): 112103.
[635] Haldane F D M. Model for a quantum hall effect without landau levels: condensed-matter realization of the "parity anomaly"[J]. Physical Review Letters, 1988, 61(18): 2015-2018.

[636] Shiri D, Kong Y, Buin A, et al. Strain induced change of bandgap and effective mass in silicon nanowires[J]. Applied Physics Letters, 2008, 93(7): 073114.
[637] Gui G, Li J, Zhong J. Band structure engineering of graphene by strain: first-principles calculations[J]. Physical Review B, 2008, 78(7): 075435.
[638] Zhang Y, Tang T T, Girit C, et al. Direct observation of a widely tunable bandgap in bilayer graphene[J]. Nature, 2009, 459(7248): 820-823.
[639] Kan E, Ren H, Wu F. et al. Why the band gap of graphene is tunable on hexagonal boron nitride[J]. Journal of Physical Chemistry C, 2012, 116(4): 3142-3146.
[640] Houssa M, van den Broek B, Scalise E, et al. An electric field tunable energy band gap at silicene/(0001) ZnS interfaces[J]. Physical Chemistry Chemical Physics, 2013, 15(11): 3702-3705.
[641] Bianco E, Butler S, Jiang S, et al. Stability and exfoliation of germanane: a germanium graphane analogue[J]. ACS Nano, 2013, 7(5): 4414-4421.
[642] Li L, Zhao M. First-principles identifications of superstructures of germanene on Ag (111) surface and h-BN substrate[J]. Physical Chemistry Chemical Physics, 2013, 15(39): 16853-16863.
[643] Li L, Lu S Z, Pan J, et al. Buckled germanene formation on Pt(111)[J]. Advanced Materials, 2014, 26(28): 4820-4824.
[644] Bampoulis P, Zhang L, Safaei A, et al. Germanene termination of $Ge_2Pt$ crystals on Ge (110)[J]. Journal of Physics: Condensed Matter, 2014, 26(44): 442001.
[645] Lin C L, Arafune R, Kawahara K, et al. Substrate-induced symmetry breaking in silicene [J]. Physical Review Letters, 2013, 110(7): 076801.
[646] Qin Z H, Pan J B, Lu S Z, et al. Direct evidence of dirac signature in bilayer germanene islands on Cu (111)[J]. Advanced Materials, 2017, 29(13): 1606046.
[647] Dávila M E, Le Lay G. Few layer epitaxial germanene: a novel two-dimensional dirac material[J]. Scientific reports, 2016, 6(1): 1-9.
[648] Nijamudheen A, Bhattacharjee R, Choudhury S, et al. Electronic and chemical properties of germanene: the crucial role of buckling[J]. The Journal of Physical Chemistry C, 2015, 119 (7): 3802-3809.
[649] Ye M, Quhe R, Zheng J, et al. Tunable band gap in germanene by surface adsorption[J]. Physica E: Low-dimensional Systems and Nanostructures, 2014, 59: 60-65.
[650] Zhuang J, Gao N, Li Z, et al. Cooperative electron-phonon coupling and buckled structure in germanene on Au (111)[J]. ACS nano, 2017, 11(4): 3553-3559.
[651] Xia W, Hu W, Li Z, et al. A first-principles study of gas adsorption on germanene[J]. Physical Chemistry Chemical Physics, 2014, 16(41): 22495-22498.
[652] Pang Q, Li L, Zhang C L, et al. Structural, electronic and magnetic properties of 3d transition metal atom adsorbed germanene: a first-principles study[J]. Materials Chemistry and Physics, 2015, 160: 96-104.
[653] Luo M, Shen Y H, Yin T L. Ab initio study of electronic and magnetic properties in TM-

doped germanene[J]. Journal of Superconductivity and Novel Magnetism, 2017, 30(4): 1019-1024.
[654] Sun M, Ren Q, Wang S, et al. Magnetism in transition-metal-doped germanene: a first-principles study[J]. Computational Materials Science, 2016, 118: 112-116.
[655] José EP, Renato B P. Electronic and transport properties of structural defects in monolayer germanene: An ab initio investigation[J]. Solid State Communications, 2016, 225: 38-43.
[656] Ali M, Pi X, Liu Y, et al. Electronic and magnetic properties of graphene, silicene and germanene with varying vacancy concentration[J]. AIP Advances, 2017, 7(4): 045308.
[657] Zhang D, Lou W, Miao M. et al. Interface-induced topological insulator transition in GaAs/Ge/GaAs quantum wells[J]. Physical Review Letters, 2013, 111(15): 156402.
[658] 张弦，郭志新，曹觉先. 等. GaAs(111)表面硅烯、锗烯的几何及电子性质研究[J]. 物理学报，2015，64(19)：196101.
[659] Ni Z, Minamitani E, AndoY. et al. Germanene and stanene on two-dimensional substrates: Dirac cone and $Z_2$ invariant[J]. Physical Review B, 2017, 96(7): 075427-075436.
[660] Tan C, Yang Q, Meng R, Liang Q, et al. An AlAs/germanene heterostructure with tunable electronic and optical properties via external electric field and strain[J]. Journal of Materials Chemistry C, 2016, 4(35): 8171-8178.
[661] Zhou S, Zhao J. Electronic structures of germanene on $MoS_2$: effect of substrate and molecular adsorption[J]. The Journal of Physical Chemistry C, 2016, 120(38): 21691-21698.
[662] 武红，李峰. GeH/π层间弱相互作用调控锗烯电子结构的机制[J]. 物理学报，2016，65(8)：096801.
[663] Wang Y, Ding Y. Strain-induced Self-doping in silicene and germanene from first-principles [J]. Solid State Communications, 2013, 155: 6-11.
[664] 李蜀眉. 有机化学教学中应用多媒体课件探究[J]. 内蒙古农业大学学报，2014，16(3)：70-71.
[665] Monkhorst H J, Pack J D. Special points for brillouin-zone integrations[J]. Physical review B, 1976, 13(12): 188.
[666] 陈庆玲，戴振宏，刘兆庆，等. 双层h-BN/Graphene结构稳定性及其掺杂特性的第一性原理研究[J]. 物理学报，2016，65(13)：202-208.
[667] Ye J P, Liu G, Han Y, et al. Electric-field-tunable molecular adsorption on germanane[J]. Physical Chemistry Chemical Physics, 2019, 21(36): 20287-20295.
[668] Zhu Y F, Dai Q Q, Zhao M, et al. Physicochemical insight into gap openings in graphene [J]. Scientific Reports, 2013, 3(1): 1-8.
[669] Ye X, Shao Z, Zhao H, et al. Intrinsic carrier mobility of germanene is larger than graphene's: first-principle calculations[J]. RSC Advances, 2014, 4(41): 21216-21220.
[670] 陈艳珊，刘兴斌. 锗烷合成工艺及用途概述[J]. 低温与特气，2013，31，33.
[671] Amamou W, Odenthal P M, Bushong E J, et al. Large area epitaxial germanane for electronic devices[J]. 2D Materials, 2015, 2(3): 035012.
[672] Jiang S, Bianco E, Goldberger J E. The structure and amorphization of germanane[J]. Journal of Materials Chemistry C, 2014, 2(17): 3185-3188.